高等医学教育课程“十四五”规划基础医学类系列教材

供临床、预防、基础、急救、全科医学、口腔、麻醉、影像、药学、检验、护理、法医、生物工程等专业使用

YOUJI HUAXUE

有机化学

（第2版）

主　编　郝红英　张玉军

副主编　郭文强　李玖零　格根塔娜

编　者　（以姓氏笔画为序）

文　超　井冈山大学

李　琳　首都医科大学

李玖零　平顶山学院

肖家福　湖南医药学院

余燕敏　湖北文理学院

张玉军　齐鲁医药学院

张伟丽　齐鲁医药学院

周　芳　黄河科技学院

郝红英　黄河科技学院

格根塔娜　内蒙古医科大学

郭文强　井冈山大学

魏　凯　平顶山学院

華中科技大學出版社

http://press.hust.edu.cn

中国 · 武汉

内容简介

本教材是高等医学教育课程"十四五"规划基础医学类系列教材。

本教材共十六章，按照官能团分类体系进行编排，内容包括绪论，烷烃，烯烃、炔烃和二烯烃，脂环烃，立体化学基础，芳烃，卤代烃，醇、酚、醚，醛、酮、醌，羧酸和取代羧酸，羧酸衍生物，含氮有机化合物，杂环化合物，糖，脂类，氨基酸、多肽和蛋白质。

本教材可供临床、预防、基础、急救、全科医学、口腔、麻醉、影像、药学、检验、护理、法医、生物工程等专业学生使用。

图书在版编目(CIP)数据

有机化学 / 郝红英，张玉军主编. -- 2 版. -- 武汉 ：华中科技大学出版社，2025. 1. -- ISBN 978-7-5772-1628-7

Ⅰ. O62

中国国家版本馆 CIP 数据核字第 20254R1H95 号

有机化学(第 2 版)　　　　郝红英　张玉军　主编

Youji Huaxue(Di 2 Ban)

策划编辑：蔡秀芳

责任编辑：丁　平　李　佩

封面设计：原色设计

责任校对：谢　源

责任监印：周治超

出版发行：华中科技大学出版社(中国・武汉)　　电话：(027)81321913

武汉市东湖新技术开发区华工科技园　　邮编：430223

录　　排：华中科技大学惠友文印中心

印　　刷：武汉市洪林印务有限公司

开　　本：889mm×1194mm　1/16

印　　张：17.75

字　　数：503 千字

版　　次：2025 年 1 月第 2 版第 1 次印刷

定　　价：59.80 元

本书若有印装质量问题，请向出版社营销中心调换

全国免费服务热线：400-6679-118　竭诚为您服务

版权所有　侵权必究

高等医学教育课程“十四五”规划基础医学类系列教材

编写委员会

（以姓氏笔画为序）

于瑞雪（平顶山学院）
马兴铭（西华大学）
王　广（暨南大学）
王　韵（陆军军医大学）
牛莉娜（海南医科大学）
史岸冰（华中科技大学）
包丽丽（内蒙古医科大学）
齐亚灵（海南医科大学）
孙维权（湖北文理学院）
李　梅（天津医科大学）
李明秋（牡丹江医科大学）
李艳花（山西大同大学）
李瑞芳（河南科技大学）
杨文君（海南医科大学）
肖　玲（中南大学）
闵　清（湖北科技学院）
宋　洁（牡丹江医科大学）
张红艳（河北工程大学）
陈洪雷（武汉大学）
罗　海（湖南医药学院）
周永芹（三峡大学）
郑　英（扬州大学）
郑月娟（上海中医药大学）
赵艳芝（首都医科大学）
胡煜辉（井冈山大学）
侯春丽（陆军军医大学）
秦　伟（遵义医科大学）
贾永峰（内蒙古医科大学）
钱　莉（扬州大学）
黄　涛（黄河科技学院）
焦　宏（河北北方学院）
强兆艳（天津医科大学）
蔡　飞（湖北科技学院）

编写秘书：蔡秀芳　黄晓宇

Introduction 总序

基础医学是现代医学体系的基础，其包括基础医学基本理论、基本技能和科学研究手段等。国务院办公厅印发的《关于加快医学教育创新发展的指导意见》及《关于深化医教协同进一步推进医学教育改革与发展的意见》指出，要始终坚持把医学教育和人才培养摆在卫生与健康事业优先发展的战略地位。

随着健康中国战略的不断推进，我国加大了对医学人才培养的支持力度。在遵循医学人才成长规律的基础上，还需要不断提高医学青年人才的实践能力和创新能力。教材是人才培养首要的、基本的文化资源和精神食粮，加强教材建设，提高教材质量，是党和国家从事业发展需求和未来人才培养的战略高度所构筑的基础工程和战略工程。

本科基础医学教材(第 1 版)经过了一线教学实践的数年打磨，亟待修订更新，以使其做到与时俱进，更加完善。故此，华中科技大学出版社对现有高等教育实际需求进行了认真细致调研，吸取了广大师生意见和建议，组织了全国 50 多所高等医药院校的 300 余位老师共同修订编写了本套高等医学教育课程“十四五”规划基础医学类系列教材(第 2 版)。相较于第 1 版，这次修订改版，主要突出以下特点。

(1)紧跟“十四五”教材建设工作要求，以岗位胜任力为导向，注重“三基”培养，突出专业性和实用性。

(2)融入思政内容，将专业知识和课程思政有机统一，注重培养学生工匠精神与家国情怀，以及对生命和科学的敬畏之心。

(3)做到纸质教材与数字资源相结合。在每个章节后设置了相关知识点的拓展链接，重点阐述学科新进展以及与知识点有关的前沿理论和实践，便于学生更加深入地理解知识点和课堂重点内容。

(4)设置课后小结、思考题、推荐文献阅读，引导和促进学生自学。

本套教材得到了教育部高等学校教学指导委员会相关专家及全国高校老师的大力支持，我们衷心希望这套教材能在相关课程的一线教学中发挥积极作用，得到广大师生的青睐与好评。我们也相信这套教材在使用过程中，通过教学实践的检验和实际问题的解决，能不断改进、完善和提高，最终成为符合教学实际的精品系列教材，为推进我国高质量医学人才培养贡献一份力量。

由于时间紧、任务重，书中不妥之处在所难免，恳请使用本套教材的师生不吝赐教，提出宝贵意见和建议，以便后续继续完善。

高等医学教育课程“十四五”规划基础医学类系列教材
编写委员会

Preface 前言

有机化学是医学类专业的一门重要基础课程，阐述有机化合物及其变化规律，是培养医学应用型人才的整体知识结构及能力结构的重要组成部分。通过对本课程的学习，学生可以比较系统地认识和正确地理解有机化学的基础知识、基本理论和基本方法，为从分子水平认识生命现象提供理论依据，并为进一步学习后续课程打下坚实的基础。

为适应我国高等医学教育改革的发展，提高医学教育质量，培养具有创新精神和创新能力的医学人才，华中科技大学出版社开展了全国高等医学教育课程创新"十三五"规划教材的修订工作。本教材共十六章，按照官能团分类体系进行编排，在内容的选取上本着"三用一新"（实用、适用、够用和创新）的原则，突出化学与医学的结合，既保持化学学科基础知识的系统性，又突出化学课程与医学课程的联系，注重培养学生学以致用的能力；同时注重课程思政建设和德育培养，适时地融入课程思政；创新"纸数融合"模式，将教材的 PPT、知识链接、课程思政、习题答案等通过二维码形式呈现，可满足学生个性化、自主性的学习要求，更好地培养学生自主学习的能力。

本教材由从事有机化学教学多年的教师参与编写，他们对教材都有深刻的理解和全面的把握。参加本教材编写工作的有黄河科技学院郝红英（第一章），首都医科大学李琳（第二章），齐鲁医药学院张玉军（第三章、第四章），平顶山学院李玖零（第五章），齐鲁医药学院张伟丽（第六章、第十四章），内蒙古医科大学格根塔娜（第七章、第十五章），井冈山大学郭文强（第八章、第十三章），井冈山大学文超（第九章），湖南医药学院肖家福（第十章），黄河科技学院周芳（第十一章），平顶山学院魏凯（第十二章），湖北文理学院余燕敏（第十六章）。全书由郝红英统稿。

在编写本教材的过程中，参编教师借鉴了国内外优秀有机化学教材的相关内容，在此，向原著作者表示深深的感谢。由于编者水平有限，书中难免有不妥之处，敬请同行专家和广大师生及其他读者批评指正。

编　者

目 录

MULU

第一章 绪论

第二章 烷烃

第三章 烯烃、炔烃和二烯烃

第四章 脂环烃

第十章　羧酸和取代羧酸

第十一章　羧酸衍生物

第十二章　含氮有机化合物

第十三章　杂环化合物

第十四章　糖

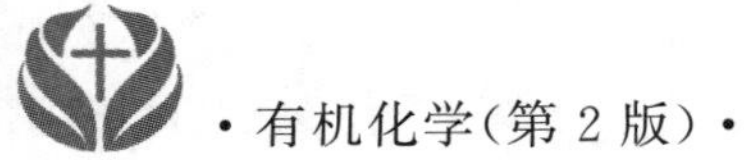

第十五章 脂类

第十六章 氨基酸、多肽和蛋白质

第一章 绪 论

学习目标

扫码看 PPT

素质目标：培养学生运用化学知识分析生活现象的能力，激发学生对专业的热爱，引导学生树立环保意识和安全意识，培养学生科学精神、创新精神，激发爱国情怀，引导学生树立正确的人生观、世界观和价值观。

能力目标：能够准确识别各类有机化合物及其所含的特征基团，培养学生由特征基团结构推出典型化学性质的能力，并具备一定的发现问题、分析问题和解决问题的能力。

知识目标：掌握有机化合物及有机化学的概念，有机化合物的特性，σ 键与 π 键的特点，碳原子的杂化轨道，质子酸碱及 Lewis 酸碱的概念。熟悉有机化合物结构的几种表达方式，有机化合物的分类，共价键的断裂方式及有机化学反应的基本类型。了解共价键的键参数，有机化合物结构测定的过程和方法。

案例导入

答案解析

人类被称为碳基生物，顾名思义，碳基生物就是以碳元素作为大分子基础，然后融合其他元素的生命体。地球上所有的有机化合物都离不开碳元素，人体也是如此，碳元素是人体最基本的蛋白质、遗传物质等物质的组成成分，控制着人类的新陈代谢和生命活动。并且碳基生物想要长期持久地生存，也离不开碳元素，例如我们每天吃的米饭的主要成分是糖，而糖的主要成分包含碳，糖能给人体提供能量，然后剩余的部分则会分解为二氧化碳和水。

思考：为什么碳原子可以组合成无穷无尽的高级复杂分子？

第一节 有机化合物和有机化学

一、有机化合物与有机化学

有机化合物(organic compound)简称有机物，是指含碳元素和氢元素的化合物及其衍生物。有机化合物除含碳元素和氢元素外，还可含有氧、氮、硫和卤素等元素。有机化学(organic chemistry)就是研究有机化合物组成、结构、性质、合成及变化规律的一门科学。

有机化合物遍布于物质世界，种类繁多，有几千万种。有机化合物与人类的生产生活密切相关，早在几千年前，人类就知道利用、加工许多有机化合物，如酿酒、制醋、造纸，使用中草药治疗多种疾病，但这时候的有机化合物都是不纯的。直到 18 世纪末，人类才从动植物中提取得到一

些较纯净的有机化合物,如酒石酸、尿酸和乳酸等。但当时人们还不能从本质上认识有机化合物,对有机化合物在有机体内的变化缺乏足够的认识,当时的化学家把有机化合物和无机化合物截然分开,把从矿物中得到的物质称为无机化合物,从有生命物体中得到的物质称为有机化合物。1806年,瑞典化学家J. Berzelius首先引用"有机化学"这个名称,以区别于研究其他矿物质的化学——无机化学(inorganic chemistry),其认为有机化合物是具有生命的物质,只能借助于有生命的动植物得到,不能由简单的无机化合物制得。这就是所谓的"生命力"论,该理论严重地阻碍了有机化学的发展。

1828年,德国化学家F. Wohler在实验室加热氰酸铵水溶液得到了哺乳动物的代谢产物——尿素;1845年,德国化学家H. Kolber合成了乙酸;1854年,法国人M. Berthelot合成了油脂。这一切都证明了人工合成有机化合物是完全可能的,从而打破了"生命力"论,人们不但可以利用简单的无机化合物合成与天然有机化合物相同的物质,还可以合成出比天然有机化合物性能更佳的有机化合物。

【知识链接】人类与有机化合物

二、有机化学与生命科学

有机化学是生命科学的基础,是医学教育的一门重要基础课程。医学的研究对象是人体,而组成人体的物质除水和一些无机盐以外,绝大部分是有机化合物,如糖、脂肪、蛋白质、酶、激素、维生素等。机体内各种物质的代谢无不遵循有机化学反应的规律。现在临床使用的药物中95%以上是有机化合物,药物的制备、质量控制、储存、作用机制和体内代谢过程等都与有机化学密切相关。因此,掌握有机化合物的基础知识,可以为探索生命的奥秘、延长人类的寿命奠定基础。

第二节　有机化合物的结构理论

一、现代价键理论

现代价键理论的基本要点:当两个原子互相接近到一定距离时,自旋方向相反的单电子相互配对,形成了密集于两核之间的电子云,该电子云降低了两核间正电荷的排斥力,并对两核产生吸引力,使体系能量降低,形成稳定的共价键。每个原子所形成共价键的数目取决于该原子中单电子的数目,即一个原子含有几个单电子,就能与几个自旋方向相反的单电子形成共价键,这就是共价键的饱和性。当形成共价键时,原子轨道重叠程度越大,核间电子云越密集,形成的共价键越稳定,因此,共价键总是尽可能地沿着原子轨道最大重叠方向形成,这就是共价键的方向性。

二、σ键和π键

1. σ键　两个原子沿原子轨道对称轴方向头碰头重叠形成的键称为σ键(图1-1(a))。σ键轨道的重叠程度最大,其电子云集中于两核之间围绕键轴呈圆柱形分布,任一成键原子围绕键轴旋转时,都不会改变两个原子轨道重叠的程度,因此σ键可以自由旋转。有机化合物分子中单键都是σ键,σ键可独立存在。

2. π键　两个原子以相互平行的p轨道从侧面肩并肩重叠形成的键称为π键(图1-1(b))。π键轨道的重叠程度较小,其电子云分布在键轴参考平面(节面)的上、下方,在节面上电子云几乎为零。由于π键没有轴对称性,当成键原子围绕键轴旋转时,π键断裂,所以π键不能自由旋转。π键只能与σ键共存,不能独立存在,在双键和三键中,一个为σ键,其余为π键。π键的电子云不是集中在两核之间,流动性大,受核的约束力小,易受外界影响而极化,故π键反应活性比σ键高。

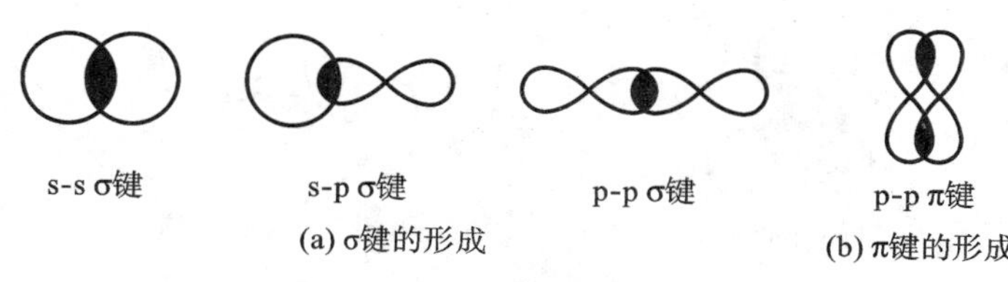

图 1-1 σ 键和 π 键的形成

三、碳原子的杂化轨道

根据价键理论，碳原子的核外电子构型为 $1s^2 2s^2 2p_x^1 2p_y^1$，碳的外层有两个未成对电子，只能形成两个共价键。这一推论与有机化合物中碳原子为四价及甲烷分子为四面体结构等事实不相符。为了解释这一现象，1931 年鲍林(Pauling)提出了杂化轨道理论：在成键过程中，由于原子间的相互影响，同一原子中几个能量相近、类型不同的原子轨道可以进行线性组合，重新分配能量和确定空间方向，组成数目相等的新的原子轨道，这种轨道重新组合的过程称为杂化，杂化后形成的新轨道称为杂化轨道(hybrid orbital)，杂化轨道的方向性更强，成键能力更大。有机化合物中碳原子有 sp、sp^2、sp^3 三种杂化轨道。

1. sp 杂化轨道 由碳原子激发态中的一个 2s 轨道和一个 2p 轨道重新组合，形成两个能量相同的 sp 杂化轨道。有机化合物分子中的三键碳原子就是发生了 sp 杂化。

E

2s ↑↓ | $2p_x$ ↑ $2p_y$ ↑ $2p_z$ —激发→ 2s ↑ | $2p_x$ ↑ $2p_y$ ↑ $2p_z$ ↑ —杂化→ sp ↑ ↑ | $2p_y$ ↑ $2p_z$ ↑

基态　　激发态　　杂化态

两个 sp 杂化轨道的对称轴为直线，键角为 180°(图 1-2(a))。两个未参与杂化的 2p 轨道与 sp 杂化轨道相互垂直(图 1-2(b))。

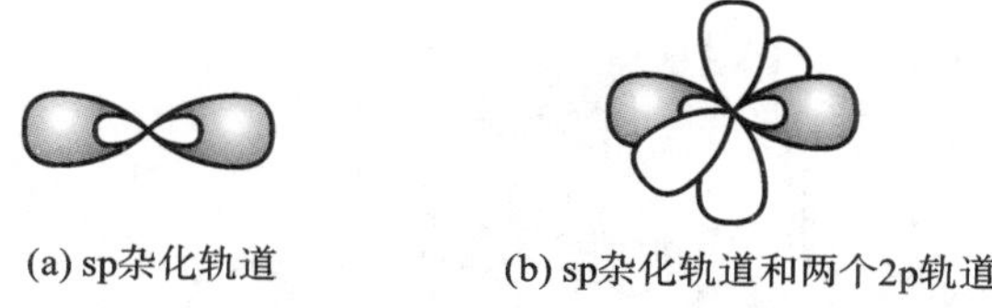

图 1-2 碳原子的 sp 杂化轨道

2. sp^2 杂化轨道 由碳原子激发态中的一个 2s 轨道和两个 2p 轨道重新组合，形成三个能量相同的 sp^2 杂化轨道。有机化合物分子中的双键碳原子一般发生 sp^2 杂化。

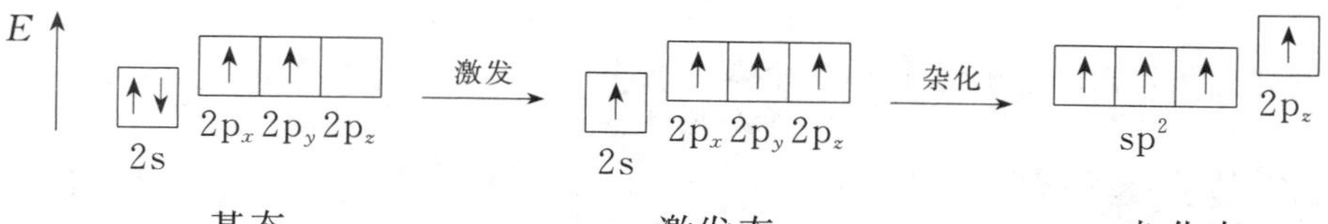

三个 sp^2 杂化轨道的对称轴在同一平面上，轨道间的夹角为 120°，空间构型为平面三角形(图 1-3(a))。未参与杂化的 2p 轨道的对称轴垂直于 sp^2 杂化轨道对称轴所在的平面(图 1-3(b))。

3. sp^3 杂化轨道 碳原子成键时 2s 轨道上的一个电子首先吸收能量激发到 $2p_z$ 空轨道上，形成激发态，然后能量相近的 2s 轨道和 2p 轨道重新组合，形成四个能量相同的 sp^3 杂化轨道。有机化合物分子中的单键碳原子均发生 sp^3 杂化。

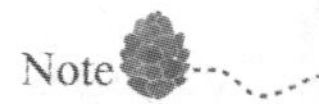

(a) sp^2杂化轨道

(b) sp^2杂化轨道和2p轨道

图 1-3　碳原子的 sp^2 杂化轨道

E

↑↓	↑	↑		激发 →	↑	↑	↑	↑	杂化 →	↑	↑	↑	↑
2s	$2p_x$	$2p_y$	$2p_z$		2s	$2p_x$	$2p_y$	$2p_z$		sp^3			

基态　　　　激发态　　　　杂化态

每个 sp^3 杂化轨道中有 1/4 的 s 轨道成分和 3/4 的 p 轨道成分,其形状是一头大,一头小(图 1-4(a))。四个 sp^3 杂化轨道在空间的取向是指向四面体的顶点,轨道间的夹角为 109°28′(图 1-4(b))。

(a) sp^3杂化轨道

(b) 四个sp^3杂化轨道的空间构型

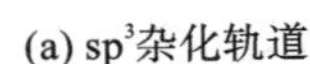

图 1-4　碳原子的 sp^3 杂化轨道

案例分析

NSAID 为非甾体抗炎药,用于解热、镇痛、抗炎,常见的有阿司匹林(aspirin)、布洛芬(ibuprofen)等。

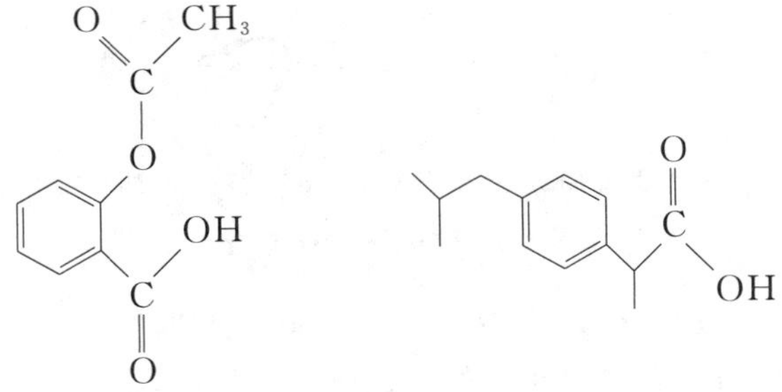

阿司匹林　　　　布洛芬

提问:阿司匹林和布洛芬分子中各有几个 sp^3 和 sp^2 杂化碳原子?

四、共价键的键参数

表征共价键性质的物理量,如键长、键能、键角、偶极矩,称为键参数。键参数可以说明分子的一些重要性质。

1. 键长　键长是指分子中两个原子核间的平均距离,其单位常用 pm。一般来说键长越短,表明电子云的重叠程度越大,共价键越稳定。同一种共价键在不同的化合物中键长会稍有差异。常见共价键的键长见表 1-1。

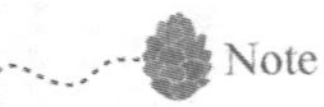

2. 键能　键能是指 1 mol 气态 A 原子和 1 mol 气态 B 原子结合生成 1 mol 气态 AB 分子时所放出的能量。显然,使 1 mol 气态双原子分子解离为气态原子所需要的能量也是键能,或称键

的解离能(D)。键能的单位一般为 kJ/mol。

对于多原子分子,共价键的键能一般是指同一类共价键解离能的平均值。例如,从下面所列的甲烷四个 C—H 键的解离能的大小,可以看出这四个 C—H 键的解离能是不同的,C—H 键的键能是四个共价键解离能的平均值,即 415 kJ/mol。

$$CH_4 \longrightarrow \cdot CH_3 + H\cdot \qquad D=435.1\ kJ/mol$$
$$\cdot CH_3 \longrightarrow \cdot CH_2 + H\cdot \qquad D=443.5\ kJ/mol$$
$$\cdot CH_2 \longrightarrow \cdot CH + H\cdot \qquad D=443.5\ kJ/mol$$
$$\cdot CH \longrightarrow \cdot C + H\cdot \qquad D=338.9\ kJ/mol$$

键能反映共价键的强度,通常键能越大,键越牢固。常见共价键的键长和键能见表 1-1。

表 1-1 常见共价键的键长和键能

共价键	键长/pm	键能/(kJ/mol)	共价键	键长/pm	键能/(kJ/mol)
C—H	109	415	C=N	130	615
C—C	154	345	C≡N	116	889
C=C	134	610	C—Cl	176	339
C≡C	120	835	C—Br	194	285
C—O	143	358	C—I	214	218
C=O	122	744	O—H	96	463
C—N	147	305			

3. 键角 键角是指同一原子形成的两个共价键键轴之间的夹角。键角反映分子的空间结构。同种原子在不同分子中形成的键角不一定相同,这是分子中各原子间相互影响的结果。

H 109°28′ H H H

甲烷

H 106° CH_3 H_3C H

丙烷

4. 键的极性和可极化性 两个相同原子组成的共价键中成键电子对称地分布在两核周围,故此共价键为非极性共价键,例如 H—H、Cl—Cl 键等。两个不同原子的电负性不同,形成极性共价键,成键电子非对称地分布在两核周围,电负性大的原子一端电子云密度较大,稍带负电荷,用 δ^- 表示,另一端电子云密度较小,稍带正电荷,用 δ^+ 表示。例如:

$$\overset{\delta^+}{H} \longrightarrow \overset{\delta^-}{Cl} \qquad \overset{\delta^+}{CH_3} \longrightarrow \overset{\delta^-}{Cl}$$

键的极性用偶极矩(μ)来度量,其定义为正电荷或负电荷中心上的电荷量(q)与正负电荷中心之间距离(d)的乘积:

$$\mu = qd$$

偶极矩是有方向性的,通常规定其方向由正到负,用箭头表示。偶极矩的单位为库仑·米(C·m),但一般习惯用德拜(D),1 D=3.336×10^{-30} C·m。

分子的极性用分子的偶极矩度量。双原子分子的偶极矩就是键的偶极矩,多原子分子的偶极矩是组成分子的所有共价键的偶极矩的矢量和。

可极化性又称极化度,它表示价键的电子云在外电场的作用下,发生变化的相对程度。极化度除了与成键原子的结构和键的种类有关外,还与外电场强度有关。成键原子的体积越大,电负性越小,核对成键电子的约束越小,键的极化度就越大。例如,碳卤键的极化度由大到小依次为 C—I、C—Br、C—Cl、C—F。

扫码看答案

课堂练习1-1

比较下列各组共价键的极性和极化度的相对大小。

(1) H—Br 和 H—I　(2) O—H 和 S—H

五、有机化合物结构的表示方法

分子结构是指分子中原子相互结合的顺序、方式及在空间的排列,它包括构造、构型和构象。不能用分子式来表示某一个有机化合物,因为同一个分子式往往有多种不同的结构。

有机化合物中,分子组成相同而结构不同的现象称同分异构现象,具有同分异构现象的物质互称为同分异构体。有机化合物的同分异构现象很复杂,包括构造异构和立体异构。这里仅介绍几种构造表示方法(表 1-2),空间结构的表示将在有关章节中讨论。

表 1-2　有机化合物构造表示式

有机化合物	蛛网式	缩写式	键线式
正戊烷	H H H H H H—C—C—C—C—C—H H H H H H	$CH_3CH_2CH_2CH_2CH_3$	
2-甲基丁烷	H H H H H—C—C—C—C—H H C H H H H H	$CH_3CHCH_2CH_3$ CH_3	
2-甲基-1-丁烯	H H H H—C═C—C—C—H C H H H H H	$CH_2{=}CCH_2CH_3$ CH_3	
3-甲基环戊烯	H H C H H C C H C═C CH_3 H H	CH_2 CH_2 $CHCH_3$ HC═CH	

第三节　有机酸碱理论

有机化合物中很多具有酸性或碱性,有机化学中应用最多的是 Brønsted-Lowry 酸碱理论和 Lewis 酸碱理论。

一、Brønsted-Lowry 酸碱理论

Brønsted-Lowry 酸碱理论认为，酸是质子(H^+)的给予体，碱是质子的接受体，因此该理论又称为酸碱质子理论。酸与碱是相互转化和相互依存的关系，酸给出质子后变成其共轭碱，碱接受质子后变成其共轭酸。酸越强，其共轭碱越弱，碱越强，其共轭酸越弱。

$$\underset{酸}{CH_3COOH} + \underset{碱}{H_2O} \rightleftharpoons \underset{共轭碱}{CH_3COO^-} + \underset{共轭酸}{H_3O^+}$$

酸在水溶液中的强度可用酸常数(K_a)或其负对数(pK_a)表示。K_a 越大即 pK_a 越小，酸性越强。表 1-3 列出了一些常见酸在水溶液中的 pK_a(25 ℃)。

表 1-3　一些常见酸在水溶液中的 pK_a(25 ℃)

酸	pK_a	酸	pK_a
CH_3COOH	4.74	CH_3CH_2OH	15.9
C_6H_5OH	10.0	CH_3CH_2SH	10.6

按照 Brønsted-Lowry 酸碱理论，下列物质哪些是酸？哪些是碱？

(1) CH_3CH_2COOH　(2) HCN　(3) $CH_3CH_2COO^-$

扫码看答案

二、Lewis 酸碱理论

Lewis 酸碱理论认为，酸是电子对的接受体，碱是电子对的给予体，因此该理论又称为酸碱电子理论。据此理论，酸碱反应就是碱提供电子对给酸共用形成酸碱配合物。

$$\underset{碱}{H_3N:} + \underset{酸}{BF_3} \longrightarrow \underset{酸碱配合物}{H_3\overset{+}{N}\overset{-}{B}F_3}$$

Lewis 碱与质子碱相近，但 Lewis 酸不仅包括质子的给予体，还包括那些有空轨道，能接受电子对的物质，如 $AlCl_3$、$ZnCl_2$、$FeCl_3$ 等。

课堂练习1-3

下列物质哪些是 Lewis 酸？哪些是 Lewis 碱？

(1) CH_3NH_2　(2) $C_2H_5OC_2H_5$　(3) $SnCl_2$　(4) $C_2H_5O^-$

扫码看答案

第四节　有机化合物的分类

有机化合物常用的分类方法有两种。

一、按碳原子骨架分类

根据碳原子骨架可将有机化合物分为三类。

1. 链状化合物　这类化合物分子中的碳原子相互连接成链状，或在长链上连有支链。由于

Note

链状化合物最初是在油脂中发现的，所有链状化合物又称为脂肪族化合物。例如：

$CH_3CH_2CH_2CH_2CH_3$　　　　$CH_3CHCH_2CH_3$（2 位 C 上连 OH）

正戊烷　　　　丁-2-醇

2. 碳环化合物　这类化合物含有完全由碳原子组成的环状结构，根据碳环的结构特点，这类化合物可再分为两类。

(1) 脂环化合物：具有与相应的链状化合物相似的性质，所以称为脂环化合物。例如：

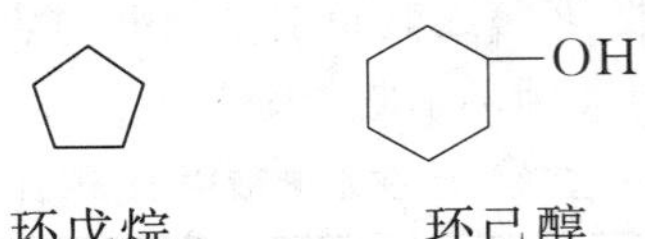

环戊烷　　　　环己醇

(2) 芳香化合物：分子中含有一个或多个苯环，性质与脂环化合物有较大区别。例如：

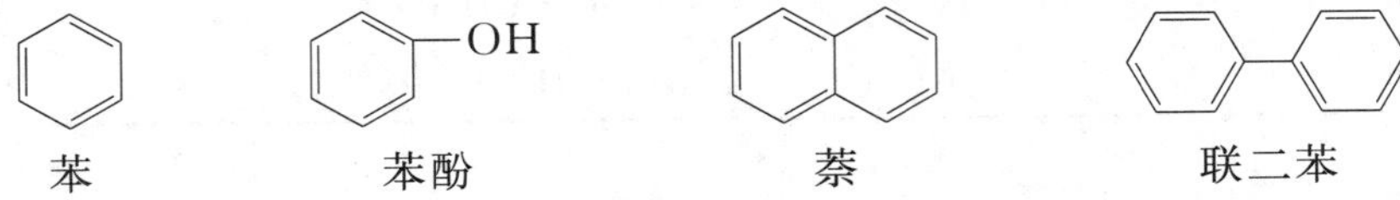

苯　　　　苯酚　　　　萘　　　　联二苯

3. 杂环化合物　由碳原子和其他原子(如氧、硫、氮等)所组成的环状化合物称杂环化合物。例如：

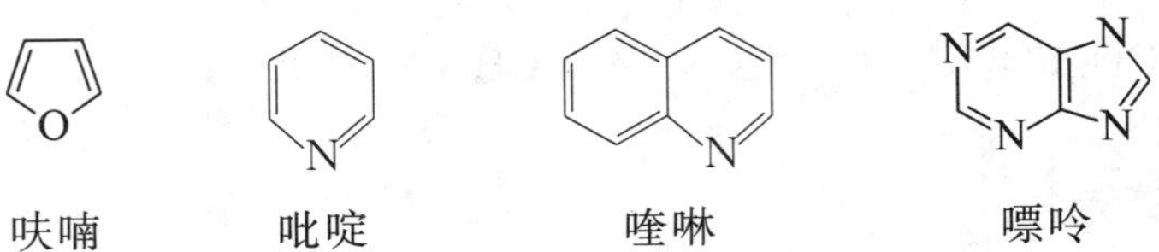

呋喃　　　　吡啶　　　　喹啉　　　　嘌呤

二、按官能团分类

官能团又称功能基，是决定一类有机化合物主要性质的原子或原子团。含有相同官能团的化合物的化学性质基本相同，因此将含有相同官能团的化合物归为一类。一些常见官能团和化合物类别见表 1-4。

表 1-4　一些常见官能团和化合物类别

官能团名称	官能团结构	化合物类别	实　例
碳碳双键	>C=C<	烯烃	$CH_2=CH_2$
碳碳三键	—C≡C—	炔烃	CH≡CH
卤素	—X	卤代烃	CH_3CH_2Br
羟基	—OH	醇	CH_3CH_2OH
		酚	C_6H_5—OH
醚键	—C—O—C—	醚	CH_3OCH_3
羰基	—C(=O)—	醛	$CH_3C(=O)$—H
		酮	$CH_3C(=O)CH_3$

续表

官能团名称	官能团结构	化合物类别	实 例
羧基	$-COOH$	羧酸	CH_3COOH
氨基	$-NH_2$	胺	$C_6H_5NH_2$
硝基	$-NO_2$	硝基化合物	$C_6H_5NO_2$
巯基	$-SH$	硫醇	CH_3CH_2SH
磺酸基	$-SO_3H$	磺酸	$C_6H_5SO_3H$
氰基	$-CN$	腈	CH_3CH_2CN

第五节　有机化学反应类型

有机化合物中连接各原子的化学键几乎都是共价键，当发生反应时，必然存在共价键的断裂和形成。有机化学反应根据共价键的断裂和形成方式分为自由基反应、离子型反应和协同反应三种基本类型。这里仅介绍自由基反应和离子型反应。

一、自由基反应

共价键断裂时，成键的一对电子平均分给键合的两个原子或原子团，这种共价键的断裂方式称为均裂。

$$A:B \longrightarrow A\cdot + B\cdot$$

由均裂产生的带有单电子的原子或原子团称为自由基，自由基是电中性的，多数自由基的寿命很短，是活性中间体的一种。有自由基参与的反应称为自由基反应，又称游离基反应。这类反应一般在光、热或自由基引发剂的作用下进行。如烷烃的取代反应就属于自由基反应。

自由基反应的特点是没有明显的溶剂效应，酸、碱等催化剂对自由基反应没有明显的影响，反应有一个诱导期，若加入一些能与自由基耦合的物质，反应可以停止。

二、离子型反应

共价键断裂时，成键的一对电子保留在一个原子或原子团上，产生阳离子和阴离子，这种断裂方式称为异裂。

$$A:B \longrightarrow A^+ + B^-$$

多数由异裂产生的阳离子或阴离子也是反应的活性中间体，有阴、阳离子参与的反应称为离子型反应。

离子型反应又可根据进攻试剂性质的不同，分为亲核反应和亲电反应。亲核反应由带负电荷或带孤对电子的基团进攻反应物分子中电子云密度低的原子，所用试剂称为亲核试剂（Nu^-）。亲电反应由阳离子进攻反应物分子中电子云密度高的原子，所用试剂称为亲电试剂（E^+）。

第六节　有机化合物的结构测定

研究有机化合物的一般过程如下。

Note

1. 分离纯化 从天然产物中提取分离或通过合成方法得到的有机化合物中往往含有杂质，需要先利用蒸馏、重结晶和色谱法等常用分离纯化方法进行纯化，然后通过测定物理常数等验证有机化合物的纯度。

色谱法是分离纯化和鉴定有机化合物常用方法之一，基本原理是利用待分离各组分在某一物质中的吸附或溶解性能(即分配)的不同，使混合物溶液流经该物质，进行反复吸附或分配，从而分开各组分。色谱法根据操作条件不同可分为柱色谱、纸色谱、薄层色谱、气相色谱及高效液相色谱等。

2. 元素分析 经过分离纯化得到的纯化合物，首先进行元素分析确定该化合物由哪几种元素组成，然后通过计算求出各元素的百分含量，并推测出该化合物的实验式，实验式是最简单的化学式，表示组成化合物分子的元素种类和各元素原子的最小个数比。例如，实验式 CH_2O，表示某化合物分子由C、H和O三种元素组成，C、H和O原子的最小个数比为1∶2∶1。实验式的计算方法是将各元素的百分含量除以相应元素的相对原子质量。例如：某化合物C、H、O元素的百分含量分别为52.17%、13.04%、34.78%；各元素原子的个数比应为$\frac{52.17}{12.01}:\frac{13.04}{1.008}:\frac{34.78}{16.00}=4.34:12.93:2.17$；三种元素原子的最小个数比为$\frac{4.34}{2.17}:\frac{12.93}{2.17}:\frac{2.17}{2.17}\approx 2:6:1$，由此确定该化合物的实验式为 C_2H_6O。

3. 相对分子质量的测定 测定相对分子质量的方法很多，经典的方法有凝固点降低法和渗透压法，目前常用的是质谱法。质谱法只需要几毫克的样品就可快速、精密地测得化合物的相对分子质量。

化合物的分子式可从它的相对分子质量除以实验式的式量求得。例如，测得上述化合物的相对分子质量为46.07，因 C_2H_6O 的式量为46.07，因此该化合物的分子式为 C_2H_6O。

4. 化合物结构的表征 确定了化合物的分子式之后，必须对其结构进行表征。结构表征的方法主要有化学方法、物理常数测定法和近代物理方法等。

(1) 化学方法：先通过一系列化学反应确定该化合物中存在的官能团，然后在实验室用降解反应初步确定化合物的结构，最后用有机合成方法在实验室合成该化合物，以此确证化合物的结构。这种方法花费时间长，准确率低。

(2) 物理常数测定法：表征化合物结构常用的物理常数包括沸点、熔点、相对密度、折射率和比旋光度等。物理常数测定法常常需要配合其他方法使用，才能准确表征一个化合物的结构。

(3) 近代物理方法：该方法主要有红外吸收光谱、紫外光谱、核磁共振谱、质谱和X射线衍射等。其特点是样品用量少、快捷和准确率高。红外吸收光谱可以确定化合物分子中存在哪些官能团；紫外光谱可揭示化合物中有无共轭体系存在；核磁共振谱可以确定分子中氢原子与碳原子及其他原子的结合方式，是测定化合物结构最主要的方法；质谱可确定分子的相对分子质量；X射线衍射可以揭示化合物晶体中各原子的排列方式，对确定复杂分子的空间构型非常有用。

小　结

有机化合物是指含碳元素和氢元素的化合物及其衍生物。有机化学就是研究有机化合物的组成、结构、性质、合成及变化规律的一门科学。

有机化合物中的化学键主要是共价键，共价键有两种类型，即σ键和π键，由原子轨道头碰头重叠形成的键称为σ键，由原子轨道肩并肩重叠形成的键称为π键。表征共价键性质的物理量称为键参数，有键长、键能、键角、偶极矩。

有机化合物中的碳以杂化轨道成键。形成单键时，碳有呈正四面体分布的四个 sp^3 杂化轨

道；形成双键时，碳有呈平面三角形分布的三个 sp^2 杂化轨道和一个未杂化的 p 轨道，p 轨道与三角形平面垂直；形成三键时，碳有呈直线分布的两个 sp^2 杂化轨道和两个未杂化的 p 轨道，两个 p 轨道与杂化轨道互相垂直。

Brønsted-Lowry 酸是质子（H^+）的给予体，Brønsted-Lowry 碱是质子的接受体。酸的强度用酸常数 K_a 或其负对数 pK_a 表示。Lewis 酸是电子对的接受体，Lewis 碱是电子对的给予体。

有机化合物可根据碳架分类，也可根据官能团分类。有机化学反应类型主要有自由基反应和离子型反应。共价键发生均裂，产生自由基，有自由基参与的反应是自由基反应；共价键发生异裂，产生阴、阳离子，有阴、阳离子参与的反应是离子型反应。

目标检测

目标检测答案

一、指出下列分子中每个碳原子的杂化方式。

(1) 环丁烯
$$\begin{matrix} HC - CH_2 \\ \| \quad\quad | \\ HC - CH_2 \end{matrix}$$

(2) 丁-1-烯-3-炔 $CH_2{=}CH{-}C{\equiv}CH$

二、写出与下列描述相匹配的含有四个碳原子的烃分子的结构。

(1) 含有两个 sp^2 杂化轨道和两个 sp^3 杂化轨道的碳原子

(2) 所有碳原子都是 sp^2 杂化

三、用 δ^+、δ^- 表示下列键的极性方向。

(1) $Cl{-}CH_2CH_3$

(2) $CH_3CH_2{-}OH$

(3) 环己基—NH_2

(4) $CH_3CH_2CH_2{-}SH$

四、将下列构造简式改写成键线式。

(1) $CH_3(CH_2)_3CH(CH_3)CH_2CH_2CH_3$

(2) $(CH_3)_2CHCH{=}CHCH(CH_3)_2$

(3) $(CH_3)_2CHCH_2OCHCH_3$（CH 上连 CH_2CH_3）

(4)
$$\begin{matrix} HC = CH \\ HC \quad\quad CH \\ N \\ | \\ H \end{matrix}$$
（吡咯：HC—CH 与 HC=CH 成环，两端 CH 与 N 相连，N 上连 H）

五、写出下列物质的共轭酸。

(1) CH_3O^-　　(2) CH_3NH_2

(3) NH_2^-　　(4) CH_3COO^-

六、按碳架分类法，下列化合物各属于哪一类化合物？

(1) $CH_3CH{=}CH_2$　　(2) 环己基—OH

(3) $CH_3\overset{\overset{\displaystyle O}{\|}}{C}CH_3$　　(4) 苯基—OH

Note

(5) CH_3CH_2Br (6) 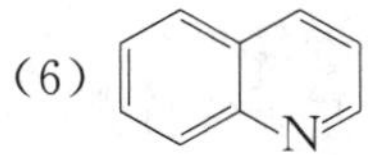

参考文献

【思政元素】

[1] 侯小娟,张玉军.有机化学[M].武汉:华中科技大学出版社,2018.

[2] 陆阳,刘俊义.有机化学[M].8 版.北京:人民卫生出版社,2013.

[3] 侯小娟,刘华.有机化学[M].2 版.西安:第四军医大学出版社,2014.

[4] 邢其毅,裴伟伟,徐瑞秋,等.基础有机化学[M].3 版.北京:高等教育出版社,2005.

(郝红英)

Note

第二章 烷 烃

学习目标

素质目标：培养学生运用化学基本原理分析化学问题的意识，培养学生的科学探究精神和创新精神，体会化学知识的科学应用价值，激发学生的学习兴趣，引导学生树立环保意识和安全意识，引导学生树立正确的人生观、世界观和价值观。

能力目标：通过对烷烃结构的学习，能够初步运用有机化合物的结构理论分析烷烃的性质，体会"结构决定性质"这一有机化学知识的内涵，培养学生发现问题、分析问题和解决问题的能力。

知识目标：掌握烷烃的通式、同分异构现象和系统命名法；掌握烷烃的卤代反应及其机制。熟悉烷烃的结构。了解烷烃的分类和物理性质；了解烷烃的来源及用途。

扫码看 PPT

案例导入

生物质是地球上存在最为广泛的物质，包括所有的动物、植物和微生物，以及由这些有生命的物质派生、排泄和代谢的有机化合物。生物质中的有机化合物在一定的温度、湿度、酸碱度以及厌氧条件下，经过微生物发酵分解作用可生成一种可燃性的气体，即沼气。沼气最主要的性质是可燃性，其燃烧值很高。沼气原料来源十分广泛和丰富，其制取技术也比较简单、经济。其研究应用实际上已有 100 多年的历史，1920 年我国在广东汕头就建造了沼气池，在 1929 年还开设了沼气商号"中国天然气瓦斯灯行"。沼气可用于家庭炊事、照明等日常生活以及发电等，将沼气中的主要成分分离出来，经纯化后其用途更广泛。并且随着科学技术的发展，沼气作为新型燃料在航空航天、交通、火箭发射等领域的应用也在深入研究开发中。

答案解析

思考：1. 沼气的主要成分是什么？

2. 沼气主要成分燃烧时，主要产物是什么？

仅由碳和氢两种元素组成的有机化合物称为碳氢化合物，简称烃(hydrocarbon)。

烃是最简单的有机化合物，是各类有机化合物的母体，其他有机化合物可以看作烃的衍生物。

根据碳链不同，烃可分为链烃(chain hydrocarbon)和环烃(cyclic hydrocarbon)。根据碳原子连接方式的不同，烃又可分为饱和烃(saturated hydrocarbon)和不饱和烃(unsaturated hydrocarbon)。碳原子之间全部以单键相连的烃称为饱和烃，碳原子之间除单键以外还有双键或三键的烃称为不饱和烃。

烷烃(alkane)是碳原子之间都以碳碳单键结合，碳原子剩余的价键全部与氢原子结合的饱和链烃。

第一节 烷烃的同系列和同分异构现象

一、烷烃的同系列和同系物

烷烃的分子组成可用通式 C_nH_{2n+2} 表示。甲烷是最简单的烷烃。

具有相同分子通式和结构特征的一系列化合物称为同系列(homogeneous series)。例如:CH_4,CH_3CH_3 和 $CH_3CH_2CH_3$。同系列中的各化合物互称为同系物(homolog);相邻两个同系物在组成上的不变差数 CH_2 称为同系列差,简称同系差。例如:乙烷较甲烷多 1 个 CH_2,丙烷较乙烷多 1 个 CH_2。同系物的结构相似,化学性质也相似,物理性质则随着碳原子数的增加而呈现规律性的变化。掌握了同系列中典型的、具有代表性的化合物,便可推知其他同系物的一般性质,这为学习和研究种类、数目繁多的有机化合物提供了方法和途径。

二、烷烃的同分异构现象

分子式相同而结构不同的现象,称为同分异构现象(isomerism)。这种具有相同分子式,但结构和性质却不相同的化合物互称为同分异构体,简称异构体(isomer)。同分异构现象分为构造异构、构型异构和构象异构。分子中原子间相互连接的次序和方式称为构造(constitution)。构造异构是指分子式相同,分子中原子间相互连接的次序和方式不同而形成不同化合物的现象。

在烷烃的同系列中,甲烷、乙烷和丙烷分子中的碳原子,只有一种连接方式、一种结构式,所以没有因构造不同而产生的同分异构体。从丁烷(C_4H_{10})开始,每个相同的分子式由于碳原子连接次序和排列方式的不同,都可以写出若干个不同的结构式,开始因构造不同产生同分异构现象。像这种具有相同的分子组成,只是由于碳链结构不同而产生的同分异构现象称为碳链异构或碳架异构,其同分异构体称为碳链异构体或碳架异构体,碳链异构是构造异构的一种。烷烃的同分异构体包括构造异构体和构象异构体。我们将在本章中进行学习。

丁烷(C_4H_{10})有 2 种碳链异构体,戊烷(C_5H_{12})有 3 种碳链异构体。

$$CH_3CH_2CH_2CH_3 \qquad \begin{array}{c} \quad CH_3 \\ \quad | \\ CH_3CHCH_3 \end{array}$$

正丁烷 异丁烷

$$CH_3CH_2CH_2CH_2CH_3 \qquad \begin{array}{c} CH_3 \qquad\quad \\ | \qquad\qquad \\ CH_3CHCH_2CH_3 \end{array} \qquad \begin{array}{c} \quad CH_3 \\ \quad | \\ CH_3CCH_3 \\ \quad | \\ \quad CH_3 \end{array}$$

正戊烷 异戊烷 新戊烷

随着烷烃分子中碳原子数的增多,碳链异构体的数目也随之增加。例如:己烷(C_6H_{14})有 5 种碳链异构体,庚烷(C_7H_{16})有 9 种碳链异构体,十二烷($C_{12}H_{26}$)理论上有 355 种碳链异构体。

扫码看答案

写出分子式为 C_6H_{14} 的烷烃的构造异构体。

三、饱和碳原子和氢原子的分类

烷烃中的各个碳原子均为饱和碳原子,按照与它直接相连的其他碳原子的个数,饱和碳原子可分为伯(primary)、仲(secondary)、叔(tertiary)、季(quaternary)碳原子。

伯碳原子又称一级碳原子,以 1°表示,是只与 1 个其他碳原子直接相连的碳原子。

仲碳原子又称二级碳原子,以 2°表示,是与 2 个其他碳原子直接相连的碳原子。

叔碳原子又称三级碳原子,以 3°表示,是与 3 个其他碳原子直接相连的碳原子。

季碳原子又称四级碳原子,以 4°表示,是与 4 个其他碳原子直接相连的碳原子。

例如:下面的化合物有 5 个 1°碳原子、1 个 2°碳原子、1 个 3°碳原子和 1 个 4°碳原子。

```
                        CH3
           H2  H        |
      H3C—C—C——C—CH3
               |        |
              CH3 CH3
```

伯、仲、叔碳原子上的氢原子(季碳原子上无氢原子),分别称为伯氢原子(1°氢原子)、仲氢原子(2°氢原子)、叔氢原子(3°氢原子)。不同类型的氢原子在化学反应中表现出的相对反应活性不同。

指出课堂练习 2-1 中含有季碳原子的分子式为 C_6H_{14} 的烷烃中碳原子的类型。

扫码看答案

第二节 烷烃的命名

烷烃的命名原则是各类有机化合物命名的基础和出发点,其名称由母体烷烃的名称和取代基的名称所构成。烷烃的命名主要采用两种命名法:普通命名法(common nomenclature)和系统命名法(systematic nomenclature)。

一、普通命名法

普通命名法适用于结构简单的烷烃。按分子中碳原子总数称为"某烷"。含 1～10 个碳原子的直链烷烃用天干"甲、乙、丙、丁、戊、己、庚、辛、壬、癸"表示碳原子的个数,词尾加上"烷"字命名。如 CH_4(甲烷)、C_2H_6(乙烷)、C_3H_8(丙烷)、$C_{10}H_{22}$(癸烷)。对含 11 个及以上碳原子的烷烃用中文数字加"(碳)烷"字命名,碳字通常省略。如 $C_{11}H_{24}$(十一烷)、$C_{12}H_{26}$(十二烷)、$C_{20}H_{42}$(二十烷)。烷烃的词尾用烷,相应的英文后缀为-ane,一些简单烷烃的结构式和中英文名称见表 2-1。

表 2-1 一些简单烷烃的结构式和中英文名称

结构式	中文名称	分子式	结构简式	英文名称
H | H—C—H | H	甲烷	CH_4	CH_4	methane
H H | | H—C—C—H | | H H	乙烷	C_2H_6	CH_3CH_3	ethane
H H H | | | H—C—C—C—H | | | H H H	丙烷	C_3H_8	$CH_3CH_2CH_3$	propane

Note

续表

结构式	中文名称	分子式	结构简式	英文名称
$\begin{array}{ccccccccccc} & & H & & H & & H & & H & & \\ & & \vert & & \vert & & \vert & & \vert & & \\ H & - & C & - & C & - & C & - & C & - & H \\ & & \vert & & \vert & & \vert & & \vert & & \\ & & H & & H & & H & & H & & \end{array}$	丁烷	C_4H_{10}	$CH_3CH_2CH_2CH_3$	*n*-butane
$\begin{array}{ccccccccc} & & H & & H & & H & & \\ & & \vert & & \vert & & \vert & & \\ H & - & C & - & C & - & C & - & H \\ & & \vert & & \vert & & \vert & & \\ & & H & & \vert & & H & & \\ & & H & - & C & - & H & & \\ & & & & \vert & & & & \\ & & & & H & & & & \end{array}$	异丁烷	C_4H_{10}	$CH_3CH(CH_3)_2$	*iso*-butane

为了区分简单烷烃的异构体，常用词头“正(*normal* 或 *n*-)、异(*iso*-或 *i*-)、新(*neo*-)”来表示。“正”表示直链烷烃，“正”字通常可以省略。

“异”表示末端为 $\begin{array}{l} H_3C-CH- \\ \quad\quad\ \vert \\ \quad\quad CH_3 \end{array}$，此外别无支链的烷烃。

“新”表示末端为 $\begin{array}{ccc} & & CH_3 \\ & & \vert \\ H_3C & - & C- \\ & & \vert \\ & & CH_3 \end{array}$，此外别无支链的烷烃。

$$CH_3CH_2CH_2CH_2CH_3 \qquad \begin{array}{l} \quad\ \ CH_3 \\ \quad\quad \vert \\ CH_3CHCH_2CH_3 \end{array} \qquad \begin{array}{l} \quad\ \ CH_3 \\ \quad\quad \vert \\ CH_3CCH_3 \\ \quad\quad \vert \\ \quad\ \ CH_3 \end{array}$$

(正)戊烷 (*n*-pentane)　　异戊烷 (*iso*-pentane)　　新戊烷 (*neo*-pentane)

普通命名法只适用于一些直链或有支链且碳原子数在 6 个以下的烷烃异构体的命名。对于结构比较复杂的烷烃，必须采用系统命名法。

二、系统命名法(IUPAC 命名法)

1892 年，日内瓦国际化学会议首次拟定了有机化合物系统命名原则，此后经国际纯粹与应用化学联合会(International Union of Pure and Applied Chemistry，IUPAC)多次修订，所以此命名法也称为 IUPAC 命名法。我国根据这个命名原则，结合汉字特点，于 1980 年发布了我国的有机化合物命名法，即《有机化学命名原则》(1980)。2017 年，中国化学会为了适应当今有机化学学科发展的需要，参照 IUPAC1993 年和 2004 年建议的名称，在原有基础上对有机化合物的命名原则进行了增补、扩充和修订，并改称为《有机化合物命名原则》(2017)。

(一) 直链烷烃的系统命名法

直链烷烃的系统命名法与普通命名法相同，按照直链上的碳原子数不同称为“某”烷，差别在于系统命名法不写“正”字。

(二) 支链烷烃的系统命名法

1. 烷基及其命名　烃分子中去掉一个氢原子所剩下的基团，称为烃基；脂肪烃去掉一个氢原子所剩下的部分称为脂肪烃基，脂肪烃基用“R—”表示。烷烃分子中去掉一个氢原子后剩下的部分称为烷基，烷基的通式为 C_nH_{2n+1}。

Note

烃基的名称由相应烃的名称确定。烷基的中文命名是把相应烷烃名称中的“烷”字改为“基”字。烷基的英文命名只需将烷烃词尾的-ane 改为-yl。

通常当烷烃分子中含有不同类型的氢原子时，同一个烷烃分子会产生若干种不同的烷基。如：丙烷中有两种类型的氢原子，包括 6 个类型相同的 1°氢原子和 2 个类型相同的 2°氢原子。去掉 6 个 1°氢原子中的任意一个，都会得到正丙基，去掉 2°氢原子中的任意一个得到异丙基。

$$H_3C—CH_2—CH_3 \xrightarrow{\text{去掉一个 1° 氢原子}} H_3C—CH_2—CH_2—\ (\text{正丙基})$$

$$H_3C—CH_2—CH_3 \xrightarrow{\text{去掉一个 2° 氢原子}} H_3C—\underset{\underset{CH_3}{|}}{CH}—\ (\text{异丙基})$$

此外，烷烃去掉 2 个氢原子所剩的基团称为亚基，去掉 3 个氢原子所剩的基团称为次基。

一些常见烷基的结构和名称如表 2-2 所示。

表 2-2 一些常见烷基的结构和名称

烷基	烷基名称	英文名称	缩写
$H_3C—$	甲基	methyl	Me
$CH_3CH_2—$	乙基	ethyl	Et
$CH_3CH_2CH_2—$	(正)丙基	*n*-propyl	*n*-Pr
$CH_3\underset{\mid}{C}HCH_3$	异丙基	*i*-propyl	*i*-Pr
$CH_3CH_2CH_2CH_2—$	(正)丁基	*n*-butyl	*n*-Bu
$CH_3\underset{\mid}{C}HCH_2CH_3$	仲丁基	*sec*-butyl	*sec*-Bu
$CH_3\underset{\underset{CH_3}{\mid}}{C}HCH_2—$	异丁基	*i*-butyl	*i*-Bu
$CH_3—\overset{\overset{CH_3}{\mid}}{\underset{\underset{CH_3}{\mid}}{C}}—$	叔丁基	*t*-butyl	*t*-Bu
$CH_3CH_2CH_2CH_2CH_2—$	(正)戊基	*n*-pentyl	*n*-Pent
$CH_3\underset{\underset{CH_3}{\mid}}{C}HCH_2CH_2—$	异戊基	*i*-pentyl	*i*-Pent
$CH_3CH_2\overset{\overset{CH_3}{\mid}}{\underset{\underset{CH_3}{\mid}}{C}}—$	叔戊基	*t*-pentyl	*t*-Pent
$CH_3\overset{\overset{CH_3}{\mid}}{\underset{\underset{CH_3}{\mid}}{C}}CH_2—$	新戊基	*neo*-pentyl	*neo*-Pent

在表 2-2 中，正某基和仲某基是指直链烷基的游离价在碳链的第一个(伯)碳原子和第二个(仲)碳原子上的烷基。新某基和异某基表示碳链末端分别有$(CH_3)_3C—$和$(CH_3)_2CH—$，且游离

价在伯碳原子上的烷基。叔某基表示除去叔碳上的氢得到的烷基。

2. 支链烷烃的命名步骤 支链烷烃可看作直链烷烃的烷基取代衍生物来进行命名。支链烷烃系统命名法的步骤如下。

(1) 选主链:选择烷烃分子中最长的连续碳链作为主链,根据主链所含的碳原子数目命名为“某烷”,以烷为母体,其他支链看作取代基。

例如: $CH_3CH_2CH_2CHCH_3$(CH 上连 CH_2CH_3),按主链碳原子数称为己烷,甲基作为取代基。

若有多条等长的碳链,应选择取代基最多的碳链作为主链。例如下列化合物中a链和b链都含6个碳原子,但a链上有2个取代基(1个甲基和1个异丙基),b链上有3个取代基(2个甲基和1个乙基),所以选b链作为主链,母体为己烷。

$CH_3CHCH_2CHCH_2CH_3$(第一个 CH 上连 CH_3;第二个 CH 上连 $CH—CH_3$,其 CH 上再连 CH_3;a、b 为两条链)

(2) 定编号:确定主链碳原子的编号,就是确定取代基的位次。主链碳原子的位次用阿拉伯数字“1,2,3…”表示,从靠近取代基的一端开始编号,此时主链的编号应使支链的位次最低。若主链有多种编号可能,则采用最低(小)系列原则(lowest series principle)对主链进行编号,即将取代基编号按数字由小到大进行排列,不同系列进行比较时,由首位开始,按顺序依次比较至分出大小,数字小者系列即为低系列。当两个不同取代基有相同位次时,应使较小的取代基的编号尽可能小。

例如,对化合物 $CH_3CH_2CH_2CHCH_3$(CH 上连 CH_2CH_3),应称为3-甲基己烷(3-methylhexane)。

又如对前述化合物选好b链作为主链后,主链的编号有A→B和B→A两个方向,前者取代基的位次为2、4、5,后者取代基的位次为2、3、5,依次比较,可在第2位数字比较出大小,即后者取代基位次系列小于前者,因此应选择B→A方向编号。

$CH_3CHCH_2CHCH_2CH_3$(第一个 CH 上连 CH_3;第二个 CH 上连 $CH—CH_3$,其 CH 上再连 CH_3;A、B 为链两端)

(3) 写名称:书写化合物名称时要遵循以下规则。①取代基的名称写在母体名称的前面,并逐一标明取代基的位次,表示各位次的阿拉伯数字间用逗号隔开。②主链如果含有几个相同的取代基,合并取代基,取代基的数目用“二、三、四……”表示,写在取代基名称的前面,取代基位次编号的后面。③主链上若连有几个不同的取代基,按照《有机化合物命名原则》(2017)的规定,按IUPAC命名法中取代基英文名称的字母顺序依次排列。但《有机化学命名原则》(1980)中则按立体化学的“顺序规则”(顺序规则将在第三章讨论)比较取代基的大小,自小至大依次排列,即把小的取代基名称写在前面,较大取代基名称列在后面。此处读者在阅读不同版次的书籍时应注意区分。

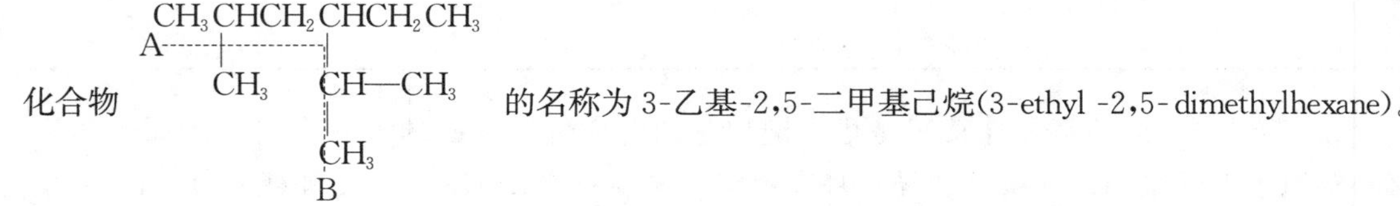

化合物 $CH_3CHCH_2CHCH_2CH_3$(第一个 CH 上连 CH_3;第二个 CH 上连 $CH—CH_3$,其 CH 上再连 CH_3;A、B 为链两端)的名称为3-乙基-2,5-二甲基己烷(3-ethyl -2,5- dimethylhexane)。

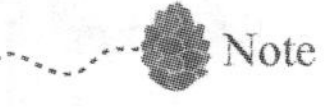

例如：

```
      CH3
      |
   CH3CHCHCH2CH3
   1   2 3|  4   5
        CH2CH3
```

3-乙基-2-甲基戊烷

(3-ethyl-2-methylpentane)

```
                  CH3
  1      2      3|    4      5      6      7
CH3—CH2—CH—CH—CH2—CH2—CH3
                        |
                CH3—CH—CH3
```

4-异丙基-3-甲基庚烷

(4-*i*-propyl-3-methylheptane)

```
  1CH3
    |
  2CH2
    |
  CH3CHCHCH2CH3
     3 4|
        CH2CH2CH3
        5    6    7
```

4-乙基-3-甲基庚烷

(4-ethyl-3-methylheptane)

```
                 3      4
CH3—CH2—CH—CH—CH2—CH3
               2|     |5
         H3C—CH   CH—CH3
                |     |
              CH3   CH3
               1      6
```

3,4-二乙基-2,5-二甲基己烷

(3,4-diethyl-2,5-dimethylhexane)

烷烃的命名是其他有机化合物命名的基础和出发点，有机化合物既可以用普通命名法命名，也可以用系统命名法命名。普通命名法只适用于部分较简单的有机化合物，系统命名法适用于绝大部分有机化合物，另外有些化合物通常还用俗名表达。

课堂练习2-3

命名下列化合物。

```
                        CH3
                         |
(1) CH3CHCH2—C—CH2CHCH3
          |           |       |
        CH3        CH3   CH2CH3
```

```
                 CH3          CH3
                  |             |
(2) CH3CH2CHCHCH2CHCH3
                     |
                  CHCH3
                     |
                   CH3
```

第三节 烷烃的结构和构象

一、烷烃的结构和稳定性

烷烃分子中所有碳原子均为 sp^3 杂化，C—C 之间和 C—H 之间均以单键（σ 键）相连。甲烷是最简单的烷烃分子，其碳原子的 4 个 sp^3 杂化轨道分别与 4 个氢原子的 1s 轨道沿键轴方向以“头碰头”方式重叠，形成 4 个完全相同的 C—H(sp^3-s)σ 键，分子中的键角均为 $109°28'$，在空间上呈正四面体结构，甲烷的 4 个 σ 键从四面体中心分别伸向 4 个顶点，如图 2-1 所示。

从乙烷开始，分子中除具有 C—H(sp^3-s)σ 键外，还存在 C—C(sp^3-sp^3)σ 键，电子云沿键轴呈近似圆柱形对称分布，如图 2-2 所示。当成键原子绕 σ 键轴旋转时，不会改变成键轨道的重叠程度，即 2 个成键原子可绕 σ 键轴自由旋转。烷烃中的化学键都是 σ 键，σ 键在成键时轨道重叠程度大，键较牢固、强度大，故烷烃对化学试剂很稳定。

Note

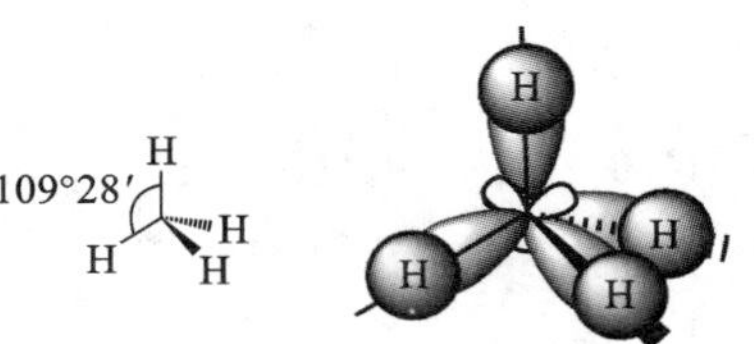

图 2-1　甲烷的分子结构

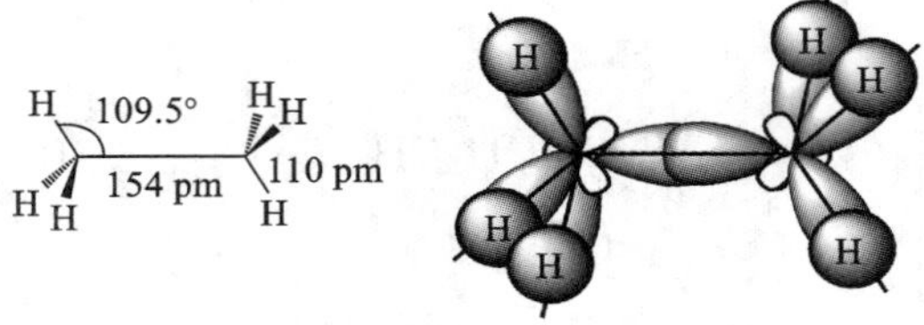

图 2-2　乙烷的分子结构

二、烷烃的构象

烷烃分子中各原子之间都以 σ 键相连，分子的键角接近 109°28′，C—H 键和 C—C 键的键长分别为 110 pm 和 154 pm。当烷烃分子中 2 个碳原子绕 C—C σ 键键轴“自由”旋转时，虽然成键轨道的重叠程度没有改变，但 2 个碳原子上的氢原子或烷基在空间上的相对位置发生改变。这种由于 σ 键旋转所产生的每一种立体形象称为一种构象(conformation)，不同构象之间互称为构象异构体(conformation isomer)。构象异构体的分子构造相同，但其空间排列不同，属于立体异构。由于烷烃的 C—C 键可以旋转任意角度，所以烷烃有无数种构象异构体，是各构象异构体的混合物。

(一) 乙烷的构象

1. 乙烷的各种构象　乙烷没有碳链异构，它是最简单的含有 C—C 键的烷烃分子，乙烷分子中的两个碳原子围绕 C—C 键旋转一周(旋转角度从 0°到 360°)，可以产生无数种构象异构体，其中有两种比较典型的构象：重叠式(eclipsed)和交叉式(staggered)。

常用锯木架形投影式(sawhorse projection)和纽曼投影式(Newman projection)表示烷烃的构象。锯木架形投影式是从 C—C 键轴的侧面观察所得的分子结构的一种立体表达方式，能直接反映碳原子和氢原子在空间的排列情况。图 2-3 为乙烷的锯木架形投影式结构图。

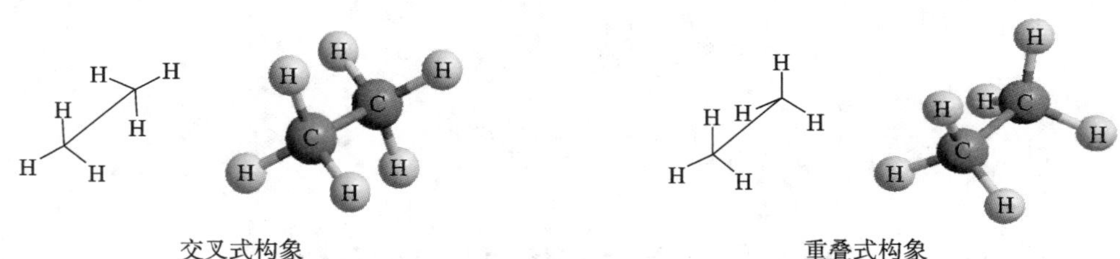

图 2-3　乙烷的锯木架形投影式结构

纽曼投影式是沿着 C—C 键的轴线观察所得的一种分子结构的平面表达方式，用圆圈和圆心表示碳原子，从圆心伸出的三条直线，表示离观察者近的碳原子上的价键，而从圆周向外伸出的三条短线，表示离观察者远的碳原子上的价键。在重叠式中，2 个碳原子和其上连接的氢原子都是重叠的，应该看不到，但为了表示出来，稍微偏转了一个角度。图 2-4 为乙烷的纽曼投影式结构。

乙烷分子中，C—C 键的键长为 154 pm，C—H 键的键长为 110 pm。在乙烷的重叠式构象中，2 个碳原子上彼此重叠的非键合的氢原子之间的距离为 229 pm，而氢原子的范德瓦耳斯半径为 120 pm，重叠的 2 个氢原子之间的距离小于 2 个氢原子的范德瓦耳斯半径之和，因此存在排斥力。这种排斥力是未直接相连的原子之间产生的作用力，是一种非键合的相互作用。从能量方面考虑，分子处于这种构象是不稳定的。

在乙烷的交叉式构象中，2 个碳原子上的氢原子之间的距离约为 250 pm，距离最远。从能量方面考虑，分子处于这种构象是最稳定的，交叉式构象是乙烷最稳定的优势构象。乙烷分子其他

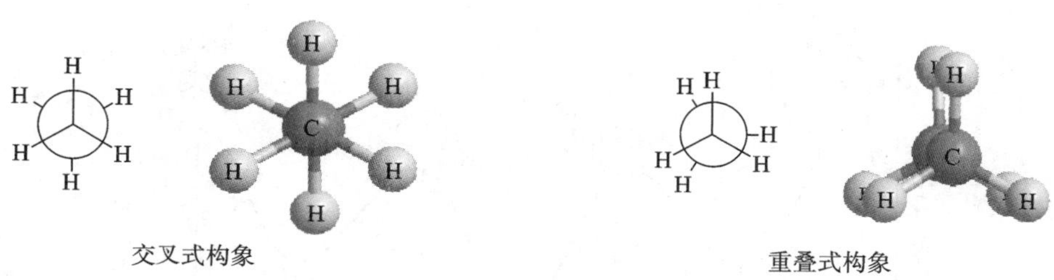

图 2-4 乙烷的纽曼投影式结构

构象的能量介于重叠式和交叉式之间。由于分子在可能的条件下，总是倾向于以能量最低的稳定结构形式存在，一旦偏离这种稳定结构形式，非稳定的结构形式就具有恢复成稳定结构的力量，这就是扭转张力(torsional strain)。

乙烷最稳定的优势构象(交叉式)的能量比最不稳定的重叠式构象低 12.1 kJ/mol，能量相差不大。在室温下，分子间的碰撞就可产生 84 kJ/mol 的能量，足以使 C—C 键“自由”旋转，使各不同构象间迅速转换，因此无法分离出其中某一构象异构体，乙烷是各构象异构体的混合物，其中较稳定构象异构体的占比较大。大多数乙烷分子是以最稳定的交叉式构象存在的。

2. 乙烷各种构象的势能关系图 图 2-5 是以乙烷中 C—C 键的旋转角度为横坐标，不同构象的势能为纵坐标得到的乙烷各种构象的势能关系图。在图中，势能曲线上的任何一点都代表一种构象及其势能。曲线上最低点，即谷底的势能最低，所代表的构象最稳定，是稳定构型(stable conformation)。交叉式构象是乙烷最稳定的构象。曲线上最高点，即峰顶的势能最高，它所代表的构象最不稳定。显然，重叠式构象是乙烷最不稳定的构象。其他构象的能量介于交叉式构象和重叠式构象的能量之间。

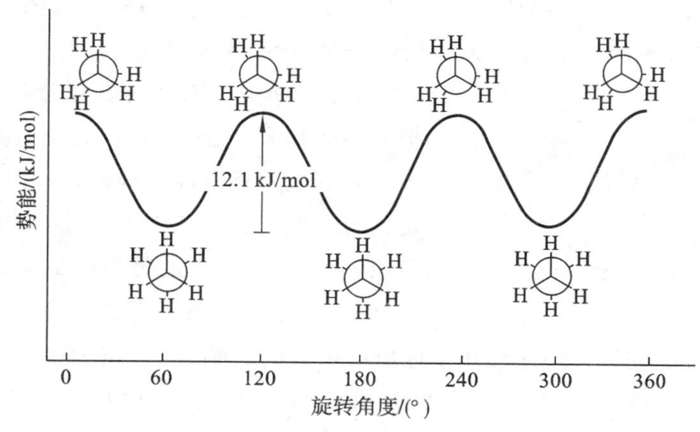

图 2-5 乙烷各种构象的势能关系图

(二) 正丁烷的构象

和乙烷一样，如果将正丁烷分子绕 C(2)—C(3) 单键键轴旋转一周(旋转角度从 0°到 360°)，同样可以得到无数个构象异构体。按照乙烷画势能关系图的方法，同样可以得到正丁烷各种构象的势能关系图，如图 2-6 所示。

由图 2-6 可以看出，正丁烷分子绕 C(2)—C(3) 单键键轴旋转一周后，有四种典型的极限构象，包括两种重叠式构象和两种交叉式构象，即全重叠式和部分重叠式、对位交叉式和邻位交叉式。其中两个大基团重叠在一起的构象，称为全重叠式构象(1)，其势能处于势能曲线的最高点，是最不稳定构象。一个大基团和一个小基团互相重叠的构象称为部分重叠式构象((3)和(5))。

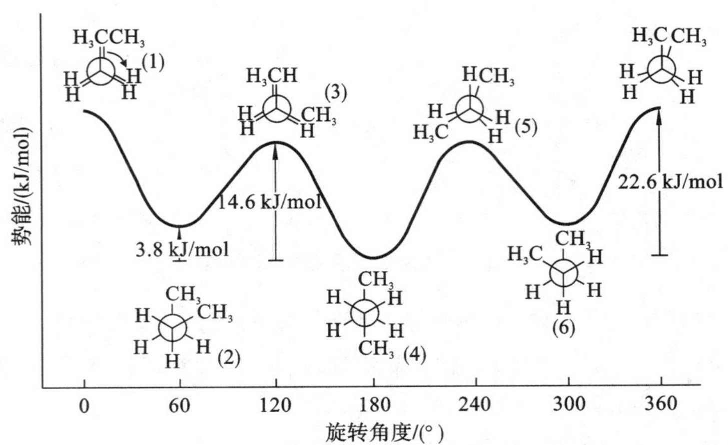

图 2-6　正丁烷各种构象的势能关系图

两个大基团处于对位的构象称为对位交叉式构象(4),能量最低,是正丁烷的优势构象。若正丁烷 C(1)和 C(4)的键也同时取交叉式构象,则得到正丁烷最稳定构象。两个大基团处于邻位的构象称为邻位交叉式构象((2)和(6)),能量高于交叉式构象。正丁烷四种典型构象的稳定性次序如下:

对位交叉式＞邻位交叉式＞部分重叠式＞全重叠式

最稳定构象　　　　　　　　　　　　最不稳定构象

正丁烷的四种典型构象中,对位交叉式和全重叠式之间相差的能量最大,约为 22.6 kJ/mol,在室温下,分子间碰撞可以提供足够的能量,各种构象异构体之间可以互相转化而无法分离。因此,正丁烷实际上也是各构象异构体的混合物,倾向于以稳定的构象异构体形式存在。室温下,正丁烷主要以对位交叉式和邻位交叉式的构象存在,其他两种构象占比较小。

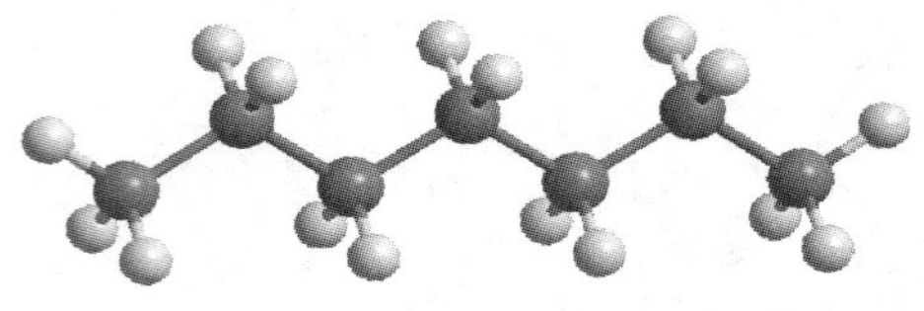

图 2-7　正庚烷的分子结构模型

直链烷烃随着碳原子数的增加,构象也更加复杂,但其优势构象类似于正丁烷最稳定的对位交叉式构象。对其他直链烷烃的构象异构体也可以用类似的方法进行分析。图 2-7 是正庚烷分子在空间排列的构象,相邻两个碳原子的键都取交叉式构象,其碳链是锯齿状的,而不是一条真正的直链。

分子的构象对分子的物理性质和化学性质有很大的影响。如相同碳原子数的直链烷烃比支链烷烃排列得更紧密一些,分子间作用力更大一些,沸点和熔点也相对高一些。此外,分子构象对一些生物大分子(如蛋白质、核酸、酶)的结构和性能也会产生影响。许多药物分子的构象异构与药物的生物活性密切相关,药物分子与药物受体相互作用时,能被受体识别并与受体结构互补结合的药物构象,称为药效构象。药物的非药效异构体与药物受体很难结合,药效构象并不一定是药物的优势构象。通过寻找药效构象可以确定药物与受体结合的情况,为新药设计提供信息。

扫码看答案

课堂练习2-4

(1) 请用锯木架形投影式和纽曼投影式画出丙烷分子的两种典型极限构象。

(2) 请用锯木架形投影式和纽曼投影式画出 1,3-二氯丙烷的优势构象。

Note

第四节　烷烃的物理性质及光谱性质

一、物理性质

有机化合物的物理性质，一般是指物态、熔点、沸点、密度、溶解度、折光率、旋光度等。烷烃同系物的物理性质随碳原子数的增加而呈现规律性的变化。在室温和常压下，含1～4个碳原子的直链烷烃是气体，含5～17个碳原子的直链烷烃是液体，含18个及以上碳原子的直链烷烃是固体。通常直链烷烃的熔点、沸点随相对分子质量增加而增加，同碳原子数的直链烷烃的沸点比支链烷烃高，偶数碳原子的熔点增加的幅度比奇数碳原子增加的幅度要大一些。直链烷烃密度也随碳原子数的增加而增加，且小于1。烷烃同系物易溶于非极性或极性较小的苯、氯仿、四氯化碳、乙醚等有机溶剂，而难溶于水和其他强极性溶剂。部分直链烷烃的物理常数见表2-3。

表2-3　部分直链烷烃的物理常数

名　称	分子式	熔点/℃	沸点/℃	相对密度(d_4^{20})
甲烷	CH_4	−182.6	−161.6	—
乙烷	C_2H_6	−172.0	−88.5	—
丙烷	C_3H_8	−187.1	−42.2	0.5005
丁烷	C_4H_{10}	−138.4	−0.5	0.6012
戊烷	C_5H_{12}	−129.7	36.1	0.6262
己烷	C_6H_{14}	−94.0	68.7	0.6603
庚烷	C_7H_{16}	−90.5	98.4	0.6838
辛烷	C_8H_{18}	−56.8	125.7	0.7025
壬烷	C_9H_{20}	−53.7	150.8	0.7176
癸烷	$C_{10}H_{22}$	−29.7	174.1	0.7298
十一烷	$C_{11}H_{24}$	−25.6	195.9	0.7402
十二烷	$C_{12}H_{26}$	−9.7	216.3	0.7487
十三烷	$C_{13}H_{28}$	−6.0	235.5	0.7564
十四烷	$C_{14}H_{30}$	5.5	253.6	0.7628
十五烷	$C_{15}H_{32}$	10.0	270.7	0.7685
十六烷	$C_{16}H_{34}$	18.1	287.1	0.7733
十七烷	$C_{17}H_{36}$	22.0	302.6	0.7780
十八烷	$C_{18}H_{38}$	28.0	317.4	0.7768
十九烷	$C_{19}H_{40}$	32.0	329.7	0.7774
二十烷	$C_{20}H_{42}$	36.8	343.0	0.7886

二、光谱性质

（一）烷烃的电子跃迁

饱和烷烃分子中只有C—C σ键和C—H σ键，只能发生$\sigma \rightarrow \sigma^*$跃迁。由于$\sigma$电子不易被激

发,故跃迁需要的能量较大,即必须在波长较短的辐射照射下才能发生跃迁。如甲烷的 $\sigma \rightarrow \sigma^*$ 跃迁发生在 125 nm 处,乙烷的 $\sigma \rightarrow \sigma^*$ 跃迁发生在 135 nm 处,其他饱和烷烃的吸收波长一般为 150 nm 左右,均在远紫外区。

(二) 烷烃的红外吸收光谱特征

烷烃 C—C 键的吸收很弱,在 1200～700 cm^{-1} 区域有一个很弱的吸收峰,在结构分析中用处不大。烷烃中 CH_3、CH_2、CH 的 C—H 伸缩振动在 2960～2850 cm^{-1} 处一般有一强的吸收峰,可用于区别饱和烃和不饱和烃。C—H 弯曲振动对分子结构测定十分有用。亚甲基和次甲基的不对称 δ_{C-H}(即面内摇摆振动)在 1460 cm^{-1} 附近有吸收峰,甲基的对称 δ_{C-H}(即剪式振动)在 1380 cm^{-1} 附近有吸收峰,孤立甲基只在 1380 cm^{-1} 附近有单峰。若分子中存在异丙基或三级丁基,单峰分裂成双峰,异丙基的双峰强度相等,三级丁基的双峰强度不等,低波数的吸收峰强度大。这些吸收峰可用于判断分子中分支的情况。如果分子中存在 4 个或 4 个以上 CH_2 形成直链,则在 724～722 cm^{-1}(中)出现面内摇摆振动吸收峰;少于 4 个 CH_2 形成直链时吸收峰移向高波数方向,如—CH_2CH_2—在 743～734 cm^{-1}(中)出现吸收峰。这些吸收位置可以提示分子中是否存在直链以及链的长短情况。

(三) 烷烃的核磁共振氢谱特征

烷烃分子中的 C—H 键是非极性键,氢键的屏蔽效应较大,共振吸收出现在高场,化学位移较小,δ 值为 0.9～1.8。

(四) 烷烃的质谱特征

直链烷烃中所有 C—C 键的键能是相同的,分子离子可在任何一个 C—C 键处断裂,产生含不同碳原子数的碎片离子,一般 m/z 为 $M-15$、$M-29$、$M-43$、$M-57$ 等,它们相当于分子离子中去掉甲基、乙基、丙基和丁基。相邻两个峰间的 m/z 相差 14。具有支链的烷烃的分子离子峰一般由支链处断裂的分子离子产生。

第五节　烷烃的化学性质

烷烃是饱和烃,分子中只有牢固的 C—C 键和 C—H 键,键能均较大,所以烷烃具有较高的化学稳定性。在室温下,烷烃与大多数试剂(如强酸、强碱、强氧化剂、强还原剂等)一般不发生反应。但在适宜的反应条件(如光照、高温或存在催化剂)下,会发生键的均裂产生自由基,发生一些化学反应,如卤代反应。

一、燃烧反应

烷烃能在空气中燃烧,如果氧气充足,烷烃可以完全燃烧生成二氧化碳(CO_2)和水(H_2O),同时放出大量的热,因此烷烃可以用作燃料。如果氧气的量不足,就会产生有毒气体一氧化碳(CO),甚至炭黑(C)。

$$2C_nH_{2n+2}+(3n+1)O_2 \longrightarrow 2nCO_2+(2n+2)H_2O+E(\text{能量})$$

直链烷烃燃烧时放出的热量比支链烷烃多,支链越多,燃烧时放出的热量越少。烷烃燃烧所放出的热量少,说明它的势能低,相对稳定性高。支链烷烃比同碳原子数的直链烷烃稳定。

二、热裂反应

烷烃在隔绝空气和高温条件下发生 C—C 键断裂,生成小分子的烷烃,也可转变成烯烃和氢

气等复杂混合物，这个反应称为热裂反应。如丁烷加热至 600 ℃发生热裂反应，所得产物中含有甲烷、乙烷、乙烯和丙烯等。热裂过程中，C—C 键和 C—H 键均可断裂，其过程很复杂，产物也很复杂。高级烷烃的热裂产物更为复杂。分子越大，越易热裂，热裂后的分子还可以再进行热裂。

$$CH_3CH_2CH_2CH_3 \xrightarrow{600\ ℃} CH_4 + CH_3CH_3 + CH_3CH_2CH_3 + CH_2{=}CH_2 + CH_2{=}CHCH_3$$

烷烃的热裂反应主要用于生产燃料、低相对分子质量的烷烃和烯烃等化工原料。近年来，烷烃的热裂已被催化裂解所代替，进一步提高了石油原料的利用率和汽油质量，也为生产更多的化工原料(乙烯、丙烯和丁二烯等)提供了良好的途径。

三、取代反应

有机化合物分子中的氢原子(或其他原子、原子团)被另一原子或原子团取代的反应称为取代反应(substitution reaction)。烷烃分子中的氢原子被卤原子取代的反应称为卤代反应(halogenation reaction)。

(一) 卤代反应

在适宜的反应条件(如光照、高温或存在催化剂)下，烷烃能发生卤代反应。

如在紫外光照射或高温(250～400 ℃)的条件下，甲烷和氯气混合会剧烈地发生氯代反应，甲烷中的 4 个氢原子可逐步被氯原子取代，通常得到的是一氯甲烷、二氯甲烷、三氯甲烷(氯仿)、四氯甲烷(四氯化碳)和氯化氢的混合物。

$$CH_4 \xrightarrow[\text{光或热}]{Cl_2} CH_3Cl \xrightarrow[\text{光或热}]{Cl_2} CH_2Cl_2 \xrightarrow[\text{光或热}]{Cl_2} CHCl_3 \xrightarrow[\text{光或热}]{Cl_2} CCl_4$$

若用过量的甲烷与氯气反应，则反应几乎限制在一氯代反应阶段，生成一氯甲烷。可用此方法制备一卤代烃。

(二) 甲烷氯代反应的机制

反应机制是对某个化学反应逐步变化过程的详细描述。它是以大量实验事实为依据，做出的理论推导。

甲烷和氯气反应的实验事实：①甲烷和氯气在室温及暗处不反应；②在紫外光照射或加热(高于 250 ℃)的条件下反应；③当反应体系中有少量氧气时，反应会受到抑制。根据以上实验事实，学者提出了甲烷氯代反应的链式自由基取代反应历程。

烷烃卤代反应的机制可分为链引发、链增长和链终止三个阶段。下面是甲烷氯代形成一氯甲烷的反应机制。

链引发阶段(chain-initiating step)：氯分子从光或热中获得能量，发生化学键的均裂，生成具有高能量的氯自由基。自由基是带有单电子的原子或基团，性质非常活泼，只能瞬间存在，有很强的获取 1 个电子形成稳定的八隅体结构的倾向，因而具有很高的反应活性。

$$Cl{:}Cl \xrightarrow{\text{光或热}} 2Cl\cdot \quad ①$$

链增长阶段(chain-propagating step)：活泼的氯自由基与甲烷分子碰撞时，夺取甲烷分子中的 1 个氢原子，形成氯化氢分子和 1 个新的甲基自由基。紧接着活泼的甲基自由基再夺取氯分子中的 1 个氯原子，生成一氯甲烷和 1 个新的氯自由基。

$$Cl\cdot + CH_4 \longrightarrow \cdot CH_3 + HCl \quad ②$$

$$\cdot CH_3 + Cl_2 \longrightarrow CH_3Cl + Cl\cdot \quad ③$$

反应式③是放热反应，所放出的能量足以补偿反应②所需吸收的能量，因而反应可以不断地进行，将甲烷转变为一氯甲烷。新生成的氯自由基又可重复上述②和③的反应。不断地形成新的自由基和产物。

$$Cl\cdot + CH_3Cl \longrightarrow \cdot CH_2Cl + HCl$$
$$\cdot CH_2Cl + Cl_2 \longrightarrow CH_2Cl_2 + Cl\cdot$$
$$Cl\cdot + CH_2Cl_2 \longrightarrow \cdot CHCl_2 + HCl$$
$$\cdot CHCl_2 + Cl_2 \longrightarrow CHCl_3 + Cl\cdot$$
$$Cl\cdot + CHCl_3 \longrightarrow \cdot CCl_3 + HCl$$
$$\cdot CCl_3 + Cl_2 \longrightarrow CCl_4 + Cl\cdot$$

甲烷的氯代反应,每一步都消耗一个活泼的自由基,同时为下一步反应提供另一个活泼的自由基,所以这是自由基反应(free radical reaction)。链增长阶段是整个链反应的重要阶段,亦是生成产物的主要阶段。

链终止阶段(chain-terminating step):在反应后期,随着反应物的量逐渐减少,自由基与反应物碰撞的机会减少,而自相碰撞的机会增多,自由基一旦相互碰撞结合成分子,取代反应就逐渐终止。例如:

$$Cl\cdot + \cdot CH_3 \longrightarrow CH_3Cl$$
$$\cdot CH_3 + \cdot CH_3 \longrightarrow CH_3CH_3$$
$$Cl\cdot + Cl\cdot \longrightarrow Cl_2$$

在自由基链反应中,加入少量能抑制自由基生成或降低自由基活性的试剂,可使反应速率减小或终止反应,这是一个自由基消除的过程。

甲烷的氯代反应是自由基取代反应,其机制既适用于甲烷的溴代反应,也适用于其他烷烃的卤代反应。卤素与烷烃的反应活性顺序为 $F_2 > Cl_2 > Br_2 > I_2$。甲烷的氟代反应十分剧烈,难以控制,所产生的热量可破坏大多数的化学键,以致发生爆炸。碘最不活泼,碘代反应难以进行。因此,卤代反应一般是指氯代反应和溴代反应。

(三)烷烃卤代反应的取向

烷烃发生一卤代反应时,除甲烷和乙烷只得到一种一卤代物以外,其他碳链较长的烷烃由于含有不同类型的氢原子,发生一卤代反应时,不同类型的氢原子被取代,生成多种一卤代烃异构体。由于不同类型的氢原子的解离速率不同,故反应活性不同,形成各卤代产物的占比也不同。例如:丙烷和异丁烷的一氯代反应都可得到两种一氯代物,并且产物占比不同。例如:

$$\overset{}{CH_3}\overset{2^\circ}{CH_2}\overset{1^\circ}{CH_3} + Cl_2 \xrightarrow[25\ ℃]{h\nu} \underset{\substack{1\text{-氯丙烷}\\45\%}}{CH_3CH_2CH_2Cl} + \underset{\substack{\text{(2-位 Cl)}\\ \text{2-氯丙烷}\\55\%}}{CH_3CHClCH_3}$$

$$\underset{3^\circ\ \ 1^\circ}{(CH_3)_2CHCH_3} + Cl_2 \xrightarrow[127\ ℃]{h\nu} \underset{\substack{1\text{-氯-2-甲基丙烷}\\64\%}}{(CH_3)_2CHCH_2Cl} + \underset{\substack{2\text{-氯-2-甲基丙烷}\\36\%}}{(CH_3)_3CCl}$$

由上述两个实例可知:碳链较长的烷烃与氯发生自由基取代反应时,烷烃分子中不同类型氢的反应活性决定一氯取代的"主""次"产物。烷烃分子中不同类型的氢原子对氯的自由基取代反应活性次序如下:

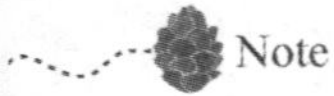

叔氢原子>仲氢原子>伯氢原子

由于氯的活性较大，选择性较差，在氯代反应中，一氯代烷的各种产物的占比相差不大。但烷烃进行溴代反应时，由于溴的活性较小，选择较强，同时虽然三种氢在溴代反应中的活性次序与氯代反应一致，但溴代反应中三种氢的活性差别大，生成的一溴代烷往往以一种产物占优势。例如：

$$\overset{}{CH_3}\overset{2^\circ}{CH_2}\overset{1^\circ}{CH_3} + Br_2 \xrightarrow[127\ ℃]{h\nu} \underset{\substack{\text{1-溴丙烷}\\(3\%)}}{CH_3CH_2CH_2Br} + \underset{\substack{\text{2-溴丙烷}\\(97\%)}}{CH_3\underset{Br}{\underset{|}{C}}HCH_3}$$

$$\underset{3^\circ\ \ 1^\circ}{CH_3\overset{CH_3}{\overset{|}{C}}HCH_3} + Br_2 \xrightarrow[127\ ℃]{h\nu} \underset{\substack{\text{1-溴-2-甲基丙烷}\\(\text{痕量})}}{CH_3\overset{CH_3}{\overset{|}{C}}HCH_2Br} + \underset{\substack{\text{2-溴-2-甲基丙烷}\\(>99\%)}}{CH_3\overset{CH_3}{\overset{|}{\underset{Br}{\underset{|}{C}}}}CH_3}$$

上述例子说明，烷烃卤代反应的取向取决于烷烃的结构及卤素的活性。

（四）烷基自由基稳定性与构型

某一化学键均裂时会产生带单电子的原子或基团，称为自由基。单电子在氢原子上的自由基称为氢自由基。单电子在碳原子上的自由基称为碳自由基。共价键均裂成自由基所需的能量称为共价键的解离能（dissociation energy）。共价键的解离能可衡量共价键的强度；化学键越牢固，越不易断裂，解离能越大；化学键越易断裂，解离能越小。

烷烃中的C—H键均裂时会产生1个烷基自由基（即碳自由基）和1个氢自由基。CH_4 和 CH_3CH_3 均裂一个C—H键分别生成甲基自由基和乙基自由基，$CH_3CH_2CH_3$ 中断裂一级碳原子上的C—H键，形成一级碳自由基；$CH_3CH_2CH_3$ 中断裂二级碳原子上的C—H键，形成二级碳自由基。$(CH_3)_3CH$ 中三级碳原子上的C—H键断裂，形成三级碳自由基。不同类型的C—H键的解离能是不同的，CH_4 中C—H键的解离能最大。

	CH_3—H	CH_3CH_2—H
解离能/(kJ/mol)	435	410
	$(CH_3)_2CH$—H	$(CH_3)_3C$—H
解离能/(kJ/mol)	397	385

C—H键的解离能越小，键发生均裂需要的能量越低，碳自由基越容易形成，也就相对越稳定，越有利于进一步形成卤代产物。根据不同C—H键解离能的不同，烷基自由基相对稳定性顺序为

$$3^\circ\ C\cdot > 2^\circ\ C\cdot > 1^\circ\ C\cdot > H_3C\cdot$$

自由基的稳定性对反应的取向和反应活性起着决定性作用，尤其是碳链较长烷烃的自由基取代反应更为明显。

甲基自由基是最简单的烷基自由基，其碳原子为 sp^2 杂化，3个 sp^2 杂化轨道与3个H原子的1s轨道形成3个C—H σ键，形成平面三角形结构。未成对的单电子处于未参与杂化的p轨道中，且垂直于三角形平面（图2-8）。其他烷基自由基与甲基自由基的结构类似。

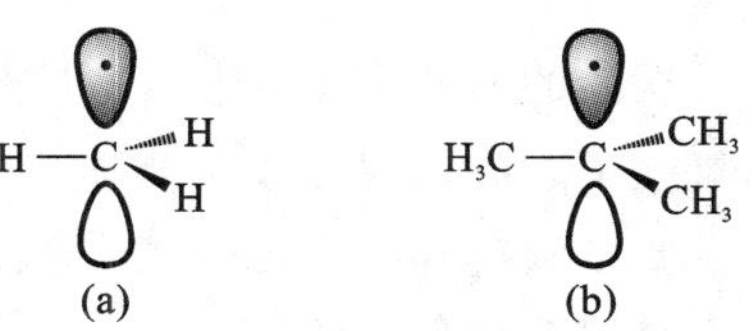

图2-8 甲基自由基(a)和叔丁基自由基(b)的结构

【知识拓展】
三苯甲基
自由基

第六节　烷烃的来源及在医药学上的应用

碳氢化合物是当今社会重要的能源来源,也是现代化学工业的基本原料。烷烃的主要来源是石油和天然气。天然气中约含75%的甲烷,还含有15%的乙烷,5%的丙烷以及少量其他较高级的烷烃。新型高效清洁能源可燃冰的全称是天然气水合物,主要分布在海底地层或陆域的永久冻土中,甲烷为其主要成分,占99%。天然气在公元前1000多年就已被发现。我国西周时期的《周易》中就有“泽中有水”“上火下水”的记载,描述了湖泊沼泽中逸出的天然气燃烧的现象。西汉时期已出现了天然气井,《汉书·郊祀志》中记载有“祠天封苑火井于鸿门”。晋朝的《华阳国志》描述了秦汉时期天然气作为能源的应用,人们用竹筒装着天然气燃烧,当火把走夜路。并且用天然气煮盐,火力比普通火力大,且出盐更多。

石油是多种成分的混合物,且这些成分因石油产地的不同而不同。目前的分析结果表明,石油中含有1~50个碳原子的链状烷烃及一些环状烷烃,且以环戊烷、环己烷及它们的衍生物为主,某些产地的石油中还含有芳烃。将原油根据不同成分的不同沸点在分馏塔中进行分馏,可以得到馏分,如液化石油气、汽油、煤油、柴油、润滑剂、沥青、蜡和石蜡,以这些馏分为原料获得半成品,再由二级或精细化工行业加工,可以得到数量巨大的石油产品。石油工业的发展对于国民经济以及有机化学的发展都非常重要。

有些烷烃在医药上也有重要应用。液体石蜡(liquid paraffin)是从石油产品中分离得到的液体烷烃的混合物,是无色澄清油状液体,无色无臭,化学性质稳定,但接触空气能被氧化,产生令人不愉快的臭味,可加入油性抗氧化剂。液体石蜡能与非极性溶剂混合,能溶解生物碱、挥发油及一些非极性药物等,可作为口服制剂和搽剂的溶剂。液体石蜡在肠道中不分解也不被吸收,能使粪便变软,有润肠通便作用,常用作缓泻剂。石蜡(paraffin)是含25~34个碳原子的固体烃的混合物,医药上用于蜡疗、药丸包衣、封瓶、理疗等。

凡士林(vaseline)是液体石蜡和固体石蜡的混合物,为软膏状半固体,不溶于水,溶于醚和石油醚。因为它不能被皮肤吸收,而且化学性质稳定,不易和软膏中的药物起变化,在医药上常用作软膏基质。

有些低相对分子质量的烷烃在气雾剂类药物中用作抛射剂,常用的有丙烷、正丁烷和异丁烷。该类物质用作抛射剂比较稳定,毒性不大,密度低,沸点较低,但易燃、易爆,不宜单独应用,常与氟氯烷烃类抛射剂合用。目前丙烷、丁烷、异丁烷和戊烷也作为制冷剂成分,被用于运动损伤快速应急处理的冷却喷雾剂中,起到冷却皮肤、减轻肿胀、缓解疼痛的作用。

小　结

烷烃的通式为 C_nH_{2n+2}。烷烃分子中的碳原子都是 sp^3 杂化,碳原子和碳原子之间、碳原子和氢原子之间都以 σ 单键相连。烷烃的同分异构体包括构造异构体和构象异构体,其构造异构体主要是碳链异构。乙烷的典型构象异构有两种,分别是交叉式构象和重叠式构象,其中交叉式构象是优势构象。丁烷的典型构象有四种,分别是对位交叉式构象、邻位交叉式构象、部分重叠式构象和全重叠式构象,其中对位交叉式构象是优势构象。

烷烃的命名主要分为普通命名法和系统命名法。普通命名法只适用于直链烷烃和有特定结构的简单烷烃。直链烷烃的系统命名和普通命名相同,支链烷烃的系统命名按照IUPAC的规

定，分三步进行：①选主链；②定编号；③写名称。

烷烃分子中，由于C—C键和C—H键的键能较大，故烷烃断键困难，化学性质比较稳定。在通常情况下，烷烃不与强酸、强碱、强氧化剂和强还原剂发生化学反应。但在一定条件下，烷烃能够发生氧化反应、热裂反应和卤代反应，其卤代反应是自由基反应，经历链引发、链增长和链终止三个阶段。

碳自由基中碳原子主要采用 sp^2 杂化。碳自由基的稳定性顺序为 $3°\ C\cdot > 2°\ C\cdot > 1°\ C\cdot > H_3C\cdot$。

目标检测

目标检测答案

一、选择题。

(1) 下列各基团为异丙基的是(　　)。

A. $CH_3—CH_2—CH_2—$　　B. $(CH_3)_2CH—$

C. $CH_3—CH_2—CH(CH_3)—$　　D. $CH_3—CH(CH_3)—CH_2—$

(2) 下列常温下是液态的烷烃是(　　)。

A. 乙烷　　B. 丙烷　　C. 丁烷　　D. 戊烷

(3) 在光照情况下，能与甲烷发生取代反应的是(　　)。

A. 硫酸　　B. 氢氧化钠　　C. 氯气　　D. 氧气

(4) 2-甲基丁烷的一氯代物的同分异构体数目为(　　)。

A. 5　　B. 4　　C. 3　　D. 2

二、写出下列化合物的名称或结构式。

(1) 新戊烷　　(2) 2,2,4-三甲基己烷

(3) 3-异丙基-2-甲基庚烷

(4)
```
     CH3
     |
CH3CCH2CH2CHCH3
     |        |
     CH3      CH2CH3
```

(5)
```
      CH3         CH3
      |           |
H3C—CH—CH2—CH—CH3
```

(6) 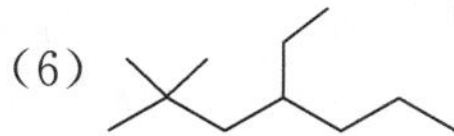

三、判断下列化合物中C、H原子的类型。

```
           CH3
           |
CH3CH2CCH2CHCH2CH3
           |      |
           CH3    CH2CH3
```

四、写出满足下列要求的烷烃的结构式。

(1) 不含有仲碳原子的碳原子数为4的烷烃。

(2) 分子中各类氢原子数之比为1°氢∶2°氢∶3°氢=6∶1∶1，分子式为 C_7H_{16} 的烷烃。

(3) 发生氯代反应时，能得到3种氯代产物的相对分子质量为72的烷烃。

(4) 分子式为 C_8H_{18} 且只有伯氢原子的烷烃。

五、写出乙烷与氯气反应生成一氯乙烷的反应机制。

六、用纽曼投影式表示2,3-二甲基丁烷以 $C_2—C_3$ 键为轴旋转的4种典型构象式，并按稳定性从大到小的次序排列。

Note

七、化合物中的 C—H 键断裂可以生成哪几种类型的碳自由基？写出它们的结构简式，并按稳定性由大到小的顺序排列。

【思政元素】

参考文献

[1] 侯小娟，张玉军. 有机化学[M]. 武汉：华中科技大学出版社，2018.

[2] 邢其毅，裴伟伟，徐瑞秋，等. 基础有机化学[M]. 4 版. 北京：北京大学出版社，2016.

[3] 倪沛洲. 有机化学[M]. 6 版. 北京：人民卫生出版社，2007.

[4] 陆阳. 有机化学[M]. 9 版. 北京：人民卫生出版社，2018.

[5] 《奥妙化学》编委会. 奥妙化学[M]. 北京：科学出版社，2018.

[6] 西尔瓦诺·富索. 生活中的化学[M]. 胡燕，译. 杭州：浙江科学技术出版社，2022.

[7] 崔福德. 药剂学[M]. 6 版. 北京：人民卫生出版社，2007.

[8] 江勇，郭梦金. 医用化学[M]. 北京：化学工业出版社，2019.

(李　琳)

Note

第三章　烯烃、炔烃和二烯烃

学习目标

扫码看 PPT

素质目标：培养学生将所学知识应用到实际中解决问题的能力，特别是在化学合成中。培养学生追求真理、严谨务实的科学精神；激发学生家国情怀，培养文化认同感，增强民族自信心。

能力目标：运用诱导效应、共轭效应来解释烯烃的稳定性；运用诱导效应、共轭效应解释碳正离子的稳定性；运用诱导效应、共轭效应解释烯烃、炔烃、二烯烃反应的机制。

知识目标：掌握烯烃、炔烃和二烯烃的结构、命名及化学性质。熟悉亲电加成反应的机制，碳正离子的相对稳定性顺序，诱导效应和共轭效应。了解烯烃、炔烃的物理性质及催化加氢反应、自由基加成反应的机制。

答案解析

β-胡萝卜素

β-胡萝卜素是天然共轭多烯烃，进入人体后可以转变为维生素 A，故又称为维生素 A 原。人体摄入过量的维生素 A 会发生中毒，只有当有需要时，人体才会将β-胡萝卜素转换成维生素 A。

β-胡萝卜素

绿色蔬菜、水果等含有丰富的β-胡萝卜素。β-胡萝卜素是一种抗氧化剂，可以消除体内代谢过程中产生的氧自由基。β-胡萝卜素在抗癌、预防心血管疾病、预防白内障等方面具有广泛应用，是一种不可或缺的营养素。

思考：β-胡萝卜素含有的特征基团是什么？

烯烃(alkene)和炔烃(alkyne)的分子中分别含不饱和键碳碳双键($C=C$)和碳碳三键($C\equiv C$)，属于不饱和烃。烯烃和炔烃的化学性质比烷烃活泼，这两类不饱和烃在生命科学领域具有重要的地位。

Note

第一节 烯 烃

一、结构

烯烃是含有碳碳双键的不饱和烃。含有一个碳碳双键的开链烯烃的通式为 C_nH_{2n}。

乙烯是最简单的烯烃，两个碳原子通过碳碳双键相连(图 3-1)。乙烯为平面结构，其碳原子和氢原子均在同一平面上，键角接近 120°。乙烯中碳碳双键的键长为 134 pm，比碳碳单键的键长(154 pm)要短。

乙烯中形成双键的碳原子均为 sp^2 杂化，一个碳原子的 sp^2 杂化轨道与另一个碳原子的 sp^2 杂化轨道彼此"头碰头"重叠形成一个 σ 键，另两个 sp^2 杂化轨道沿伸展方向分别与两个氢原子的 s 轨道重叠形成四个 σ 键。每个碳原子剩余一个未参与杂化的 2p 轨道垂直于 σ 键所在平面，相互平行，从侧面"肩并肩"重叠形成 π 键，π 键电子云分布在平面的上方和下方(图 3-2)。

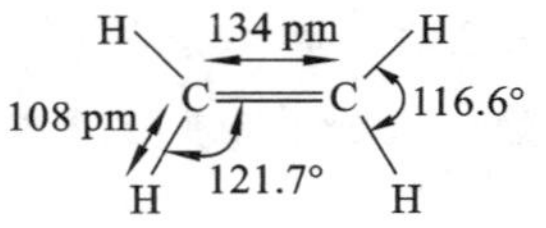

图 3-1 乙烯的键长和键角

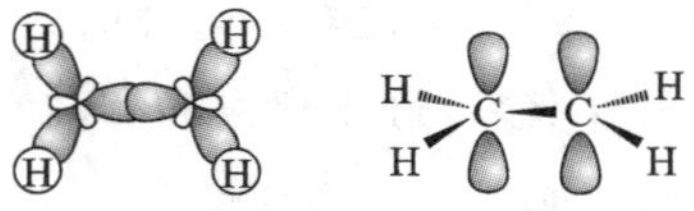

图 3-2 乙烯分子中的 σ 键和 π 键

乙烯中碳碳双键的键能为 610 kJ/mol，碳碳单键的键能为 345 kJ/mol，因此 π 键的键能约为 265 kJ/mol，比碳碳单键小。由此可知，π 键的重叠程度不如 σ 键大。π 键不能沿着键轴自由旋转，σ 键和 π 键的差异性见表 3-1。

表 3-1 σ 键和 π 键的特点比较

比 较 点	σ 键	π 键
存在情况	可单独存在于共价键中	不能单独存在，只能和 σ 键共存
形成情况	沿键轴重叠成键，重叠程度大	沿键轴相互平行重叠，重叠程度小
电子云形状	电子云呈圆柱形	电子云呈块状，有对称面
电子云密度	在对称轴上电子云密度最大，密集于两核之间	电子云较分散，对称面上电子云密度几乎为零

二、异构现象

(一) 构造异构

烯烃的构造异构比同碳原子数的烷烃复杂，其不仅存在碳链异构，还存在双键的位置异构。例如，丁烯有三种构造异构体，丁-1-烯和丁-2-烯互为位置异构，它们与异丁烯互为碳架异构。

$$CH_2{=}CHCH_2CH_3 \qquad CH_3CH{=}CHCH_3 \qquad CH_2{=}\underset{}{\overset{CH_3}{\overset{|}{C}}}CH_3$$

丁-1-烯　　丁-2-烯　　异丁烯

(二) 顺反异构

顺反异构属于立体异构。由于 π 键不能自由旋转，因此，当两个双键碳原子上分别连有不同的原子或基团时，在空间上就会有两种不同的排列方式。例如，丁-2-烯就存在两种异构体：顺-丁-2-烯和反-丁-2-烯。它们在室温下不能通过化学键的旋转而相互转化。这种由于围绕 π 键旋转受

阻，导致分子中的原子或基团在空间排列位置不同，产生的异构体称为顺反异构体。

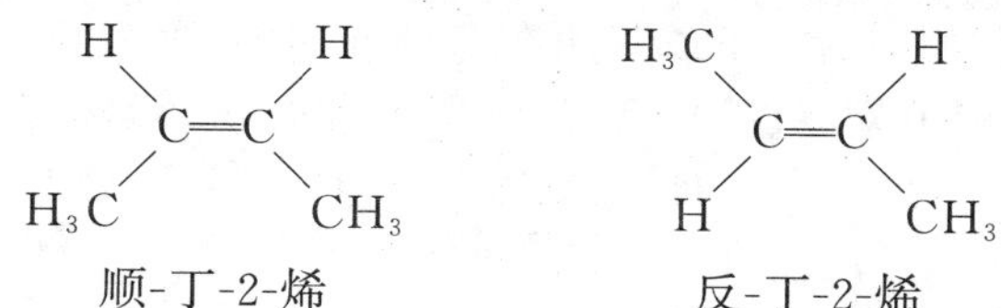

顺-丁-2-烯　　反-丁-2-烯

产生顺反异构必须具备以下条件：分子中存在限制原子自由旋转的因素，如双键或脂环；不能自由旋转的原子分别连接两个不同的原子或基团。

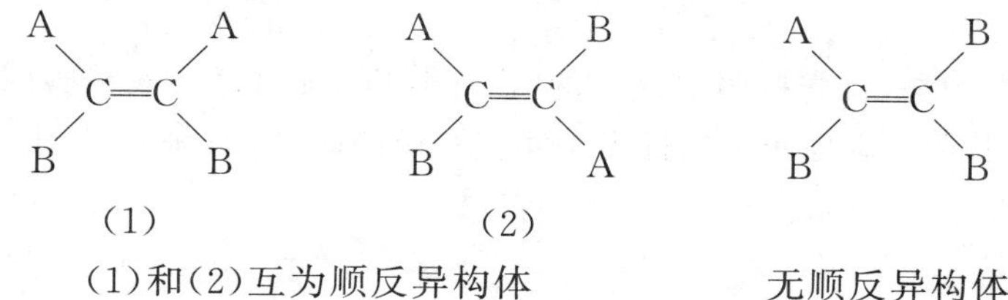

(1)　　(2)

(1)和(2)互为顺反异构体　　无顺反异构体

三、命名

(一) 普通命名法

简单的烯烃常使用普通命名法命名，其命名原则与烷烃的命名类似，根据烯烃含有的碳原子数目，称为“某烯”。例如：

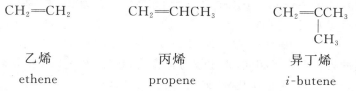

$CH_2{=}CH_2$	$CH_2{=}CHCH_3$	$CH_2{=}C(CH_3)CH_3$
乙烯	丙烯	异丁烯
ethene	propene	*i*-butene

(二) 系统命名法

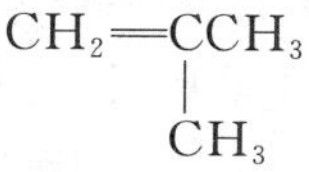

1. 命名规则 烯烃的系统命名法的基本规则如下。

选择含有碳碳双键的最长碳链作为主链，命名为“某烯”；多于 10 个碳原子的烯烃称为“某碳烯”。从最靠近双键的一端开始，对主链碳原子依次进行编号，以双键碳原子中位次较小的编号标明双键的位置，写在词尾烯字的前面，用“-”隔开，取代基名称和位置的表示方法与烷烃相同。烯烃的英文名称的词尾为“ene”。

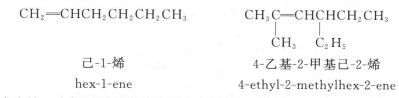

$CH_2{=}CHCH_2CH_2CH_2CH_3$	$CH_3C(CH_3){=}CHCH(C_2H_5)CH_2CH_3$
己-1-烯	4-乙基-2-甲基己-2-烯
hex-1-ene	4-ethyl-2-methylhex-2-ene

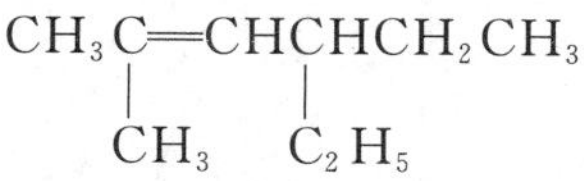

烯烃分子中去掉 1 个氢原子得到的基团称为“烯基”。例如：

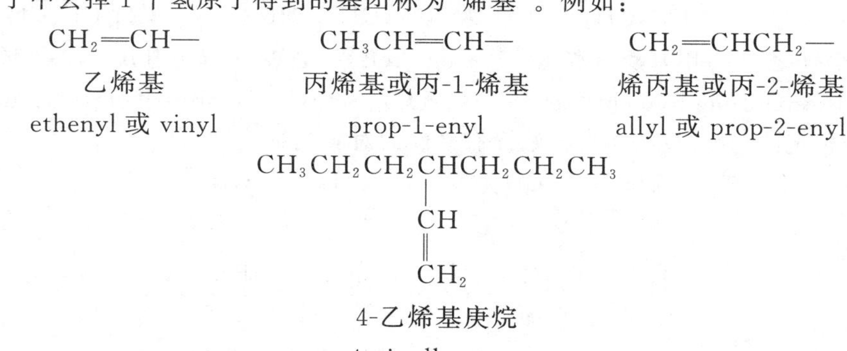

$CH_2{=}CH—$	$CH_3CH{=}CH—$	$CH_2{=}CHCH_2—$
乙烯基	丙烯基或丙-1-烯基	烯丙基或丙-2-烯基
ethenyl 或 vinyl	prop-1-enyl	allyl 或 prop-2-enyl

$CH_3CH_2CH_2CH(CH{=}CH_2)CH_2CH_2CH_3$

4-乙烯基庚烷

4-vinylheptane

Note

2. 顺反异构体的命名

(1) 顺/反构型标记法：相同的原子或基团在双键的同侧，称为顺式(*cis*)；若在双键的异侧，则称为反式(*trans*)。命名时分别冠以顺、反，并用“-”与化合物名称相连。例如：

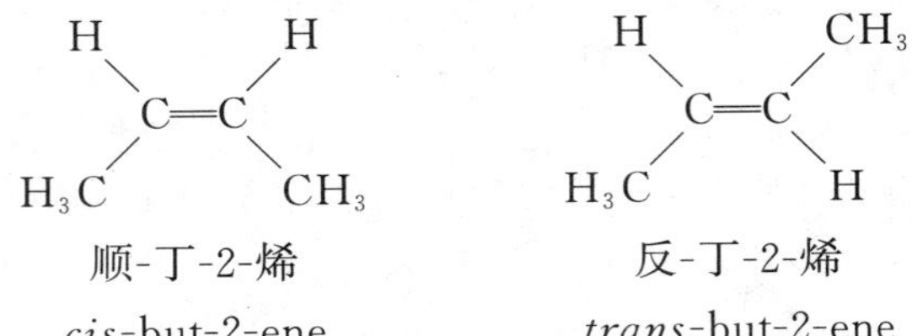

顺-丁-2-烯　　反-丁-2-烯

cis-but-2-ene　　*trans*-but-2-ene

(2) Z/E 构型标记法：首先按照取代基的“次序规则”排出每个双键碳原子上所连接的两个取代基的优先次序，若两个碳原子上的优先基团在双键的同侧，则称为 Z 型；若在双键的异侧，则称为 E 型。例如：

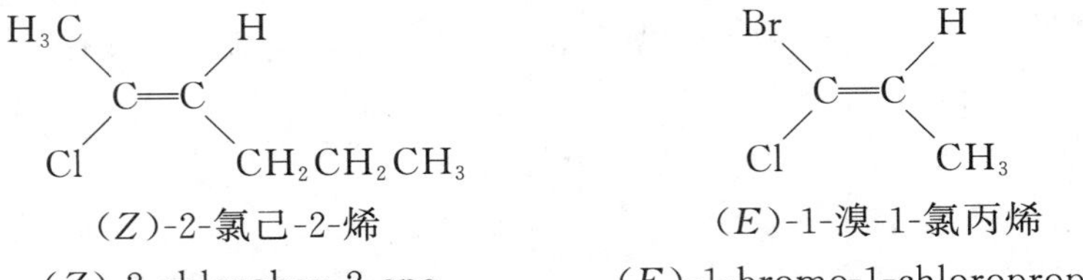

(Z)-2-氯己-2-烯　　(E)-1-溴-1-氯丙烯

(Z)-2-chlorohex-2-ene　　(E)-1-bromo-1-chloropropene

次序规则是确定有机化合物中取代基优先顺序的规则，基本要点如下。

①将各种取代基的第一个原子按原子序数大小排列，大者为“较优”基团。若为同位素，则将质量数大的定为“较优”基团。例如：

$$I>Br>Cl>S>P>O>N>C>D>H$$

②若两个基团的第一个原子相同，则比较与它直接相连的几个原子。比较时，按原子序数排列，先比较最大的；若仍相同，再依次比较第二、第三个。例如：

$$(CH_3)_3C—>(CH_3)_2CH—>CH_3CH_2—>CH_3—$$

③有双键或三键的基团，可以认为是连接两个或三个相同原子。

>C=A 认作 —C(A)—A—(C) (C 和两个 A 连接，A 也和两个 C 连接)

—C≡A 认作 —C(A)(A)—A(C)(C) (C 和三个 A 连接，A 也和三个 C 连接)

$H_3CH_2C(CH_3)C=C(CH_2CH_2CH_3)CH_2CH_3$　　$CH_2=HC((CH_3)_2HC)C=C(CH_2CH_3)CH_2CH_2CH_3$

(Z)-4-乙基-3-甲基庚-3-烯　　(E)-4-乙基-3-异丙基庚-1,3-二烯

(Z)-4-ethyl-3-methylhept-3-ene　　(E)-4-ethyl-3-isopropylhepta-1,3-diene

Z/E 构型标记法与顺/反构型标记法没有必然的对应关系。

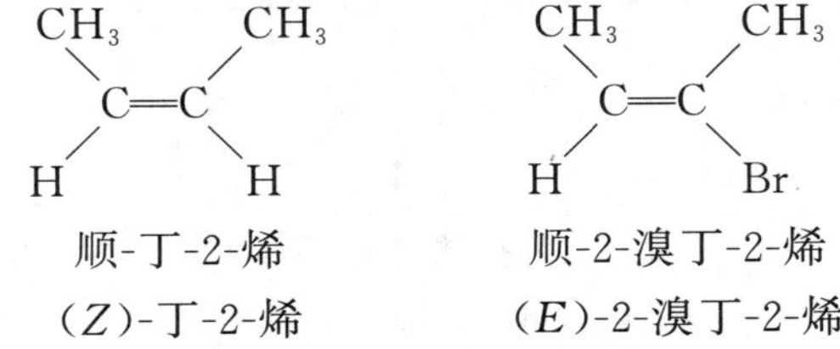

顺-丁-2-烯　　顺-2-溴丁-2-烯

(Z)-丁-2-烯　　(E)-2-溴丁-2-烯

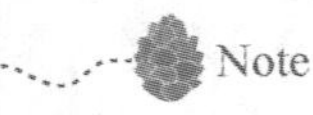

顺反异构体不仅理化性质不同，通常还具有不同的生物活性。例如，不饱和高级脂肪酸油脂中的碳碳双键全部为顺式构型。因顺反异构现象导致双键碳上原子或基团之间相互作用力大小不同，从而造成生物体与受体表面作用的强弱不同，出现生物活性差别。

课堂练习3-1

命名下列化合物。

(1) H(上)、H_3C(下) 连于左侧C；$CH_2CH_2CH_2CH_3$(上)、CH_2CH_3(下) 连于右侧C；C═C

(2) CH_3(上)、$CH_3CH_2CH_2$(下) 连于左侧C；$CH(CH_3)_2$(上)、CH_3(下) 连于右侧C；C═C

四、物理性质及光谱性质

在常温下，含 2～4 个碳原子的烯烃为气体，含 5～18 个碳原子的烯烃为液体，含 19 个及以上碳原子的烯烃为固体。烯烃不溶于水，易溶于苯、烷烃和四氯化碳等非极性有机溶剂。烯烃的熔点、沸点随碳原子数的增多而升高，支键的增多使沸点下降，反式异构体的沸点比顺式低。但是反式异构体的熔点比顺式高。因为顺式异构体的偶极矩比反式的大，反式异构体有较高的对称性。常见烯烃的物理常数见表 3-2。

表 3-2 常见烯烃的物理常数

名　称	结 构 式	熔点/℃	沸点/℃	相对密度(d_4^{20})
乙烯	CH_2═CH_2	−169	−103.7	—
丙烯	CH_2═$CHCH_3$	−185.2	−47.6	—
丁-1-烯	CH_2═$CHCH_2CH_3$	−185.3	−6.2	—
顺-丁-2-烯	H、CH_3 连于左侧C；H、CH_3 连于右侧C（两个H同侧），C═C	−139.0	3.7	0.621
反-丁-2-烯	H、CH_3 连于左侧C；CH_3、H 连于右侧C（两个H异侧），C═C	−106.0	0.9	0.604
异丁烯	CH_2═$C(CH_3)CH_3$	−140.4	−6.9	—
戊-1-烯	CH_2═$CH(CH_2)_2CH_3$	−165.2	29.9	0.6405
己-1-烯	CH_2═$CH(CH_2)_3CH_3$	−139.7	63.4	0.6731
庚-1-烯	CH_2═$CH(CH_2)_4CH_3$	−119.7	93.6	0.6970
辛-1-烯	CH_2═$CH(CH_2)_5CH_3$	−101.7	121.2	0.7149

（一）红外吸收光谱

烯烃有 C═C 伸缩振动、═C—H 伸缩振动和═C—H 面外弯曲振动三种特征吸收。C═C 伸缩振动吸收峰在 1680～1620 cm^{-1}，其强度和位置取决于双键碳原子上取代基的数目及性质；═C—H 伸缩振动吸收峰在 3100～3010 cm^{-1}；═C—H 面外弯曲振动吸收峰在 1000～800 cm^{-1}。

辛-1-烯的红外吸收光谱图见图 3-3。

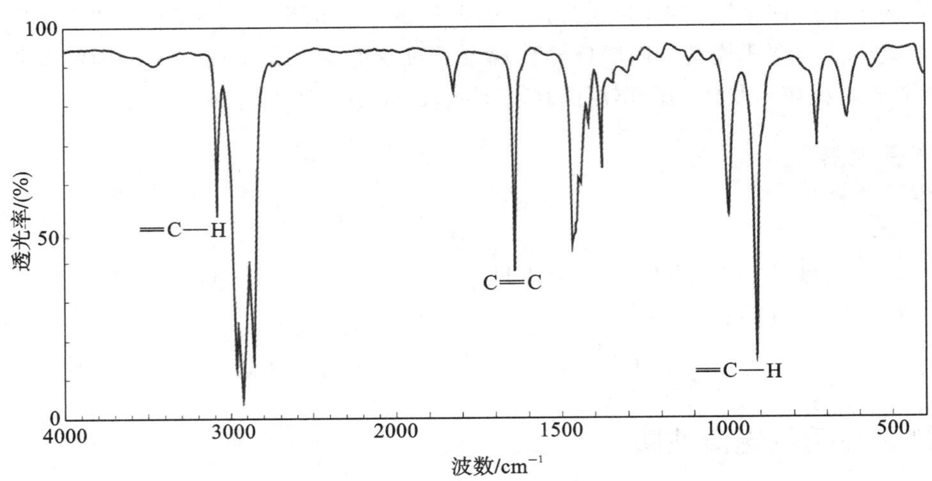

图 3-3　辛-1-烯的红外吸收光谱图

(二) 核磁共振氢谱

相比于烷烃中的氢核,C═C—H 的氢核在较低的磁场产生核磁共振,其化学位移(δ)值较烷烃中氢的 δ 值大,乙烷中氢核的 δ 值为 0.9 ppm,乙烯中氢核的 δ 值为 5.4 ppm。

乙烯双键上的 π 电子环流在外加磁场的作用下,产生一个感应磁场,该感应磁场在双键平面上、下方与外加磁场方向相反,所以该区域为屏蔽区;但由于磁力线是闭合的,在双键周围侧面,感应磁场的方向与外加磁场方向一致,称去屏蔽区(图 3-4),连在双键碳原子上的氢处于去屏蔽区,所以它的 δ 值较烷烃中氢的 δ 值大,在较低场出现。

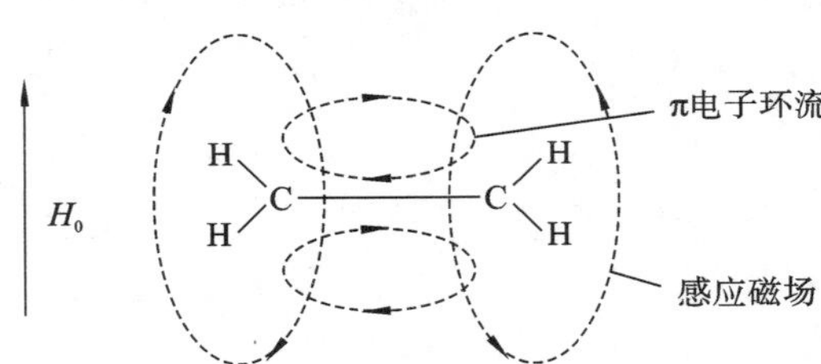

图 3-4　乙烯的感应磁场对烯氢的去屏蔽作用

(三) 质谱

烯烃易失去一个 π 电子,分子离子峰非常明显,其强度随相对分子质量的增大而减弱。烯烃质谱的基峰是双键 α,β 位 C—C 键的裂解峰,即烯丙基型裂解特征峰。结果是带有双键的裂片带有正电荷。

$$CH_2{=}CH{-}CH_2{-}R \xrightarrow{-e} \overset{+}{C}H_2{-}\dot{C}H{-}CH_2{-}R \longrightarrow CH_2{=}CH{-}\overset{+}{C}H_2 + R\cdot$$

烯烃的分子离子 $M^{\ddagger}$ 峰强度中等,常有 $m/z=27,41,55,69$ 等 $C_nH_{2n-1}^+$ 碎片峰,通常烯丙基离子 $C_3H_5^+$($m/z=41$)强度较大,此外还有重排产生的碎片。

五、化学性质

烯烃的化学性质比烷烃活泼,π 键电子云分布在成键原子平面的上下两侧,原子核对 π 键电子的束缚力较小,容易发生极化,因而具有较大的活性。烯烃的主要化学性质有催化氢化反应、亲电加成反应、自由基加成反应和氧化反应等。

(一) 催化氢化反应

在金属催化剂(如铂(Pt)、钯(Pd)、镍(Ni)等)催化下,2 个氢原子加到烯烃双键上生成烷烃,称为催化氢化(catalytic hydrogenation)。

$$\rangle C{=}C\langle + H_2 \xrightarrow{\text{催化剂}} -\underset{H}{\overset{|}{C}}-\underset{H}{\overset{|}{C}}-$$

烯烃的催化氢化反应是放热反应,每摩尔不饱和化合物氢化时所放出的热量称为氢化热(heat of hydrogenation),用 ΔH 表示。通过比较烯烃氢化热的不同,可以判断烯烃稳定性大小。一般来说,烯烃随着双键碳原子上取代基的增多而更加稳定;反式烯烃比顺式烯烃稳定,这是由于顺式烯烃中的两个取代基处于双键同一侧,空间比较拥挤,因而范德瓦耳斯张力较大,分子内势能较高。

$$H_2C{=}CHCH_2CH_3 + H_2 \xrightarrow{Pt} CH_3CH_2CH_2CH_3 \qquad \Delta H = -127\ kJ/mol$$

$$(H_3C)(H)C{=}C(CH_3)(H)\ (顺式) + H_2 \xrightarrow{Pt} CH_3CH_2CH_2CH_3 \qquad \Delta H = -120\ kJ/mol$$

$$(H_3C)(H)C{=}C(H)(CH_3)\ (反式) + H_2 \xrightarrow{Pt} CH_3CH_2CH_2CH_3 \qquad \Delta H = -116\ kJ/mol$$

(二) 亲电加成反应

亲电试剂进攻双键的 π 电子,π 键断裂,双键碳原子分别加上 2 个原子或者基团,生成 2 个 σ 键,这种反应称为亲电加成反应(electrophilic addition reaction)。

1. 与卤素的加成 卤素分子与烯烃在四氯化碳等溶剂中发生加成反应,生成邻二卤代烷。

卤素的反应活性顺序:$F_2 > Cl_2 > Br_2 > I_2$。氟与烯烃的反应十分剧烈,无法控制,碘则几乎不发生反应。因此,通常使用氯、溴与烯烃发生加成反应,其为反式加成。

$$\rangle C{=}C\langle + X_2 \longrightarrow -\underset{X}{\overset{|}{C}}-\overset{X}{\underset{|}{C}}- \qquad X{=}Cl,Br$$

室温下,将烯烃加入红棕色溴的四氯化碳溶液中,溴的红棕色很快褪去,该反应通常用于烯烃的鉴别。

实验证实反应分两步完成:第一步,在极性环境下,Br—Br 键极化,与烯烃形成一个环状溴鎓离子和一个溴负离子;第二步,溴负离子从环的背面进攻,生成反式加成的二溴代物。

第一步 $\rangle C{=}C\langle + \overset{\delta^+}{Br}-\overset{\delta^-}{Br} \longrightarrow$ (环状溴鎓离子 Br^+) $+ Br^-$

第二步 (环状溴鎓离子 Br^+) + Br^- $\longrightarrow$ (反式二溴代物 Br、Br)

2. 与卤化氢的加成

$$\rangle C{=}C\langle + HX \longrightarrow -\underset{H}{\overset{|}{C}}-\underset{X}{\overset{|}{C}}- \qquad X{=}Cl,Br,I$$

当不对称烯烃与卤化氢反应时,理论上生成两种不同的产物,但实际上以一种产物为主。俄国化学家马尔科夫尼科夫(Markovnikov)总结出:卤化氢与不对称烯烃加成时,氢原子总是加到含氢较多的双键碳上,卤原子则加到含氢较少的双键碳上。这一经验规则称为马尔科夫尼科夫规则(Markovnikov rule),简称"马氏规则"。

$$CH_3CH_2CH{=}CH_2 + HBr \longrightarrow \underset{80\%}{CH_3CH_2\overset{\overset{\large Br}{|}}{C}HCH_3} + \underset{20\%}{CH_3CH_2CH_2CH_2Br}$$

烯烃和卤化氢的亲电加成反应分两步进行:第一步,卤化氢中带有正电荷的氢原子进攻碳碳双键的 π 电子,π 键断开,生成碳正离子中间体;第二步,卤素负离子很快与碳正离子中间体结合,生成卤代烷。

第一步 $\rangle C{=}C\langle + H{-}X \xrightarrow{慢} -\underset{H}{\underset{|}{C}}-\overset{+}{C}- + X^-$

第二步 $-\underset{H}{\underset{|}{C}}-\overset{+}{C}- + X^- \longrightarrow -\underset{H}{\underset{|}{C}}-\overset{X}{\overset{|}{C}}-$

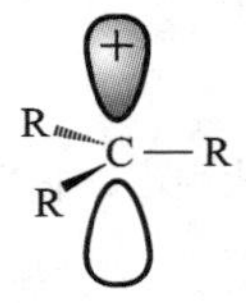

图 3-5 碳正离子结构示意图

卤化氢的反应活性为 HI>HBr>HCl>HF,反应活性随卤化氢酸性的增强而增强。

碳正离子中,缺电子的碳原子是 sp^2 杂化的,其与其他原子形成 3 个 σ 键,3 个 σ 键处于同一平面,一个空 p 轨道垂直于该平面(图 3-5)。

与自由基一样,碳正离子也分为伯(1°)、仲(2°)、叔(3°)碳正离子。根据物理学的基本原理,一个带电荷的物体,其电荷越分散,体系就越稳定。碳正离子上所连接的烷基越多,其正电荷就越分散,碳正离子就越稳定。碳正离子的稳定性顺序可以用诱导效应(inductive effect)加以解释。

诱导效应是指由于分子中成键原子的电负性不同,使得成键电子对由电负性小的原子偏向电负性大的原子,并沿着碳链传递的效应。诱导效应用"I"表示,以氢为标准,表示如下:

$$\underset{-\text{I 效应}}{\overset{\delta^-}{X} \longleftarrow \overset{\delta^+}{C}} \qquad H{-}C \qquad \underset{+\text{I 效应}}{\overset{\delta^-}{C} \longrightarrow \overset{\delta^+}{Y}}$$

X 是吸电子基,表现出吸电子诱导效应(-I),Y 是给电子基,表现为给电子诱导效应(+I),烷基是给电子基。

诱导效应是一种永久效应,沿着碳链传递,并随着链的增长而迅速减弱或消失,经过 3 个原子后,影响就弱了,超过 5 个原子后其影响可忽略不计。例如:

$$\overset{\delta^-}{Cl} \longleftarrow \underset{1}{\overset{\delta^+}{C}} \longleftarrow \underset{2}{\overset{\delta\delta^+}{C}} \longleftarrow \underset{3}{\overset{\delta\delta\delta^+}{C}}$$

根据诱导效应,伯(1°)、仲(2°)、叔(3°)碳正离子的中心碳都连有给电子基的烷基,烷基数目越多,给电子诱导效应越强,正电荷越分散,因此,碳正离子的稳定性顺序为 $R_3C^+ > R_2CH^+ > RCH_2^+ > CH_3^+$。

马氏规则可以通过碳正离子稳定性来加以解释,以丙烯与氯化氢的加成为例。

反应的第一步，丙烯和与氯化氢加成时，生成两种可能的碳正离子，即正丙基碳正离子和异丙基碳正离子。根据诱导效应，异丙基碳正离子比正丙基碳正离子稳定，形成异丙基碳正离子所需活化能较低，反应速率较大，反应的主要产物为 2-氯丙烷。因此，马氏规则也可以表述为，当不对称试剂与双键发生加成反应时，亲电试剂中带正电荷部分主要加到能形成较稳定碳正离子的碳原子上。

$$CH_3CH{=}CH_2 + H^+ \longrightarrow CH_3CH_2\overset{+}{C}H_2 + CH_3\overset{+}{C}HCH_3$$

3. 与水的加成 烯烃在磷酸、硫酸催化下，直接与水反应生成醇，称为烯烃的直接水合法。此反应遵循马氏规则，因此除乙烯以外，其他烯烃的产物为仲醇或叔醇。

$$CH_2{=}CH_2 + H_2O \xrightarrow[\triangle]{H_3PO_4} CH_3CH_2OH$$

$$CH_2{=}CHCH_2CH_3 + H_2O \xrightarrow[\triangle]{H_3PO_4} CH_3\underset{\underset{OH}{|}}{C}HCH_2CH_3$$

$$CH_2{=}\underset{\underset{CH_3}{|}}{C}CH_3 + H_2O \xrightarrow[\triangle]{H_3PO_4} CH_3-\overset{\overset{CH_3}{|}}{\underset{\underset{CH_3}{|}}{C}}-OH$$

4. 与硫酸的加成 烯烃与冷的浓硫酸反应，生成硫酸氢酯，生成的硫酸氢酯可以进一步水解生成醇，称为烯烃的间接水合法。此反应同样遵循马氏规则。

$$CH_2{=}CHCH_2CH_3 + H_2SO_4 \longrightarrow CH_3\underset{\underset{SO_3H}{|}}{C}HCH_2CH_3 \xrightarrow[\triangle]{H_2O} CH_3\underset{\underset{OH}{|}}{C}HCH_2CH_3$$

（三）自由基加成反应

自由基加成反应（radical addition reaction）是指不对称烯烃与溴化氢在过氧化物（ROOR）存在下进行的加成反应。反应由过氧化物引起，又称为过氧化物效应（peroxide effect）。不对称烯烃在过氧化物存在下，与溴化氢加成将得到反马氏规则产物。

$$CH_3CH{=}CH_2 + HBr \xrightarrow{ROOR} CH_3CH_2CH_2Br$$

其反应机制如下。

链的引发：

$$ROOR \longrightarrow 2RO\cdot$$

$$RO\cdot + HBr \longrightarrow ROH + Br\cdot$$

链的增长：

$$Br\cdot + CH_3CH{=}CH_2 \longrightarrow CH_3\dot{C}HCH_2Br$$

$$CH_3\dot{C}HCH_2Br + HBr \longrightarrow CH_3CH_2CH_2Br + Br\cdot$$

链的终止：

$$Br\cdot + Br\cdot \longrightarrow Br_2$$

$$CH_3\dot{C}HCH_2Br + Br\cdot \longrightarrow CH_3\underset{\underset{Br}{|}}{C}HCH_2Br$$

在链增长阶段中，溴自由基与丙烯加成主要生成较稳定的仲碳自由基，再与氢原子结合主要得到反马氏规则加成产物。HI 和 HCl 没有过氧化物效应。这是因为氯化氢中 H—Cl 键较强，均裂需要的活化能较高，难以形成自由基；HI 虽能产生自由基，但不活泼，难以反应。

Note 

（四）氧化反应

有机化学的氧化反应是指有机化合物加氧或脱氢的反应。烯烃易被氧化，其产物取决于使用的氧化剂和反应条件。

1. 高锰酸钾氧化 酸性高锰酸钾氧化烯烃，烯烃的双键会发生断裂，产物因双键碳上氢原子的个数不同而变化：双键碳上有2个氢原子则氧化成二氧化碳；有1个氢原子，则氧化生成羧酸；没有氢原子，则产物为酮。反应后高锰酸钾的紫红色会很快褪去。因此，该反应通常用作烯烃的鉴别反应。也可根据氧化产物的结构推断烯烃的结构。

$$CH_3CH{=}CH_2 \xrightarrow{KMnO_4/H^+} CH_3\overset{\overset{O}{\|}}{C}OH + CO_2\uparrow$$

$$CH_3\underset{\underset{CH_3}{|}}{C}{=}CHCH_3 \xrightarrow{KMnO_4/H^+} CH_3\overset{\overset{O}{\|}}{C}CH_3 + CH_3\overset{\overset{O}{\|}}{C}OH$$

【知识拓展】
烯烃的检测

烯烃与稀冷的碱性高锰酸钾溶液反应，烯烃被氧化为邻二醇，高锰酸钾被还原为二氧化锰。

$$CH_3CH{=}CHCH_3 \xrightarrow{KMnO_4/OH^-} CH_3\underset{\underset{OH}{|}}{CH}-\underset{\underset{OH}{|}}{CH}CH_3$$

2. 臭氧氧化 将臭氧通入烯烃溶液时，臭氧可以迅速而且定量地与烯烃反应生成臭氧化物，进一步水解生成羰基化合物及 H_2O_2，该反应称为臭氧分解(ozonolysis)。为避免醛被 H_2O_2 氧化，常在水解时加入Zn。通常依据产物的结构推断烯烃的结构。

$$R_2C{=}CH\,R(H) \xrightarrow{O_3} \text{臭氧化物} \xrightarrow{Zn/H_2O} \underset{\text{酮}}{R_2C{=}O} + \underset{\text{醛}}{O{=}CH\,R(H)}$$

3. 过氧酸氧化 烯烃与过氧酸反应生成环氧化物称为环氧化(epoxidation)反应。

$$\rangle C{=}C\langle + R-\overset{\overset{O}{\|}}{C}-O-O-H \longrightarrow \rangle C\overset{O}{-}C\langle$$

第二节 炔 烃

炔烃是含有碳碳三键的不饱和烃，炔烃的通式为 $C_nH_{2n-2}(n\geqslant 2)$。

一、结构

乙炔是最简单的炔烃，分子式为 C_2H_2。乙炔分子是直线形结构，碳碳三键的键长为120 pm，碳氢键的键长为106 pm，碳碳三键与碳氢键的夹角为180°(图3-6)。分子中的2个碳原子都采用sp杂化，彼此各用一个sp杂化轨道沿键轴方向重叠形成碳碳σ键，每个碳原子的另一个sp杂化轨道分别与一个氢原子的1s轨道重叠形成碳氢σ键，3个σ键在一条直线上，因此乙炔分子为直线形分子。每个碳原子还各有2个未参与杂化但互相垂直的p轨道，这些p轨道两两相互平行、侧面重叠，形成2个相互垂直的π键，2个π键的电子云呈圆柱状对称分布在碳碳σ键周围，如图3-7所示。

Note

$$\begin{array}{c} 120\ \text{pm} \\ H—C\equiv C—H \\ 106\ \text{pm} \end{array}$$

图 3-6 乙炔分子中的键长

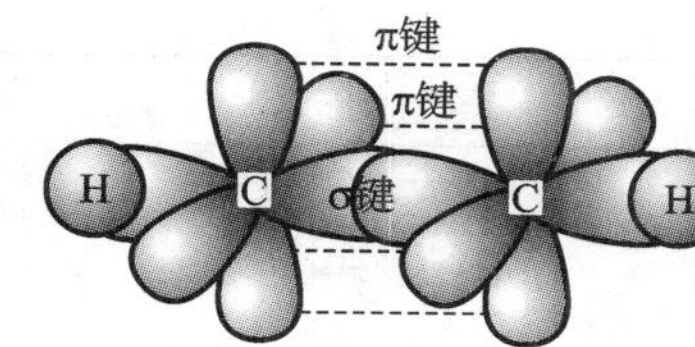

图 3-7 乙炔分子中的 σ 键和 π 键

二、异构现象和命名

炔烃的构造异构同烯烃一样，也包括碳链异构和位置异构，但由于三键碳原子只能连 1 个取代基，因此炔烃不存在顺反异构体。与相同碳原子数的烯烃相比，炔烃异构体的数目较少。例如，丁烯有四种异构体，而丁炔只有两种异构体：

$HC\equiv CCH_2CH_3$ 丁-1-炔　　$CH_3C\equiv CCH_3$ 丁-2-炔

炔烃的系统命名法与烯烃类似，只需将“烯”改为“炔”，英文名称以“-yne”作词尾。例如：

$CH_3CH(CH_3)C\equiv CCH_2CH_3$
2-甲基己-3-炔
2-methylhex-3-yne

$CH_3CH_2CH(CH_3)C\equiv CCH_2CH_3$
5-甲基庚-3-炔
5-methylhept-3-yne

若分子中同时含有碳碳双键和碳碳三键，则应选取含有碳碳双键和碳碳三键在内的最长碳链作为主链，称为“某烯炔”。主链的编号应从最先遇到的不饱和键(碳碳双键或碳碳三键)的一端开始；若在主链两端等距离处同时遇到碳碳双键和碳碳三键，则从靠近碳碳双键的一端开始编号。例如：

$CH_2=CHC\equiv CCH_2CH_3$
己-1-烯-3-炔
hex-1-en-3-yne

$CH\equiv CCH=CHCH_2CH_3$
己-3-烯-1-炔
hex-3-en-1-yne

$CH\equiv CCH_2CH_2CH=CH_2$
己-1-烯-5-炔
hex-1-en-5-yne

课堂练习3-2

命名下列化合物。

(1) $CH_3CH=CHCH_2C\equiv CCH_3$　　(2) $CH_3CH=C(C_2H_5)—C\equiv CH$

扫码看答案

三、物理性质及光谱性质

在常温下，含 2～4 个碳原子的炔烃是气体，含 5～15 个碳原子的炔烃是液体，含 16 及以上个碳原子的炔烃是固体。炔烃的熔点、沸点及相对密度比相应的烷烃和烯烃稍高，因炔烃分子中有线形结构的部分，分子排列较为紧密，分子间作用力较强。炔烃不溶于水，易溶于烷烃、四氯化碳、苯等非极性有机溶剂中。表 3-3 列出了常见炔烃的物理常数。

表 3-3 常见炔烃的物理常数

名　称	结 构 式	熔点/℃	沸点/℃	相对密度(d_4^{20})
乙炔	$HC\equiv CH$	−81.8	−75	0.6179
丙炔	$HC\equiv CCH_3$	−101.5	−23.3	0.6714

Note

续表

名　　称	结　构　式	熔点/℃	沸点/℃	相对密度(d_4^{20})
丁-1-炔	$HC\equiv CCH_2CH_3$	−122.5	8.6	0.6682
丁-2-炔	$CH_3C\equiv CCH_3$	−24	27	0.6937
戊-1-炔	$HC\equiv C(CH_2)_2CH_3$	−98	39.7	0.6950
戊-2-炔	$CH_3C\equiv CCH_2CH_3$	−101	55.5	0.7127
己-1-炔	$HC\equiv C(CH_2)_3CH_3$	−124	71	0.7195
己-2-炔	$CH_3C\equiv C(CH_2)_2CH_3$	−92	84	0.7305
己-3-炔	$CH_3CH_2C\equiv CCH_2CH_3$	−51	82	0.7255
庚-1-炔	$HC\equiv C(CH_2)_4CH_3$	−80	100	0.7330
辛-1-炔	$HC\equiv C(CH_2)_5CH_3$	−70	126	0.7470
壬-1-炔	$HC\equiv C(CH_2)_6CH_3$	−65	151	0.7630
癸-1-炔	$HC\equiv C(CH_2)_7CH_3$	−36	182	0.7700

(一) 红外吸收光谱

在红外吸收光谱中，炔烃中$C\equiv C$键的力常数比较大，其伸缩振动吸收峰在 2200～2100 cm^{-1}；$\equiv C—H$伸缩振动吸收峰在 3310～3100 cm^{-1}(较强)；$\equiv C—H$弯曲振动吸收峰在 700～600 cm^{-1}。图 3-8 是辛-1-炔的红外吸收光谱图。

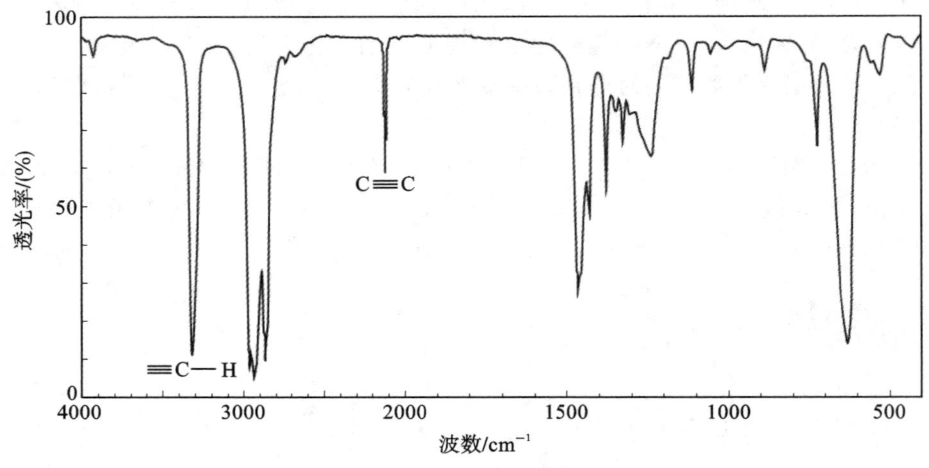

图 3-8　辛-1-炔的红外吸收光谱图

(二) 核磁共振氢谱

碳碳三键圆筒形 π 电子环流在外加磁场作用下产生一个感应磁场，与双键类似，它也在分子中形成屏蔽区和去屏蔽区，而炔氢正好处于屏蔽区(图 3-9)，所以炔氢的 δ 值比烯烃中的氢小，出现在较高场。

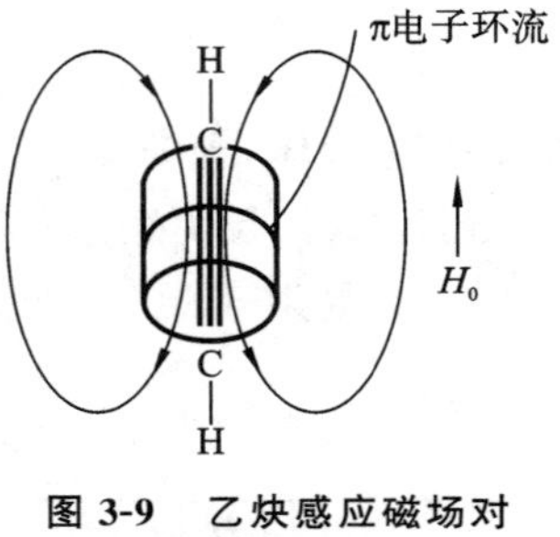

图 3-9　乙炔感应磁场对炔氢的屏蔽作用

四、化学性质

炔烃具有和烯烃相似的化学性质，也能发生亲电加成、氧化、聚合等反应。但由于炔烃的三键碳原子为 sp 杂化，比双键碳原子的电负性强，三键碳原子对 π 键电子的束缚力较大，因此炔烃的亲电加成反应较烯烃难，

与三键碳原子相连的氢有微弱酸性。

（一）酸性

与三键碳原子相连的氢具有弱酸性，可以与活泼金属或强碱反应，生成金属炔化物，例如：

$$2RC\equiv CH + 2Na \longrightarrow 2RC\equiv CNa + H_2\uparrow$$

$$RC\equiv CH + NaNH_2 \xrightarrow{\text{液氨}} RC\equiv CNa + NH_3$$

乙炔的酸性很弱，它的酸性比水和乙醇弱，但比乙烯、乙烷强。

酸性：	H_2O	>	CH_3CH_2OH	>	$HC\equiv CH$	>	$CH_2=CH_2$	>	CH_3CH_3
pK_a：	15.7		约16		约25		约45		约50

炔氢也可以被一些重金属离子取代，生成不溶性的重金属炔化物，此反应较灵敏，现象明显，可用于末端炔烃的鉴别。

$$RC\equiv CH + [Cu(NH_3)_2]Cl \longrightarrow RC\equiv CCu\downarrow\text{（棕红色）}$$

$$RC\equiv CH + [Ag(NH_3)_2]NO_3 \longrightarrow RC\equiv CAg\downarrow\text{（白色）}$$

干燥的金属炔化物不稳定，受热或震动易发生爆炸，所以实验结束后应立即用盐酸或硝酸将其分解，以免发生危险。

（二）催化氢化

炔烃在金属催化剂 Pt、Ni、Pd 等存在时，可与氢气发生加成反应，首先生成烯烃，烯烃继续与氢气加成生成烷烃。

$$R-C\equiv CH + H_2 \xrightarrow{Pt} R-CH=CH_2 \xrightarrow[Pt]{H_2} R-CH_2-CH_3$$

若采用一些活性较低的特殊催化剂如林德拉(Lindlar)催化剂，则能生成产率较高的顺式烯烃。林德拉催化剂是将金属钯吸附在硫酸钡或碳酸钙上再加入少量抑制剂（喹啉或乙酸铅）而成。

$$CH_3C\equiv CCH_3 + H_2 \xrightarrow{\text{林德拉催化剂}} \underset{H_3C\qquad CH_3}{\overset{H\qquad\quad H}{C=C}}$$

顺式加成

（三）亲电加成反应

1. 与卤素加成 炔烃与卤素的加成反应分两步进行，首先生成邻二卤代烯，继续加卤素生成四卤代烷。

$$HC\equiv CH \xrightarrow{Br_2} BrCH=CHBr \xrightarrow{Br_2} Br_2CH-CHBr_2$$

炔烃与溴的四氯化碳溶液反应后，溴的红棕色消失，因此，此反应常用于鉴别炔烃。

炔烃的亲电加成活性比烯烃略小，当化合物中同时存在双键和三键时，卤素首先和双键发生加成反应。例如：

$$CH_2=CHCH_2C\equiv CH + Br_2 \longrightarrow \underset{Br}{CH_2}-\underset{Br}{CH}CH_2C\equiv CH$$

扫码看答案

课堂练习3-3

用化学方法鉴别丙烷、丙烯、丙炔。

2. 与卤化氢加成 炔烃与一分子卤化氢反应，生成一卤代烯烃，继续和一分子卤化氢反应，

生成同碳二卤代烷,加成产物符合马氏规则。

$$R—CH_2—C\equiv CH + HX \longrightarrow R—CH_2—\underset{X}{C}=CH_2 \xrightarrow{HX} R—CH_2—\underset{X}{\overset{X}{C}}—CH_3$$

若控制反应条件,也可以使炔烃与卤化氢的加成停留在一卤代烯阶段。

炔烃与溴化氢加成存在过氧化物效应。例如:

$$CH_3CH_2CH_2C\equiv CH + HBr \xrightarrow{ROOR} CH_3CH_2CH_2CH=CHBr$$

3. 与水加成 在催化剂硫酸汞和稀硫酸存在下,炔烃与水发生加成反应(水合),生成双键碳上连有羟基的烯醇式化合物。烯醇式化合物不稳定,很快异构化形成稳定的酮或醛。例如:

$$CH\equiv CH + H_2O \xrightarrow[H_2SO_4]{HgSO_4} \left[CH_2=\overset{OH}{CH} \right] \longrightarrow CH_3\overset{O}{\overset{\|}{C}}H$$

炔烃的水合符合马氏规则,除乙炔水合生成乙醛外,其他炔烃水合得到酮,末端炔烃水合得到甲基酮。

$$CH_3C\equiv CH + H_2O \xrightarrow[H_2SO_4]{HgSO_4} CH_3\overset{O}{\overset{\|}{C}}CH_3$$

(四) 氧化反应

炔烃的碳碳三键在酸性高锰酸钾等氧化剂的作用下,可发生断裂,生成羧酸和二氧化碳等产物。

$$CH_3CH_2C\equiv CH \xrightarrow[H^+]{KMnO_4} CH_3CH_2COOH + CO_2\uparrow$$

$$CH_3C\equiv CCH_2CH_3 \xrightarrow[H^+]{KMnO_4} CH_3COOH + CH_3CH_2COOH$$

炔烃氧化反应现象明显,通常用于炔烃的鉴别。可依据产物的结构推断炔烃的结构。

炔烃用臭氧氧化、水解后也得到羧酸。例如:

$$CH_3CH_2CH_2C\equiv CH \xrightarrow[(2)H_2O]{(1)O_3} CH_3CH_2CH_2COOH + HCOOH$$

(五) 乙炔的聚合

乙炔在一定条件下可聚合生成二聚体或三聚体,一般不聚合成高聚体。

$$HC\equiv CH + HC\equiv CH \xrightarrow[NH_4Cl]{CuCl} CH_2=CH—C\equiv CH$$

$$3HC\equiv CH \xrightarrow[\text{催化剂}]{\text{高温}} \text{(苯环)}$$

第三节 二 烯 烃

含有两个碳碳双键的不饱和烃称为二烯烃(diene),其通式为 $C_nH_{2n-2}(n\geqslant 2)$,与炔烃相同。

一、分类和命名

（一）分类

根据二烯烃中 2 个碳碳双键的相对位置，二烯烃可分为 3 类。

聚集二烯烃(cumulative diene)分子中 2 个碳碳双键连在同一个碳原子上，连接 2 个双键的碳原子为 sp 杂化。例如：$CH_2=C=CH_2$。

共轭二烯烃(conjugated diene)分子中 2 个碳碳双键被一个碳碳单键隔开。例如：$CH_2=CH-CH=CH_2$。

隔离二烯烃(isolated diene)分子中 2 个碳碳双键被 2 个或 2 个以上的碳碳单键隔开。例如：$CH_2=CH-CH_2-CH=CH_2$。

在 3 类二烯烃中，隔离二烯烃的 2 个碳碳双键距离较远，相互影响较小，化学性质类似于单烯烃；聚集二烯烃不稳定，主要用于立体化学研究；共轭二烯烃中双键之间相互影响，具有一些特殊的性质。

（二）命名

二烯烃的命名原则与单烯烃相似，选取最长的连续碳链作为主链，如果含有两个双键的碳链为最长碳链，则选择此碳链作为主链，根据主链碳原子数称“某二烯”。例如：

$$CH_2=CH-CH=CH_2$$

丁-1,3-二烯

buta-1,3-diene

$$CH_2=C(CH_3)CH_2CH_2CH=CH_2$$

2-甲基己-1,5-二烯

2-methylhexa-1,5-diene

具有顺反异构体的二烯烃，需要标明其构型。例如：

$$\begin{array}{c} H \quad\quad H \\ \diagdown \quad \diagup \\ C=C \quad\quad\quad CH_3 \\ \diagup \quad\quad \diagdown \quad \diagup \\ H_3C \quad\quad\quad C=C \\ \quad\quad\quad \diagup \quad \diagdown \\ \quad\quad\quad H \quad\quad H \end{array}$$

(2*Z*,4*Z*)-己-2,4-二烯

(2*Z*,4*Z*)-hexa-2,4-diene

二、共轭二烯烃的结构与共轭效应

（一）共轭二烯烃的结构

在丁-1,3-二烯分子中，4 个碳原子都是 sp^2 杂化，碳原子之间用 sp^2 杂化轨道形成 3 个 C—C σ 键，碳原子和氢原子之间以碳的 sp^2 杂化轨道和氢的 1s 轨道形成 6 个 C—H σ 键，4 个碳原子和 6 个氢原子是共平面的，每个碳原子上未杂化的 p 轨道都垂直于这个平面，并彼此侧面重叠，形成共轭 π 键，如图 3-10 所示。

共轭 π 键中，π 电子的运动空间不局限在 C_1 和 C_2 及 C_3 和 C_4 之间，而是扩展到 4 个碳原子的大范围，这些电子比单烯烃中 π 键电子具有更大的运动空间，这种现象称为 π 电子的离域。由于 π 电子的离域使得电子可以在更大的空间运动，降低了体系的内能，故共轭二烯烃比隔离二烯烃更稳定。

在丁-1,3-二烯分子中，碳碳双键的键长(135 pm)比乙烯中碳碳双键的键长(134 pm)要长，碳碳单键的键长(146 pm)比烷烃中碳碳单键的键长(154 pm)短，即键长发生了平均化，说明丁-1,3-二烯分子中不存在典型的单键和双键，C_2 和 C_3 之间具有部分双键的特性，如图 3-11 所示。

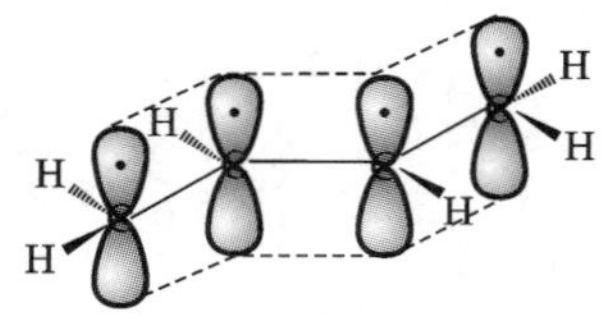

图 3-10　丁-1,3-二烯分子的共轭 π 键

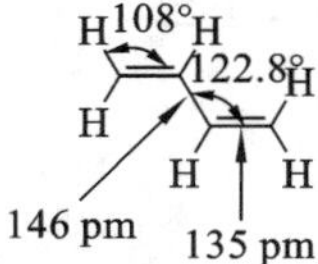

图 3-11　丁-1,3-二烯的键长和键角

(二) 共轭效应

当共轭体系受到外电场的影响时(或受到亲电试剂的进攻时),整个分子可以通过 π 电子的运动、沿着共轭链而产生正负交替极化的现象,这种沿着共轭体系传递的电子效应称为共轭效应(conjugated effect),用 C 表示。根据共轭效应的结果,共轭效应分为给(供)电子共轭效应(+C)和吸电子共轭效应(−C)。共轭效应的特点是沿着共轭链传递,交替极化,其强度一般不因共轭体系的增长而减弱,共轭链有多长,交替极化便传递多远。例如:

$$\overset{\delta^+}{\underset{4}{CH_2}}=\overset{\delta^-}{\underset{3}{CH}}-\overset{\delta^+}{\underset{2}{CH}}=\overset{\delta^-}{\underset{1}{CH_2}}\quad H^+$$

丁-1,3-二烯本身是非极性分子,当受到亲电试剂(如 H^+)进攻时,产生吸电子共轭效应,使 C_1 和 C_2 之间的 π 电子向 C_1 方向偏移,则 C_1 带上微量负电荷,而 C_2 带上微量正电荷,C_2 上的正电荷继续吸引 C_3 和 C_4 之间的 π 电子向 C_3 方向偏移,则 C_3 带上微量负电荷,而 C_4 带上微量正电荷,如此产生交替极化的现象。

三、共轭二烯烃的特征反应

共轭二烯烃具有一般烯烃的化学性质,可发生加成、氧化、还原、聚合等反应。但由于共轭 π 键的存在,共轭二烯烃还有自身的一些特殊性质。

(一) 亲电加成

共轭二烯烃的亲电加成有两种方式,即 1,2-加成和 1,4-加成。

$$\overset{1}{CH_2}=\overset{2}{CH}-\overset{3}{CH}=\overset{4}{CH_2}+Br_2\longrightarrow \underset{\text{1,2-加成}}{\underset{Br}{\underset{|}{CH_2}}-\underset{Br}{\underset{|}{CH}}-CH=CH_2}+\underset{\text{1,4-加成}}{\underset{Br}{\underset{|}{CH_2}}-CH=CH-\underset{Br}{\underset{|}{CH_2}}}$$

1,2-加成是试剂的两部分分别加到一个双键的 2 个碳原子上,1,4-加成则是加到 C_1 和 C_4 上,原来的 2 个双键消失,而在 C_2 和 C_3 之间形成一个新的双键。

丁-1,3-二烯和氯化氢加成时,反应的第一步是质子加到共轭体系一端的碳原子上,形成烯丙型碳正离子,它既是 2°碳正离子,又由于形成 p-π 共轭体系,其正电荷得到分散,内能降低,较稳定,是生成的主要中间体。而质子加到中间碳原子上形成的碳正离子不稳定。

$$CH_2=CH-CH=CH_2+H^+\longrightarrow CH_3-\overset{+}{C}H-CH=CH_2$$

$$CH_3-CH-CH-CH_2\equiv CH_3-\overset{\delta^+}{CH}\text{┅}CH\text{┅}\overset{\delta^+}{CH_2}$$

第二步是氯离子进攻烯丙型碳正离子,氯离子既可以加到带部分正电荷的 C_2 上,生成 1,2-加成产物,也可以加到带部分正电荷的 C_4 上,生成 1,4-加成产物。

$$CH_3-\overset{\delta^+}{CH}\text{┅}CH\text{┅}\overset{\delta^+}{CH_2}+Cl^-\longrightarrow \underset{\text{1,2-加成}}{CH_3-\underset{Cl}{\underset{|}{CH}}-CH=CH_2}+\underset{\text{1,4-加成}}{CH_3-CH=CH-\underset{Cl}{\underset{|}{CH_2}}}$$

Note

丁-1,3-二烯与等量的溴化氢发生加成反应时，可同时生成 1,2-加成产物和 1,4-加成产物，2 种加成产物的占比取决于反应物结构、溶剂极性、产物稳定性及反应温度等诸多因素。就反应温度而言，一般在较高温度下有利于生成 1,4-加成产物，在较低温度下有利于生成 1,2-加成产物。例如：

$$CH_2{=}CH{-}CH{=}CH_2 + HBr \longrightarrow \underset{\underset{Br}{|}}{CH_3{-}CH}{-}CH{=}CH_2 + CH_3{-}CH{=}CH{-}\underset{\underset{Br}{|}}{CH_2}$$

	1,2-加成	1,4-加成
−80 ℃	80%	20%
40 ℃	20%	80%

共轭二烯烃在较低温度下，受动力学控制影响，主要生成 1,2-加成产物，产物的占比由反应速率决定；在较高温度下，受热力学控制影响，主要生成 1,4-加成产物，产物的占比由产物的稳定性决定。

（二）双烯合成反应

共轭二烯烃和某些具有碳碳双键、碳碳三键的不饱和化合物进行加成，生成六元环状化合物的反应称为双烯合成(diene synthesis)反应，又称为第尔斯-阿尔德(Diels-Alder)反应。

$$\text{丁-1,3-二烯} + \underset{CH_2}{\overset{CH_2}{\|}} \xrightarrow[\text{高压}]{200\ ℃} \text{环己烯}$$

$$\text{丁-1,3-二烯} + \underset{CH}{\overset{CH}{|||}} \xrightarrow{\triangle} \text{环己-1,4-二烯}$$

小　　结

烯烃的官能团是碳碳双键，烯烃的双键由 σ 键和 π 键组成，π 键不能自由旋转，因此烯烃存在顺反异构现象。有顺反异构体的烯烃，可用顺反命名法或 Z/E 命名法进行构型标记。

烯烃的 π 键键能比 σ 键小，π 电子云分布在双键平面的上下方，受碳原子核的束缚力较弱，较易极化，因此化学性质较活泼，其化学反应主要有催化氢化反应、亲电加成反应、自由基加成反应、α-卤代反应、氧化反应等，亲电加成反应遵循马氏规则；诱导效应可解释碳正离子的稳定性。

炔烃的官能团是碳碳三键，形成三键的 2 个碳原子采取 sp 杂化，碳碳三键是直线形，由 1 个 σ 键和 2 个 π 键组成，其中 2 个 π 键相互垂直。炔烃具有和烯烃相似的性质，能发生亲电加成反应、氧化反应、聚合反应等。但是 sp 杂化的碳原子的电负性较 sp^2 杂化的碳原子大，炔烃中的 π 键比烯烃的 π 键难极化，亲电加成反应较烯烃难，故与三键碳原子相连的氢有弱酸性。

共轭二烯烃的结构特征是碳碳单键和碳碳双键交替排列的 π-π 共轭体系，π 键电子可在共轭链上离域，这种共轭 π 键又称离域大 π 键。共轭作用是存在于共轭体系中的电子效应。共轭体系具有使体系能量降低、分子趋于稳定、键长平均化，以及在外电场影响下共轭分子链发生极性交替现象的特性。共轭二烯烃的特征反应有 1,2-加成反应、1,4-加成反应、Diels-Alder 反应。

目标检测答案

目标检测

一、命名下列化合物。

(1) $(H)(CH_3)C{=}C(CH_2CH_3)(CH_2CH_2CH_3)$（H 与 CH_2CH_3 同侧，CH_3 与 $CH_2CH_2CH_3$ 同侧）

(2) $(H)(CH_3CH_2)C{=}C(CH_2CH_2CH_3)(CH_3)$（H 与 $CH_2CH_2CH_3$ 同侧，CH_3CH_2 与 CH_3 同侧）

(3) $CH_2{=}C{-}CH{=}CCH_3$（两个支链：CH_3、CH_3）

(4) $HC{\equiv}CCH_2CHCH_3$（支链：CH_3）

(5) $CH_3C{\equiv}CCH_2CH{=}CHCH_3$

(6) $CH{\equiv}CC{=}CHCH_3$（支链：C_2H_5）

二、写出下列化合物的结构式。

(1) 3-甲基戊-1-烯

(2) 2,3-二甲基己-3-烯

(3) 戊-1,3-二炔

(4) 3,5-二甲基己-1-炔

(5) 5-甲基庚-5-烯-1-炔

(6) 3-乙基戊-1-烯-4-炔

三、完成下列反应式。

(1) $CH_3CH_2CH{=}CH_2 + HBr \longrightarrow$

(2) 1-甲基环己烯（CH_3） $+ HBr \xrightarrow{ROOR}$

(3) $CH_3CH_2CH{=}CH_2 + Br_2 \xrightarrow{h\nu}$

(4) $CH_3CH_2CH_2CH_2C{\equiv}CH + H_2O \xrightarrow[H_2SO_4]{HgSO_4}$

(5) $CH_3C{\equiv}CCH_2CH_3 + H_2 \xrightarrow{\text{林德拉催化剂}}$

四、比较下列烯烃和 HCl 发生亲电加成反应的活性顺序。

(1) 1-己烯、2-甲基戊-1-烯、2-甲基戊-2-烯

(2) 乙烯、氯乙烯、溴乙烯

五、下列化合物是烯烃经高锰酸钾氧化生成的产物,试写出烯烃的结构。

(1) $(CH_3)_2CO$ 和 CH_3CH_2COOH

(2) CH_3CH_2COOH 和 CO_2

(3) $HOOCCH_2CH_2CH_2CH_2COOH$

六、鉴别下列各组化合物。

(1) 戊烷、戊-1-烯和戊-1-炔

(2) 丁烷、3-甲基丁-1-炔和丁-2-炔

七、比较下列碳正离子的稳定性。

(1) $\overset{+}{C}H_2CH_2CH{=}CH_2$

(2) $CH_3\overset{+}{C}HCH{=}CH_2$

(3) $\overset{+}{C}H_2CH{=}CH_2$

(4) $CH_3{-}\overset{+}{C}CH{=}CH_2$（支链：$CH_3$）

八、三种化合物具有相同分子式(C_5H_8),催化加氢后都生成 2-甲基丁烷。它们也都能与两分子溴加成,一种可与氯化亚铜的氨溶液作用产生棕红色沉淀,另外两种则不能。试推测这三种同分异构体的结构式。

【思政元素】

参考文献

[1] 邢其毅,裴伟伟,徐瑞秋,等.基础有机化学[M].4 版.北京:北京大学出版社,2016.

[2] 刘华,朱焰,郝红英.有机化学[M].武汉:华中科技大学出版社,2020.

［3］ 陆涛.有机化学［M］.9版.北京:人民卫生出版社,2022.
［4］ 项光亚,方方.有机化学［M］.2版.北京:中国医药科技出版社,2021.
［5］ 侯小娟,张玉军.有机化学［M］.武汉:华中科技大学出版社,2018.

（张玉军）

Note

第四章　脂　环　烃

扫码看 PPT

素质目标：培养学生追求真理、严谨务实的科学精神；激发家国情怀，培养文化认同感，增强民族自信心；培养生态文明建设新思想与绿色可持续发展观。

能力目标：能利用小环烷烃的结构特征解释其化学性质特征；能利用小环烷烃的化学特征鉴别有机化合物；能分析环烷烃在工业合成中的广泛用途。

知识目标：掌握脂环烃的命名方法；掌握单环烷烃的取代反应和环丙烷的加成反应；掌握环己烷和取代环己烷的构象，特别是二取代环己烷的优势构象分析。熟悉单环烷烃的稳定性和环丙烷、环丁烷、环戊烷、环己烷、十氢萘的构象，通过分析构象可以对其稳定性进行合理的解释。了解脂环烃的分类。

答案解析

金刚烷胺(adamantane)，又称金刚胺或金刚烷基胺，化学式为 $C_{10}H_{17}NH_2$，是一种脂溶性胺。其吸收快、分布广、排泄慢，具有长时间稳定的药效，金刚烷胺在医药领域有着广泛的应用，它具有抗菌、抗肿瘤、治疗帕金森病和神经调节等作用。

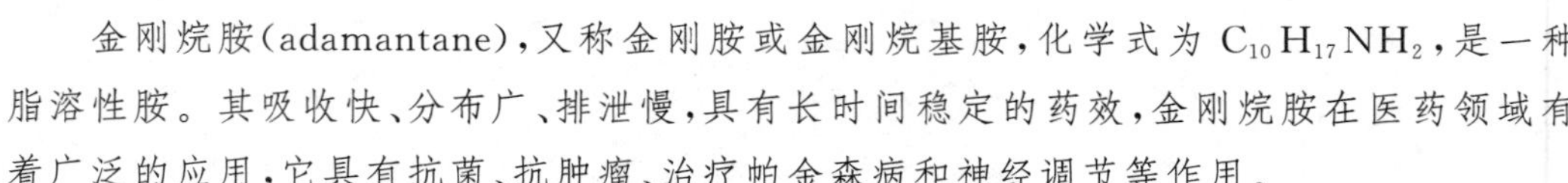

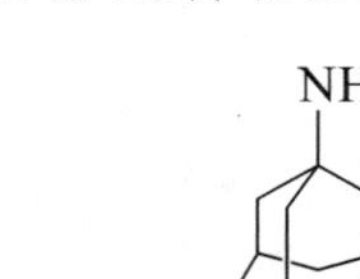

思考：金刚烷胺分子中含有哪一类脂环烃？

脂环烃(alicyclic hydrocarbon)是具有环状结构、性质类似于开链脂肪烃的烃。脂环烃及其衍生物广泛存在于自然界，如植物挥发油中的萜类化合物和动物体内所含的甾体化合物等。

与相应的烷烃相比，分子中每增加一个环或一个双键，分子将减少一对氢。分子每少一对氢称为一个不饱和度，所以烷烃的不饱和度为 0，分子中存在一个环或一个双键的烃的不饱和度为 1。不饱和度为推测未知化合物的结构提供重要信息。有机化合物不饱和度的计算方法如下：

$$\text{不饱和度}(\Omega)=\frac{\sum(n-2)x}{2}+1\ (n\text{ 为原子价态},x\text{ 为原子个数})$$

例如，分子式为 C_6H_6 的烃的不饱和度$(\Omega)=\frac{(4-2)\times 6+(1-2)\times 6}{2}+1=4$。

Note

第一节　分类和命名

一、分类

脂环烃根据碳环的数目不同分为单环、双环和多环脂环烃。单环脂环烃根据成环碳原子的数目不同分为小环(三、四元环)、普通环(五、六元环)、中环(七至十二元环)和大环(多于十二个碳原子形成的环)。双环和多环脂环烃根据两个碳环共用的碳原子数目分为螺环烃(spiro hydrocarbon)和桥环烃(bridged hydrocarbon),两个碳环共用一个碳原子的脂环烃称为螺环烃,共用的碳原子称为螺原子;两个碳环共用两个或两个以上碳原子的脂环烃称为桥环烃,其中桥碳链的交会点碳原子称为桥头碳原子,简称桥原子。例如:

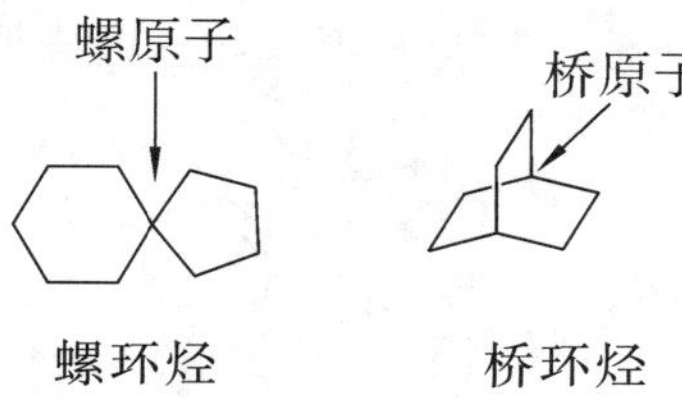

螺环烃　　桥环烃

二、命名

(一) 单环脂环烃的命名

单环脂环烃的命名与链烃相似,只需在相应的链烃名称前冠以"环(cyclo)"字。环碳原子编号时,应使不饱和键和取代基的位次尽可能小。例如:

乙基环丙烷
ethylcyclopropane

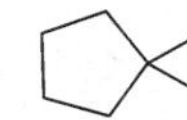

1,1-二甲基环戊烷
1,1-dimethylcyclopentane

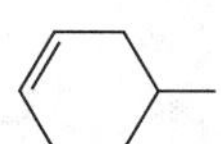

4-甲基环己烯
4-methylcyclohexene

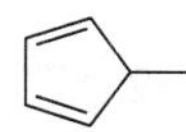

5-甲基环戊-1,3-二烯
5-methylcyclopenta-1,3-diene

1-异丙基-4-甲基环己烷
1-isopropyl-4-methylcyclohexane

环上侧链比较复杂时,可以把侧链作为母体,环作为取代基进行命名。例如:

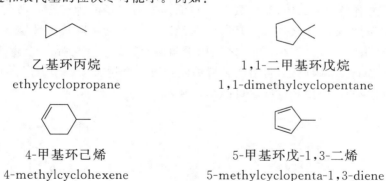

3-环丙基-2-甲基戊烷
3-cyclopropyl-2-methylpentane

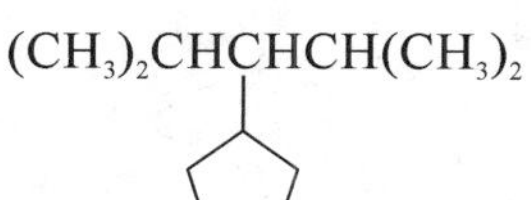

3-环戊基-2,4-二甲基戊烷
3-cyclopentyl-2,4-dimethylpentane

（二）螺环脂环烃的命名

螺环脂环烃根据螺原子的数目分为单螺、二螺等。命名时根据参与成环的碳原子总数称为“螺[　]某烃”“二螺[　]某烃”，方括号内用阿拉伯数字注明每个环上除螺原子以外的碳原子数，从小到大，数字之间用下角圆点隔开。从小环紧邻螺原子的一个碳原子开始编号，通过螺原子编到大环，并使不饱和键和取代基的位次尽可能小。例如：

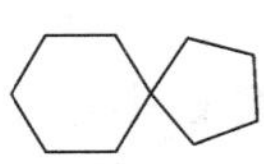

螺[4.5]癸烷

spiro[4.5]decane

6-甲基螺[3.4]辛烷

6-methylspiro[3.4]octane

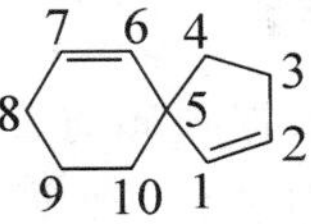

螺[4.5]癸-1,6-二烯

spiro[4.5]deca-1,6-diene

二螺脂环烃编号从较小的端环中紧邻螺原子的一个碳原子开始，顺次编号并使螺原子编号较小。顺着整个环的编号顺序，在方括号内注明各螺原子所夹的碳原子数。当螺原子被再次涉及时，将该螺原子的编号以上标方式标注在与其再次相连的碳原子数目上。例如：

二螺[5.1.6^{8}.2^{6}]十六烷

dispiro[5.1.6^{8}.2^{6}]hexadecane

（三）桥环脂环烃的命名

将桥环脂环烃转变成链烃需要断裂共价键，根据断裂共价键的数目确定碳环数目，如需断裂两个共价键成为链烃的为二环，需断裂三个共价键成为链烃的为三环。命名时根据参与成环的碳原子总数称为“二环[　]某烃”“三环[　]某烃”，方括号内用阿拉伯数字注明各桥所含碳原子数（桥头碳原子除外），从大到小，数字之间用下角圆点隔开。编号从一个桥头碳原子开始，沿最长的桥编到第二个桥头碳原子，再沿次长桥编回到第一个桥头碳原子，最短的桥最后编。环上有不饱和键和取代基时，应使其位次尽可能小。例如：

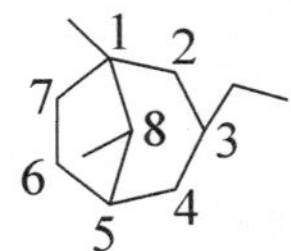

3-乙基-1,8-二甲基二环[3.2.1]辛烷

3-ethyl-1,8-dimethylbicyclo[3.2.1]octane

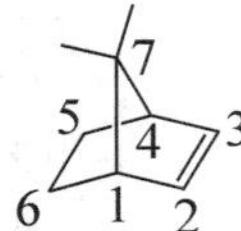

7,7-二甲基二环[2.2.1]庚-2-烯

7,7-dimethylbicyclo[2.2.1]hept-2-ene

【知识拓展】

青蒿素

三环一般有两种桥头碳原子，各属于主桥（主环内最长的桥）和次桥，编号按主桥沿最长桥的桥头碳原子开始。方括号内最后一个数字是次桥的桥碳原子数，需在其右上角注明两个次桥桥头碳原子的编号，从小到大，用逗号隔开。例如：

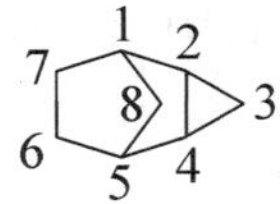

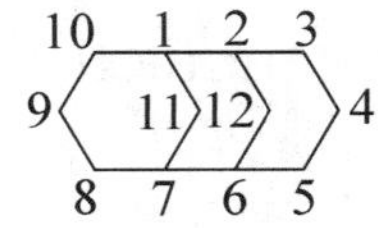

Note

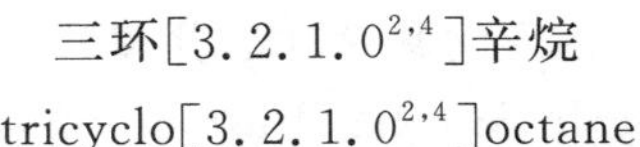

三环[3.2.1.$0^{2,4}$]辛烷

tricyclo[3.2.1.$0^{2,4}$]octane

三环[5.3.1.$1^{2,6}$]十二烷

tricyclo[5.3.1.$1^{2,6}$]dodecane

命名下列化合物：

(1) CH_3 C_2H_5 (2) CH_3 C_2H_5 (3) CH_3 C_2H_5

扫码看答案

第二节 结构和构象

一、稳定性

根据燃烧热的大小可以推测有机化合物的相对稳定性。不同环烷烃由于所含碳原子和氢原子的数目不同，不能直接通过燃烧热比较它们的相对稳定性，但可以通过一个 CH_2 的平均燃烧热进行比较。常见环烷烃的燃烧热见表 4-1。

表 4-1 常见环烷烃的燃烧热

名 称	燃烧热/(kJ/mol)	一个 CH_2 的平均燃烧热/(kJ/mol)
环丙烷	2091.3	697.1
环丁烷	2744.1	686.2
环戊烷	3320.1	664.0
环己烷	3951.7	658.6
环庚烷	4636.7	662.3
环辛烷	5313.9	664.2
环壬烷	5981.0	664.4
环癸烷	6635.8	663.6
环十五烷	9884.7	659.0
开链烷烃	—	658.6

从表 4-1 可以看出：环丙烷、环丁烷一个 CH_2 的平均燃烧热比开链烷烃高，说明它们的分子内能高，不稳定；环己烷一个 CH_2 的平均燃烧热与开链烷烃一样，最稳定；其余环一个 CH_2 的平均燃烧热与开链烷烃接近，较稳定。

从三元环到六元环，随着环的增大，一个 CH_2 的平均燃烧热下降，说明环烷烃的稳定性顺序为六元环＞五元环＞四元环＞三元环。从七元环开始，一个 CH_2 的平均燃烧热趋于恒定，稳定性相似。

二、张力学说

环的大小不同，稳定性有差异。为了解释这一现象，1885 年德国化学家拜耳(Baeyer)提出了"张力学说"。假设环烷烃中成环碳原子处在同一平面并排列成正多边形，这样环烷烃的 C—C—C 键角与饱和碳原子的正四面体键角 109°28′就产生了偏差，如环丙烷向内偏转(109°28′－60°)/2＝

$+24°44'$,环丁烷向内偏转$+9°44'$,环戊烷向内偏转$+0°44'$,如图4-1所示。

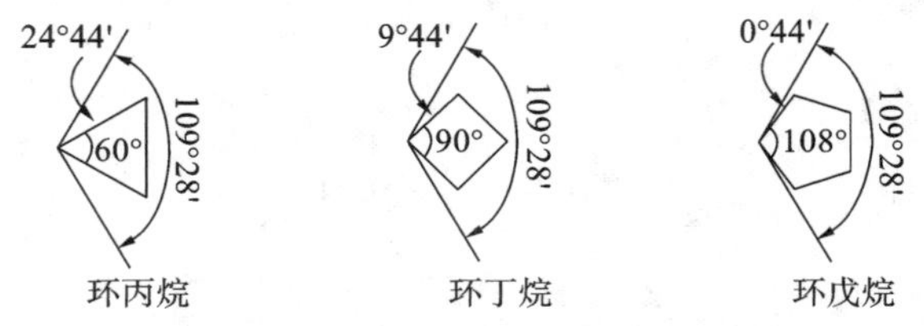

图4-1　环烷烃的键角偏差程度

这种键角偏差使碳环的键角有恢复正常键角的张力,即角张力。环烷烃的键角偏差越大,角张力越大,环越不稳定,所以环烷烃的稳定性顺序为环戊烷>环丁烷>环丙烷。

按照拜耳"张力学说",环己烷向外偏转$-5°16'$,大于环戊烷的键角偏差,环己烷应不如环戊烷稳定;随着环的增大,角张力增大,六元环以上的环烷烃应越来越不稳定。但事实上环己烷比环戊烷稳定,中环和大环亦比较稳定。造成这种矛盾的原因是拜耳假设成环碳原子在同一平面,但实际上除环丙烷外,其他环烷烃均可通过环内C—C键的扭转,以非平面的构象存在。

三、环丙烷、环丁烷和环戊烷的构象

环丙烷分子中三个碳原子在同一平面,C—C—C键角为60°,存在很大的角张力,也使两个碳原子的sp^3杂化轨道不能沿键轴进行最大限度重叠,而是偏离一定的角度形成弯曲键(俗称香蕉键),如图4-2所示。形成弯曲键时,原子轨道重叠程度很小,键的稳定性差。环丙烷不稳定的另一个原因是环中C—H键在空间上处于重叠式的位置所引起的扭转张力,如图4-3所示。

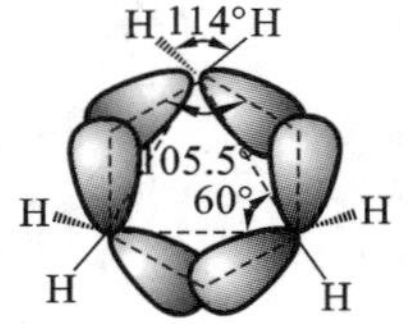

图4-2　环丙烷的原子轨道重叠示意图

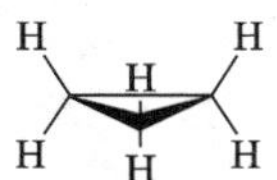

图4-3　环丙烷重叠式构象

环丁烷的四个碳原子不在同一平面,为折叠式排列的蝶式构象(图4-4),两种蝶式构象可相互转换,C_1、C_2、C_3所在平面与C_1、C_4、C_3所在平面之间的夹角约为25°。环丁烷的环折叠后,C—C—C键角为115°,存在较小的角张力,且因C—H键重叠所引起的扭转张力有所减小,使分子具有较低的能量,所以环丁烷比环丙烷稳定。

环戊烷的碳原子如果在同一平面形成正五边形的结构,则几乎没有角张力,但环中所有的C—H键都是重叠的,有较大的扭转张力,因此通过环内C—C键的扭转,形成一个角上翘的信封式构象,如图4-5所示。信封式构象中离开平面的CH_2与相邻碳原子以接近交叉式构象的方式连接,使扭转张力降低较多,因此比平面结构的能量低,较为稳定,是环戊烷的优势构象。环上每一个碳原子可依次交替离开平面,从一个信封式构象转换成另一个信封式构象。

图4-4　环丁烷蝶式构象

图4-5　环戊烷信封式构象

四、环己烷的构象

(一)椅式构象和船式构象

如果环己烷是平面结构,则有较大的角张力。所以环己烷通过环内C—C键的扭转,使

C—C—C 键角为 109°28′，形成无角张力的椅式构象（chair conformation）和船式构象（boat conformation），如图 4-6 所示。

环己烷的椅式构象中，六个碳原子排列在两个平行平面上，若 C_1、C_3、C_5 排列在上平面，则 C_2、C_4、C_6 排列在下平面。通过分子中心垂直于两个平行平面的直线，是分子的三重对称轴（C_3 轴）。环己烷的十二个 C—H 键中有六个 C—H 键与 C_3 轴近似平行，称为直立键或 a 键（axial bond），交替地竖直向上和向下；另外六个 C—H 键与 C_3 轴近似垂直，称为平伏键或 e 键（equatorial bond），交替地上翘和下垂，如图 4-7 所示。C_1、C_3、C_5 上连有竖直向上的 a 键和下垂的 e 键，C_2、C_4、C_6 上连有竖直向下的 a 键和上翘的 e 键，即同一个碳原子的 a 键在分子平面之上，则 e 键必然在分子平面之下，反之亦然。

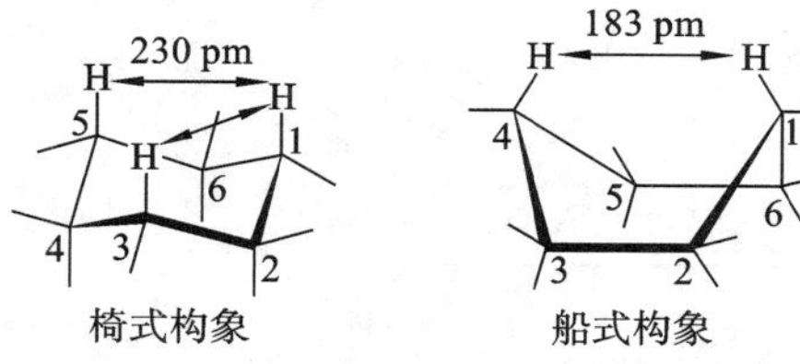

图 4-6 环己烷的椅式构象和船式构象

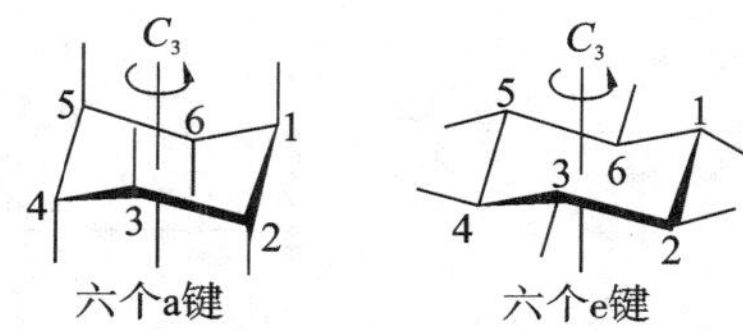

图 4-7 环己烷椅式构象的 a 键和 e 键

环己烷的椅式构象中，C—C—C 键角为 109°28′，无角张力；C_1、C_3、C_5 上竖直向上的 C—H 键之间和 C_2、C_4、C_6 上竖直向下的 C—H 键之间的距离约为 230 pm，与氢原子的范德瓦耳斯半径之和 250 pm 相近，范德瓦耳斯斥力很小，即跨环张力很小；从纽曼投影式（图 4-8）可以看出，环上相邻碳原子上的 C—H 键处于交叉式位置，无扭转张力。所以环己烷椅式构象是一个无角张力、无扭转张力且跨环张力很小的环。

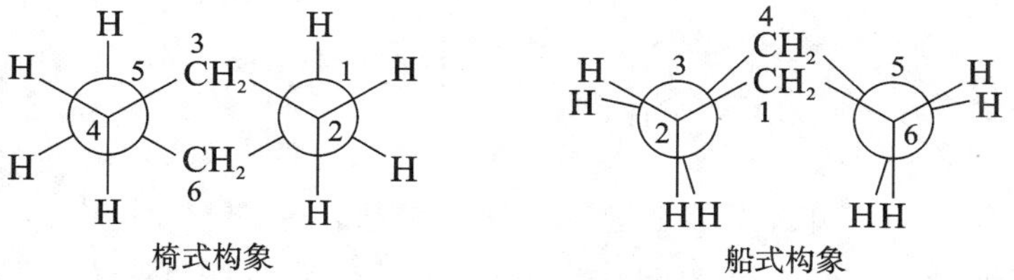

椅式构象　　船式构象

图 4-8 环己烷椅式构象和船式构象的纽曼投影式

环己烷的船式构象中，C—C—C 键角为 109°28′，无角张力；C_1 和 C_4 两个船头碳原子上伸向环内侧的氢原子之间的距离约为 183 pm，远小于两个氢原子范德瓦耳斯半径之和，范德瓦耳斯斥力较大，即跨环张力较大；从纽曼投影式（图 4-8）可以看出，C_2 与 C_3、C_5 与 C_6 之间的 C—H 键处于重叠式位置，有较大的扭转张力。由于跨环张力和扭转张力较大，所以船式构象不如椅式构象稳定，其能量比椅式构象高约 28.9 kJ/mol。

（二）椅式构象的环翻转

环己烷通过环内 C—C 键的扭转，可以从一种椅式构象转变成另一种椅式构象，这种现象称为椅式构象的环翻转（ring inversion）。经过转环后，原来的 a 键变为 e 键，e 键变为 a 键，但其向上和向下的取向不变，如图 4-9 所示。

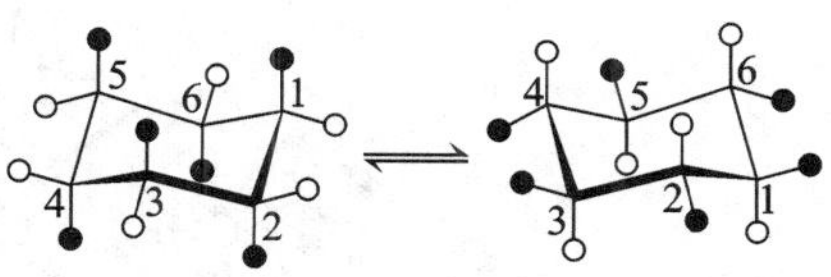

图 4-9 环己烷椅式构象的环翻转

环翻转过程中，椅式构象的 C_1 向上翘，形成五个碳原子在同一平面的半椅式（half chair form）构象，其内能比椅式构象高 46.0 kJ/mol；C_1 再往上翘，带动平面上的原子运动，成为扭船式（twist boat form）构象，其能量仅比椅式构象高 23.5 kJ/mol；C_1 继续往上翘，成为船式构象，

其能量比扭船式构象高 5.4 kJ/mol,介于扭船式构象和半椅式构象之间;船式构象再经扭船式构象和半椅式构象转变成另一椅式构象,如图 4-10 所示。

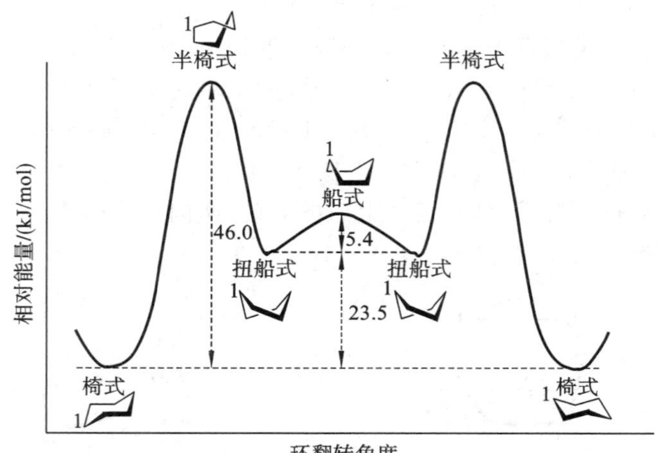

图 4-10　环己烷环翻转过程中的构象变化和相对能量

由于分子的热运动,环己烷的各种构象在室温下可以相互转换,但椅式构象最稳定,室温时几乎完全以椅式构象存在。

(三) 一取代环己烷的构象

一取代环己烷的椅式构象中,取代基可以处在 a 键或 e 键,这两种构象通过环翻转相互转变,形成动态平衡。如甲基环己烷的两种椅式构象可以表示如下:

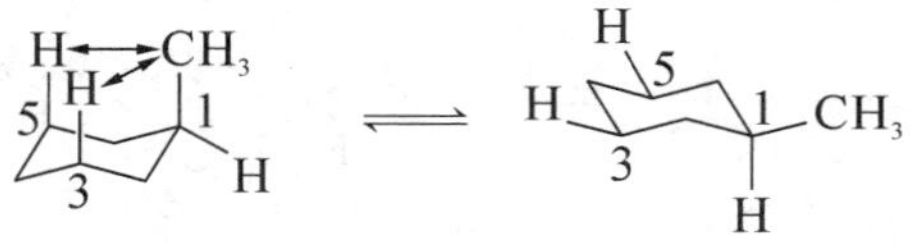

甲基处在 a 键　　　　甲基处在 e 键

甲基处在 a 键时,与 C_3 及 C_5 位上的 a 键氢之间距离较近,存在范德瓦耳斯斥力,这种由于空间拥挤所引起的斥力(跨环张力)常称 1,3-效应。发生环翻转后,甲基处在 e 键,避开了 1,3-直立键的相互排斥作用。

甲基环己烷椅式构象的纽曼投影式(图 4-11)显示,a 键甲基与 C_3 位 CH_2 处于邻位交叉式,e 键甲基与 C_3 位 CH_2 处于对位交叉式。所以甲基处在 e 键的椅式构象占优势,室温下在平衡混合体系中约占 95%。随着取代基体积的增大,取代基处在 e 键的构象优势更为明显,如叔丁基环己烷的叔丁基几乎全部处在 e 键。

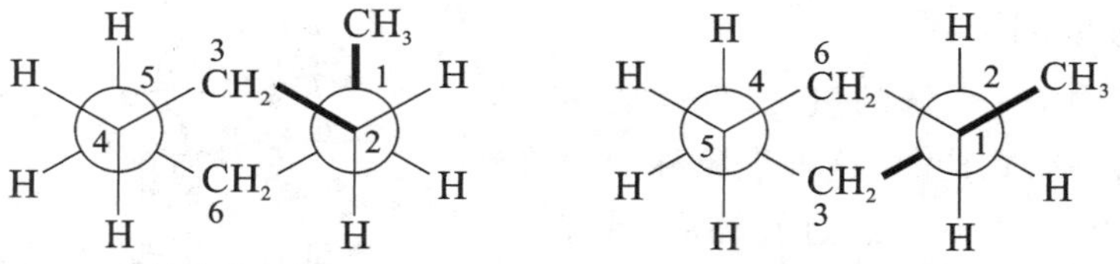

甲基处在a键　　　　甲基处在e键

图 4-11　甲基环己烷椅式构象的纽曼投影式

(四) 二取代环己烷的构象

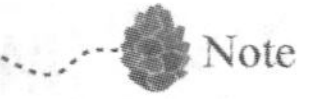

二取代环己烷的构象分析不仅要考虑取代基处在 a 键还是 e 键,还要考虑顺反异构问题。脂环烃由于环的存在,限制了 C—C σ 键的自由旋转,当有两个及以上成环碳原子连有不同的原子

或原子团时，将产生顺反异构现象。环状化合物的顺反异构体一般采用顺/反构型标记法进行命名，即两个取代基在环平面同侧的为顺式，在环平面异侧的为反式。例如：

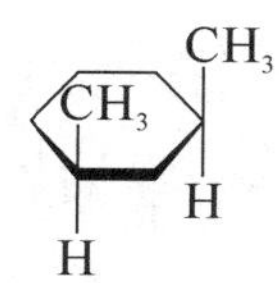

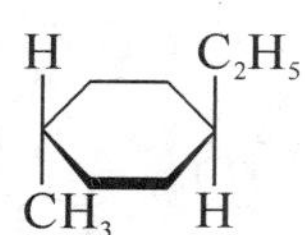

顺-1,3-二甲基环己烷　　　　反-1-甲基-4-乙基环己烷

二取代环己烷的顺反异构体分别有两种椅式构象，如 1,2-二甲基环己烷顺式异构体的两种椅式构象均为一个甲基处在 a 键，另一个甲基处在 e 键，简称为 ae 构象（或 ea 构象），它们能量相等，在平衡混合体系中两者的量相等；反式异构体的两种椅式构象中，一种是两个甲基处在 a 键（aa 构象），另一种是两个甲基处在 e 键（ee 构象）。其中 ee 构象能量低，为优势构象，在平衡混合体系中约占 99%。

ae构象　⇌　ea构象　　　　aa构象　⇌　ee构象(优势构象)

顺-1,2-二甲基环己烷　　　　反-1,2-二甲基环己烷

由于 1,2-二甲基环己烷顺式异构体的优势构象是 ae 构象（或 ea 构象），反式异构体的优势构象是 ee 构象，因此反式异构体较顺式异构体稳定，这与测得的两种异构体的燃烧热相一致（表 4-2）。

表 4-2　1,2-、1,3-、1,4-二甲基环己烷顺反异构体的稳定性和燃烧热

名　称	燃烧热差别/(kJ/mol)	异构体稳定性
1,2-二甲基环己烷	反式比顺式低 6	反式＞顺式
1,3-二甲基环己烷	顺式比反式低 7	顺式＞反式
1,4-二甲基环己烷	反式比顺式低 6	反式＞顺式

1,3-二甲基环己烷顺式异构体的优势构象是 ee 构象，反式异构体的优势构象是 ae 构象（或 ea 构象），因此顺式异构体较反式异构体稳定，燃烧热稍低。

aa构象　⇌　ee构象(优势构象)　　　　ae构象　⇌　ea构象

顺-1,3-二甲基环己烷　　　　反-1,3-二甲基环己烷

1,4-二甲基环己烷顺式异构体的优势构象是 ae 构象（或 ea 构象），反式异构体的优势构象是 ee 构象，因此反式异构体较顺式异构体稳定，燃烧热稍低。

ae构象　⇌　ea构象　　　　aa构象　⇌　ee构象(优势构象)

顺-1,4-二甲基环己烷　　　　反-1,4-二甲基环己烷

在二取代环己烷中,如果两个取代基不同,则体积较大的取代基处在 e 键的为优势构象,如顺-1-甲基-4-叔丁基环己烷的优势构象为叔丁基处在 e 键。

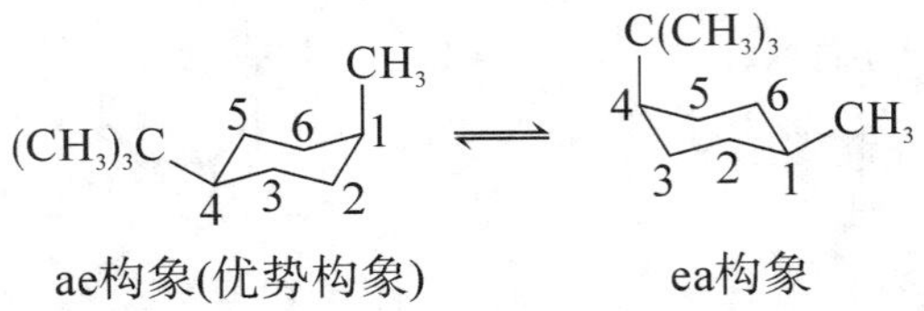

ae构象(优势构象)　　ea构象

(五) 多取代环己烷的构象

多取代环己烷一般可以根据以下原则分析其优势构象:①若取代基相同,以最多数目的取代基处在 e 键的椅式构象为优势构象;②若取代基不同,以最多数目的较大取代基处在 e 键的椅式构象为优势构象;③如有体积特别大的取代基如叔丁基,则以它处在 e 键的椅式构象为优势构象。例如:

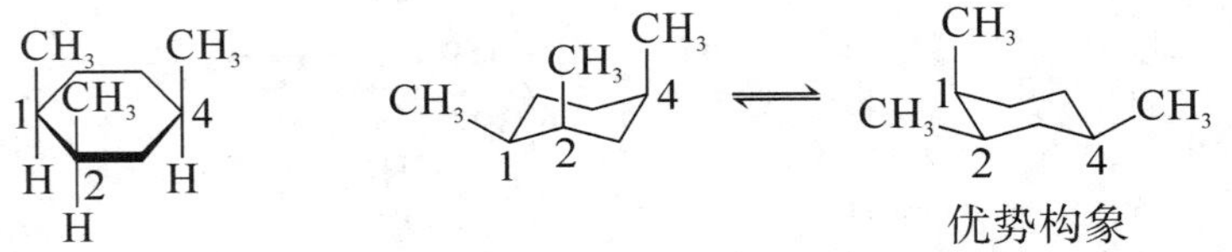

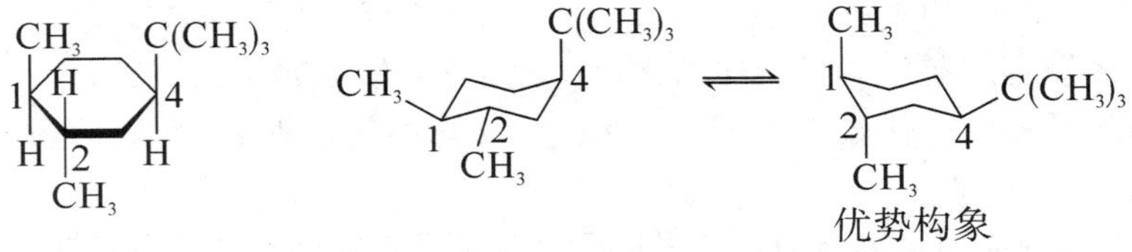

优势构象

优势构象

课堂练习4-2

写出下列化合物的优势构象。

(1) 1-乙基-3-甲基环己烷　(2) 顺-1-叔丁基-4-甲基环己烷

扫码看答案

第三节　脂环烃的性质

一、物理性质

环烷烃随着成环碳原子数的增加,熔点和沸点升高。一般在常温下,小环为气体,普通环为液体,中环和大环为固体。

环烷烃分子具有一定的对称性和刚性,所以环烷烃的熔点、沸点和相对密度均比相同碳原子数的直链烷烃高。

二、化学性质

脂环烃的化学性质与脂肪烃相似,环烷烃的化学性质与烷烃相似,常温下不与氧化剂发生反应,光照或较高温度下容易发生取代反应。但环丙烷的稳定性差,容易开环,发生与烯烃相似的加成反应。

Note

（一）取代反应

环烷烃在光照或较高温度下与卤素发生自由基取代反应，生成卤代环烷烃。例如：

$$\triangleright + Cl_2 \xrightarrow{h\nu} \triangleright\!-Cl + HCl$$

$$⬡ + Br_2 \xrightarrow{300\ ℃} ⬡\!-Br + HBr$$

（二）加成反应

1. 与氢加成 在催化剂存在下，环烷烃与氢加成生成直链烷烃。例如：

$$\triangleright + H_2 \xrightarrow[80\ ℃]{Ni} CH_3CH_2CH_3$$

$$\square + H_2 \xrightarrow[120\ ℃]{Ni} CH_3CH_2CH_2CH_3$$

环戊烷需加热至 300 ℃以上才能发生加氢开环反应，环己烷及大环烷烃加氢开环反应很难进行。可见小环、普通环加氢开环反应的活性顺序为环丙烷>环丁烷>环戊烷>环己烷。

2. 与卤素加成 环丙烷与烯烃相似，在室温下易与卤素发生加成反应而开环，环丁烷与卤素加成的开环反应需要加热才能进行，环戊烷和和环己烷很难与卤素发生加成开环反应。

$$\triangleright + Br_2 \xrightarrow[室温]{CCl_4} \underset{Br}{\underset{|}{CH_2}}CH_2\underset{Br}{\underset{|}{CH_2}}$$

$$\square + Br_2 \xrightarrow[\triangle]{CCl_4} \underset{Br}{\underset{|}{CH_2}}CH_2CH_2\underset{Br}{\underset{|}{CH_2}}$$

3. 与卤化氢加成 环丙烷及其衍生物在室温下易与卤化氢发生加成反应而开环，开环反应发生在含氢较多和较少的两个碳原子之间，氢与含氢较多的碳原子结合，卤素与含氢较少的碳原子结合。

$$\triangleright + HBr \xrightarrow{室温} \underset{H}{\underset{|}{CH_2}}CH_2\underset{Br}{\underset{|}{CH_2}}$$

$$\triangleright\!- + HBr \xrightarrow{室温} \underset{H}{\underset{|}{CH_2}}CH_2\underset{Br}{\underset{|}{CH}}CH_3$$

其他环烷烃在室温下很难与卤化氢发生加成开环反应。

课堂练习4-3

用简便化学方法鉴别丙烷、环丙烷、丙烯。

扫码看答案

小　结

脂环烃属于环状化合物，有单环、双环和多环脂环烃。单环脂环烃中三元、四元环有较大张力，不稳定，五元、六元环较稳定。双环和多环脂环烃有螺环烃和桥环烃，它们有着与脂肪烃不同的命名方法。

脂环烃的化学性质与脂肪烃相似，环烷烃的化学性质与烷烃相似，常温下与氧化剂不发生反

应，光照或较高温度下易发生自由基取代反应。但环丙烷的稳定性差，容易开环，发生与烯烃相似的加成反应，如与氢加成、与卤素加成、与卤化氢加成。

环丙烷分子中三个碳原子在同一平面，C—H 键在空间上处于重叠式的位置；环丁烷的四个碳原子为折叠式排列的蝶式构象；环戊烷形成一个角上翘的信封式构象；环己烷的优势构象为椅式构象。

一取代环己烷的取代基处在 e 键的为优势构象；二取代环己烷的构象分析不仅要考虑取代基处在 a 键还是 e 键，还要考虑顺反异构问题，若两个取代基不同，则以体积较大的取代基处在 e 键为优势构象；多取代环己烷以最多数目的较大取代基处在 e 键的椅式构象为优势构象，如有体积特别大的取代基如叔丁基，则以它处在 e 键的椅式构象为优势构象。

目标检测

目标检测答案

一、命名下列化合物。

(1) 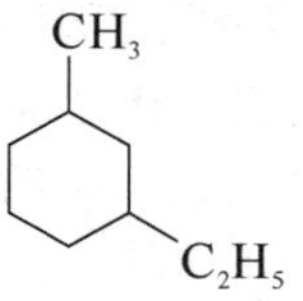 CH_3 C_2H_5　　(2) 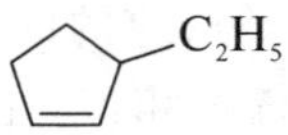 C_2H_5

(3) 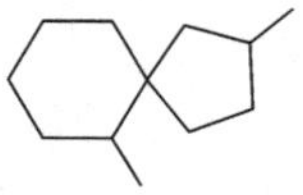　　(4) 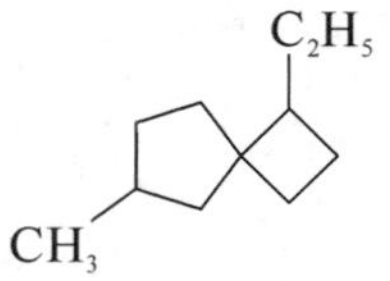 C_2H_5 CH_3

(5) 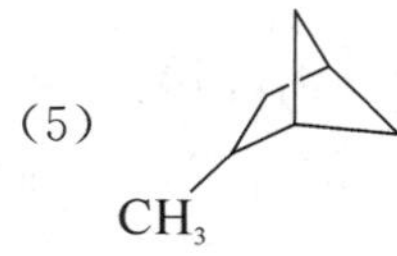 CH_3　　(6) 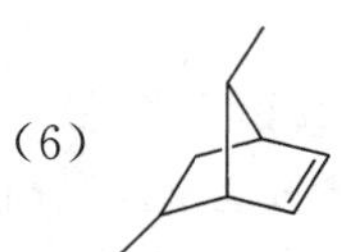

二、比较下列各组化合物的燃烧热。

(1) 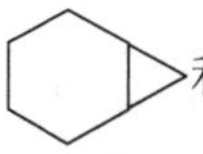 和 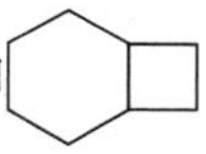　　(2) 、$CH_3CH_2CH_3$ 和

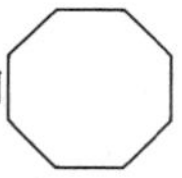

三、完成下列反应式。

(1)  $+Br_2 \xrightarrow{h\nu}$　　(2)  $\xrightarrow{KMnO_4/H^+}$

(3)  $+HBr \longrightarrow$　　(4) 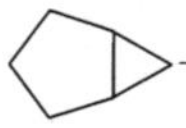 $+Br_2 \longrightarrow$

四、鉴别下列各组化合物。

(1) 环丙烷、丙烯、丙炔　　(2) 环丙烷和环己烷

五、画出下列化合物的优势构象。

(1) 1-甲基-2-正丙基环己烷　　(2) 1-异丙基-3-甲基环己烷

六、按稳定性大小排列下列正离子。

a. 　　b. 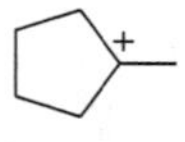 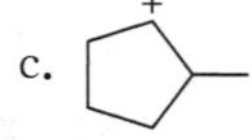　　c.

Note

【思政元素】

参考文献

[1] 邢其毅，裴伟伟，徐瑞秋，等. 基础有机化学[M]. 4 版. 北京：北京大学出版社，2016.

[2] 刘华，朱焰，郝红英. 有机化学[M]. 武汉：华中科技大学出版社，2020.

[3] 陆涛. 有机化学[M]. 9 版. 北京：人民卫生出版社，2022.

[4] 项光亚，方方. 有机化学[M]. 2 版. 北京：中国医药科技出版社，2021.

[5] 侯小娟，张玉军. 有机化学[M]. 武汉：华中科技大学出版社，2018.

（张玉军）

第五章　立体化学基础

学习目标

扫码看 PPT

素质目标： 培养学生运用化学知识观察生活中手性现象的能力，激发学生对专业的热爱，引导学生树立责任意识和科研意识，培养学生科学精神、创新精神，激发爱国情怀，引导学生树立正确的人生观、世界观和价值观。

能力目标： 了解手性分子与对映异构的关系，能够准确识别手性分子及判断其构型，培养学生由识别简单手性分子到判断含有取代基的复杂手性分子的能力，并具备一定的发现问题、分析问题和解决问题的能力。

知识目标： 掌握手性分子的特点和判断依据，手性分子中楔形式与费歇尔投影式的相互转化，含有一个手性碳原子的 R/S 构型判断，er 值和 ee 值的含义及计算。熟悉手性分子的 D/L 构型标记法，内消旋体和外消旋体的区别和判断方法，对映异构体和非对映异构体的区别。了解手性分子生物活性的差异。

案例导入

答案解析

人的左手和右手是一种互为镜像的立体异构的关系，即像互相照镜子一样的关系。当我们把右手放在镜子前，镜子里就会出现左手的样子。左手和右手的手指顺序是正好相反的，因此将左手的手掌盖在右手的手背上时，两只手不能像双手合十那样重合。即使让左手的大拇指和右手的小拇指重合，这两只手长度、宽度以及形状也完全不同。生物体内的氨基酸、酶，以及很多药物分子（如青霉素、紫杉醇、奥司他韦）都存在这种立体异构现象。

思考：1. 如何区分有机分子中这种互为镜像的立体异构？

2. 不同立体异构的有机分子会有哪些性质上的差异？

立体化学（stereochemistry）是研究有机分子的立体结构、反应的立体选择性及其相关规律和应用的科学，是现代有机化学的一个重要分支，也是当今有机化学研究的热点领域之一。

有机分子具有三维立体结构，在前面章节中我们已经认识到有机分子的成键方式，因此有机化合物结构复杂，种类繁多。在中学阶段我们已经对同分异构现象有了一定的认识，即有机分子具有相同分子式而结构不同的现象。同分异构可分为构造异构和立体异构两大类：构造异构包括碳链异构、位置异构、官能团异构、互变异构，这些内容在中学阶段已经学习，不再赘述；立体异构包括构象异构和构型异构两大类，其中构象异构在烷烃章节已经学习，构型异构包括顺反异构和对映异构，顺反异构在前面章节已经学习，对映异构则为本章学习的主要内容。

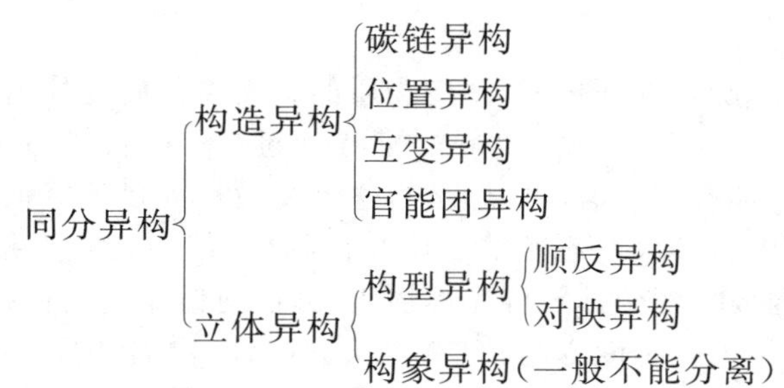

对映异构是指构造式相同而构型不同的有机分子,它们是互呈镜像对映关系的立体异构现象。对映异构体看似相同,如它们的核磁共振光谱、高分辨质谱、红外吸收光谱完全一样,无法对其进行区分,但实则二者不同,不同的对映异构体可以使偏振光发生不同方向的偏转,因此又称为旋光异构体,更重要的是,大部分对映异构体在生物体内的性质也有着显著的差异,对生物医药、临床医学等领域有着重要影响。

第一节 物质的旋光性

一、偏振光与旋光性

光是一种电磁波,它的振动方向与其前进方向垂直,而且是在无数个垂直于光传播方向的平面内振动。如果让一束普通光通过一个尼科耳棱镜(Nicol prism),只有振动方向与棱镜晶轴平行的光才能通过。这种只在一个平面上振动的光称为平面偏振光(plane polarized light),简称偏振光(图 5-1)。偏振光的振动平面习惯称为偏振面。

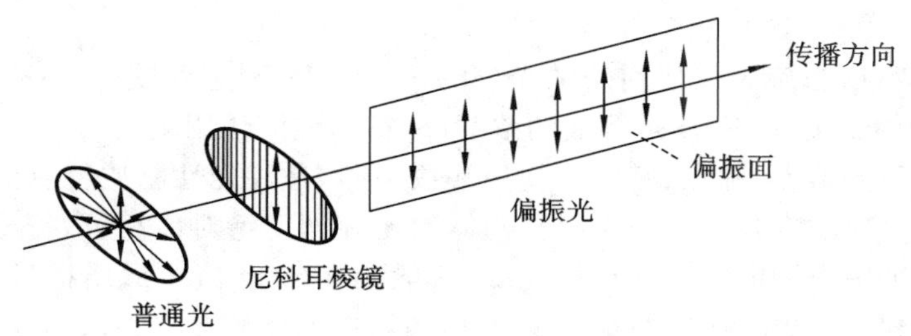

图 5-1 偏振光的形成

当偏振光通过包含单一对映异构体的溶液时,偏振光的振动平面发生旋转,我们把这种能使偏振光振动平面发生旋转的性质称为物质的旋光性(optical activity)或光学活性,单一对映异构体都具有旋光性。具有旋光性的物质称为旋光性物质或光学活性物质,如葡萄糖、果糖、乳酸等。不同的旋光性物质能使偏振光产生不同的偏转角度和不同的偏转方向。

二、旋光度与比旋光度

(一) 旋光度

偏振光的偏振面被旋光性物质所旋转的角度称为旋光度(optical rotation),用 α 表示。有些旋光性物质能使偏振光的偏振面向右(顺时针)旋转,称为右旋体(用“+”表示),另外一些则使偏振光的偏振面向左(逆时针)旋转,称为左旋体(用“−”表示)。例如(+)-2-丁醇表示使偏振光的偏振面向右旋转,(−)-2-丁醇表示使偏振光的偏振面向左旋转。(+)和(−)仅表示旋光方向不

同,与旋光度的大小无关。

在实际工作中,通常用旋光仪(图5-2)测定物质的旋光度。旋光仪由一个光源和两个棱镜组成。把两个尼科耳棱镜平行放置,光源产生的普通光通过第一个棱镜后产生偏振光,这个棱镜称为起偏棱镜。第二个棱镜连有刻度盘,可以旋转,这个棱镜称为检偏棱镜。在两个棱镜中间有一个盛液管,如果在盛液管内装入水或乙醇等非旋光性物质,偏振光可直接通过检偏棱镜,视场内光亮度不变。若盛液管内放入葡萄糖等旋光性物质,它们使偏振光的偏振面发生旋转,若检偏棱镜不做相应的转动,则视场内光亮度变暗,只有将检偏棱镜(向右或向左)旋转相同的角度,旋转了的偏振光才能完全通过,视场才能恢复原来的亮度。这时检偏棱镜上的刻度盘所旋转的角度,即为该被测物质的旋光度。

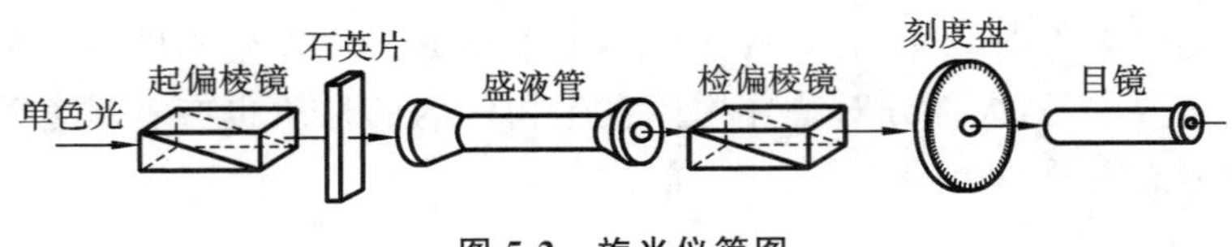

图5-2 旋光仪简图

目前科研中广泛使用的是自动旋光仪,可直接显示被测化合物的旋光度和旋光方向,其基本原理与普通旋光仪类似。

(二)比旋光度

化合物的旋光度不仅与物质本身的结构有关,而且与测定旋光度时所配溶液的浓度、盛液管的长度、测定时的温度、偏振光的波长以及使用的溶剂有关。为了使化合物的旋光度成为特征物理常数,而只考虑物质本身的结构对旋光度的影响,通常用1 dm长的盛液管,待测溶液的浓度为1 g/mL,用波长为589 nm的钠光(用符号D表示),测得的旋光度称为比旋光度(specific rotation),用$[\alpha]_D^t$表示。在实际操作中,常用不同长度的盛液管和不同浓度的样品,测定旋光度。可按以下公式计算出比旋光度。

$$[\alpha]_D^t=\frac{\alpha}{l\times\rho}$$

其中$[\alpha]$为比旋光度,D为旋光仪使用的钠光(589 nm),t为测定温度(℃);α是旋光仪上测得的旋光度,l是盛液管的长度(dm),ρ是溶液的浓度(g/mL,纯液体用密度)。

比旋光度像物质的熔点、沸点、密度等物理常数一样,是旋光性物质特有的物理常数,许多物质的旋光度可以从手册中查找。一对对映异构体的比旋光度绝对值相等,符号相反,即偏振面偏转方向相反。在文献中查到的物质的比旋光度,一般会在$[\alpha]_D^t$值之后用括号标出实验中测定旋光度时使用的溶剂和用c表示的百分浓度。如L-酒石酸的比旋光度表示为$[\alpha]_D^{20}=+12.5°$(c20, H_2O),表示在20 ℃,使用偏振的钠光作光源,酒石酸的水溶液浓度为20%时,天然酒石酸为右旋体,比旋光度为12.5°。测定旋光度可用于鉴定旋光性物质,也可测定旋光性物质的纯度和含量。

例题:将胆固醇样品260 mg溶于5 mL氯仿中,然后将其装满5 cm长的盛液管,在20 ℃测得旋光度为−2.5°,计算胆固醇的比旋光度。

解:

$$[\alpha]_D^t=\frac{\alpha}{\rho\times l}=\frac{-2.5°}{(0.26/5)\times0.5}=-96.2°$$

答:胆固醇的比旋光度为−96.2°(氯仿)。

扫码看答案

Note

课堂练习5-1

比旋光度为+52°的某药物,在1 dm盛液管中测得的旋光度为+13°,请问此物质溶液的浓度是多少?

第二节　手性分子和对映异构

一、手性

手性(chirality)一词来源于希腊语“kheir”(手),最早由英国的开尔文勋爵提出用“手性”描述物质和其镜像体的不可重叠性。人的左手和右手似乎是相同的,呈镜像对称,很多性质是完全一样的,但左手和右手不能完全重叠,左手和右手的手套戴反了,手会不舒服,说明二者实际上是有差异的。这种左右手互为实物与镜像的关系,彼此又不能重叠的现象称为手性现象(图 5-3)。手性是自然界普遍存在的现象,小到微观的分子,如氨基酸、DNA、蛋白质,常见到的动植物,如海螺壳的螺旋结构、人的左右手以及螺旋状植物,甚至大到宏观的天体星系,处处存在着手性现象。

【知识链接】
揭开手性面纱的分子——酒石酸

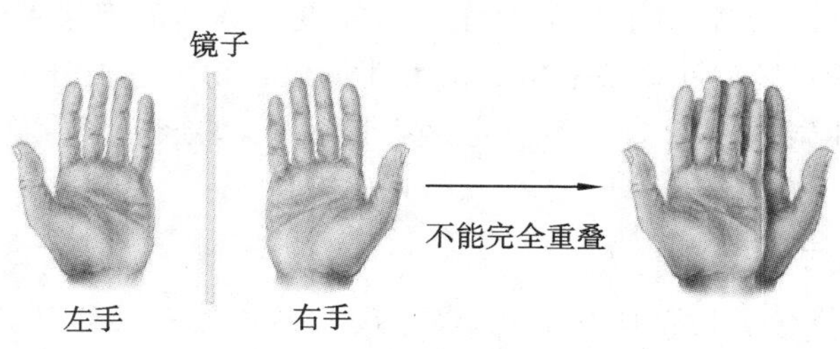

图 5-3　手性现象

二、分子的手性和对称性

(一) 手性分子和手性碳原子

有机分子具有三维立体结构,那么我们可能会有如下思考:①有机分子是否具有手性?②什么样的有机分子具有手性?答案是有机分子存在手性现象,判断的唯一依据为有机分子与其镜像分子是否能完全重叠。如果不能完全重叠,则该有机分子具有手性;反之则没有手性。

如乳酸($CH_3CHOHCOOH$)用楔形式表示有以下两种形式:

a: COOH, H, OH, H_3C　　b: COOH, H, HO, CH_3

乳酸分子 a 和 b 的关系正像人的左手和右手的关系,互为实物和镜像,又不能完全重叠,因此是两种不同的化合物。这两种物质都具有旋光性,其旋光度大小相等,旋光方向相反,一个是(+)-乳酸,一个是(−)-乳酸。这种不能与镜像重叠的分子称为手性分子(chiral molecule)(图 5-4)。乳酸分子 a 和 b 都是手性分子,由手性分子组成的物质具有旋光性,具有旋光性的物质的分子一定是手性分子。

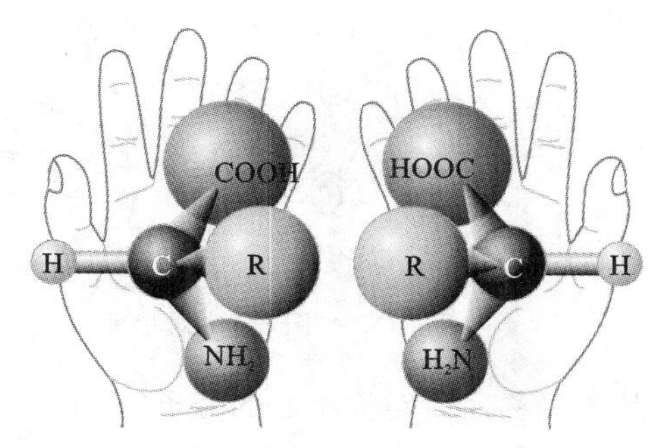

图 5-4　手性分子

研究发现,具有手性的分子大多具有一个共

Note

同的结构特点，即分子中都存在一个及以上连有四个互不相同的原子或基团的碳原子，这种碳原子称为手性碳原子(chiral carbon atom)或不对称碳原子(asymmetric carbon atom)，常用 C^* 表示。有一个手性碳原子的化合物必定是手性化合物，有一对对映异构体。手性碳原子是手性原子中的一种，此外还有手性氮、磷、硫原子等。这些原子也常称为手性中心(chirality center)。例如，我们所熟知的质子泵抑制剂奥美拉唑和埃索美拉唑(图 5-5)，后者为奥美拉唑其中的一个对映异构体，相较于奥美拉唑，埃索美拉唑在临床上具有更好的治疗效果。

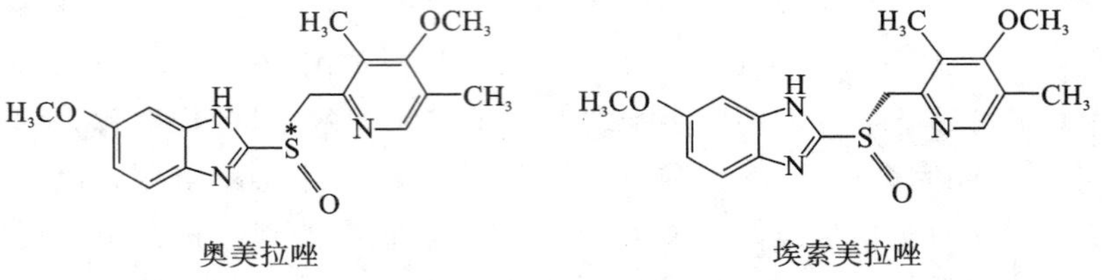

奥美拉唑　　　　埃索美拉唑

图 5-5　杂原子手性分子

此外，值得注意的是，手性碳原子与手性分子之间没有必然的因果关系：①手性分子不一定都含手性碳原子(如累积二烯型和联萘酚型等轴手性类化合物)，这类分子不含手性碳原子，但依然具有手性；②含有手性碳原子的分子不一定是手性分子，如该分子存在对称面或者对称中心时，则没有手性。

(二) 对称因素与手性

判断一个有机化合物分子是否具有手性，最直接的办法是看其与镜像能否重合，但较烦琐，尤其是对复杂分子的判断较为困难。研究发现，实物与镜像能否重合与物体的对称性有关，与分子手性密切相关的对称因素主要有对称面和对称中心。

1. 对称面　能将分子结构剖成互为实物与镜像的一个假想平面，称为分子的对称面(plane of symmetry)，也可称为镜面，用 σ 表示。寻找对称因素时，可将分子中的一些原子或基团看作一个圆球，可以被对称面分割成相同的两半。对于平面型分子，分子平面本身就是对称面(图 5-6)。有对称面的分子可与其镜像重合，故无手性。所以，1,1-二氯乙烷、反-1,2-二氯乙烷因对称面的存在而为非手性分子。

2. 对称中心　假设分子中能找到一点"i"，从分子中任何一个原子或基团向"i"点作直线，在其延长线等距离处能找到相同的原子或基团，则这个点"i"称为对称中心(center of symmetry)(图 5-7)。

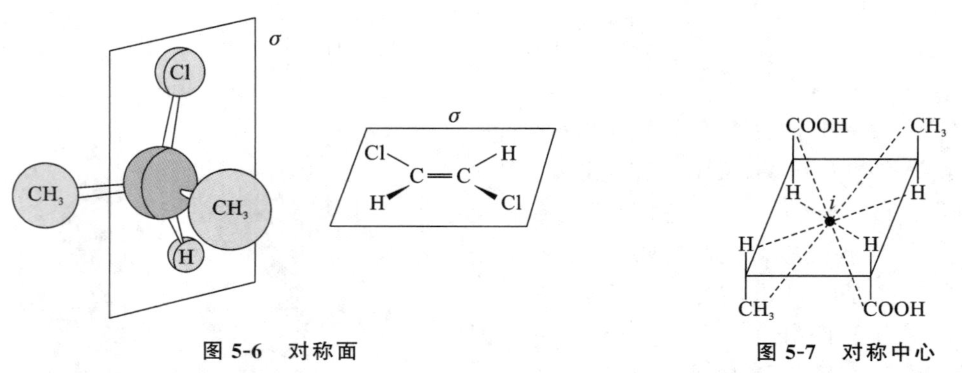

图 5-6　对称面　　　　图 5-7　对称中心

凡有对称面或对称中心的分子，一定是非手性的，无对映异构体，无旋光性。由此可知，一个化合物有无旋光性，主要看它的分子是否对称，如对称，则无手性也无旋光性，如不对称，则有手性也有旋光性。

三、对映异构

1874 年，荷兰化学家 van't Hoff 提出了碳原子的四面体结构理论，并认为连有四个不同原子或原子团的碳原子，在空间会有两种不同的排列方式，也可以说有两种不同构型，二者极为相似，互为实物与镜像的关系，但无法重叠，如右旋乳酸与左旋乳酸。这种彼此呈镜像对称关系，又不能重叠的异构体称为对映异构体(enantiomer)。手性分子均存在对映异构现象。

课堂练习5-2

如本节图 5-4 中的分子为氨基酸分子的通式，你知道我们人体内的氨基酸是左手构型、右手构型，还是两者都有吗？你知道是为什么吗？

扫码看答案

第三节　含一个手性碳原子的化合物的对映异构

凡是只含有一个手性碳原子的化合物都会有一对对映异构体，每个对映异构体都是手性分子。

一、对映异构体的理化性质

一对对映异构体有相同的熔点、沸点和溶解度(在水和其他非手性的普通溶剂中)。对于化学性质，除了与手性试剂反应外，对映异构体的化学性质也是相同的。例如，乳酸的一对对映异构体分别与氢氧化钠溶液发生酸碱中和反应，两者的反应速率是相同的。此外，对映异构体的核磁共振谱、高分辨质谱、红外吸收光谱等表征数据也是相同的，因此，二者看似非常相同，很难区分。

一对对映异构体的性质差异主要是对偏振光的作用不同，通常旋光度数相同，旋光方向相反。更为重要的是，两者在生理活性上有着显著的差异。例如，天然药用肾上腺素为 *R* 型，其旋光度为 $-50°$，其对映异构体的旋光度为 $+50°$，有很强的毒性；再如，天然香料香芹酮具有两个构型，其中右旋的 *S* 型香芹酮具有香芹、莳萝籽和黑面包的香味，而左旋的 *R* 型香芹酮具有薄荷、留兰香味，是口香糖、牙膏等产品的主要原料。由此可见，看似非常相似的对映异构体，对于生物体的作用却完全不同(图 5-8)。

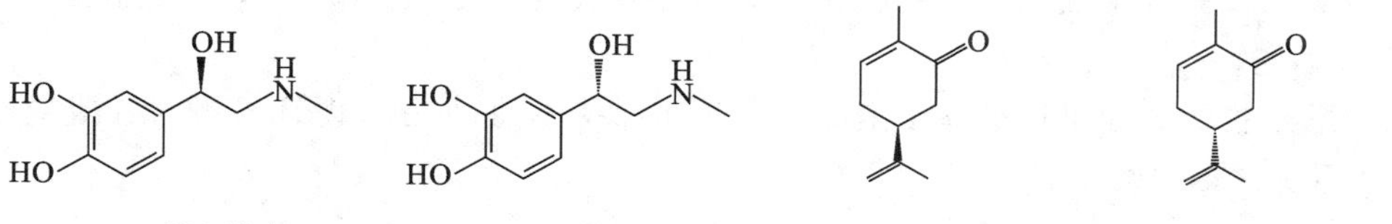

R-(+)-肾上腺素　*S*-(−)-肾上腺素　*S*-(+)-香芹酮（香芹、莳萝籽和黑面包香味）　*R*-(−)-香芹酮（薄荷、留兰香味）

图 5-8　手性分子的差异

二、外消旋体

一对对映异构体的等量混合物称为外消旋体(racemate)，通常用(±)表示。由于两种旋光体的旋光度相同，旋光方向相反，因而旋光作用互相抵消，所以外消旋体没有旋光性。例如，乳酸的

Note

旋光性有三种不同的情况：从肌肉组织中分离出的乳酸为右旋乳酸；由左旋乳酸杆菌使葡萄糖发酵而产生的乳酸为左旋乳酸；由一般化学反应合成的乳酸(如丙酮酸经还原反应得到的乳酸)为外消旋体，不具有旋光性。乳酸的常用物理常数见表 5-1。

表 5-1　乳酸的常用物理常数

名　　称	熔点/℃	$[\alpha]_D^{20}$	pK_a	溶解度/g
(+)-乳酸	26	+3.8°	3.76	∞
(−)-乳酸	26	−3.8°	3.76	∞
(±)-乳酸	18	0°	3.76	∞

外消旋体和纯的单一对映异构体除旋光性不同外，其他物理性质如熔点、密度、在同种溶剂中的溶解度等也常有差异，但沸点与纯的单一对映异构体相同。

三、费歇尔投影式

对映异构体在构造上是相同的，但是原子或基团在空间的排布不同，因此立体构型的三维表示方法最好使用分子球棍模型和楔线式(见第一章)，这两种表示方法虽然清楚、直观，但书写不便。

1891 年，德国化学家费歇尔(Fischer)提出了显示连接手性碳原子的四个基团空间排列的一种简便方法——费歇尔投影式(Fischer projection)，投影时将主链放在竖键上，竖键连接的原子或基团表示伸向纸平面的后方，横键连接的原子或基团表示伸向纸平面的前方，即按“横前竖后”的原则投影到平面上，其中两条直线的垂直相交点为手性碳原子。乳酸的一对对映异构体的费歇尔投影式如图 5-9 所示。

图 5-9　乳酸对映异构体的费歇尔投影式

由于费歇尔投影式规定横键的两个基团朝前，竖键的两个基团朝后，在使用费歇尔投影式时要注意以下几点。

(1) 费歇尔投影式在纸面上旋转 90°的偶数倍，其构型不变，但不能在纸面上旋转 90°的奇数倍，也不能离开纸平面翻转，否则会引起原构型的改变。

(2) 费歇尔投影式中任意两个基团相互对调奇数次后构型改变，成为其对映异构体。对调偶数次后构型不变。

(3) 费歇尔投影式中手性碳原子上的一个基团保持不动，另三个基团按顺时针或逆时针方向旋转，构型不变(图 5-10)。

课堂练习5-3

判断下列两组化合物是同一物质还是对映异构体。

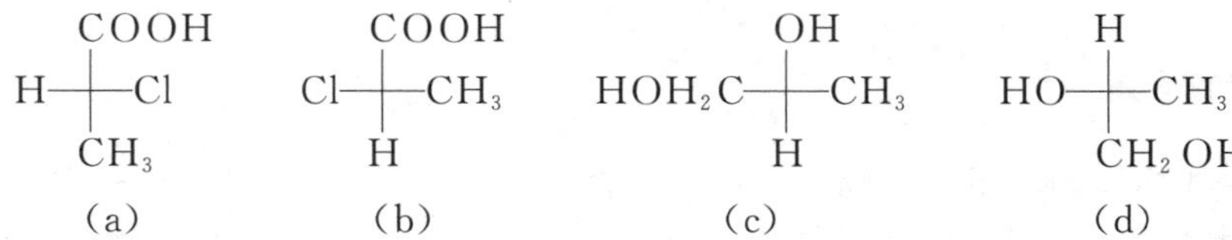

扫码看答案

Note

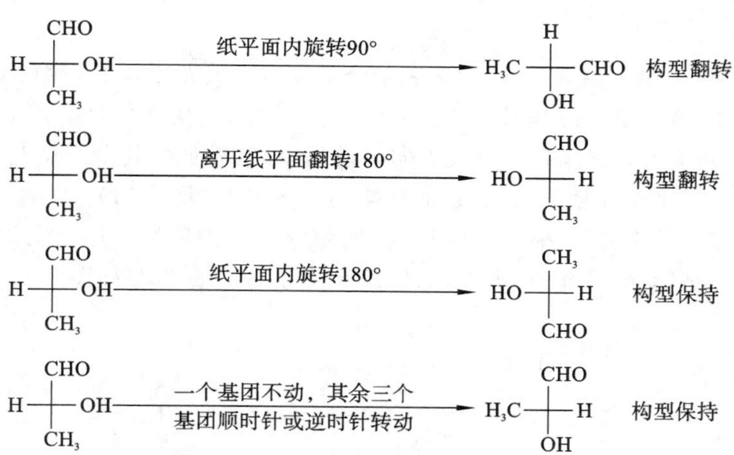

图 5-10 费歇尔投影式的构型变化规则

四、构型的标记方法

构型(configuration)是指一个立体异构体分子中原子或基团在空间的排列方式。一般对映异构体的构型是指手性碳(或手性中心)所连的原子或基团在空间的排列方式。常用的对映异构体的构型标记方法有 D/L 标记法和 R/S 标记法两种。

(一) D/L 标记法

一个化合物的绝对构型通常指各原子或基团与手性碳原子在空间的真实排列方式。但在1951 年之前，人们无法确定手性碳原子的绝对构型，为了便于研究，费歇尔人为地选择了一个简单的旋光性物质(+)-甘油醛(glyceraldehyde)为标准物，将其构型用费歇尔投影式表示时，碳链竖直放置，醛基放在碳链上端，羟基处于碳链右侧的为(+)-甘油醛的立体构型，称为 D 构型，而羟基处于左侧的为(−)-甘油醛的立体构型，称为 L 构型。

CHO	CHO
H—┼—OH	HO—┼—H
CH_2OH	CH_2OH
D-(+)-甘油醛	L-(−)-甘油醛

以甘油醛为标准物，通过合适的化学反应转化成其他手性化合物，所得化合物的构型可与甘油醛进行直接或间接比较来确定，不涉及手性碳原子四条价键断裂的，构型保持不变。由此分别得到 D 构型和 L 构型系列化合物。例如：

CHO		COOH		COOH		COOH
H—┼—OH	$\xrightarrow{[O]}$	H—┼—OH	$\xrightarrow{PBr_3}$	H—┼—OH	$\xrightarrow{Zn/H^+}$	H—┼—OH
CH_2OH		CH_2OH		CH_2Br		CH_3
D-(+)-甘油醛		D-(−)-甘油酸		D-(−)-3-溴-2-羟基丙酸		D-(−)-乳酸

上述通过化学反应而确定的构型，是相对于人为指定的标准物质(+)-甘油醛而言的，所以称为相对构型。

1951 年，荷兰化学家贝伊富特(Bijvoet)用 X 射线单晶衍射法成功地测定了右旋酒石酸铷钠的绝对构型，并由此推断出(+)-甘油醛的绝对构型。巧合的是，人为规定的(+)-甘油醛与其绝对构型相一致。从此与右旋甘油醛相关联的其他化合物的 D/L 构型也都代表绝对构型了。

D/L 标记法的使用有一定的局限性，一般只适用于与甘油醛结构类似的化合物。目前，一般用于糖和氨基酸的构型命名。

(二) R/S 标记法

1979 年,IUPAC 建议采用 R/S 标记法表示分子构型。其方法如下:首先按照次序规则确定与手性碳原子相连的四个原子或基团(a、b、c、d)的优先次序;较优先的排在前面,如 a>b>c>d,将次序最低的原子或基团 d 置于自己视线方向的最远端,然后观察其余三个基团由大到小(a→b→c)的排列方式,顺时针排列为 R 构型,逆时针排列为 S 构型(图 5-11)。

例如,对于乳酸分子的构型,根据次序规则,乳酸分子手性碳原子所连的四个原子或基团的优先次序为—OH>—COOH>—CH_3>—H,其 R、S 构型判断方法如图 5-12 所示。

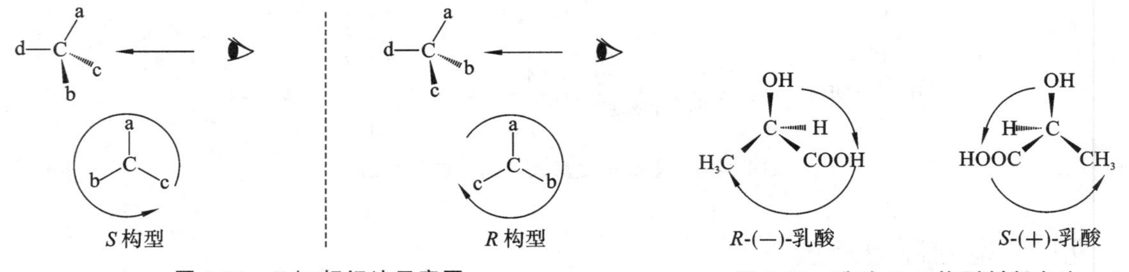

图 5-11 R/S 标记法示意图　　**图 5-12 乳酸 R、S 构型判断方法**

用费歇尔投影式表示手性分子的构型时,可用下列经验方法判断 R、S 构型。

(1) 如果次序最低的原子或基团 d 在竖键上,表示该原子或基团在纸平面的后方,这时从前面看,次序最低的原子或基团已经远离观察者,如果 a→b→c 在纸平面上旋转,则顺时针为 R 构型,逆时针为 S 构型(图 5-13)。

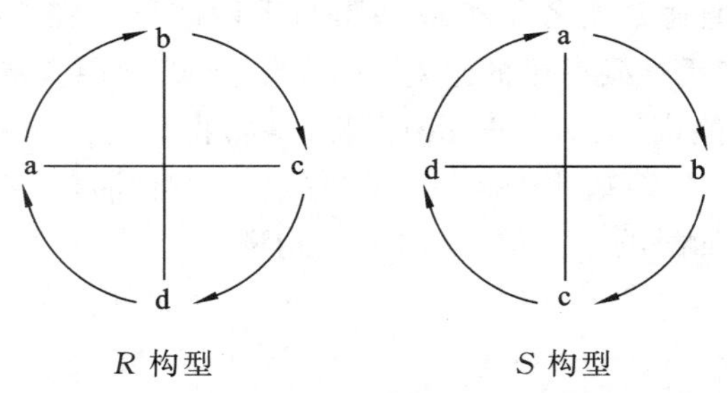

图 5-13 经验方法判断费歇尔投影式的 R、S 构型

(2) 如果次序最低的原子或基团 d 在横键上,观察者从前面看时,若 a→b→c 在纸平面上旋转,则顺时针为 S 构型,逆时针为 R 构型。这是由于在平面内观察时,次序最低的原子或基团离观察者最近,与 IUPAC 命名法的规定相反,因此结果也相反(图 5-13)。

对于手性化合物来说,D/L 标记法及 R/S 标记法是两种不同的构型标记方法,二者之间没有对应的关系,也与手性化合物的旋光方向无关。一对对映异构体之中,如果一个异构体的构型为 R,另一个必然为 S,但它们的旋光方向(“+”或“−”)目前是不能通过构型来推断的,只能通过旋光仪测定得到。

五、对映异构体纯度的表示方法

含有一个手性碳原子的化合物,它的构型不是 R 构型就是 S 构型,二者加和为 100%。那么如何体现该对映异构体的纯度?常用对映体比例(enantiomeric ratio)和对映体过量(enantiomeric excess)两种方法表示。

(一) 对映体比例

对映体比例又称 er 值,即 enantiomeric ratio 的首字母缩写。以乳酸分子为例,如果乳酸分子为外消旋体,则 R 构型和 S 构型各占 50%,其 er 值为 50∶50。如果乳酸分子中 R 构型占比

99%,S 构型占比 1%,则其 er 值为 99∶1。

(二) 对映体过量

对映体过量又称 ee 值,即 enantiomeric excess 的首字母缩写。其计算方法为

$$ee=[|R-S|/(R+S)]\times 100\%$$

即在对映异构体混合物中,一个对映异构体 R 构型(或 S 构型)比另一个对映异构体 S 构型(或 R 构型)多出来的量占总量的百分比。我们仍以乳酸分子为例,如果乳酸分子为外消旋体,则 ee 值为 0。如果乳酸分子中 R 构型占比 99%,S 构型占比 1%,则其 ee 值为 98%。从严格意义上来说,即使一个手性分子的光学纯度再高,我们也不能将其 ee 值表述为 100%,因为我们的对映异构体过量也是通过仪器设备检测所得,受检测设备的精密度或分辨率所限,无法观察到另外一个对映异构体的信号,因此其 ee 值应无限趋近于 100%但小于 100%。

课堂练习5-4

已知某 R 构型药物分子的 ee 值为 99.9%,求其 R 构型与 S 构型的对映体比例(er 值)。

扫码看答案

第四节　含多个手性碳原子的化合物的对映异构

一般来说,在旋光性化合物中含手性碳原子数越多,其旋光异构体的数目也越多。

化合物分子中含有 2 个不同的手性碳原子,即 2 个手性碳原子分别所连的 4 个原子或基团不完全相同。每个手性碳原子都可以有 2 种不同的构型,它们可以组合成 4 种旋光异构体。如 2,3,4-三羟基丁醛(丁醛糖),分子中含有 C_2 和 C_3 这 2 个不同的手性碳原子,C_2 上连的 4 个原子或基团是—H、—OH、—CHO 和—CH(OH)CH_2OH,而 C_3 上连的 4 个原子或基团是—H、—OH、—CH_2OH 和—CH(OH)CHO,故 2,3,4-三羟基丁醛有 4 种旋光异构体。4 种旋光异构体用费歇尔投影式分别表示如下:

Ⅰ	Ⅱ	Ⅲ	Ⅳ
CHO	CHO	CHO	CHO
H—+—OH	HO—+—H	HO—+—H	H—+—OH
H—+—OH	HO—+—H	H—+—OH	HO—+—H
CH_2OH	CH_2OH	CH_2OH	CH_2OH
Ⅰ(2R,3R)	Ⅱ(2S,3S)	Ⅲ(2S,3R)	Ⅳ(2R,3S)
D-(−)-赤藓糖	L-(+)-赤藓糖	D-(−)-苏阿糖	L-(+)-苏阿糖

上述 4 种异构体中,Ⅰ和Ⅱ、Ⅲ和Ⅳ是对映异构体,而Ⅰ和Ⅲ、Ⅰ和Ⅳ、Ⅱ和Ⅲ、Ⅱ和Ⅳ之间不存在实物与镜像的关系,这种彼此不呈实物与镜像关系的立体异构体称为非对映异构体(diastereomer)。非对映异构体之间不仅旋光度不同,其他性质也不同。

若分子中含有 n 个手性碳原子,则旋光异构体的数目最多为 2^n 个,对映异构体的对数最多为 2^{n-1} 对。

Ⅰ		Ⅱ	Ⅲ	Ⅳ
COOH		COOH	COOH	COOH
H—+—OH	══	HO—+—H	HO—+—H	H—+—OH
H—+—OH		HO—+—H	H—+—OH	HO—+—H
COOH		COOH	COOH	COOH
Ⅰ(2R,3S)		Ⅱ(2S,3R)	Ⅲ(2S,3S)	Ⅳ(2R,3R)
meso-酒石酸		*meso*-酒石酸	D-(−)-酒石酸	L-(+)-酒石酸

Note

Ⅲ和Ⅳ为一对对映异构体,Ⅰ和Ⅱ看起来似乎也是一对对映异构体,但如果将Ⅰ在纸平面上旋转180°则变为Ⅱ,说明Ⅰ与Ⅱ为同一构型。Ⅰ和Ⅲ、Ⅰ和Ⅳ之间互为非对映异构体。

仔细观察Ⅰ的分子结构,可以在其分子内部找到一个对称面,并将分子分成互为实物与镜像的两部分,它们分别是*R*构型和*S*构型,由于C_2和C_3上所连的原子和基团是相同的,所以其旋光度相同,但旋光方向相反,因此,上下两部分对偏振光偏振面的旋转作用相互抵消,所以,整个分子没有旋光性,是一个非手性分子,无对映异构体存在。这种分子结构中含有手性碳原子,但整个分子不具有旋光性的化合物称为内消旋化合物(meso compound)或内消旋体。由此可见,物质产生旋光性的根本原因在于分子的不对称性,也就是分子具有手性,并不在于有无手性碳原子。

内消旋体和外消旋体虽然都无旋光性,但两者之间有本质的区别。外消旋体是由等量对映异构体组成的混合物,可以通过一定的方法分离成具有旋光性的左旋体和右旋体;内消旋体是纯净物,不能分离成具有旋光性的两种化合物。

第五节　对映异构体在医学上的意义

一、对映异构体的生物活性

一对对映异构体在非手性环境中,其物理及化学性质完全相同,只有旋光方向上的区别。但在自然界中存在的一些天然物质及生物体中的分子绝大多数具有手性,手性化合物的生物活性与其构型密切相关。手性药物(chiral drug)的多个对映异构体往往表现出不同的药理和毒副作用。手性药物进入生物体内后,其药理作用多与它和体内靶分子之间的手性匹配及分子识别能力有关。因此具有手性的药物的不同对映异构体显示出不同的药理作用和毒副作用。已发现很多手性化合物的对映异构体具有不同的生物活性。生命现象中的化学过程都是在高度不对称的环境中进行的。生物大分子如蛋白质、多糖、核酸等都有手性。除细菌等以外的蛋白质都由左旋的L-氨基酸组成;多糖和核酸中的糖则是右旋的D构型;在机体代谢和调控过程中所涉及的物质,如酶和细胞表面的受体,一般也都具有手性,它们在生物体内造成手性环境。正是这种立体化学的手性特征,使生命体系对药物中的一对对映异构体表现出不同的生物反应。例如,(*S*,*S*)-乙胺丁醇是治疗结核病的药物,而它的对映异构体(*R*,*R*)-乙胺丁醇却会导致失明,非甾体抗炎药布洛芬只有*S*-对映异构体具有抗炎、抗风湿及解热镇痛的功效,*R*-对映异构体无生物活性。有些手性药物的两种对映异构体有完全不同的药理作用,如曲托喹酚(tretoquinol,喘速宁)的*S*-对映异构体是支气管扩张剂,*R*-对映异构体则有抑制血小板凝聚的作用。

二、沙利度胺事件

早在1848年,法国的微生物学家、化学家路易斯·巴斯德(Louis Pasteur)就已经发现了对映异构现象,因为对映异构体结构的相似性,人们并未关注二者在生物活性上的差异。直至20世纪60年代沙利度胺事件(又称反应停事件)的发生,人们才认识到当药物分子中存在对映异构体时,有些对映异构体可能会引起很强的毒副作用。这之后,药物分子的开发与设计研究提升到了手性分子的层面。沙利度胺又名反应停,在20世纪50年代末作为镇静和催眠药,用于治疗孕妇妊娠期呕吐。但后来发现,妊娠早期的妇女服用此药会引起胎儿严重畸形。

(*R*)-沙利度胺　　　　(*S*)-沙利度胺

直至 1979 年才发现，仅 *R*-(+)-沙利度胺具有镇静和安眠作用，而 *S*-(−)-沙利度胺对胎儿有致畸作用。因此，如果单独服用 *R*-(+)-沙利度胺，就不会产生致畸作用，这种药或许还可以继续使用。对映异构体生物活性的差别说明在药物、农业和食品及其他化学品中，对映异构体组成和纯度的测定非常重要。2020 年世界销售额前 200 位的药物中，140 种是具有手性的。由于要得到两种甚至更多的光学纯的对映异构体十分困难，所以对许多手性药物药理活性差异没有经过充分的研究。这些药物中的一种对映异构体对患者可能无用甚至有害。由此可见，将手性药物以外消旋体的形式使用是具有潜在危险的。因此，制备光学纯的手性化合物具有实际意义。

三、获得单一对映异构体的方法

（一）外消旋体的拆分

将外消旋体分离成右旋体和左旋体的过程称为外消旋体的拆分(resolution)。外消旋体的拆分一般有以下几种方法。

1. 化学拆分法　一对对映异构体除旋光方向相反外，其他的物理性质(如溶解度、沸点等)都相同，因此不能用常用的分馏、重结晶等方法分离。目前应用最广的是化学拆分法，其原理是将对映异构体转变为非对映异构体，再利用非对映异构体之间不同的物理性质进行分离。例如将(±)-乳酸与具有光学活性的(*R*)-1-苯基乙胺反应，生成(*R*,*R*)和(*S*,*R*)两种盐，由于两者是非对映异构体，溶解度不同，可以通过分步结晶将两者分开，然后分别向分离得到的两种盐中加入盐酸，置换出的乳酸再经过进一步分离，可分别得到左旋乳酸和右旋乳酸。

2. 生物拆分法　酶都是旋光性物质，而且具有很强的化学反应专一性，可选用某些酶与外消旋体中的某个对映异构体反应，将这个对映异构体消耗掉，剩下另一构型的对映异构体，从而达到分离的目的。例如青霉素菌在含有外消旋体的酒石酸培养液中生长时，将右旋酒石酸消耗掉，只剩下左旋体。这种方法的优点是反应选择性高、产率高、条件温和、所用的酶无毒且易降解，缺点是会有一半的原料损失。

3. 诱导结晶法　在外消旋体的过饱和溶液中加入一定量的此外消旋体中任一种单一对映异构体的纯晶种。与晶种旋光方向相同的对映异构体先结晶出来，将其滤出。再向滤液中加入一些外消旋体并重新制成过饱和溶液，此时溶液中另一对映异构体的含量相对较多，因而优先结晶出来，如此反复进行结晶，就可把一对对映异构体完全分开，此法也称晶种结晶法。

4. 色谱分离法　选用某种手性物质作吸附剂，这种吸附剂对左旋体和右旋体的吸附能力不同，因而一对对映异构体被其吸附的程度也不同，用溶剂洗脱时，某一对映异构体被优先洗脱下来，另一对映异构体后被洗脱下来，从而达到分离的目的。

（二）不对称合成法

采用上述外消旋体拆分获得单一光学异构体的方法既烦琐，又不经济。因为拆分后，另一个对映异构体如果没有使用价值，则合成的效率至少降低 50%。通过不对称合成(asymmetric synthesis)的方法可只获得或主要获得所需要的光学异构体，这是一种既经济有效又合理的合成方法，是有机合成发展的一个重要方面。不对称合成反应又可分为化学计量的不对称合成反应和不对称催化合成反应两种，其中不对称催化合成反应的效率更高。

【知识链接】
手性药物分子合成的珠峰——紫杉醇

20世纪有机化学的发展中,较重要的突破之一是不对称催化反应的研究成功,它作为手性技术应用于合成工业,尤其是涉及人类健康的手性药物合成,受到国际社会的普遍关注,使得不对称催化领域的研究迅速发展。自21世纪以来,不对称催化研究已先后两次(2001年、2021年)获得诺贝尔化学奖,足以说明手性分子在医药领域的重要地位,以及不对称合成对手性分子合成的重要性。目前,我国的不对称催化研究也已经达到世界领先水平,如南开大学周其林教授设计开发的螺环手性催化剂、四川大学冯小明教授设计开发的氮-氧手性配体、南方科技大学的张绪穆教授开展的不对称氢化研究等国内一批优秀科研工作者在该领域所取得的重要成果,均为不对称合成的发展做出了重要贡献。

小　结

手性分子的判断依据:有机分子与其镜像能否重合。不能与镜像重合的分子具有对映异构体,一对对映异构体除旋光性外,其他物理性质相同。其比旋光度绝对值相同、旋光方向相反。

连接四个不同原子或基团的碳原子为手性碳原子,仅含有一个手性碳原子的化合物为手性分子。手性碳原子的构型可用D/L标记法或R/S标记法进行标记。

费歇尔投影式可直观表现对映异构体,投影时横前竖后,同一手性碳原子上任两个基团互换偶数次构型保持,互换奇数次构型翻转。

对映异构体的等量混合物为外消旋体,具有手性碳原子但分子中有对称面者为内消旋体。

对映异构体的光学纯度可以用er值和ee值表示,前者为对映体比例,后者为对映体过量。不同的对映异构体在生物体内时可能会产生不同的生物活性。

目标检测

目标检测答案

一、名词解释。

(1) 手性分子　　(2) 手性碳原子

(3) 对映异构体　　(4) 非对映异构体

(5) ee值　　(6) 外消旋体

(7) 内消旋体　　(8) R构型

二、画出下列分子结构,判断其是否具有手性碳原子,并用“*”标出。

(1) 1-氯-2-甲基戊烷　　(2) 2-氯-2-甲基丁烷

(3) 2-氯-4-甲基戊烷　　(4) 2-溴-1-氯-丁烷

(5) 2-环己基丁烷

三、选择题。

(1) 以下叙述中正确的是(　　)。

A. 手性碳原子的存在,是分子具有手性的前提条件

B. 不含手性碳原子的分子,一定没有手性

C. 所有手性分子都有对映异构体

(2) 以下对外消旋体和内消旋体的叙述正确的是(　　)。

A. 两者都无旋光性　　B. 两者都是混合物

C. 两者都可以进一步被手性拆分

四、命名下列化合物，并判断其 R/S 构型。

(1) Fischer 投影式：上 CH_3，左 H，右 Cl，下 Br

(2) Fischer 投影式：上 CH_3，左 H，右 CH_2CH_3，下 $CH(CH_3)_2$

(3) Fischer 投影式：上 CH_3，左 H，右 $CH=CH_2$，下 $CH_2CH_2CH_3$

(4) 楔形式：中心碳上连 CH_3、H_3CH_2C、OH、F

五、下列化合物中，哪些是内消旋体？

(1) 2,3-二氯丁烷 (2) 2,3-二氯戊烷

(3) 2,4-二溴戊烷

六、画出下列分子的费歇式投影式和楔形式。

(1) (R)-丁-2-醇 (2) (S)-2-羟基丙酸

(3) (S)-3-甲基戊-1-炔

【思政元素】

参考文献

[1] 侯小娟，张玉军. 有机化学[M]. 武汉：华中科技大学出版社，2018.

[2] 陆阳. 有机化学[M]. 9 版. 北京：人民卫生出版社，2018.

[3] 邢其毅，裴伟伟，徐瑞秋，等. 基础有机化学[M]. 4 版. 北京：北京大学出版社，2016.

[4] LI M L，YU J H，LI Y H，et al. Highly enantioselective carbene insertion into N—H bonds of aliphatic amines[J]. Science，2019，366(6468)：990-994.

[5] LIN M，HAN J C，ZHANG W，et al. Strategies and lessons learned from total synthesis of taxol[J]. Chem Rev，2023，123(8)：4934-4971.

[6] ZHAO Q Y，CHEN C Y，WEN J L，et al. Noncovalent interaction-assisted ferrocenyl phosphine ligands in asymmetric catalysis[J]. Acc Chem Res，2020，53(9)：1905-1921.

[7] DONG S X，LIU X H，FENG X M. Asymmetric catalytic rearrangements with α-diazocarbonyl compounds[J]. Acc Chem Res，2022，55(3)：415-428.

（李玖零）

Note

第六章　芳　烃

学习目标

扫码看 PPT

素质目标：引导学生树立环保意识和安全意识；学习科学家的优良品质，只有严谨、求实、勤奋，才能把握机遇，培养积极思考、勇于探索的科学精神。引导学生树立正确的人生观、世界观和价值观。

能力目标：使学生深入认识结构决定性质，性质反映结构的辩证关系；培养逻辑思维能力，具备一定的发现问题、分析问题和解决问题的能力。

知识目标：掌握苯的结构、单环芳烃的命名、化学性质，苯环上取代基的定位效应及其应用。熟悉萘、蒽、菲的结构。了解单环芳烃的物理性质，多环芳烃和典型非苯型芳烃。

案例导入

答案解析

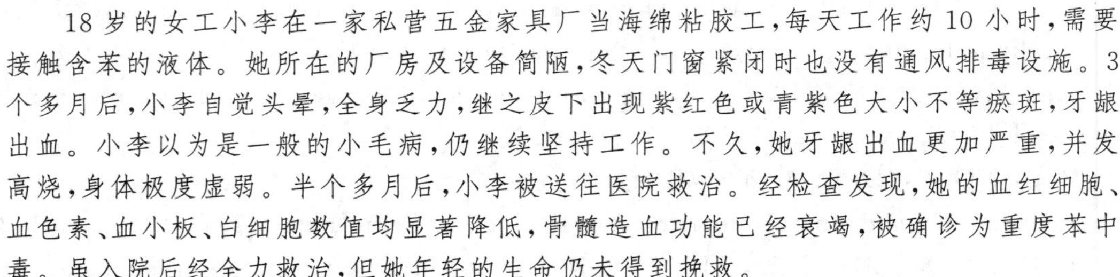

18 岁的女工小李在一家私营五金家具厂当海绵粘胶工，每天工作约 10 小时，需要接触含苯的液体。她所在的厂房及设备简陋，冬天门窗紧闭时也没有通风排毒设施。3 个多月后，小李自觉头晕，全身乏力，继之皮下出现紫红色或青紫色大小不等瘀斑，牙龈出血。小李以为是一般的小毛病，仍继续坚持工作。不久，她牙龈出血更加严重，并发高烧，身体极度虚弱。半个多月后，小李被送往医院救治。经检查发现，她的血红细胞、血色素、血小板、白细胞数值均显著降低，骨髓造血功能已经衰竭，被确诊为重度苯中毒。虽入院后经全力救治，但她年轻的生命仍未得到挽救。

思考：1. 苯为何物？

2. 从事哪些职业容易发生苯中毒？

芳烃(aromatic hydrocarbon)是指分子结构中含有 1 个或者多个苯环的烃。由芳烃衍生出的各类具有芳香性的化合物总称为芳香化合物(aromatic compound)。在历史上，芳烃指的是一类从植物胶提取到的具有芳香气味的物质，后来发现许多芳香化合物并没有香气，只是由于习惯而沿用该名称至今，因此“芳香”两字早已失去其原来的含义。大量实验事实证明，大多数芳香化合物的化学性质与不饱和烃显著不同，具有特殊的“性质”，称“芳香性”(aromaticity)；这类物质的化学性质表现为难加成、难氧化、易取代。芳烃中含有苯环结构的称为苯型芳烃；不含苯环结构的称为非苯型芳烃。苯型芳烃根据分子中苯环的数目和连接方式不同，又可分为单环芳烃、多环芳烃和稠环芳烃。

单环芳烃是分子中只含有 1 个苯环的芳烃。例如：苯、甲苯、邻二甲苯等。

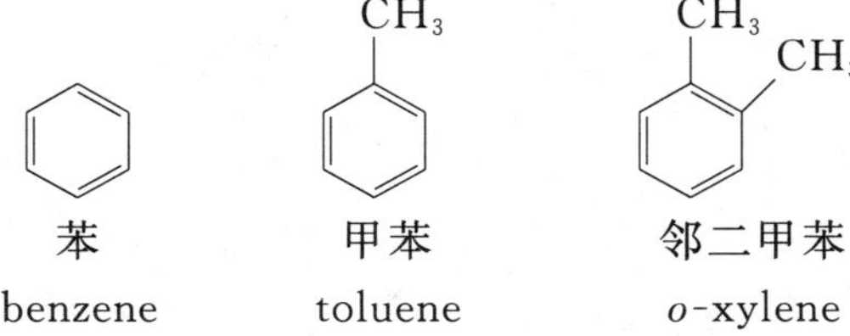

苯　　甲苯　　邻二甲苯

benzene　　toluene　　*o*-xylene

Note

多环芳烃是分子中含有2个或2个以上独立苯环的芳烃。例如:二苯甲烷、联苯。

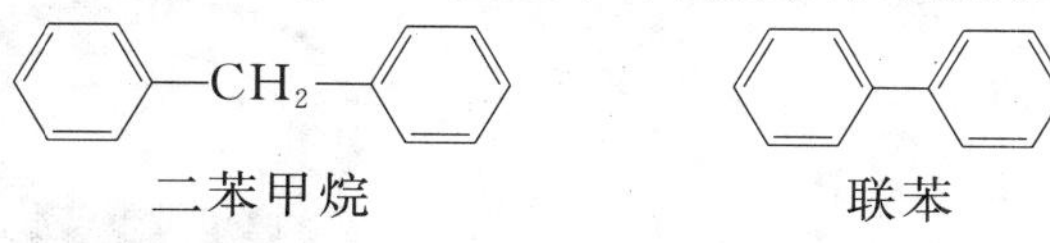

二苯甲烷　　　　联苯

diphenylmethane　　　　biphenyl

稠环芳烃是分子中含有2个或2个以上苯环,苯环之间共用相邻2个碳原子的芳烃。例如:萘、蒽、菲。

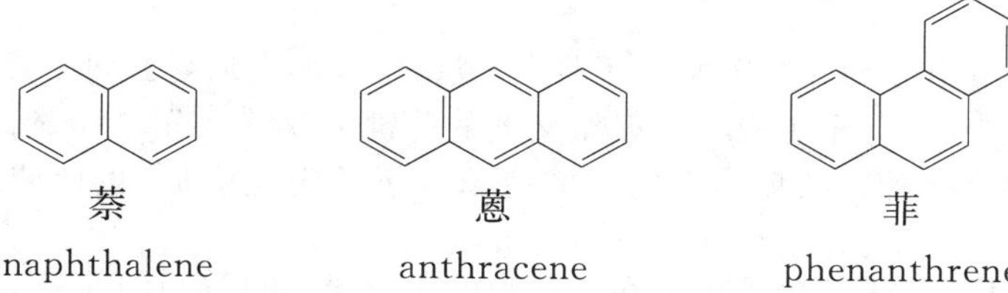

萘　　　　蒽　　　　菲

naphthalene　　　　anthracene　　　　phenanthrene

第一节　苯及其同系物

一、苯的结构

1. 苯的凯库勒式　苯(benzene)是最简单的苯型芳烃,分子中碳、氢原子个数比与乙炔相同,都是1∶1,其分子式为C_6H_6,说明苯具有高度不饱和性。但是苯没有不饱和烃那样易加成、易氧化的化学性质,苯易发生取代反应。在这个高度不饱和的分子中,碳和氢到底是怎样排列的?化学家曾经提出了许多假设,1865年德国化学家凯库勒(Kekulé)提出的环状结构最有说服力,他认为苯是一个平面六元碳环,环上的碳原子以单双键交替排列,每个碳原子还连接1个氢原子,此结构式称为凯库勒式,书写如下。

【知识链接】
苯的发现

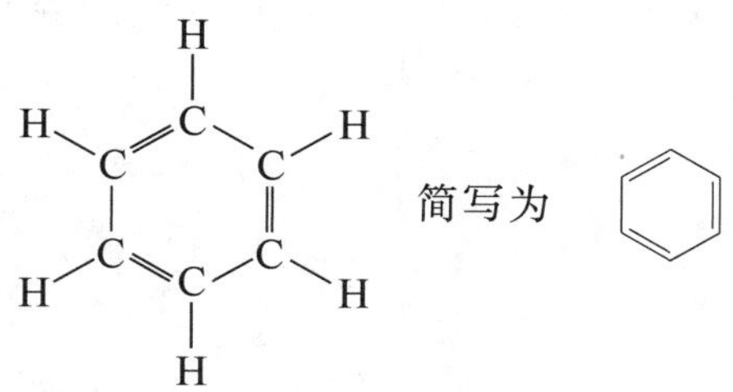

凯库勒式中6个氢是完全等同的,所以苯的一取代物没有异构体,苯加氢以后得到环己烷。凯库勒提出的苯的结构式是有机化学理论研究中的重大发展,对有机化合物结构理论的发展起了很大的促进作用,但无法解释苯的二取代物只有一种,苯的6个键的键长完全相等,并无单双键之分,而且不易发生加成反应等实验事实。所以凯库勒式并不能完全解释苯的芳香性。

【知识链接】
凯库勒式

2. 苯的结构及稳定性　近代物理学方法揭示了苯的结构:碳、氢共平面,所有碳碳键的键长相等,所有键角相等。杂化轨道理论认为:苯的6个碳原子均为sp^2杂化,相邻碳原子之间以sp^2杂化轨道"头碰头"重叠,形成6个均等的碳碳σ键,每个碳原子又各用1个sp^2杂化轨道与氢原子的1s轨道重叠,形成碳氢σ键,键角均为120°,所有的原子都在同一平面上。每个碳原子上未杂化的p轨道垂直于环所在平面,相互平行,相邻碳原子上的p轨道可以互相重叠,形成一个闭合环状的π-π共轭体系,称为大π键。电子云分布在环平面的上方和下方,形成了如图6-1所示的面包圈形状。

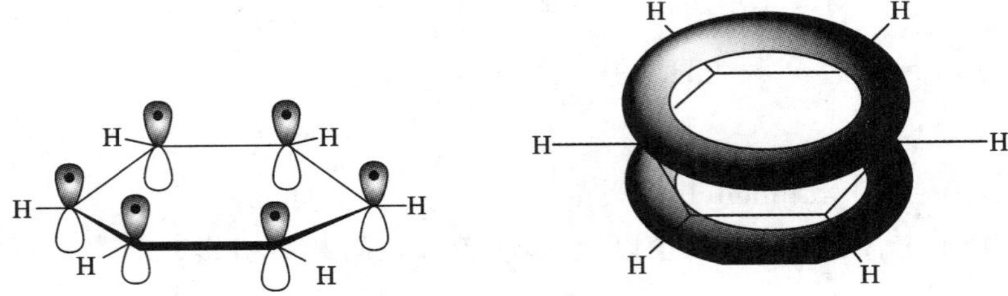

图 6-1　苯分子大 π 键的形成及电子云分布

碳原子上的6个p电子为6个碳原子所共享,成键电子的离域导致每个碳原子上的电子云密度和键长完全平均化,在苯分子中没有一般意义上的单键和双键之分,6个碳碳键是完全等同的,所以邻二取代物也只有一种。共轭体系的形成使苯分子的内能降低,也使苯环具有特殊的化学稳定性,表现出芳香性。鉴于苯分子中存在着共轭的大 π 键,也可以使用⌬来表示苯分子。

二、苯的同系物的命名

苯的同系物指苯分子中的氢原子被烃基取代的衍生物,按取代基的多少可分为一元、二元和多元取代物等。

1. 一元取代物　单环芳烃的命名一般以苯环为母体,烷烃作为取代基,称为"某烷基苯",其中的"基"字常常省略。例如:

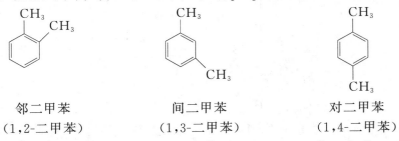

CH_3	C_2H_5	$CH(CH_3)_2$
甲苯	乙苯	异丙苯
toluene	ethylbenzene	isopropylbenzene

2. 二元取代物　由于2个取代基的相对位置不同,可以产生3种异构体,可用数字表示,也可以用"邻"或 *o*-(*ortho*-)、"间"或 *m*-(*meta*-)、"对"或 *p*-(*para*-)等词头表示,例如:

CH_3, CH_3	CH_3, CH_3	CH_3, CH_3
邻二甲苯	间二甲苯	对二甲苯
(1,2-二甲苯)	(1,3-二甲苯)	(1,4-二甲苯)
o-dimethylbenzene	*m*-dimethylbenzene	*p*-dimethylbenzene

3. 三元取代物　根据取代基的相对位置,常用数字编号来区别,如取代基相同,则常用"连""偏""均"等词头来表示,例如:

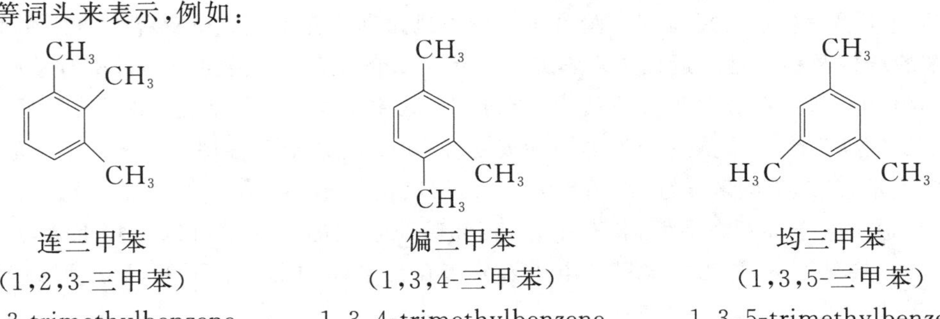

连三甲苯	偏三甲苯	均三甲苯
(1,2,3-三甲苯)	(1,3,4-三甲苯)	(1,3,5-三甲苯)
1,2,3-trimethylbenzene	1,3,4-trimethylbenzene	1,3,5-trimethylbenzene

Note

若苯环上所连的几个烷基不同，取代基的编号要尽可能小。若存在 2 种编号方式的位次组完全相同，则使英文名称首字母排前的取代基编号较小。如：

CH_3 CH_2CH_3 $CH(CH_3)_2$

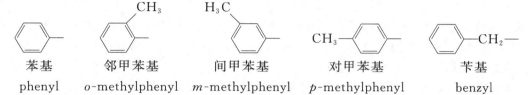

2-乙基-4-异丙基-1-甲基苯

2-ethyl-4-isopropyl-1-methylbenzene

芳烃中少 1 个氢原子形成的基团称为芳基(aryl-)，简写为(Ar-)。

苯基	邻甲苯基	间甲苯基	对甲苯基	苄基
phenyl	*o*-methylphenyl	*m*-methylphenyl	*p*-methylphenyl	benzyl

课堂练习6-1

苯的同系物的命名，只有与少数基团连接时，苯环是作为母体，请列举几个苯环作为母体时所连的基团。

扫码看答案

三、物理性质

苯及其同系物一般为液体，具有特殊的气味，易燃，不溶于水，易溶于石油醚、乙醚等有机溶剂，液态芳烃本身就是良好的溶剂。苯及其同系物的蒸气有毒，苯蒸气能通过呼吸道对人体产生损害，高浓度的苯蒸气主要作用于中枢神经引起急性中毒，长期接触低浓度的苯蒸气会发生造血器官受损，出现白细胞数减少和头晕乏力等症状。

苯及其同系物的相对密度小于 1，但比链烃、环烷烃、环烯烃高。苯及其部分同系物的物理常数见表 6-1。

表 6-1　苯及其部分同系物的物理常数

名　称	英　文　名	熔点/℃	沸点/℃	相对密度(d_4^{20})
苯	benzene	5.5	80.1	0.8765
甲苯	toluene	95	110.6	0.8669
乙苯	ethylbenzene	94.5	136.2	0.8670
邻二甲苯	*o*-dimethylbenzene	25.2	144.4	0.8802
间二甲苯	*m*-dimethylbenzene	47.9	139.1	0.8642
对二甲苯	*p*-dimethylbenzene	13.3	138.3	0.8611
丙苯	propylbenzene	99.5	159.2	0.8620
异丙苯	isopropylbenzene	96	152.4	0.8618

四、化学性质

苯及其同系物具有闭合环状共轭体系，π 电子高度离域，具有离域能，体系能量低，较稳定。但苯富含 π 电子，易受亲电试剂进攻。在适当的催化剂存在下，能与亲电试剂发生取代反应，不

Note

易发生加成反应和氧化反应，这种性质称为芳香性。所以它们的化学反应一般发生在苯环及其附近，主要涉及苯环上碳氢键断裂的取代反应，苯环侧链上 α-H 引发的氧化反应、取代反应等。

(一) 亲电取代反应

苯环的 π 电子云分布在环平面的上、下方，一定条件下，容易受到亲电试剂的进攻而发生苯环上氢原子被取代的反应，因此苯环上的取代反应属于亲电取代反应(electrophilic substitution reaction)。芳烃取代反应有卤代、硝化、磺化、烷基化和酰基化等亲电取代反应。

1. 卤代反应 苯与卤素在铁粉或三卤化铁的催化下，苯环上的氢原子被卤原子等取代。如：

$$C_6H_6 + Cl_2 \xrightarrow[55\sim60\ ℃]{FeCl_3} C_6H_5Cl + HCl$$

氟代反应非常剧烈，不易控制；碘代反应不完全且速率太小，所以此反应多用于制备氯代苯和溴代苯。常用 $FeCl_3$、$FeBr_3$、$AlCl_3$ 等作为催化剂，也可以用铁粉作为催化剂，因为铁粉可与卤素反应生成卤化铁。

甲苯比苯更容易发生卤代反应，得到邻对位取代产物。如：

$$C_6H_5CH_3 + Cl_2 \xrightarrow[30\ ℃]{FeCl_3} o\text{-}ClC_6H_4CH_3 + p\text{-}ClC_6H_4CH_3$$

2. 硝化反应 苯与浓硝酸和浓硫酸的混合物(称为混酸)作用，苯环上的氢原子被硝基取代，生成硝基苯。

$$C_6H_6 + HNO_3 \xrightarrow{浓\ H_2SO_4} C_6H_5NO_2 + H_2O$$

甲苯比苯易硝化，生成邻硝基甲苯和对硝基甲苯。

$$C_6H_5CH_3 + HNO_3 \xrightarrow{浓\ H_2SO_4} o\text{-}O_2NC_6H_4CH_3 + p\text{-}O_2NC_6H_4CH_3$$

3. 磺化反应 苯与浓硫酸在加热情况下，或苯与发烟硫酸(三氧化硫与硫酸的混合物)反应，生成苯磺酸，此反应称为磺化反应。磺化反应是一个可逆反应，苯磺酸与过热水蒸气可以发生水解反应，生成苯和稀硫酸。

$$C_6H_6 + H_2SO_4(浓) \xrightleftharpoons{75\sim80\ ℃} C_6H_5SO_3H + H_2O$$

甲苯的磺化反应主要生成对位产物。

$$C_6H_5CH_3 + H_2SO_4(浓) \xrightleftharpoons{\triangle} p\text{-}CH_3C_6H_4SO_3H + H_2O$$

4. 傅-克烷基化和酰基化反应 在无水 $AlCl_3$ 等催化剂存在下，苯与卤代烷(或与酰卤或酸

酐)作用,氢原子被烷基或酰基取代生成烷基苯或酰基苯,此反应称为傅-克反应(Friedel-Crafts reaction)。

$$C_6H_6 + CH_3CH_2Cl \xrightarrow{AlCl_3} C_6H_5CH_2CH_3 + HCl$$

$$C_6H_6 + CH_3COCl \xrightarrow{AlCl_3} C_6H_5COCH_3 + HCl$$

傅-克烷基化反应要注意以下几点。

(1) 如导入的烷基大于乙基,则常发生复杂的异构化作用,这是因为由于碳正离子稳定性不同,在反应过程中烷基碳正离子会自动重排为较稳定的烷基碳正离子,使得引入的烷基与卤代烷中原先的烷基不同,例如:

$$C_6H_6 + CH_3CH_2CH_2Cl \xrightarrow{AlCl_3} \underset{30\%}{C_6H_5CH_2CH_2CH_3} + \underset{70\%}{C_6H_5CH(CH_3)_2}$$

(2) 当芳环上连有$—NO_2$、$—CN$、$—SO_3H$ 等强吸电子基时,苯环被钝化,傅-克烷基化反应不能进行。

苯环亲电取代反应的机制:

$$C_6H_6 + E^+ \xrightarrow{慢} [C_6H_6E]^+ \xrightarrow{快} C_6H_5E + H^+$$

亲电取代反应分两步进行。第一步:亲电试剂(E^+)进攻苯环,获取苯环上的 2 个 π 电子形成碳正离子中间体,在此过程中,与 E^+ 连接的碳原子由原来的 sp^2 杂化状态变成为 sp^3 杂化状态,它不再有 p 轨道,退出了 6 个碳的共轭体系,剩下 5 个碳原子的大 π 键只有 4 个 π 电子,带 1 个正电荷。第二步:碳正离子中间体失去 H^+,sp^3 杂化状态的碳原子回到 sp^2 杂化状态,恢复苯环 6 个 π 电子的闭合共轭体系,生成取代产物。

第一步生成碳正离子是整个反应的决速步骤,这和烯烃加成反应中生成碳正离子的情况相似。因此碳正离子中间体越稳定,中间体越易形成,取代反应越易进行。

(二) 侧链的卤代反应

烷基苯在光照或加热的条件下,与卤素可以发生侧链上的取代反应,卤原子主要取代 α-H。例如:

$$C_6H_5CH_3 \xrightarrow{Cl_2, h\nu} C_6H_5CH_2Cl$$

$$C_6H_5CH(CH_3)_2 \xrightarrow{Cl_2, h\nu} C_6H_5CCl(CH_3)_2$$

苯环侧链的卤代反应与烷烃的卤代反应机制相同,是自由基取代反应。反应的中间体是苄基自由基。

Note

(三) 氧化反应

苯环由于其特殊的稳定性,一般的强氧化剂如高锰酸钾、重铬酸钾等难以氧化苯。但烷基苯可被酸性高锰酸钾、酸性重铬酸钾等强氧化剂氧化,且被氧化的是烷基,而不是苯环,这进一步说明苯环性质稳定。氧化时,苯环上含 α-H 的侧链,不论侧链的长短,最后都被氧化为羧基,不含 α-H 的侧链不能被氧化。例如:

$$C_6H_5CH_3 \xrightarrow{KMnO_4/H^+} C_6H_5COOH$$

$$o\text{-}CH_3C_6H_4CH(CH_3)_2 \xrightarrow{KMnO_4/H^+} o\text{-}C_6H_4(COOH)_2$$

由于是一个侧链被氧化成一个羧基,因此通过分析氧化产物中羧基的数目和相对位置可以推测出原化合物中烷基的数目和相对位置。

(四) 加成反应

苯及其同系物与烯烃相比,不易发生加成反应,但在一定条件(高温、高压或存在催化剂)下仍可以与氢气、氯气等物质加成,加成产物为脂环烃及其衍生物,不会停留在生成环己二烯或环己烯的阶段。因为苯环中 6 个 p 电子形成的是一个整体的大 π 键,不存在孤立的双键,不可能进行分步加成反应。

$$C_6H_6 + 3H_2 \longrightarrow C_6H_{12}$$

$$C_6H_6 + 3Cl_2 \xrightarrow[\text{或加热}]{\text{光照}} C_6H_6Cl_6$$

1,2,3,4,5,6-六氯环己烷(六六六)

六六六曾用作杀虫剂,由于它性质稳定,难以分解,会造成积累性中毒,现已禁用。

五、苯环亲电取代反应的定位规律

当苯环已有一个取代基时,如果继续在苯环上发生亲电取代反应,第二个取代基进入苯环的位置取决于苯环上原有取代基的性质,而与第二个取代基的性质无关,我们把苯环上原有的取代基称作定位基(orientating group)。

(一) 定位规律

根据定位效应的不同,定位基可分为两种类型:邻对位定位基(邻对位取代产物占比大于60%)和间位定位基(间位取代产物占比大于40%)。

定位基不仅影响苯的第二个取代基的位置,也影响苯的亲电取代反应活性,以苯为比较标准,酚和甲苯的硝化反应比苯快,即环上的羟基和甲基具有使芳环亲电取代反应活性提高的作用,能使芳环亲电取代反应活性提高的取代基称为致活基团(activating group);氯苯和硝基苯的硝化反应比苯慢,即环上的氯和硝基具有使芳环亲电取代反应活性降低的作用,能使芳环亲电取代反应活性降低的取代基称为致钝基团(deactivating group),不同的基团致活和致钝的强度也不一样。表 6-2 列出了苯环亲电取代反应常见的定位基及其对苯活性的影响。

表 6-2　苯环亲电取代反应常见的定位基及其对苯环活性的影响

邻对位定位基	对活性的影响	间位定位基	对活性的影响
$—NH_2(R)$、—OH	强致活	$—NO_2$、$—CF_3$、$—NR_3^+$	很强致钝
—OR、—NHCOR	中等致活	—CHO、—COR、—COOH(R)	强致钝
—R、—Ar、$—CH═CR_2$	弱致活	—COCl、$—CONH_2$	强致钝
—X、$—CH_2Cl$	弱致钝	—CN、$—SO_3H$	强致钝

1. 邻对位定位基　邻对位定位基又称第一类定位基，邻对位定位基可使第二个取代基进入它的邻位和对位，主要生成邻二取代苯和对二取代苯两种产物。如甲苯的溴代，主要生成邻溴甲苯和对溴甲苯两种产物。邻对位定位基具有如下特点：①与苯环相连的原子均以单键与其他原子相连；②与苯环相连的原子大多带有孤对电子；③除卤素以外，均为致活基团。

2. 间位定位基　间位定位基又称第二类定位基，间位定位基可使第二个取代基进入它的间位，主要生成间二取代苯。间位定位基具有如下特点：①与苯环相连的原子带正电荷或是极性不饱和基团；②均为致钝基团。

3. 二取代苯亲电取代的定位规律　若 2 个取代基的定位作用一致，则它们的作用相加。例如：

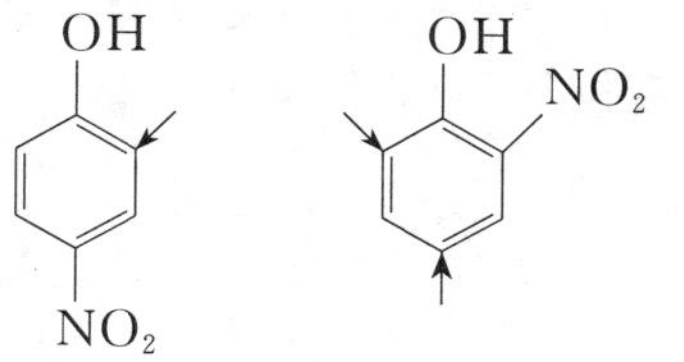

OH　　OH
　　　NO₂ → NO_2

NO_2

若 2 个取代基的定位作用不一致，一般情况下，邻对位定位基的作用超过间位定位基的作用，强致活基团的作用超过弱致活基团的作用。新取代基进入苯环的位置主要取决于定位作用较强者(新取代基一般不进入 1,3-二取代苯的 2 位)。

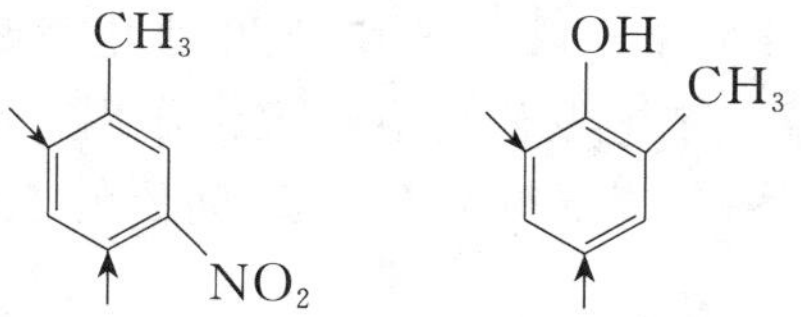

CH_3　　OH　CH_3

NO_2

应用定位效应，可以预测亲电取代反应的主要产物及选择最合理的合成路线，从而获得高的产率并避免复杂的分离操作。

(二) 定位规律的理论解释

两类定位基有不同的定位效应，并且可对苯环的反应活性产生不同的影响，原因在于它们使苯环上碳原子的电子云分布发生改变，即产生了电子效应。

苯环是一个闭合的共轭体系，未取代的苯环上 6 个碳原子的 π 电子云分布是均等的。当苯环上的氢原子被一个取代基取代时，取代基就会改变苯环 π 电子云的分布，使苯分子发生极化。取代基对苯环的影响主要是由于发生了诱导效应和共轭效应。

1. 邻对位定位基　当苯环带有甲基或其他烷基时，甲基是给电子基，由于诱导效应使苯环上的电子云密度增大，故苯环发生亲电取代反应的活性增大。而且诱导效应沿共轭体系传递时，由于共轭效应交替极化的影响，邻对位定位基的邻位和对位电子云密度增加更为显著(图 6-2)，所以主要生成邻、对位取代产物。

例如，甲基有供电子诱导效应(+I)，同时，甲基与苯环 π 键有 σ-π 超共轭效应(+C)。该诱导效应与超共轭效应的方向是一致的，都使苯环的电子云密度增加(图 6-3)。

Note

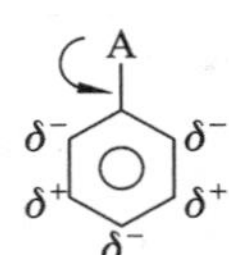

图 6-2 邻对位定位基(A)对苯环电子云的影响

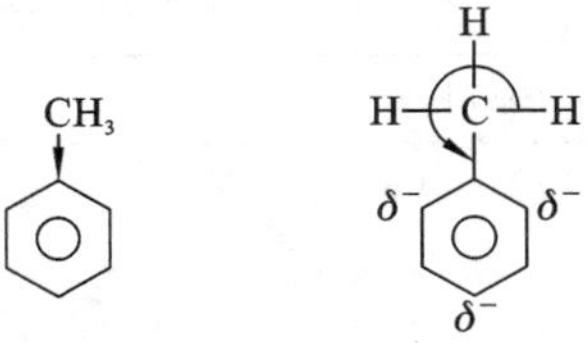

图 6-3 甲基对苯环电子云的影响

当苯环上连有—OH、—OR、—NH_2 等取代基时，由于氧原子和氮原子电负性大，会发生吸电子诱导效应(−I)，吸引苯环上电子向氧原子或氮原子方向转移。但同时氧原子和氮原子 p 轨道上的未共用电子对与苯环形成 p-π 共轭，导致氧原子的孤对电子向苯环方向转移。p-π 共轭效应与诱导效应的方向相反，共轭效应占优势，总的结果是苯环上电子云密度增加，发生亲电取代反应的活性增大，且由于交替极化，羟基的邻、对位电子云密度增加得更为显著，所以产生邻、对位定位效应(图 6-4)。

卤原子对苯环的定位效应也是两种电子效应综合的结果。卤原子电负性较大，具有较强的吸电子诱导效应，同时卤原子上的未共用电子对也会与苯环形成 p-π 共轭。但与—OH、—OR、—NH_2 等基团不同的是，卤原子的诱导效应大于其共轭效应。因此卤代苯中苯环上的电子云密度减小，苯环发生亲电取代反应的活性降低。而共轭效应又会使其邻位和对位的电子云密度比其间位大，所以卤原子也是邻对位定位基(图 6-5)。

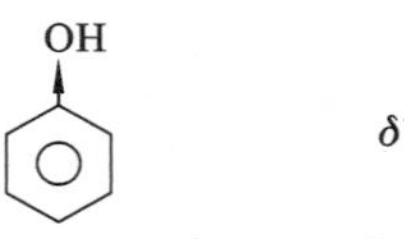

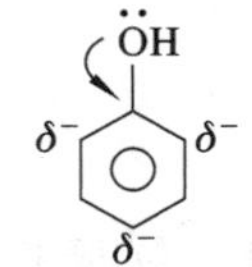

图 6-4 羟基对苯环电子云的影响

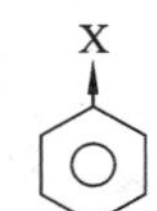

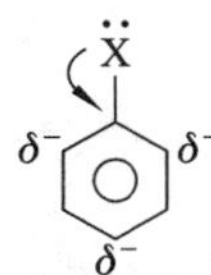

图 6-5 卤原子对苯环电子云的影响

2. 间位定位基 间位定位基大多是吸电子基，发生吸电子诱导效应，使苯环电子云密度降低，不利于亲电试剂的进攻，对苯环亲电取代反应有致钝作用。由于共轭效应交替极化的影响，间位定位基的邻位和对位电子云密度降低得更为显著，间位电子云密度相对较高，所以亲电试剂容易进攻间位碳原子。

例如，硝基具有吸电子的诱导效应(−I)，吸电子的共轭效应(−C)，硝基 π 键与苯环 π 键构成 π-π 共轭，氮氧电负性比碳强，共轭链电子云移向硝基，诱导效应与共轭效应方向一致，苯环的电子云密度降低，不利于亲电取代，硝基苯取代反应比苯慢；由于交替极化的影响，硝基的邻、对位电子云密度比间位下降更多，间位电子云密度相对较高，因此，硝基苯取代的主要产物是间位取代物(图 6-6)。

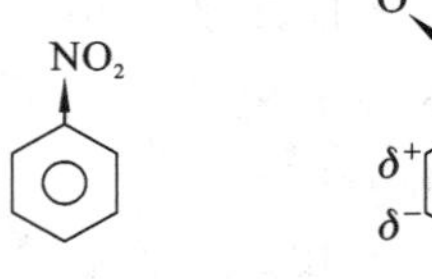

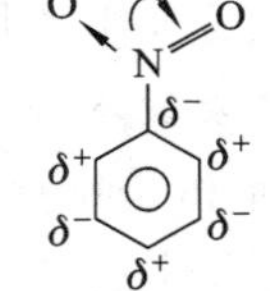

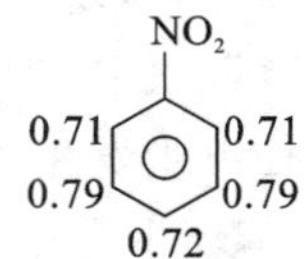

图 6-6 硝基对苯环电子云的影响

综上所述，致活或致钝作用由总的电子效应决定，而定位作用由苯环的共轭效应决定。

（三）定位规律的应用

应用定位规律可以推测芳香化合物亲电取代反应的主要产物。在合成具有 2 个或多个取代基的苯的衍生物时，应用定位规律制订合理的反应路线，可以获得较高的产率，得到较纯净的目标化合物。例如，由苯制备对硝基溴苯的合成路线。由于溴原子是邻对位定位基，苯发生溴代反应生成溴苯，溴苯继续进行硝化反应得到的主要产物为邻硝基溴苯和对硝基溴苯。所以制备对硝基溴苯应先溴代后硝化。由甲苯合成间硝基苯甲酸应该先氧化再硝化。

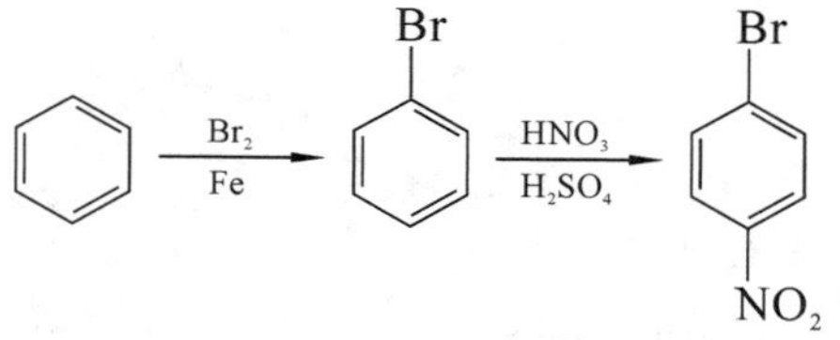

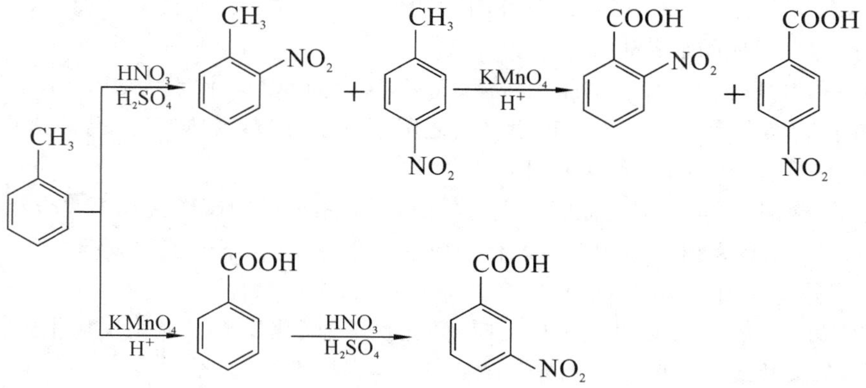

第二节 稠环芳烃

稠环芳烃是指分子中含有 2 个或 2 个以上苯环，环和环之间通过共用 2 个相邻碳原子稠合而成的多环芳烃。重要的稠环芳烃有萘、蒽、菲。它们是合成染料、药物的重要原料。萘及其他稠环芳烃主要是从煤焦油中提取获得的。

一、萘

1. 萘的结构 萘的分子式为 $C_{10}H_8$。其结构式及环编号表示如下：

其中 C_1、C_4、C_5、C_8 位置等同，标为 α；C_2、C_3、C_6、C_7 位置等同，标为 β。

萘的一元取代物有两种，可以用 α，β 或 1，2 加以区别，多元取代物可用阿拉伯数字标明取代位置。例如：

1-溴萘(α-溴萘)
1-bromonaphthalene

萘-2-酚(萘-β-酚)
naphthol-2-ol

1,5-二甲基萘
1,5-dimethylnaphthalene

2-乙基-6-甲基萘
2-ethyl-6-methylnaphthalene

现代结构分析表明,萘的 2 个环是对称的,萘的 10 个碳原子处于同一平面上,每个碳原子的 p 轨道都平行重叠,形成闭合共轭体系。

2. 萘的性质 萘为无色片状结晶,有特殊气味,熔点为 80 ℃,沸点为 215 ℃,不溶于水,易溶于苯、乙醚等有机溶剂,易升华。以前市售卫生丸用萘做成,因对人体有害,已被禁止使用。萘的主要用途是生产邻苯二甲酸酐(简称苯酐)。

根据萘的结构,各 p 轨道重叠程度不完全相同,因此萘分子中碳碳键长不完全相等,α 位碳的电子云密度高于 β 位碳,这样,萘的亲电取代反应易发生在 α 位,萘分子的 π 键稳定性即"芳香性"比苯差,比苯容易发生加成反应和氧化反应。

(1) 亲电取代反应:萘可以发生卤代反应、硝化反应、磺化反应。磺化反应根据温度不同,反应产物可为 α-萘磺酸或 β-萘磺酸。例如:

$$\text{萘} + Br_2 \xrightarrow[\triangle]{CCl_4} \text{1-溴萘}$$

$$\text{萘} + HNO_3 \xrightarrow{H_2SO_4} \text{1-硝基萘}$$

$$\text{萘} + H_2SO_4 \xrightarrow{60\ ℃} \text{α-萘磺酸}\ (SO_3H) \xrightarrow{H_2SO_4,\ 165\ ℃} \text{β-萘磺酸}$$

$$\text{萘} + H_2SO_4 \xrightarrow{165\ ℃} \text{β-萘磺酸}\ (SO_3H)$$

(2) 加成反应:萘加成反应活性比苯强,控制反应条件可以得到不同的产物。

$$\text{萘} \xrightarrow[Pt]{H_2} \text{四氢萘} \xrightarrow[Pt]{H_2} \text{十氢萘}$$

Note

(3) 氧化反应:萘在高温和五氧化二钒的催化作用下,可以被空气氧化得到邻苯二甲酸酐。这是工业合成邻苯二甲酸酐的方法。邻苯二甲酸酐是重要的化工原料,可用于制造油漆、增塑剂和染料等。

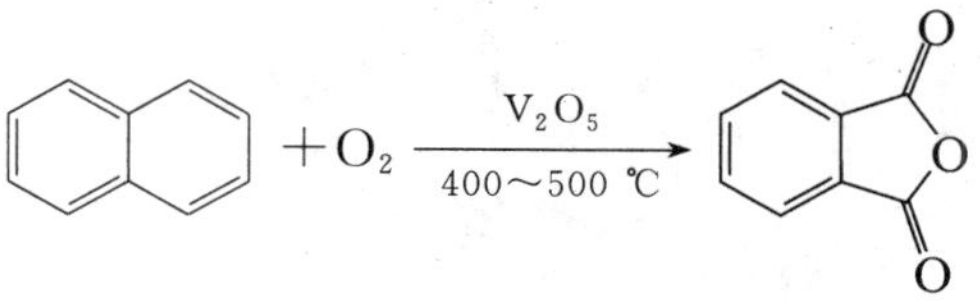

邻苯二甲酸酐

二、蒽与菲

1. 蒽与菲的结构 蒽与菲分子式皆为 $C_{14}H_{10}$，互为同分异构体，其结构式碳原子编号表示如下：

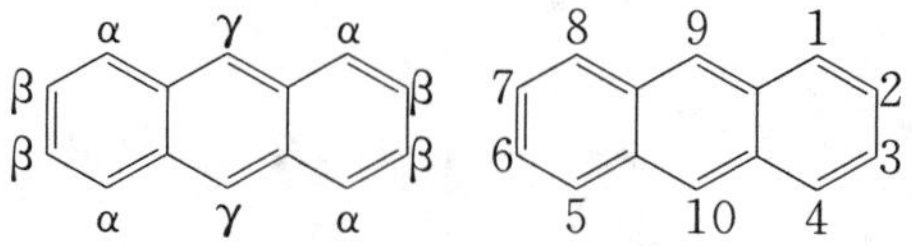

蒽 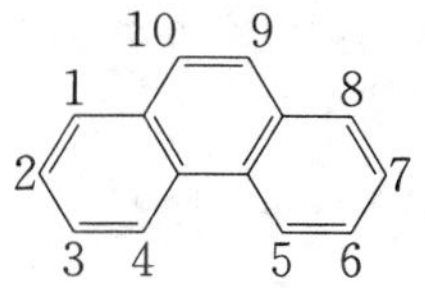　　　　菲

2. 蒽与菲的性质 蒽与菲都存在于煤焦油的馏分中，都为具有荧光的无色片状晶体。不溶于水，微溶于醇及醚，易溶于苯及苯的同系物。蒽的熔点为 216 ℃，沸点为 340 ℃；菲的熔点为 101 ℃，沸点为 340 ℃。蒽与菲闭合共轭体系上的各碳原子的电子云密度不均等，各碳原子的反应活性不同，其中 9、10 位碳原子特别活泼。

蒽可被还原，也可与卤素反应，在 9、10 位加氢或加溴原子。

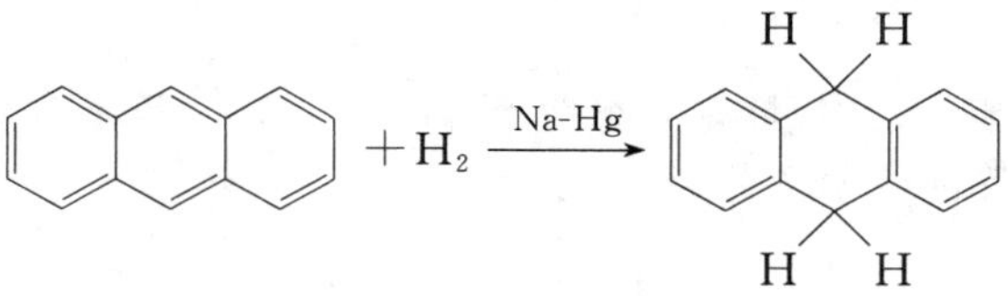

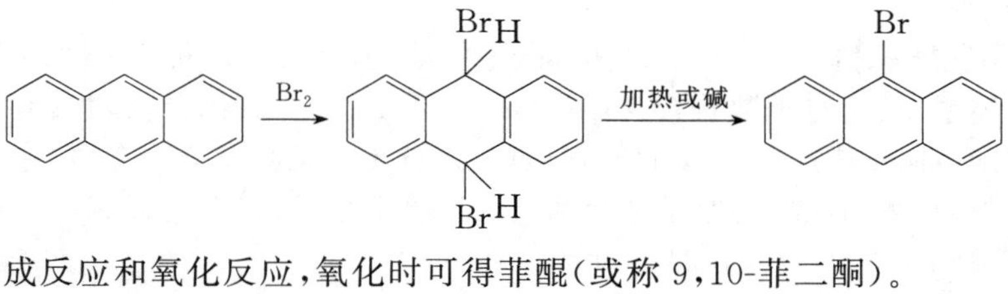

菲易发生加成反应和氧化反应，氧化时可得菲醌(或称 9,10-菲二酮)。

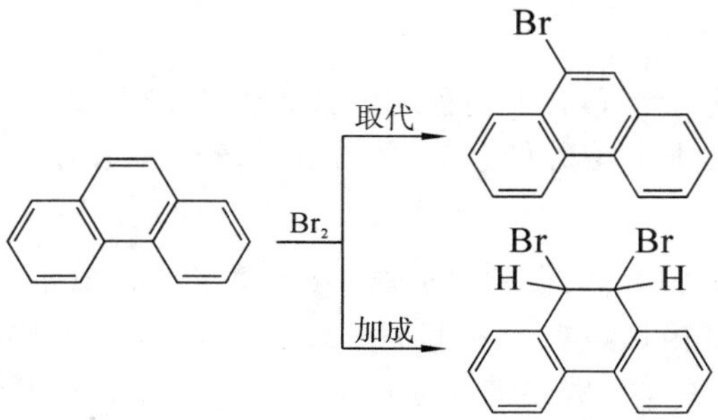

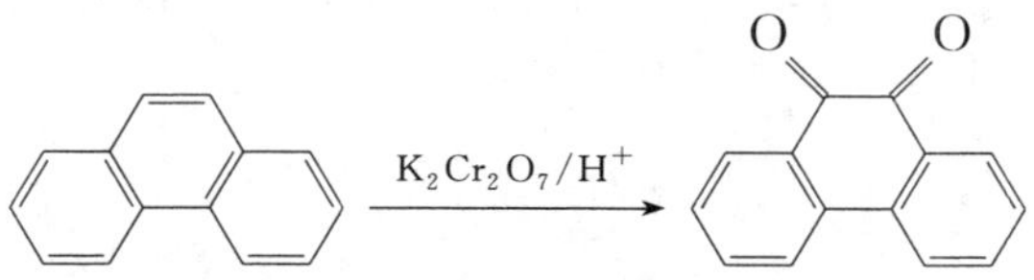

完全氢化的菲与环戊烷稠合的结构称为环戊烷多氢菲，碳骨架如下：

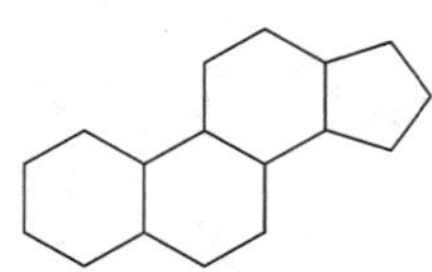

环戊烷多氢菲的衍生物广泛分布于动植物体内，具有重要生理作用。例如，胆固醇、胆酸、维生素D、性激素等，这类化合物被称为甾族化合物。

【知识链接】
致癌芳烃

三、致癌芳烃

一些有机化合物经过高温或不完全燃烧处理后可产生致癌烃(carcinogenic hydrocarbon)，致癌烃存在于煤焦油、沥青、汽车废气、香烟烟雾、烟熏烘烤食品等中，它们大多由4个或4个以上苯环稠合而成，如苯并芘(benzopyrene)等。

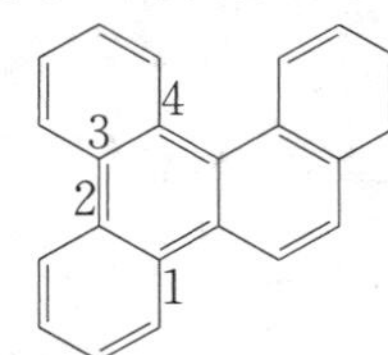

1,2,3,4-二苯并菲

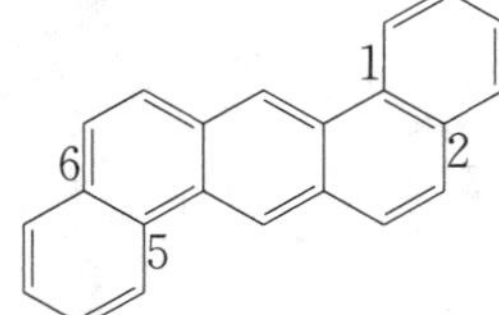

1,2,5,6-二苯并蒽

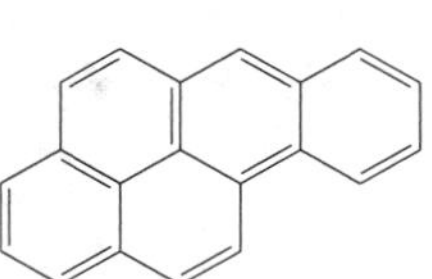

苯并芘

第三节 芳香性和非苯型芳烃

苯、萘、蒽、菲都具有苯环结构，具有芳香性，实际上，还有一类不含苯环结构的环烯烃分子也具有芳香性，这类化合物称为非苯型芳烃。

一、休克尔规则

1931年，德国化学家休克尔(Hückel)用量子力学原理提出了判断芳香性的规则：凡是具有平面环状闭合共轭体系，且π电子数符合$4n+2(n=0,1,2,3\cdots)$的化合物均具有芳香性。这个规则称为休克尔规则(Hückel rule)。按此规则，芳香性分子必须具备3个条件：①必须是环状化合物且成环原子共平面；②构成环的原子必须都是sp^2杂化原子，它们能形成一个离域的π电子体系；③π电子数等于$4n+2(n=0,1,2,3\cdots)$。

二、非苯型芳烃

凡符合休克尔规则的分子都具有不同程度的芳香性，如苯、萘、蒽、菲等。凡符合休克尔规则而没有苯环结构的芳烃称为非苯型芳烃，如一些芳香性离子和轮烯。

(一)芳香性离子

某些环状烯烃虽然没有芳香性，但转变成离子(正离子或负离子)后，则可表现出芳香性。例如：环丙烯没有芳香性，但环丙烯正离子π电子数为2，符合$4n+2$规则$(n=0)$，具有芳香性。

经测定，环丙烯正离子中3个碳碳键的键长均为0.140 nm，这说明3个碳原子完全等同。2个π电子在3个碳原子的p轨道上离域，环丙烯正离子稳定。目前已合成了一些有取代基的环丙烯正离子的盐，如三苯基环丙烯正离子氟硼酸盐。

环丙烯正离子

Note

一些常见的芳香性离子如下：

芳香性离子		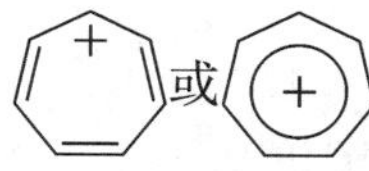	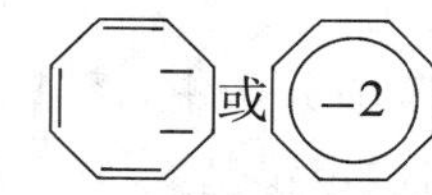
	环戊二烯负离子	环庚三烯正离子	环辛四烯双负离子
π电子数	6	6	10

（二）轮烯

单环共轭多烯称为轮烯，单双键交替排列。环丁二烯称为[4]轮烯，环辛四烯称为[8]轮烯。根据休克尔规则，[10]轮烯、[14]轮烯、[18]轮烯应该是具有芳香性的。

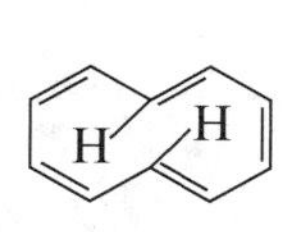
[10]轮烯

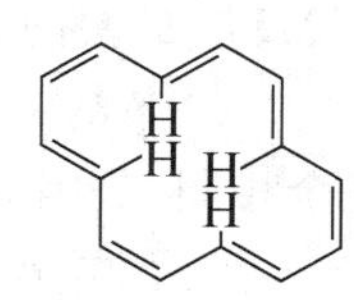
[14]轮烯

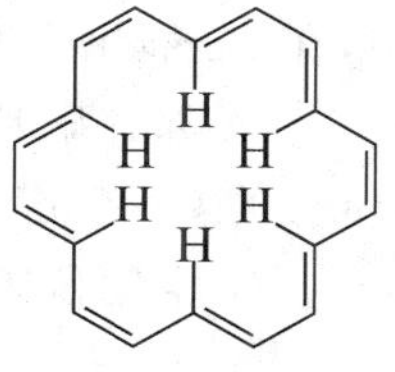
[18]轮烯

不过，[10]轮烯中的双键如果全都是顺式，所形成平面十元环内角应为144°，角张力太大，不可能形成这样的结构。如果欲使平面环内角为120°并构成一个平面，则需有2个双键为反式，但环内的空间太小，环中间2个氢原子间的排斥力较大，所以[10]轮烯不太稳定，没有芳香性。[14]轮烯接近于平面形，[18]轮烯环较大，允许成为平面环，因此都具有芳香性。

在$4n+2$规则中，n值增大时，芳香性逐步减弱，n的极限值为5。大环轮烯的芳香性还在研究中。

课堂练习6-2

何谓芳香性？“芳香性”分子必须具备哪3个条件？

扫码看答案

小　　结

芳烃分为苯型芳烃和非苯型芳烃。本章重点介绍了苯的结构特点、命名方法和化学性质。近代物理学方法揭示了苯的碳、氢共平面，所有碳碳键的键长相等和所有键角相等的实验事实，从而推导出苯的更合理的带有大π键的结构模型。苯的同系物一般以苯为母体，烷基为取代基进行命名。本章还介绍了苯及其同系物的化学性质（亲电取代反应、苯环侧链的取代和氧化反应）。从分析邻对位定位基（除卤原子以外，均为致活基团）、间位定位基（致钝基团）的结构特点入手，介绍了定位规则及其应用。休克尔规则又称为$4n+2$规则，成环的原子是sp^2杂化，每个原子未杂化的p轨道相互平行，形成环状共轭π键，符合休克尔规则的分子都具有芳香性。休克尔规则为深入研究非苯型芳烃夯实了基础。

目标检测

一、单项选择题。

（1）对硝基甲苯硝化时，新引入的硝基主要进入（　　）。

A. 硝基的邻位　　B. 甲基的间位　　C. 甲基的邻位　　D. 硝基的对位

目标检测答案

(2) 苯环上，间位定位基能使苯环(　　)。

A. 活化　　B. 钝化　　C. 无影响　　D. 以上都不对

(3) 苯酚分子中，羟基属于(　　)。

A. 间位定位基　　B. 邻位定位基　　C. 对位定位基　　D. 邻对位定位基

(4) 苯分子中碳原子的杂化方式是(　　)。

A. sp 杂化　　B. sp^2 杂化　　C. sp^3 杂化　　D. sp^2d 杂化

(5) 下列基团能活化苯环的是(　　)。

A. $—NH_2$　　B. $—COCH_3$　　C. —CHO　　D. —Cl

(6) 苯甲基又称(　　)。

A. 苄基　　B. 苯基　　C. 甲苯基　　D. 对甲苯基

(7) 下列化合物中，在 Fe 催化下发生卤代反应最快的是(　　)。

A. 乙苯　　B. 邻二硝基苯　　C. 苯酚　　D. 氯苯

(8) 在苯分子中，所有的 C—C 键键长完全相同，是因为(　　)。

A. 碳-碳成环　　B. 空间位阻　　C. 诱导效应　　D. 共轭效应

(9) 芳香性是指(　　)。

A. 易取代，难加成，难氧化的性质　　B. 难取代，易加成，易氧化的性质

C. 易取代，易加成，易氧化的性质　　D. 难取代，难加成，难氧化的性质

二、命名下列化合物。

(1) 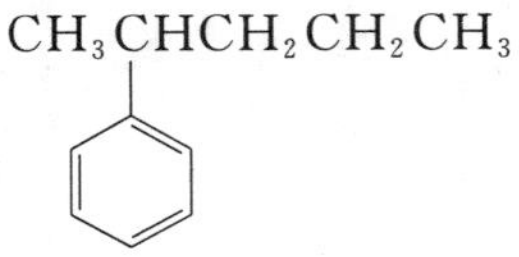 $CH_3CHCH_2CH_2CH_3$（苯环）

(2) H、H、C=C、CH_2、CH_3（苯环）

(3) CH_3、Cl、NO_2（苯环）

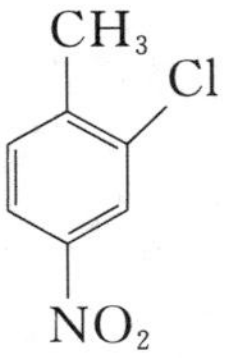

(4) 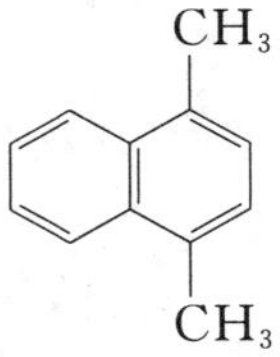 CH_3、CH_3（萘环）

(5) 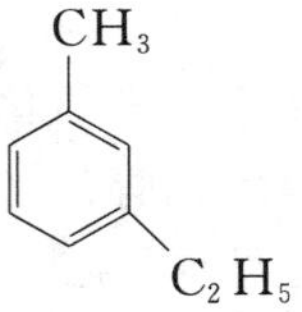 CH_3、C_2H_5（苯环）

(6) 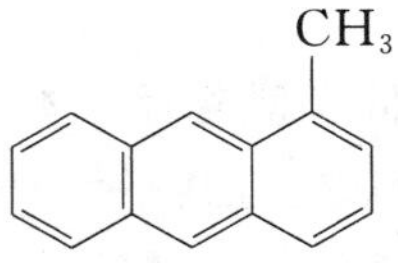 CH_3（蒽环）

三、用箭头表示下列化合物发生一元硝化反应时硝基进入苯环的主要位置。

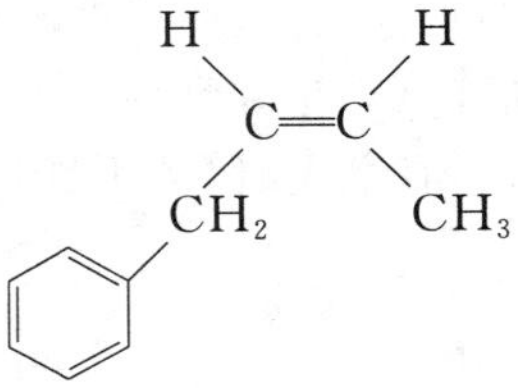

(1) 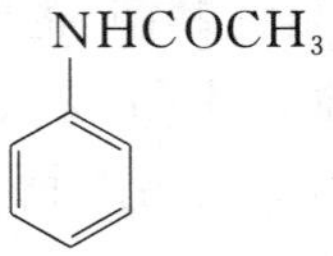 $NHCOCH_3$（苯环）

(2) （联苯）—COOH

(3) $\overset{+}{N}(C_2H_5)_3$（苯环）

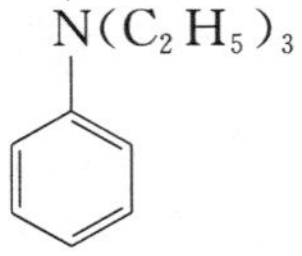

(4) 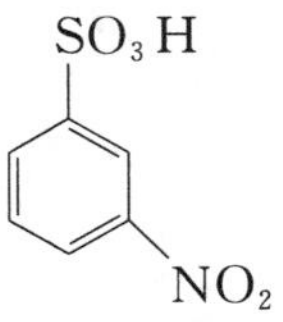 SO_3H、NO_2（苯环）

Note

(5) 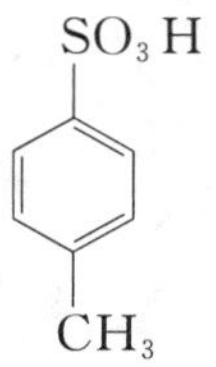 SO_3H … CH_3

(6) 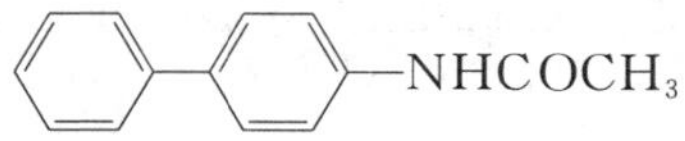 —$NHCOCH_3$

(7) 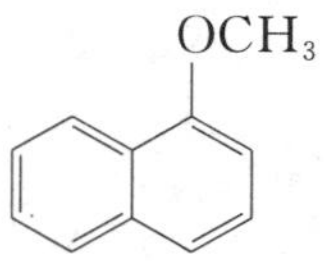 OCH_3

(8) 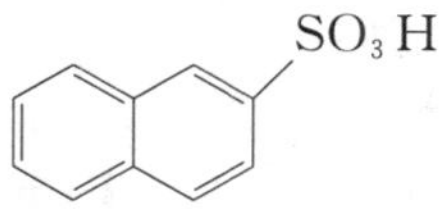 SO_3H

四、根据休克尔规则判断下列结构有无芳香性。

(1) 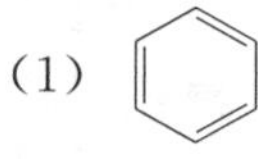

(2)

(3)

(4)  +

(5)

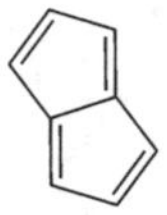

(6)

(7)  −

(8)

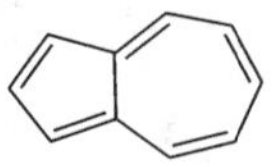

(9) 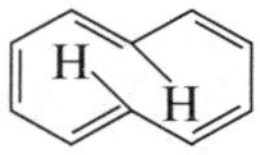 H H

(10) 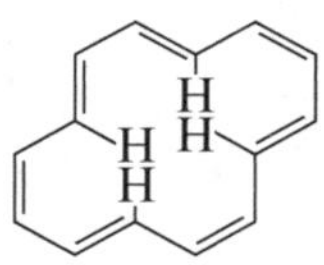 H H H H

(11) 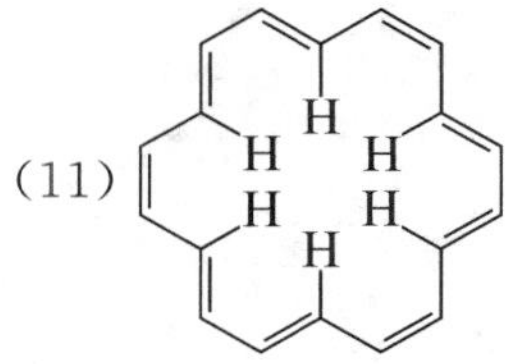

五、鉴别下列有机化合物。

(1) 苯,乙苯,苯乙烯

(2) 环己烷,异丙苯,环己烯

六、有 A、B 两种芳烃,分子式均为 C_8H_{10},用酸性高锰酸钾氧化后,A 生成一元羧酸,B 生成二元羧酸。但与混酸(浓硝酸和浓硫酸)发生硝化反应后,A 得到两种一硝基取代物,而 B 只得到一种一硝基取代物。试推测 A、B 的结构式。

【思政元素】

参考文献

[1] 侯小娟,张玉军.有机化学[M].武汉:华中科技大学出版社,2018.

[2] 魏俊杰,刘晓冬.有机化学[M].2 版.北京:高等教育出版社,2010.

[3] 刘华,朱焰,郝红英.有机化学[M].武汉:华中科技大学出版社,2020.

[4]　邢其毅,裴伟伟,徐瑞秋,等.基础有机化学[M].3 版.北京:高等教育出版社,2005.
[5]　陆阳,刘俊义.有机化学[M].8 版.北京:人民卫生出版社,2013.

(张伟丽)

Note

第七章 卤 代 烃

学习目标

扫码看PPT

素质目标：培养学生创新思维和能力，激发学生对专业的热爱，严谨理性的科学态度和精益求精的学习风格，提升综合素质，树立正确的价值观。

能力目标：运用与医学相关的卤代烃的结构和特性，引导学生探讨卤代烃在医药学学科中的应用，理解卤代烃在有机化学发展中的重要性，使学生在学习过程中有新发现、新问题、新方法。

知识目标：掌握卤代烃的结构、命名和化学性质，亲核取代反应（S_N1 和 S_N2 反应机制）及主要特点，不饱和卤代烃的结构和化学性质。熟悉卤代烃亲核取代反应和消除反应的反应机制。了解影响亲核取代反应的主要因素。

答案解析

破坏大气臭氧层的"主要元凶"

随着工业产品的发展及使用，全球气候变暖，产生温室效应，其中主要的一个原因就是大气臭氧层被破坏。那大气臭氧层是怎样被破坏的？很多人知道是由于煤的燃烧，汽车、飞机的尾气排放，工业化生产所产生的废气等，其中有一个主要的原因是氟利昂的大量使用。

思考：1. 什么是氟利昂？

2. 氟利昂如何破坏大气臭氧层？

卤代烃（halohydrocarbon）是烃分子中的氢原子被卤原子取代后生成的化合物，其结构通式一般用(Ar)RX表示，X表示卤原子，是卤代烃的官能团。

卤代烃的应用广泛，许多卤代烃是有机合成的中间体，如氯甲烷、氯苯等；三氯甲烷（氯仿）、四氯化碳等卤代烃常用作溶剂；四氯化碳、七氟丙烷等卤代烃可用作灭火剂；三氯乙烯、四氯乙烯等卤代烃用作干洗剂；氯乙烯、四氟乙烯等卤代烃用作高分子合成工业原料。天然卤代烃种类不多，主要存在于某些海绵、海藻等海洋生物中，有的具有抗菌、抗病毒和抗肿瘤活性。

第一节 卤代烃的分类和命名

一、分类

卤代烃可根据不同的方法进行分类。

(1) 根据分子中卤原子的种类不同，可分为氟代烃、氯代烃、溴代烃、碘代烃。例如：

Note

RCH_2F　　RCH_2Cl　　RCH_2Br　　RCH_2I

氟代烃　　氯代烃　　溴代烃　　碘代烃

(2) 根据分子中所含卤原子的数目不同，可分为一卤代烃、二卤代烃和多卤代烃。例如：

RCH_2X　　$RCHX_2$　　RCX_3　　CX_4

一卤代烃　　二卤代烃　　多卤代烃

(3) 根据卤原子所连的碳原子类型不同，可分为伯卤代烃、仲卤代烃和叔卤代烃。例如：

RCH_2X　　R_2CHX　　R_3CX

伯卤代烃　　仲卤代烃　　叔卤代烃

(4) 根据卤原子所连的烃基的类型不同，可分为饱和卤代烃、不饱和卤代烃、卤代芳烃等。例如：

$CH_3CH_2CH_2CH_2X$　　$CH_2=CHCH_2X$　　C_6H_5—X

饱和卤代烃　　不饱和卤代烃　　卤代芳烃

二、命名

(一) 普通命名法

普通命名法适用于简单的卤代烃。通常根据卤原子和烃基的名称，称为“卤(代)某烃”或“某烃基卤”，有些卤代烃也常用俗名。卤代烃的英文名称是在烃基的英文名称后加上 fluoride(氟化物)、chloride(氯化物)、bromide(溴化物)、iodide(碘化物)。例如：

CH_3CH_2Br　　$CH_2=CHCH_2Br$　　C_6H_5—Br　　C_6H_5—CH_2Cl

溴乙烷　　烯丙基溴　　溴苯　　苄氯

ethyl bromide　　allyl bromide　　phenyl bromide　　benzyl chloride

(二) 系统命名法

结构较复杂的卤代烃采用系统命名法命名。

1. 饱和卤代脂肪烃　选择最长碳链作为主链，卤原子和其他支链作为取代基，按烷烃的命名规则进行命名。当两个不同取代基位次相同时，则应按英文首字母顺序，给排列在前的取代基较小的编号；书写名称时，不同取代基按次序规则由小到大的先后次序排列。例如：

$CH_3CH(Cl)CH_2CH(CH_3)CH_2CH_3$　　$CH_3CH(CH_3)CH_2CH_2CH(Br)CH_3$

2-氯-4-甲基己烷　　2-溴-5-甲基己烷

2-chloro-4-methylhexane　　2-bromo-5-methylhexane

2. 不饱和卤代脂肪烃　将卤原子作为取代基，具体命名原则与相应不饱和烃命名原则相同。例如：

$H_2C=CHCH(CH_3)CH_2Br$　　$CH_3C\equiv CCH(CH_3)CH_2Br$

4-溴-3-甲基丁-1-烯　　5-溴-4-甲基戊-2-炔

4-bromo-3-methylbut-1-ene　　5-bromo-4-methylpent-2-yne

Note

3. 卤代芳烃和卤代脂环烃　当卤原子连在芳环或脂环上时，以芳烃或脂环烃为母体，卤原子作为取代基命名；当卤原子连在芳环或脂环的侧链上时，以脂肪烃为母体，芳烃基或脂环烃基及卤原子均作为取代基来命名。例如：

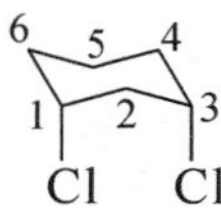

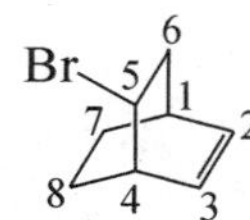

顺-1,3-二氯环己烷
cis-1,3-dichlorocyclohexane

5-溴二环[2.2.2]辛-2-烯
5-bromobicyclo[2.2.2]octa-2-ene

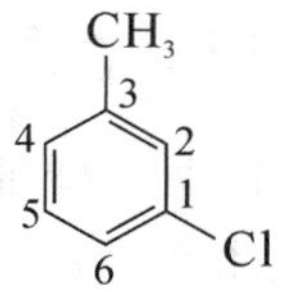

CH_3 3 2 1 4 5 6 Cl

1-氯-3-甲基苯
1-chloro-3-methylbenzene

命名下列化合物。

(1) $CH_3C{=}CHCH_2Br$（C上连 CH_3）　(2) Br—（环己烷）—CH_3　(3)（苯环，Cl，NO_2）

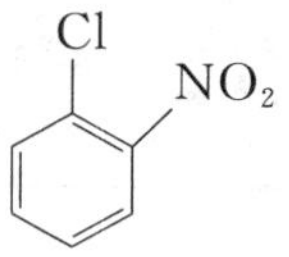

扫码看答案

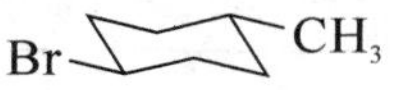

写出下列化合物的结构式。

(1) 邻二氯苯　(2) (*R*)-2-氯丁烷　(3) β-氯萘

扫码看答案

第二节　卤代烃的结构、物理性质及光谱性质

一、结构

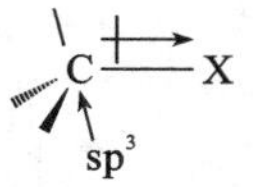

卤代烃分子中与卤原子相连的碳原子为 sp^3 杂化，碳原子与卤原子间以 σ 键相连，价键间的夹角接近 109.5°，大多数卤代烃是极性分子。由于卤原子的电负性大于碳原子，C—X 键的电子云偏向卤原子，卤原子带部分负电荷，碳原子带部分正电荷，C—X 键为极性共价键，偶极矩方向由碳指向卤素，如图 7-1 所示。

C —X　X=F,Cl,Br,I
sp^3

图 7-1　卤代烃的结构图

卤代烃分子中随着卤原子序数的增加，电负性依次减小，C—X 键的键长依次增长，四种 C—X 的键长、偶极矩、键能见表 7-1。

表 7-1　四种卤代烃的键长、偶极矩和键能

C—X	键长/pm	偶极矩/(μ/D)	键能/(kJ/mol)
C—F	142.0	1.85	485.6
C—Cl	178.1	1.87	339.1
C—Br	193.9	1.81	284.6
C—I	213.9	1.62	217.8

从四种 C—X 键的键能可看出，卤代烃分子的反应活性为 RI>RBr>RCl。这是由于 Cl、Br、I 随着原子半径增大，电负性依次减小，对外层电子的束缚力减弱，外层电子容易发生流动，反应活性增大。

Note

二、物理性质

室温下,四个碳原子以下的氟代烃和两个碳原子以下的氯代烃为气体。其他卤代烃大多数为液体,十五个碳原子以上的卤代烃为固体。

在同系列中,卤代烃的沸点随碳原子数的增加而升高。烃基相同而卤原子不同时,沸点随卤原子的原子序数的增加而升高。在同分异构体中,直链卤代烃沸点较支链卤代烃高,支链越多,沸点越低。

卤代烃不溶于水,但能溶于大多数有机溶剂,有些卤代烃本身也是常用的有机溶剂。一氟代烷、一氯代烷的相对密度小于1,一溴代烷、一碘代烷的相对密度大于1。随着分子中卤原子数的增多,卤代烃相对密度增大。

一些常见卤代烃的物理常数见表7-2。

表7-2　一些常见卤代烃的物理常数

名　称	结构式	熔点/℃	沸点/℃	相对密度(d^{20})	在水中的溶解度/(g/100 g)
氯甲烷	CH_3Cl	−97.6	−23.6	0.920	0.48
溴甲烷	CH_3Br	−93.0	3.6	1.732	1.75
碘甲烷	CH_3I	−66.1	42.5	2.279	1.40
氯仿	$CHCl_3$	63.5	61.2	1.492	0.822
溴仿	$CHBr_3$	8.3	149.5	2.890	0.301
碘仿	CHI_3	119.0	—	4.008	<0.10
氯乙烷	CH_3CH_2Cl	−138.7	13.1	0.923	微溶
溴乙烷	CH_3CH_2Br	−119.0	38.4	1.461	0.914
碘乙烷	CH_3CH_2I	−111.0	72.3	1.933	不溶
1-氯丙烷	$CH_3CH_2CH_2Cl$	−123.0	46.4	0.890	微溶
1-溴丙烷	$CH_3CH_2CH_2Br$	−110.0	71.0	1.353	0.250
2-氯丙烷	$CH_3CHClCH_3$	−117.6	34.8	0.859	不溶
2-溴丙烷	$CH_3CHBrCH_3$	−90.0	59.4	1.310	微溶
3-氯丙烯	$CH_2=CHCH_2Cl$	−134.5	45.0	0.938	微溶
3-溴丙烯	$CH_2=CHCH_2Br$	−119.0	70.0	1.430	不溶
氯苯	C_6H_5Cl	−45.0	132.0	1.106	0.049
溴苯	C_6H_5Br	−30.6	155.5	1.499	不溶
1-氯-2-甲基苯	o-$CH_3C_6H_4Cl$	−36.0	159.0	1.082	不溶
1-溴-2-甲基苯	o-$CH_3C_6H_4Br$	−26.0	182.0	1.422	不溶
1-氯-4-甲基苯	p-$CH_3C_6H_4Cl$	7.0	162.0	1.070	不溶
1-溴-4-甲基苯	p-$CH_3C_6H_4Br$	28.0	184.0	1.390	不溶
苄氯	$C_6H_5CH_2Cl$	−43.0	179.4	1.100	不溶
苄溴	$C_6H_5CH_2Br$	−4.0	198.0	1.440	不溶

Note

三、光谱性质

在红外吸收光谱中,C—X键的伸缩振动吸收频率随卤原子量的增加而减小,吸收峰位置如下。

C—F 1400～1000 cm^{-1}（极强） C—Br 700～500 cm^{-1}（强）

C—Cl 850～600 cm^{-1}（强） C—I 600～500 cm^{-1}（强）

图 7-2 为 1,2-二氯乙烷的红外吸收光谱图，由于 C—X 键的吸收峰都在指纹区，因此要用红外吸收光谱确定有机化合物中是否存在 C—X 键是十分困难的。

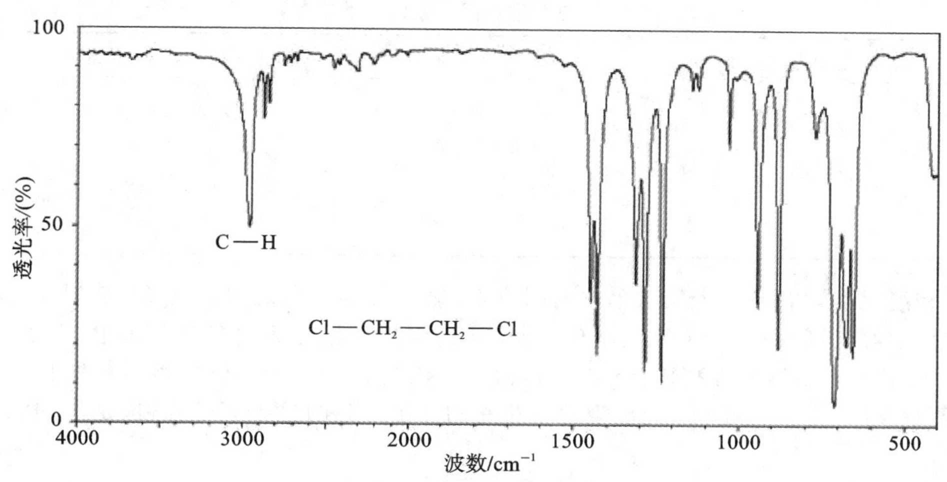

图 7-2 1,2-二氯乙烷的红外吸收光谱图

图 7-3 是 2-甲基-1,2-二溴丙烷的核磁共振氢谱（^{1}H-NMR）。在^{1}H-NMR 中，由于卤素是电负性强的吸电子基，与其直接相连的碳原子上氢的化学位移受卤素吸电子诱导效应去屏蔽作用的影响，比相应烷烃碳原子上的氢移向低场。这种去屏蔽效应的大小与卤素的电负性顺序一致，即 F＞Cl＞Br＞I。例如：

	CH_3—F	CH_3—Cl	CH_3—Br	CH_3—I	CH_3—H
^{1}H-NMR 化学位移(δ)/ppm	4.26	3.05	2.68	2.16	0.23

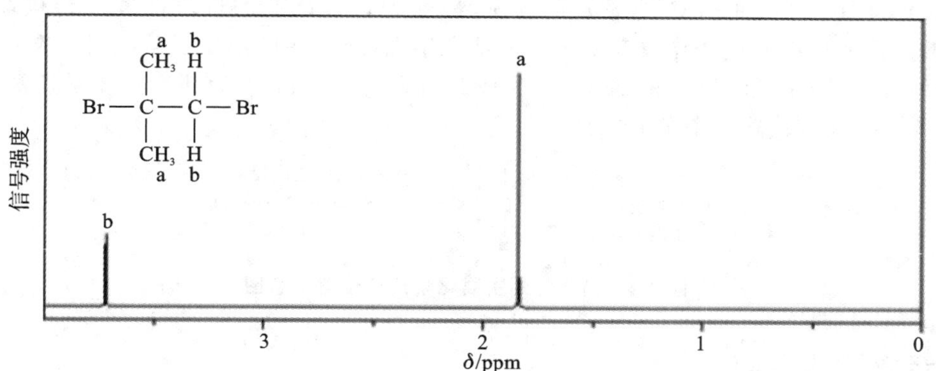

图 7-3 2-甲基-1,2-二溴丙烷的^{1}H-NMR

诱导效应具有加和性，随着碳上所连卤素个数的增多，去屏蔽效应也增大。

	CH_3Cl	CH_2Cl_2	CH_3Cl
^{1}H-NMR 化学位移(δ)/ppm	7.3	5.3	3.1

同时诱导效应可沿着单键传递影响到邻近的β-C 上的氢。诱导效应随着传递距离的增加，影响逐渐减弱。因此，与卤素相隔三个碳原子以上的氢的化学位移一般不受影响。

$$\overset{\beta}{—CH_2}—\overset{\alpha}{CH_2}—X$$

$$C_{\beta}—H \qquad C_{\alpha}—H$$

^{1}H-NMR 化学位移(δ)/ppm　1.24～1.55　2.16～4.4

卤代烷的质谱也具有特点，其分子离子峰较强，通常能观察到它们的分子离子峰。由于卤原子存在同位素，所以卤代烷的质谱中有相应的同位素离子峰，同位素离子峰可用来识别分子中所含卤素的种类。卤素常见同位素的天然丰度见表 7-3。

表 7-3　卤素常见同位素的天然丰度

卤　素	同位素天然丰度/(%)	
氟	^{19}F 100	
氯	^{35}Cl 75.8	^{37}Cl 24.2
溴	^{79}Br 50.5	^{81}Br 49.4
碘	^{127}I 100	

【知识拓展】
卤代烃的毒性

因氯和溴元素含有高两个质量单位的同位素，氯代烷和溴代烷可以在 M 和 M+2 处出现特征强度的离子峰，其间距为两个质量单位，同位素的强度与同位素峰的丰度是相当的，所以一氯代烷的 M 峰和 M+2 峰的峰高比接近 3∶1，而一溴代烷的 M 峰和 M+2 峰的峰高比接近 1∶1。例如，溴乙烷在 m/z 108 和 110 处出现两个相邻的几乎等高的分子离子峰，这是由^{79}Br 和^{81}Br 产生的结果。

第三节　卤代烃的化学性质

卤代烃的化学性质主要是由卤代烃的官能团卤原子所决定的，现以一卤代烷为代表，讨论其结构与化学性质的关系。

由于卤原子的电负性比碳原子大，所以 C—X 键为极性共价键，C—X 键的共用电子对偏向卤原子，故与卤原子相连的 α-C 带部分正电荷，易受到亲核试剂的进攻而发生亲核取代反应。C—X 键的极性还可以通过诱导效应使 β-H 的活性增强，导致 β-H 易受强碱试剂进攻而发生消除反应。此外，卤代烃还可以与一些金属反应生成有机金属化合物，在有机合成中被广泛应用。卤代烃的主要化学反应位置如图 7-4 所示。

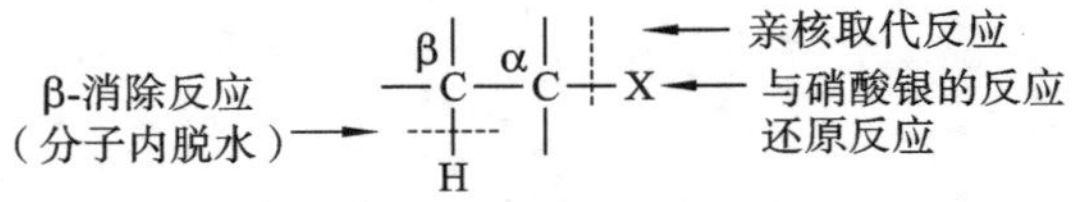

β-消除反应（分子内脱水）→ —C(β)(H)—C(α)—X ← 亲核取代反应；与硝酸银的反应；还原反应

图 7-4　卤代烃的主要化学反应位置示意图

一、亲核取代反应

由于受卤原子电负性较大的影响，带部分正电荷的 α-C 易受到 OH^-、OR^-、ONO_2^-、CN^- 等负离子或 NH_3、H_2O 等具有未共用电子对的试剂进攻，使 C—X 键发生异裂，卤原子带一对电子离去，发生取代反应。这类能提供电子的试剂称为亲核试剂(nucleophile)，通常用 Nu^- 或 Nu∶表示。由亲核试剂进攻引起的取代反应称为亲核取代反应(nucleophilic substitution reaction)，用 S_N 表示，可用通式表示如下：

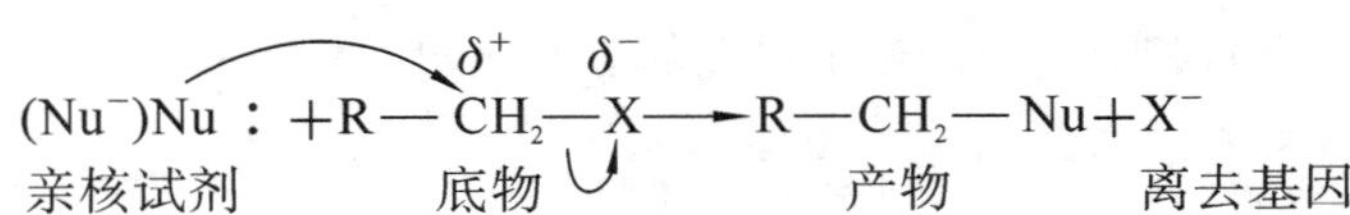

一卤代烷在一定条件下能与多种亲核试剂作用，卤原子被其他原子或原子团取代可以合成多种化合物，因此，亲核取代反应是有机合成中非常重要的反应之一。

1. 被羟基取代生成醇的反应 卤代烃和水发生反应，卤原子被羟基(—OH)取代生成醇的反应称为卤代烃的水解反应。

$$RX + H_2O \rightleftharpoons ROH + HX$$

该反应是一个可逆反应，通常情况下，反应进行缓慢。

为了增大反应速率并提高醇的产率，通常将卤代烃与强碱(NaOH、KOH)的水溶液共热进行水解，因为 OH^- 的亲核性比水强，可使反应更容易进行。反应时常用稀醇溶剂，以利于系统形成均相，增加卤代烃与亲核试剂的接触，使反应更易进行。

$$RX \xrightarrow[\triangle]{NaOH/H_2O} ROH + NaX$$

2. 被烷氧基取代生成醚的反应 卤代烃可与醇钠或酚钠反应，卤原子被烷氧基(—OR)取代生成醚，这是制备醚的重要方法之一，称为威廉森(Williamson)合成法。采用此法制备醚最好选用伯卤代烃，叔卤代烃在醇钠的强碱性条件下主要发生消除反应生成烯烃。

$$RX + NaOR' \longrightarrow ROR' + NaX$$

3. 被氰基取代生成腈的反应 卤代烃和氰化钠或氰化钾(剧毒)的醇溶液共热，卤原子被氰基(—CN)取代生成比原卤代烃多一个碳原子的腈，且腈经酸性水解可以生成羧酸，进而可以制备羧酸及其衍生物。因此，该反应是有机合成中制备腈或增长碳链的方法之一。

$$RX + NaCN \xrightarrow[\triangle]{C_2H_5OH} RCN + NaX$$
$$RCN \xrightarrow[\triangle]{H_2O/H^+} RCOOH$$

4. 与氨(胺)反应 卤代烃与氨反应生成相应的铵盐，经氢氧化钠等强碱处理生成游离的胺。该反应生成的伯胺具有更强的亲核性，可继续与卤代烃反应，最终生成伯胺、仲胺、叔胺和季铵盐的混合物。

$$RX + NH_3 \longrightarrow R\overset{+}{N}H_3X^- \xrightarrow{NaOH} RNH_2$$
$$(RNH_2 \cdot HX)$$
$$RNH_2 \xrightarrow{RX} R_2NH \xrightarrow{RX} R_3N \xrightarrow{RX} R_4\overset{+}{N}X^-$$

5. 与炔钠反应 卤代烃与炔钠反应，卤原子被炔基取代生成碳链增长的炔烃，是炔烃增长碳链常用的方法。

$$RX + R'C\equiv CNa \longrightarrow R'C\equiv CR + NaX$$

此反应中卤代烃最好选择伯卤代烃，因为炔钠碱性较强，仲卤代烃和叔卤代烃在炔钠的强碱性条件下易发生消除反应，而难以发生亲核取代反应增长炔烃的碳链。

6. 与硝酸银反应 卤代烃与硝酸银的醇溶液反应生成硝酸酯和卤化银沉淀。

$$RX + AgNO_3 \xrightarrow{C_2H_5OH} RONO_2 + AgX\downarrow$$

根据不同类型卤代烷与硝酸银反应生成沉淀的快慢，可对含相同卤原子的不同类型卤代烷进行定性鉴别。叔卤代烷常温下立即反应并生成沉淀，仲卤代烷常温下静置几分钟后缓慢生成沉淀，伯卤代烷需要加热才能生成沉淀。

7. 生成碘代烷的反应 溴代烷或氯代烷与碘化钠在丙酮溶液中反应，可生成碘代烷。

$$RCl(RBr) + NaI \overset{CH_3COCH_3}{\rightleftharpoons} RI + NaCl(NaBr)\downarrow$$

此反应中，溴原子或氯原子被碘原子取代，发生卤素的交换，也称为卤素的交换反应。这是一个可逆反应，需在丙酮溶液中进行，利用氯化钠和溴化钠不溶于丙酮，从而析出沉淀，使反应正

Note

向进行，提高产率。

课堂练习7-3

扫码看答案

完成下列反应式：

(1) $CH_3CH_2CH_2Cl + NaCN \longrightarrow \xrightarrow[H^+]{H_2O}$

(2) $CH_3CH_2Br + HC \equiv CNa \longrightarrow$

(3) $C_6H_5-ONa + CH_3CH_2CH_2CH_2Br \longrightarrow$

课堂练习7-4

扫码看答案

用化学方法鉴别下列化合物：

氯乙烯、苄氯、碘乙烷、1-氯丁烷

二、不饱和卤代烃的取代反应

不饱和卤代烃分子中既含有卤原子，又含有不饱和键，是一个双官能团的化合物。因此，不饱和卤代烃的性质与卤原子和不饱和键的相对位置有关，相对位置不同，性质也有较大差异。

(一) 不饱和卤代烃的分类

1. 烯丙型和苄基型卤代烃 其特征为卤原子与碳碳双键(苯环)相隔一个饱和碳原子，通式为

$$R-CH=CH-CH_2-X \qquad C_6H_5-CH_2-X$$

2. 孤立型卤代烯烃 其特征为卤原子与碳碳双键(苯环)相隔两个或两个以上饱和碳原子，通式为

$$R-CH=CH\leftarrow CH_2 \rightarrow_n X \qquad C_6H_5\leftarrow CH_2 \rightarrow_n X \qquad n>1$$

3. 乙烯型卤代烃 其特征为卤原子直接与碳碳双键(苯环)相连，通式为

$$R-CH=CH-X \qquad C_6H_5-X$$

(二) 不饱和卤代烃的化学活性

不同类型不饱和卤代烃的化学活性存在较大差异，其活性的强弱可通过与 $AgNO_3$ 的乙醇溶液反应生成沉淀的快慢进行鉴别。不同类型不饱和卤代烃与 $AgNO_3$ 的乙醇溶液反应情况如表7-4所示。

表7-4 不同类型不饱和卤代烃与 $AgNO_3$ 的乙醇溶液反应情况

不饱和卤代烃类型	代表物	反应条件和现象	化学活性
烯丙型和苄基型卤代烃	$CH_2=CHCH_2Br$	室温下立即产生沉淀	最活泼
孤立型卤代烯烃	$CH_2=CHCH_2CH_2Br$	加热后产生沉淀	较活泼
乙烯型卤代烃	$CH_2=CHBr$	加热后也不产生沉淀	不活泼

由于 S_N1 和 S_N2 反应机制不同，烃基结构对反应活性的影响存在差异，一般规律如下：

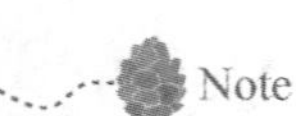
Note

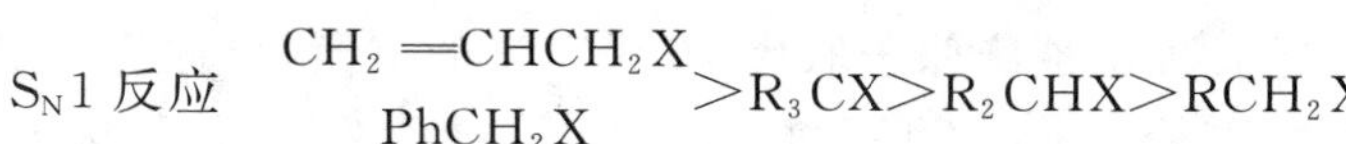

$$S_N1\text{ 反应}\quad \begin{matrix} CH_2=CHCH_2X \\ PhCH_2X \end{matrix} > R_3CX > R_2CHX > RCH_2X$$

$$S_N2\text{ 反应}\quad \begin{matrix} CH_2=CHCH_2X \\ PhCH_2X \end{matrix} > RCH_2X > R_2CHX > R_3CX$$

（三）不饱和卤代烃的结构对其化学活性的影响

不饱和卤代烃化学活性的差异是由其不同结构所决定的。

1. 烯丙型和苄基型卤代烃 烯丙型卤代烃的化学性质比较活泼，既可以发生 S_N1 反应，也可以发生 S_N2 反应。

如果按 S_N1 机制进行，当 C—X 键发生异裂后，产生碳正离子中间体，碳原子由原来的 sp^3 杂化转变为 sp^2 杂化，碳正离子未杂化的空的 p 轨道与相邻的 π 键平行重叠，可形成 p-π 共轭（图 7-5），使正电荷分散而比较稳定，容易形成，有利于 S_N1 反应的进行。

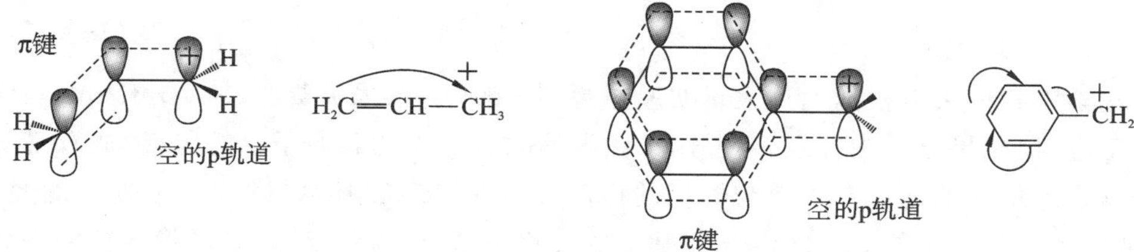

图 7-5 烯丙基碳正离子的 p-π 共轭

如果按 S_N2 机制进行，过渡态中的 sp^2 杂化碳原子的 p 轨道与相邻的 π 键平行重叠，形成一定程度的共轭，使过渡态能量降低，稳定性增加，有利于 S_N2 反应的进行。苄基型卤代烃在结构和性质上与烯丙型卤代烃的情况相似。

综上所述，烯丙型卤代烃无论是进行 S_N1 反应还是进行 S_N2 反应，都是容易进行的，因此，烯丙型和苄基型卤代烃的化学活性较强。

2. 孤立型卤代烯烃 这类不饱和卤代烃卤原子与不饱和键的位置距离较远，不能形成共轭体系，卤原子与不饱和键之间相互影响较小，其反应活性与卤代烷相似。一般来讲，这类卤代烃的反应活性顺序为叔卤代烃＞仲卤代烃＞伯卤代烃。

3. 乙烯型卤代烃 这类不饱和卤代烃卤原子上未成键的一对孤对电子所在的 p 轨道与 π 键平行重叠形成 p-π 共轭（图 7-6），电子云密度趋向平均化，卤原子上的非键电子离域，使 C—X 键具有部分双键的性质，C—X 键极性减弱、键长缩短、键能增高，键更牢固，不易断裂，卤原子很不容易被取代，因此，这类不饱和卤代烃的化学性质最不活泼。

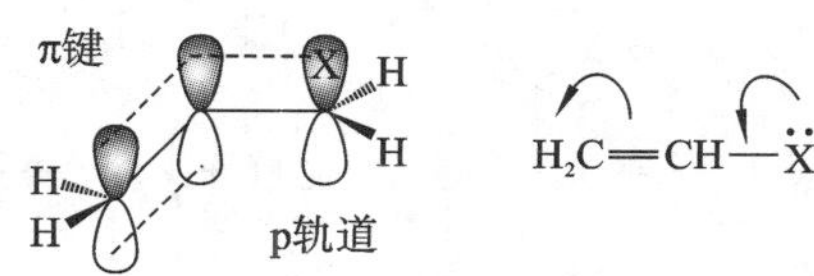

图 7-6 乙烯型卤代烃的 p-π 共轭

卤苯在结构和性质上与卤乙烯相似。

三、消除反应

卤代烃与强碱的醇溶液共热，消除一分子卤化氢而生成烯烃的反应，称为消除反应（elimination reaction），用 E 表示。受卤原子吸电子诱导效应的影响，β-H 带有部分正电荷，易受碱的进攻。反应中消除的是卤原子和 β-H，也称为 β-消除反应。消除反应是制备烯烃或炔烃的方法之一。例如：

$$R-\underset{\underset{H}{|}}{\overset{\beta}{C}H}-\underset{\underset{Br}{|}}{\overset{\alpha}{C}H_2} \xrightarrow[\triangle]{C_2H_5ONa/C_2H_5OH} RCH=CH_2+HBr$$

（一）饱和卤代烃的消除反应

伯卤代烃在发生消除反应时，分子中只有一种 β-H，生成单一消除产物，例如，1-溴丁烷与氢氧化钠的醇溶液共热生成丁-1-烯。

$$H_3CH_2C-\overset{\beta}{\underset{H}{\underset{|}{C}}}H-\overset{\alpha}{\underset{Br}{\underset{|}{C}}}H_2 \xrightarrow[\triangle]{NaOH/C_2H_5OH} \underset{\text{丁-1-烯}}{H_2C=CHCH_2CH_3}$$

仲卤代烷和叔卤代烷分子中存在不同的 β-H 时，消除反应可以有不同的取向，可得到不同烯烃的混合物。例如：

$$H_3C-\overset{\beta}{\underset{H}{\underset{|}{C}}}H-\overset{\alpha}{\underset{Br}{\underset{|}{C}}}H-\overset{\beta}{\underset{H}{\underset{|}{C}}}H_2 \xrightarrow[\triangle]{NaOH/C_2H_5OH} \underset{\text{丁-2-烯(81\%)}}{CH_3CH=CHCH_3}+\underset{\text{丁-1-烯(19\%)}}{CH_3CH_2CH=CH_2}$$

俄国化学家扎依采夫根据上述大量实验结果，提出了扎依采夫规则(Saytzeff rule)：卤代烃在进行消除反应时，如果分子中存在多种 β-H，优先消除含氢少的碳原子上的氢，形成双键上烃基较多的烯烃。消除反应的此取向规律与烯烃的稳定性有关，烯烃中双键碳原子上连有的烃基越多，烯烃越稳定，因为烃基中的 C—H 键与双键中的 π 键形成 σ-π 超共轭。烯烃稳定性顺序如下：

$$R_2C=CR_2>R_2C=CHR>R_2C=CH_2>RHC=CHR>RHC=CH_2>H_2C=CH_2$$

卤代烃消除反应的活性如下：

$$R_3CX>R_2CHX>RCH_2X$$

（二）不饱和卤代烃的消除反应

不饱和卤代烃发生消除反应时，由于受到不饱和键的影响，与不饱和键相邻碳原子上的氢的酸性更强，更易消除，且形成的烯烃具有 π-π 共轭效应，稳定性更强，因此以消除与双键相邻碳原子上的 β-H 为主。例如：

$$H_2C=CH-\overset{\alpha}{\underset{Cl}{\underset{|}{C}}}H-\overset{\beta}{\underset{H}{\underset{|}{C}}}H_2 \xrightarrow[\triangle]{NaOH/C_2H_5OH} H_2C=CHCH=CH_2+HCl$$

$$C_6H_5-\overset{\beta}{\underset{H}{\underset{|}{C}}}H-\overset{\alpha}{\underset{Br}{\underset{|}{C}}}H-\overset{\beta}{\underset{H}{\underset{|}{C}}}(CH_3)_2 \xrightarrow[\triangle]{NaOH/C_2H_5OH} C_6H_5-CH=CH-CH(CH_3)_2+HBr$$

四、与金属反应

卤代烃能与 Li、Na、K、Cu、Mg、Zn、Al 等金属反应，生成金属与碳直接相连的有机金属化合物(organometallic compound)，这类化合物在有机合成中较为重要。

（一）与金属镁反应

卤代烃在无水乙醚或四氢呋喃中与金属镁(Mg)反应生成有机镁化合物，该化合物被称为格利雅试剂(Grignard reagent)，简称格氏试剂。

$$RX+Mg\xrightarrow{\text{无水乙醚}}RMgX$$

格氏试剂由法国化学家格利雅(Grignard)首先发现并成功用于有机合成，格氏试剂的发明极大地促进了有机合成的发展，格利雅因此获得了1912年诺贝尔化学奖。

Note

制备格氏试剂时，不同卤代烃与镁反应的活性有差异。烃基相同，卤原子不同的卤代烃的反应活性为 R—I>R—Br>R—Cl；卤原子相同，烃基不同的卤代烷的反应活性为伯卤代烷>仲卤代烷>叔卤代烷。实际应用中，常用溴代烷及伯卤代烷来制备格氏试剂。

由于格氏试剂中 C—Mg 键具有强极性，C 原子带有部分负电荷，所以其性质非常活泼，是有机合成中重要的强亲核试剂，利用格氏试剂可以制备烷烃、醇、醛、酮、羧酸等多种有机化合物。

格氏试剂在乙醚中稳定，它与乙醚生成配合物，但容易与氧气、二氧化碳及各种含活泼氢的化合物(如水、醇、酸、氨、末端炔烃等)反应，因此在制备格氏试剂时应保证反应体系无水、无其他含活泼氢的物质，同时尽可能与空气隔绝，常用氮气进行保护。

$$RMgX \begin{cases} \xrightarrow{O_2} ROMgX \xrightarrow{H_2O} ROH + HOMgX \\ \xrightarrow{CO_2} RCOOMgX \xrightarrow{H_2O} RCOOH + HOMgX \\ \xrightarrow{H_2O} RH + HOMgX \\ \xrightarrow{R'OH} RH + R'OMgX \\ \xrightarrow{NH_3} RH + H_2NMgX \\ \xrightarrow{R'COOH} RH + R'COOMgX \\ \xrightarrow{HC\equiv CR'} RH + R'C\equiv CMgX \end{cases}$$

（二）与锂反应

卤代烃与金属锂(Li)在非极性溶剂中可形成有机锂化物。例如：

$$RX + 2Li \xrightarrow{苯} \underset{有机锂化物}{RLi} + \underset{卤化锂}{LiX}$$

有机锂化物与格氏试剂相似，锂原子上带有部分正电荷，烃基上带有部分负电荷，可以与金属卤化物、卤代烃、具有活泼氢或极性双键的化合物进行反应。有机锂化物较格氏试剂活泼，价格也更贵。例如：有机锂化物可与碘化亚铜反应生成二烷基铜锂。

$$2RLi + CuI \longrightarrow \underset{二烷基铜锂}{R_2CuLi} + LiI$$

其中的烃基可以是苯基、烯基、烷基等，二烷基铜锂是有机合成中比较重要的一种烃基化试剂。可以与卤代烃反应，用于合成烃，是合成不对称烃常用的一种方法。在烷烃的制备方法中被称为科瑞-郝思(Corey-House)合成法。

$$RX \xrightarrow[苯]{Li} RLi \xrightarrow{CuI} R_2CuLi \xrightarrow{R'X} RR'$$

反应中的卤代烃最好用伯卤代烃，反应不受其他基团的影响，产率较高。该反应广泛用于有机合成中。例如：

$$CH_2{=}CHBr \xrightarrow[苯]{Li} CH_2{=}CHLi \xrightarrow{CuI} (CH_2{=}CH)_2CuLi \xrightarrow{CH_3CH_2Cl} CH_2{=}CHCH_2CH_3$$

（三）与 Na 反应

卤代烃与金属钠反应，两部分烃基产生偶联，可用于合成具有对称结构的烃，此方法被称为武兹(Wurtz)合成法。

$$2RX + 2Na \longrightarrow R{-}R + 2NaX$$

此反应中，烃基碳链增长一倍，只能用于合成偶数碳原子的烷烃或结构对称的高级烃，卤代烃最好使用伯卤代烃。

五、还原反应

在不同条件下，卤代烃中的卤原子被活泼氢取代生成烃。常用的还原剂有镍、锌和盐酸、氢化铝锂($LiAlH_4$)、四氢硼钠($NaBH_4$)等。

$$CH_2{=}CHCH_2Cl + H_2 \xrightarrow{Ni} CH_3CH_2CH_3$$

$$CH_3CH_2CH_2CH_2Br \xrightarrow{Zn+HCl} CH_3CH_2CH_2CH_3$$

氢化铝锂、四氢硼钠还原时不涉及分子中碳碳之间的 π 键。氢化铝锂还原性较强，分子中若含有—COOH、—COOR、—CN 等官能团，则这些官能团可同时被还原；四氢硼钠还原性较弱，这些官能团可以保留而不被还原。例如：

$$CH_2{=}CH\overset{Cl}{\overset{|}{C}}HCOOH \xrightarrow{LiAlH_4} CH_2{=}CH\overset{H}{\overset{|}{C}}HCH_2OH$$

$$CH_2{=}CH\overset{Cl}{\overset{|}{C}}HCOOH \xrightarrow{NaBH_4} CH_2{=}CH\overset{H}{\overset{|}{C}}HCOOH$$

第四节　亲核取代反应和消除反应机制

一、亲核取代反应机制及影响因素

(一) 亲核取代(S_N1 和 S_N2)反应机制

亲核取代反应根据反应速率与卤代烃浓度或亲核试剂浓度的关系分为两种不同的亲核取代反应历程：反应速率与卤代烃浓度成正比，在动力学上为一级反应，称为单分子亲核取代(S_N1)反应机制；反应速率与卤代烃和亲核试剂的浓度成正比，在动力学上为二级反应，称为双分子亲核取代(S_N2)反应机制。

1. S_N1 反应机制　叔丁基溴在碱性条件下发生水解反应，反应速率只与卤代烃浓度成正比，而与亲核试剂浓度无关，在动力学上属于一级反应。

$$反应速率\ v=k[(CH_3)_3CBr]$$

反应过程分为两步。

第一步：叔丁基溴在溶剂的作用下 C—Br 键逐渐被拉长并减弱，电子云向溴原子偏移，使碳原子上的正电荷和溴原子上的负电荷不断增加，形成 C—Br 即将断裂、能量较高的过渡态 b，随着电子云的不断偏移，最终发生断裂，形成叔丁基碳正离子和溴负离子。第二步：氢氧根作为亲核试剂进攻叔丁基碳正离子，经过过渡态 d 形成叔丁醇。第一步是慢的步骤，决定反应速率，反应速率只与卤代烃的浓度有关，而与亲核试剂的浓度无关，所以称为单分子亲核取代反应机制。

$$第一步\quad \underset{a}{(CH_3)_3C{-}Br} \xrightarrow{慢} \underset{过渡态\ b}{[(CH_3)_3\overset{\delta^+}{C}\cdots\cdots\overset{\delta^-}{Br}]} \longrightarrow \underset{c}{(CH_3)_3C^+ + Br^-}$$

$$第二步\quad (CH_3)_3C^+ + OH^- \xrightarrow{快} \underset{过渡态\ d}{[(CH_3)_3\overset{\delta^+}{C}\cdots\cdots\overset{\delta^-}{O}H]} \longrightarrow \underset{e}{(CH_3)_3C{-}OH}$$

在整个反应中，体系中的能量在不断地变化，能量变化示意图见图 7-7。

由图 7-7 可以看出，在反应过程中体系的能量不断变化，从反应物开始体系能量不断升高，到达最高点，即第一个过渡态 b。随着 C—Br 键即将发生断裂，体系能量开始下降，形成叔丁基碳正离子，到达谷底。叔丁基碳正离子被溶剂包围，在与氢氧根结合前，必须去除溶剂分子，需要吸收能量，所以体系能量再一次升高，达到第二个过渡态 d。随着 C—O 键的形成，体系能量开始下降。反应中有两个过渡态，具有活化能 E_{a1} 和 E_{a2}，从图可知 $E_{a1}>E_{a2}$，所以整个 S_N1 反应的进程

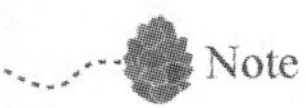

能量
过渡态 b
过渡态 d
E_{a1}
E_{a2}
c
$(CH_3)_3C^+ + Br^-$
a
$(CH_3)_3C—Br + OH^-$
ΔH
$(CH_3)_3C—OH + Br^-$
e
反应进程

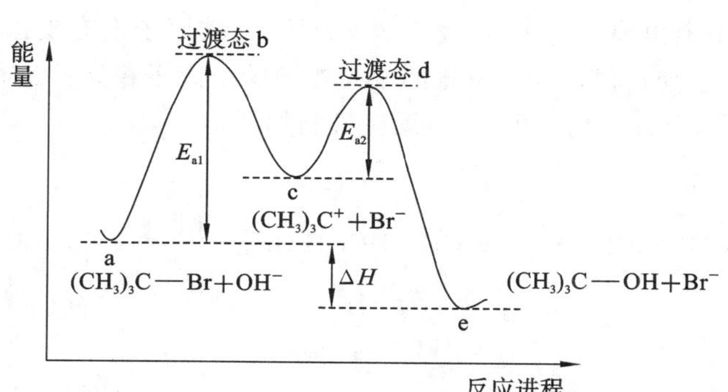

图 7-7 S_N1 反应机制能量变化示意图

取决于形成碳正离子中间体的第一个步骤。碳正离子中间体是有机化学反应中常见的活性中间体，具有较高的反应活性，其稳定性的高低取决于烃基的结构；其碳原子的杂化方式和空间构型决定产物的构型。

在 S_N1 反应中，亲核试剂的进攻对象是碳正离子，碳正离子通常是 sp^2 杂化的平面形结构，中心碳原子上有一个空的 p 轨道分布在平面的两侧，亲核试剂与碳正离子结合时，可以从平面的两侧进行进攻，概率等同。如果是一个手性化合物在手性碳原子上发生 S_N1 反应，则会得到 50%构型翻转产物和 50%构型保持产物，即外消旋体，见图 7-8。

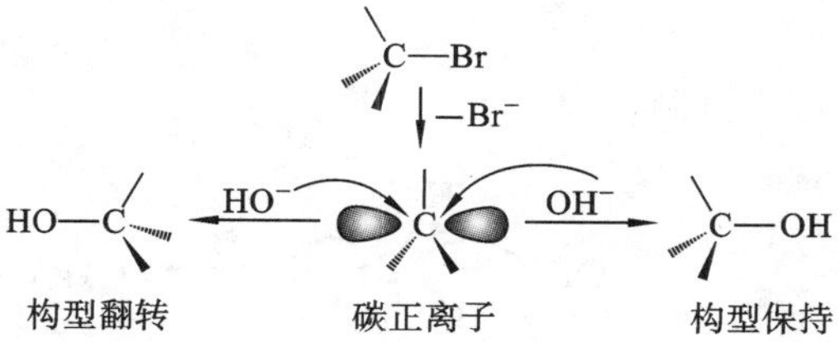

C—Br
$-Br^-$
HO—C
HO^-
C
OH^-
C—OH
构型翻转
碳正离子
构型保持

图 7-8 S_N1 反应机制外消旋化示意图

虽然大部分 S_N1 反应产物为外消旋体，但也有部分反应中构型翻转产物占优势，这种现象可以用溶剂-离子对理论(solvent-ion pair theory)进行解释：

$$RX \rightleftharpoons R^+X^- \rightleftharpoons R^+ \| X^- \rightleftharpoons R^+ + X^-$$

紧密离子对　松散离子对　自由碳正离子

该理论认为，卤代烃中 C—X 键裂解后所形成的 X^- 没有迅速离开底物，而是与底物中的碳正离子通过电荷吸引力形成紧密离子对，紧密离子对可以进一步被溶剂隔开形成松散离子对，最后形成自由碳正离子。在这三个阶段中都可以和亲核试剂发生反应：①在紧密离子对阶段，由于离去基团与碳正离子结合紧密，阻挡了亲核试剂从正面进攻，其只能从底物背面进行进攻，得到构型翻转产物；②在松散离子对阶段，离去基团尚未完全离去，亲核试剂从背面进攻的概率略大于从正面进攻的概率，得到的构型翻转产物略多于构型保持产物；③在自由碳正离子阶段，离去基团完全离去，亲核试剂从两面进攻的概率完全等同，得到外消旋体。若碳正离子较稳定，存在时间长，溶剂分散正负电荷的能力强，碳正离子有足够的时间被溶剂分散为自由碳正离子，主要形成外消旋体；若碳正离子不稳定，存在时间短，溶剂分散正负电荷的能力弱，碳正离子还没有成为自由碳正离子时就已进行反应，则构型翻转产物的比例增大。

在 S_N1 反应中，形成碳正离子中间体，而碳正离子易发生重排形成更稳定的碳正离子，所以反应过程中往往会伴随形成重排产物。例如：

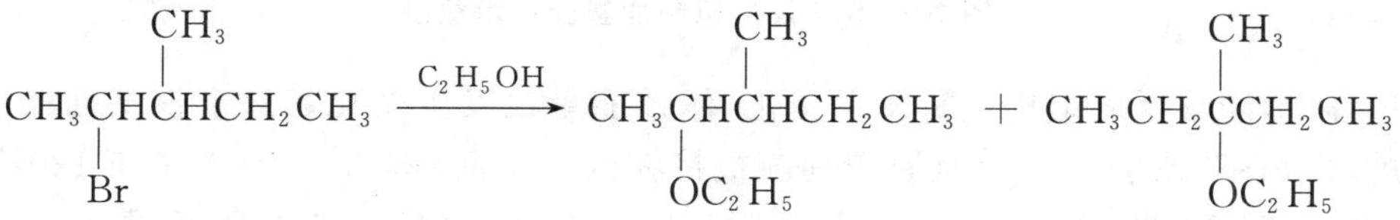

CH_3
$CH_3CHCHCH_2CH_3$
Br
C_2H_5OH
CH_3
$CH_3CHCHCH_2CH_3$
OC_2H_5
+
CH_3
$CH_3CH_2CCH_2CH_3$
OC_2H_5

重排产物

反应中卤代烃先解离出溴负离子，形成 2°碳正离子，α-碳原子上有支链，氢原子发生迁移，形成 3°碳正离子，进一步反应形成产物。重排的规律按照碳正离子稳定性进行，即 3°碳正离子＞2°碳正离子＞1°碳正离子，重排产物为主产物，反应机制如下：

$$CH_3\underset{Br}{CH}\overset{CH_3}{CH}CH_2CH_3 \xrightarrow{-Br^-} CH_3\overset{+}{C}H\overset{CH_3}{\underset{H}{C}}CH_2CH_3 \underset{}{\overset{重排}{\rightleftharpoons}} CH_3CH_2\overset{CH_3}{\overset{+}{C}}CH_2CH_3$$

$$CH_3\overset{+}{C}H\overset{CH_3}{\underset{H}{C}}CH_2CH_3 \xrightarrow{C_2H_5O^-} CH_3\underset{OC_2H_5}{CH}\overset{CH_3}{CH}CH_2CH_3$$

$$CH_3CH_2\overset{CH_3}{\overset{+}{C}}CH_2CH_3 \xrightarrow{C_2H_5O^-} CH_3CH_2\overset{CH_3}{\underset{OC_2H_5}{C}}CH_2CH_3$$

2. S_N2 反应机制　溴甲烷在碱性条件下发生水解反应，反应速率不仅与溴甲烷的浓度成正比，与亲核试剂的浓度也成正比，在动力学上属于二级反应。

$$v=k[CH_3Br][OH^-]$$

反应机制：

$$OH^- + CH_3—Br \xrightarrow{慢} \left[HO\cdots\overset{H}{\underset{H\ \ H}{C}}\cdots Br\right] \longrightarrow HO—CH_3 + Br^-$$

过渡态

S_N2 反应过程只有一个步骤，亲核试剂 OH^- 从 C—Br 键的背面进攻带有部分正电荷的中心碳原子，使 C—Br 键拉长弱化，碳原子的杂化状态从 sp^3 向 sp^2 转化。当达到过渡态时，碳原子杂化方式变为 sp^2 杂化，碳原子与 3 个氢原子处于同一平面，即将键合的羟基与即将离去的溴原子处于平面的两侧。随着反应的进行，C—O 键之间的距离逐渐缩短，C—Br 键之间的距离逐渐增长，3 个氢原子同时向溴原子的方向偏移。当 C—O 键完全形成而 C—Br 键完全断裂时，中心碳原子的杂化方式转回 sp^3 杂化，保持四面体构型。

S_N2 反应机制能量变化示意图见图 7-9。

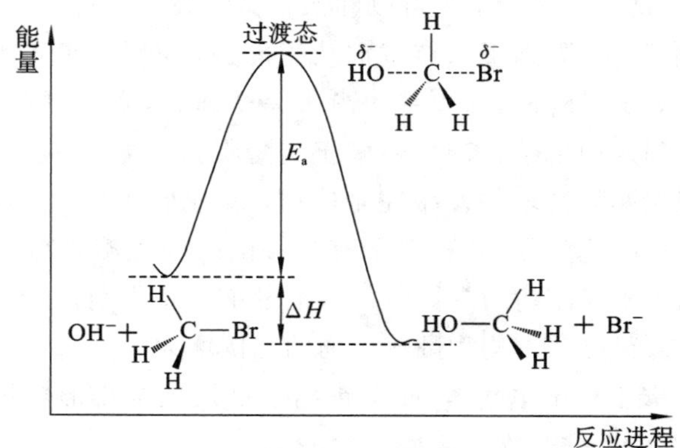

图 7-9　S_N2 反应机制能量变化示意图

反应过程中，随着反应结构不断发生变化，体系能量也发生变化。当亲核试剂 OH^- 从溴原子的背面进攻中心碳原子时，3 个氢原子逐渐被挤在同一平面，键角从 109°28′向 120°转化，需要克服氢原子间的阻力，体系能量升高。当达到能量最高点的过渡态，5 个原子同时挤在中心碳原

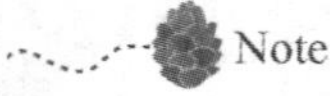

子周围。随着溴原子的离去，中心碳原子杂化方式恢复为 sp^3 杂化，张力减小，体系能量逐渐降低。反应进程中只出现一个过渡态，无中间体的产生，2 个反应物同时参加了反应过渡态的形成，所以称为双分子亲核取代反应。

在 S_N2 反应中，亲核试剂只能从离去基团的背面进攻中心碳原子，碳原子的构型发生翻转，好像一阵大风把雨伞吹得向外翻转一样，这种构型的翻转过程称为瓦尔登(Walden)转化。经历 S_N2 反应的手性碳原子，会引起产物构型的完全翻转，所以 S_N2 反应的立体化学特征是构型翻转。例如：

$$OH^- + (R)\text{-}CH_3CH_2CH(CH_3)Br \xrightarrow{\text{慢}} [HO\cdots C(H)(CH_2CH_3)(CH_3)\cdots Br] \longrightarrow HO-C(H)(CH_2CH_3)(CH_3) + Br^-$$

(R)-2-溴丁烷　　(S)-2-羟基丁烷

其中值得注意的是，瓦尔登转化中的构型翻转不是简单的手性碳构型标记的改变，即 *R* 变为 *S*(或 *S* 变为 *R*)，而是手性碳原子上 4 个键构成骨架构型的翻转，手性碳原子的构型标记符号以实际判断为主。例如：

$$OH^- + CH_3CH_2O-CH(CH_3)-Br \longrightarrow HO-CH(OCH_2CH_3)(CH_3) + Br^-$$

R 构型　　*R* 构型

3. S_N1 和 S_N2 反应机制的比较　见表 7-5。

表 7-5　两种反应机制的比较

比　较　点	S_N1 反应机制	S_N2 反应机制
反应速率	与卤代烃浓度成正比	与卤代烃和亲核试剂浓度成正比
反应过程	两步反应	一步反应
中间体	碳正离子中间体	无
立体化学特征	外消旋化	构型翻转

(二) 影响亲核取代反应的因素

1. 烃基结构的影响　S_N1 和 S_N2 反应中，由于反应过程的不同，烃基结构对反应活性的影响存在差别，一般规律如下。

S_N1 反应机制：$\begin{matrix} CH_2=CHCH_2X \\ PhCH_2X \end{matrix} > R_3CX > R_2CHX > RCH_2X$

S_N2 反应机制：$\begin{matrix} CH_2=CHCH_2X \\ PhCH_2X \end{matrix} > RCH_2X > R_2CHX > R_3CX$

①烯丙型和苄基型卤代烃。

$CH_2=CHCH_2X$　　$PhCH_2X$

烯丙型卤代烃　　苄基型卤代烃

这类卤代烃的分子结构中，卤原子与双键相隔 1 个碳原子，性质非常活泼，很容易发生亲核取代反应。例如：3-氯丙烯在室温下可与硝酸银的醇溶液发生 S_N1 反应，立即形成白色的氯化银沉淀，氯丙烷需要加热后才能生成氯化银沉淀；3-氯丙烯与碘负离子发生 S_N2 反应的速率是氯丙烷的 73 倍。

Note

在 S_N1 反应中，这类卤代烃的 C—X 键断裂后形成的碳正离子，能与 π 键形成 p-π 共轭，正电荷得到分散，体系能量降低，碳正离子的稳定性增高，反应速率较大(图 7-10)。

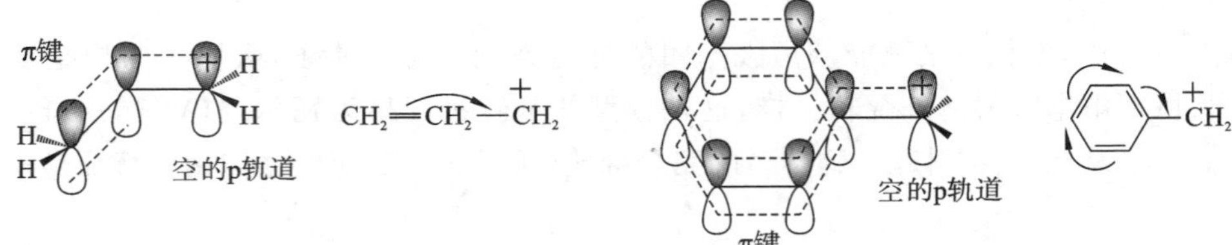

图 7-10 烯丙型和苄基型碳正离子的电子离域示意图

在 S_N2 反应中，这类卤代烃形成的过渡态能量都很低，反应速率也较大。

②一般卤代烃：对于 S_N1 反应，反应活性既受到电子效应的影响，也受到空间效应的影响。在反应过程中，生成碳正离子中间体的步骤是决定反应速率的关键步骤，所以碳正离子的稳定性决定反应速率的大小。碳正离子稳定性顺序为 $R_3C^+ > R_2CH^+ > RCH_2^+ > CH_3^+$，即形成的碳正离子越稳定，反应所需的活化能越小，反应速率也越大。从电子效应考虑，卤代烃 S_N1 反应活性顺序为 $R_3CX > R_2CHX > RCH_2X > CH_3X$(表 7-6)。从空间效应考虑，虽然叔卤代烃的碳原子上连有 3 个烃基，空间位阻较大，但当它形成碳正离子后，杂化方式发生改变，键角增大，3 个烃基的排斥力减小，体系能量降低，有助于 C—X 键的裂解。所以卤代烃反应的活性顺序与电子效应一致。

表 7-6 几种溴代烷按 S_N1 反应机制进行水解的相对反应速率

溴 代 烷	CH_3Br	CH_3CH_2Br	$(CH_3)_2CHBr$	$(CH_3)_3CBr$
相对反应速率	1.0	1.7	4.5	10^8

对 S_N2 反应，反应活性主要受到空间效应的影响。由于反应过程中，亲核试剂总是从背面进攻中心碳原子，此碳原子上所连烃基的数目或体积越小，空间位阻越小，反应速率越大。由于 β-碳原子与中心碳原子直接相连，其所连烃基的数目或体积会阻碍亲核试剂对中心碳原子的进攻，影响反应活性(表 7-7)。

表 7-7 几种溴代烷按 S_N2 反应机制进行碘交换的相对反应速率

溴 代 烷	相对反应速率	溴 代 烷	相对反应速率
CH_3Br	30	$CH_3CH_2CH_2Br$	0.82
CH_3CH_2Br	1	$(CH_3)_2CHCH_2Br$	0.036
$(CH_3)_2CHBr$	0.02	$(CH_3)_3CCH_2Br$	0.000012
$(CH_3)_3CBr$	≈0		

从表 7-7 可知，卤代烃 S_N2 反应活性顺序为 $CH_3X > RCH_2X > R_2CHX > R_3CX$。伯卤代烃中，β-碳上的支链越多，反应速率越小。

综上所述，一般卤代烃发生亲核取代反应的活性如下：

$$\xrightarrow{S_N1\text{ 反应活性增强}}$$

$$CH_3X \quad CH_3CH_2X \quad (CH_3)_2CHX \quad (CH_3)_3CX$$

$$\xleftarrow[S_N2\text{ 反应活性增强}]{}$$

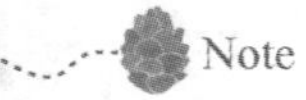

一般情况下，伯卤代烃按 S_N2 反应机制进行，叔卤代烃按 S_N1 反应机制进行，仲卤代烃两种机制都有可能，具体按哪一种机制进行，可根据具体的分子结构进行判断。

卤原子连在桥头碳原子上的卤代烃，无论是按 S_N1 反应机制，还是 S_N2 反应机制，反应活性都比较低，难以进行亲核取代反应。若按 S_N1 反应机制，需出现平面形结构的碳正离子中间体，但桥头碳原子受到环的限制，无法伸展成平面结构，难以反应；若按 S_N2 反应机制，亲核试剂从离去基团背面进攻中心碳原子，由于卤原子的背面是环，阻碍亲核试剂的进攻，无法进行翻转，也难以发生反应。

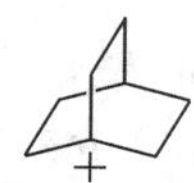

很难形成碳正离子

亲核试剂很难从背面进攻

③乙烯型和卤苯型卤代烃。

$CH_2=CHX$

乙烯型卤代烃

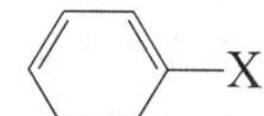

卤苯型卤代烃

这类卤代烃的分子结构中，卤原子与双键碳原子直接相连，性质不活泼，难以发生亲核取代反应，例如：氯乙烯与硝酸银的醇溶液即使加热数天也无氯化银沉淀生成。取代反应中只能与金属镁反应生成格氏试剂，但反应也较为困难，只能在四氢呋喃中反应，在乙醚中不反应。主要是因为卤原子与双键碳原子直接相连，卤原子中的孤对电子与 π 键形成 p-π 共轭(图 7-11)，电子发生离域，体系能量降低，分子稳定性增高。同时键长出现平均化，C—X 键的键长缩短，致使卤原子难以解离，反应活性降低。

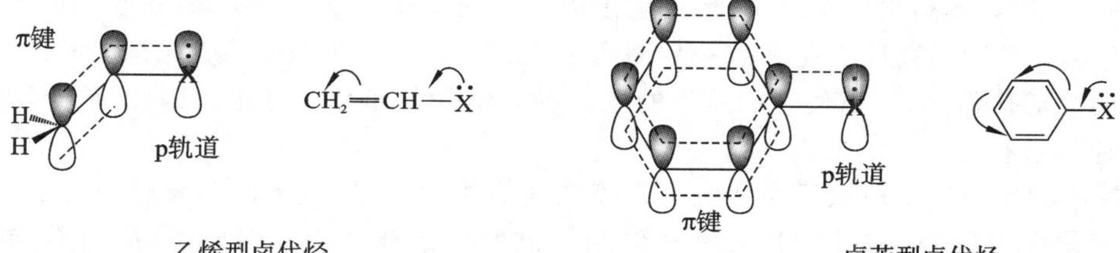

图 7-11 乙烯型和卤苯型卤代烃中 p-π 共轭效应示意图

这类卤代烃也称为惰性卤代烃，无论是按 S_N1 反应机制，还是按 S_N2 反应机制，都难以发生反应。

2. 离去基团的影响 卤代烃的亲核取代反应中，卤原子是离去基团，无论按哪一种反应机制，离去基团的离去能力越强，反应越容易进行。

卤原子离去能力的强弱主要与 C—X 键的键能和可极化性有关，C—X 键的键能越小，越容易断裂，卤原子越容易离去；C—X 键的可极化性越大，键越容易极化而发生断裂，卤原子越容易离去。C—X 键的键能大小顺序为 C—I＜C—Br＜C—Cl＜C—F；可极化性顺序为 C—I＞C—Br＞C—Cl＞C—F。所以卤代烃中烃基相同、卤原子不同时，卤代烃的反应活性顺序为 RI＞RBr＞RCl＞RF。

3. 亲核试剂的影响 S_N1 反应中，反应速率只与卤代烃浓度有关，与亲核试剂无关，亲核试剂的亲核性强弱和浓度变化对其影响都不大。而 S_N2 反应中，反应一步完成，亲核试剂参与决定反应速率的步骤，亲核试剂的亲核性强弱和浓度变化对其影响较大。一般亲核试剂的亲核性越强，亲核试剂的浓度越大，S_N2 反应速率越大。

亲核试剂是能提供电子的负离子或中性分子，其亲核性强弱与其提供电子的能力、可极化性、溶剂极性等有关。亲核试剂提供的电子与质子结合的性质称为碱性；与碳原子结合的性质称

Note

为亲核性。碱性和亲核性体现的都是提供电子的能力,试剂具有亲核性的同时也具有碱性,一般可根据试剂碱性的强弱推断亲核性的强弱。可极化性是指亲核试剂的电子云在外电场作用下变形的难易程度。一般原子的半径大、电负性小,对外层电子的束缚力较弱,外层电子易产生流动,电子云容易变形而偏向碳原子,形成过渡态所需的能量降低。因此试剂的可极化性越大,试剂的亲核性越强,例如:I^-、HS^-都是亲核性较强的亲核试剂。

试剂亲核性和碱性强弱的一般规律如下。

①同周期元素为反应中心的亲核试剂,随原子序数的增加,碱性和亲核性减弱,例如:

$$亲核性和碱性: R_3C^- > R_2N^- > RO^- > F^- ; RS^- > Cl^-$$

②同种元素为反应中心的亲核试剂,碱性越强,亲核性也越强,例如:

$$亲核性和碱性: RO^- > HO^- > PhO^- > RCOO^- > NO_3^- > ROH > H_2O$$

一般中性分子以电子对提供电子,较相应的负离子亲核能力弱。

③同主族元素为反应中心的亲核试剂,若受到质子溶剂的影响,其亲核性随着原子序数的增加而增强,而碱性随着原子序数的增加而减弱,例如:

$$亲核性: I^- > Br^- > Cl^- > F^- ; HS^- > HO^-$$

$$碱性: I^- < Br^- < Cl^- < F^- ; HS^- < HO^-$$

若在非质子溶剂中,上述试剂亲核性和碱性一致,即随着原子序数的增加而减弱。例如:

$$亲核性和碱性: I^- < Br^- < Cl^- < F^- ; HS^- < HO^-$$

4. 溶剂的影响 溶剂对卤代烃和亲核试剂皆有影响,溶剂可根据是否有活泼氢和极性大小分为质子型溶剂、偶极溶剂和非极性溶剂。

①质子型溶剂(protonic solvent):分子中具有能形成氢键的氢原子,如水、醇、羧酸等。在S_N1反应中,卤代烃解离出卤负离子,形成碳正离子是决定反应速率的步骤,质子型溶剂的溶剂化作用有助于C—X键的高度极化和进一步彻底裂解。同时对于所生成的碳正离子和卤负离子,质子型溶剂的溶剂化作用,可以使它们所带的电荷进一步分散而趋于稳定。因此,质子型溶剂有利于S_N1反应的进行。

S_N2反应的反应速率取决于卤代烃与亲核试剂的接触、亲核试剂的亲核性等,质子型溶剂可以通过溶剂化作用包裹亲核试剂,大大降低亲核试剂的亲核能力。因此,反应时需先除去溶剂化,过渡态能量升高、活化能升高,不利于反应的进行。

②偶极溶剂(dipole solvent):分子中不具有能形成氢键的氢原子,而偶极正端埋在分子内部,负端裸露在外,可溶剂化正离子。例如:氯仿、丙酮、二甲亚砜(DMSO)、N,N-二甲基甲酰胺(DMF)、四氢呋喃(THF)等。

$H_3C-\overset{\delta^+}{C}(=\overset{\delta^-}{O})-CH_3$ 丙酮

$H_3C-\overset{\delta^+}{S}(=\overset{\delta^-}{O})-CH_3$ 二甲亚砜(DMSO)

$H-\overset{\delta^+}{C}(=\overset{\delta^-}{O})-N(CH_3)_2$ N,N-二甲基甲酰胺(DMF)

因为偶极溶剂的正端埋在分子内部不能溶剂化负离子,而负端可溶剂化正离子,亲核试剂在偶极溶剂中处于自由状态,亲核能力比在质子型溶剂中强,故S_N2反应的速率更大。

③非极性溶剂(non-polar solvent):分子中不具有能形成氢键的氢原子,偶极矩小于6.67×10^{-30} C·m。例如:苯、己烷、乙醚等。在非极性溶剂中,极性分子不容易溶解,分子处于缔合状态,反应活性降低。

综上所述,溶剂极性增大有利于S_N1反应,而不利于S_N2反应。

Note

二、消除反应机制

1. E1反应机制 与S_N1反应类似,反应分两步完成。第一步,卤代烃在溶剂的作用下,

C—X 键极性增大，裂解为碳正离子和卤负离子，决定整个反应的速率。第二步，试剂进攻 β-H 形成碳碳双键。例如：

第一步 （β-C(H)—α-C(X) ⇌[慢] β-C(H)—α-C⁺ + X^-）

第二步 （β-C(H)—α-C⁺ ⇌[快, OH^-] C=C + H_2O）

由于第一步决定反应速率，只有底物参与反应，因此反应速率只与卤代烃的浓度有关，为一级反应，称为单分子消除(E1)反应。

E1 反应中，形成碳正离子中间体，反应速率由碳正离子的稳定性决定，所以卤代烃 E1 反应活性顺序为 $R_3CX > R_2CHX > RCH_2X$。由于碳正离子容易发生重排，往往伴随有重排产物。例如：2-溴-3，3-二甲基丁烷发生消除反应，以重排产物 2，3-二甲基丁-2-烯为主产物。

$$CH_3C(CH_3)_2—CHBrCH_3 \xrightarrow{-Br^-} CH_3C(CH_3)_2—\overset{+}{C}HCH_3 \longrightarrow CH_3\overset{+}{C}(CH_3)—CH(CH_3)CH_3 \longrightarrow CH_3C(CH_3)=C(CH_3)CH_3$$

E1 和 S_N1 反应从机制上看很相似，常常伴随而生，存在相互竞争关系。反应中，先生成碳正离子，碳正离子发生重排，再进行 E1 和 S_N1 反应。反应中出现重排产物常作为 E1 和 S_N1 反应机制的证据。

2. E2 反应机制 与 S_N2 反应机制相似，只有一步反应。亲核试剂(碱)进攻 β-H，形成能量较高的过渡态。随着 β-C—H 键和 α-C—X 键断裂，α-C 和 β-C 原子间形成碳碳双键，形成烯烃。

（OH^- + H—β-C—α-C—X ⇌ [HO----H…β-C----α-C…X] ⇌ C=C + H_2O + X^-）

反应中，卤代烃和碱同时参与反应，反应速率与卤代烃和碱的浓度有关，为二级反应，称为双分子消除(E2)反应。反应中，β-C—H 键和 α-C—X 键断裂与碳碳双键的形成是协同反应，烯烃稳定性决定过渡态能量的高低和反应的速率。由于叔卤代烃发生消除反应产生的烯烃双键上取代的烃基较多，稳定性更高，所以与 S_N2 反应不同，E2 反应的活性顺序为 $R_3CX > R_2CHX > RCH_2X$。

反应中，由于新键的形成和旧键的断裂同时发生，中心碳原子的杂化发生改变，对离去基团的空间位置具有严格的要求，即 β-H 与离去基团必须处于共面反位(图 7-12)。因为 β-H 与离去基团处于共面，α-C 和 β-C 的 p 轨道才容易平行重叠形成 π 键；β-H 与离去基团处于反位，构象为对位交叉式，形成过渡态所需的能量较顺位全重叠构象低，反应更容易发生。

因此，E2 反应具有高度的立体选择性，即特定构型的反应物通常只能生成一种构型的产物，而不是两种构型的产物同时生成。例如：

（Fischer 投影式：CH_2CH_3；Br—C—H；H_3C—C—H；CH_2CH_3 ≡ 锯架式 → 共面反位消除 → CH_3CH_2(H)C=C(CH_2CH_3)(CH_3)）

1*R*,2*S* 顺式烯烃

Note

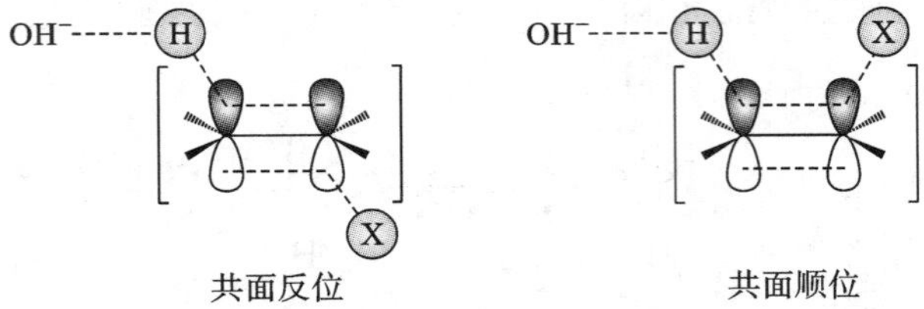

共面反位　　　　共面顺位

图 7-12　E2 过渡态中轨道结合示意图

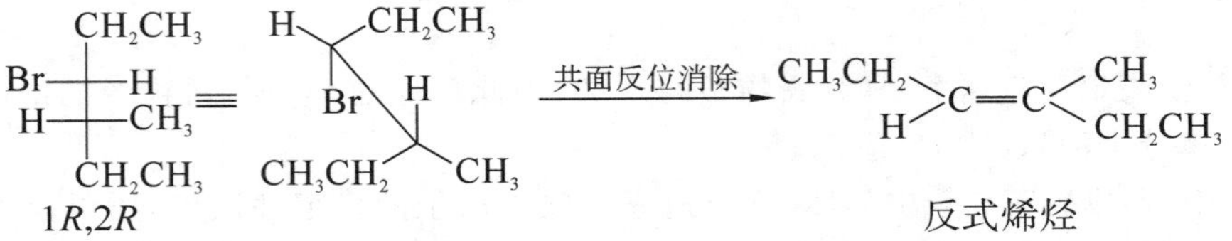

1*R*,2*R*　　　　反式烯烃

由于碳碳单键可以自由旋转，E2 反应的立体选择性影响的是所形成烯烃的构型。若反应物为环状卤代烃，由于环的刚性结构，取代基不能自由翻转，产物必须遵循 E2 反应的立体选择性，否则不能反应；如果有两个处于共面反位的氢原子，产物仍遵循扎依采夫规则。例如：

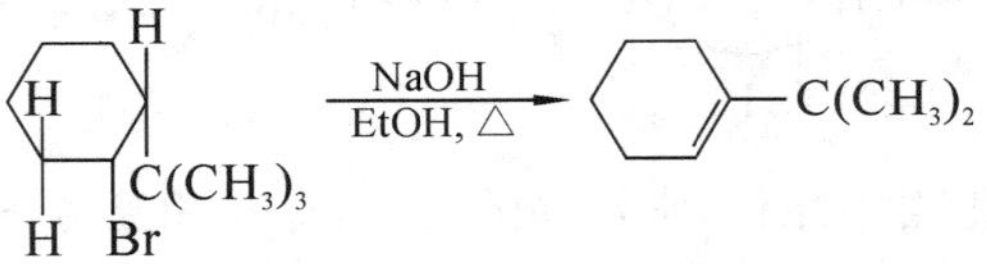

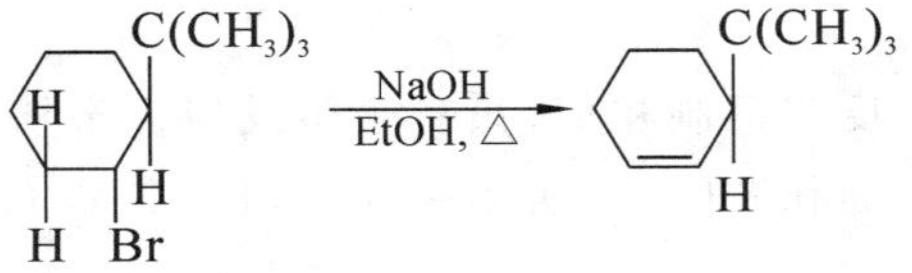

三、亲核取代反应与消除反应的竞争

亲核取代反应和消除反应通常是同时发生而又相互竞争的，试剂进攻 α-C 发生取代反应，进攻 β-H 则发生消除反应。

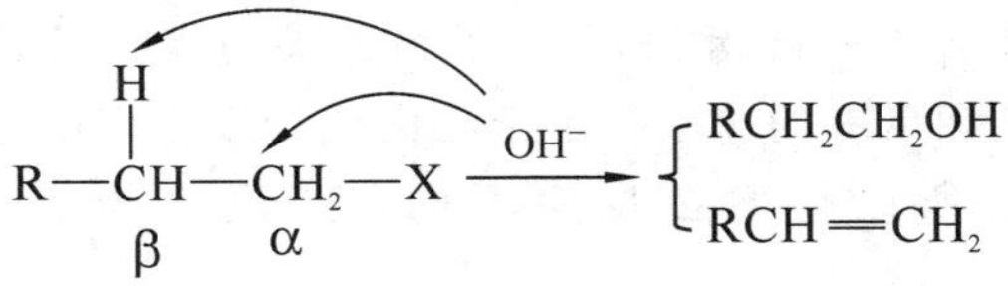

$$\mathrm{R{-}\underset{\beta}{CH}(H){-}\underset{\alpha}{CH_2}{-}X \xrightarrow{OH^-} \begin{cases} RCH_2CH_2OH \\ RCH{=}CH_2 \end{cases}}$$

两类反应的竞争结果主要受卤代烃的结构、进攻试剂、溶剂、温度等因素的影响。

（一）卤代烃的结构

直链伯卤代烃主要发生取代反应，只有在强碱条件下才可发生消除反应；叔卤代烃在强碱甚至弱碱条件下主要发生消除反应，在无碱条件下才以取代反应为主；仲卤代烃及 β-C 上有侧链的伯卤代烃则视反应条件二者兼而有之。

$$\mathrm{CH_3CH_2CH_2Cl \xrightarrow[EtOH]{EtONa} CH_3CH_2CH_2OCH_2CH_3} \quad \text{取代反应}$$

$$\mathrm{CH_3CH_2CH_2Cl \xrightarrow[EtOH,\triangle]{EtONa} CH_3CH{=}CH_2} \quad \text{消除反应}$$

若 β-C 上有支链，空间位阻较大，阻碍亲核试剂对 α-C 的进攻，增加对 β-H 的进攻概率，则消除反应产物增加。例如：

$$CH_3\underset{}{\overset{CH_3}{\overset{|}{C}}}HCH_2Br + CH_3CH_2ONa \xrightarrow{EtOH} \underset{40.5\%}{CH_3\overset{CH_3}{\overset{|}{C}}HCH_2OCH_2CH_3} + \underset{59.5\%}{CH_3\overset{CH_3}{\overset{|}{C}}{=}CH_2}$$

若β-C上连有苯环和乙烯基，消除反应所形成的产物具有π-π共轭体系，稳定性强，有利于发生E2反应，以消除产物为主。例如：

$$C_6H_5{-}CH_2CH_2Br \xrightarrow[EtOH]{EtONa} C_6H_5{-}CH{=}CH_2$$

叔卤代烃易于发生消除反应，只有在纯水或乙醇中反应，才以取代反应为主。例如：

$$CH_3CH_2\underset{Cl}{\underset{|}{\overset{CH_3}{\overset{|}{C}}}}CH_2CH_3 \xrightarrow[EtOH]{EtONa} CH_3CH_2\overset{CH_3}{\overset{|}{C}}{=}CHCH_3$$

$$CH_3CH_2\underset{Cl}{\underset{|}{\overset{CH_3}{\overset{|}{C}}}}CH_2CH_3 \xrightarrow[\triangle]{H_2O} CH_3CH_2\underset{OH}{\underset{|}{\overset{CH_3}{\overset{|}{C}}}}CH_2CH_3$$

叔卤代烃随着β-C上取代基增多，有利于E1反应，不利于S_N1反应。由于S_N1反应中，中心碳原子的构型从四面体→平面→四面体，空间位阻大，不利于反应；E1反应中，中心碳原子的构型从四面体→平面，烃基多时形成的烯烃更稳定，有利于反应的进行。

仲卤代烃介于二者之间，随着试剂碱性增强、反应温度升高、β-C上的支链增多等，消除反应更占优势。

$$CH_3\underset{Cl}{\underset{|}{C}}HCH_3 + CH_3CH_2ONa \xrightarrow[\triangle]{EtOH} \underset{21\%}{CH_3\underset{OCH_2CH_3}{\underset{|}{C}}HCH_3} + \underset{79\%}{CH_3CH{=}CH_2}$$

综上所述，不同卤代烃发生取代反应和消除反应的倾向顺序如下：

消除反应趋势增强 →

CH_3X　CH_3CH_2X　$(CH_3)_2CHX$　$(CH_3)_3CX$

← 取代反应趋势增强

(二) 亲核试剂

试剂的亲核性和碱性表现形式不一样，在取代反应中为亲核性，在消除反应中为碱性。试剂亲核性强有利于发生取代反应，亲核性弱有利于发生消除反应；试剂碱性强有利于发生消除反应，碱性弱有利于发生取代反应。由于S_N1和E1反应的速率与亲核试剂无关，则试剂的亲核性对反应影响不大；强亲核试剂有利于S_N2反应，强碱性试剂有利于E2反应，增加试剂浓度对二者都有利。

(三) 反应溶剂

增加溶剂的极性有利于取代反应，而不利于消除反应。通常情况下，采用弱碱强极性溶剂进行取代反应；采用强碱弱极性溶剂进行消除反应。

(四) 反应温度

反应温度升高对取代反应和消除反应都有利，但对消除反应更为有利。因为消除反应中碳氢键断裂的活化能高，提高温度有利于消除反应。

Note

第五节 应用于医药学中的化合物

一、多卤代烃

多卤代烃中若卤原子连接在不同碳原子上，碳卤键的性质基本和一卤代烃相似；若卤原子连接在同一碳原子上，碳卤键的活性明显降低，性质有所不同。

$$CH_3Cl + H_2O \xrightarrow[\text{加压}]{100\ ^\circ C} CH_3OH + HCl$$

$$CH_3CHCl_2 \xrightarrow{NaOH} CH_3CH\begin{matrix} \diagup OH \\ \diagdown OH \end{matrix} \longleftrightarrow CH_3\overset{\overset{\displaystyle O}{\|}}{C}H$$

$$CH_3CCl_3 \xrightarrow{NaOH} CH_3\overset{\overset{\displaystyle OH}{|}}{\underset{\underset{\displaystyle OH}{|}}{C}}—OH \longleftrightarrow CH_3\overset{\overset{\displaystyle O}{\|}}{C}OH$$

多卤代烃与硝酸银的醇溶液共热不会产生卤化银沉淀。

二、氟代烷

氟代烷是一类含有氟原子的有机化合物，其分子中的氢原子被氟原子取代。由于氟原子的电负性较高，氟代烷具有许多独特的性质和用途。

一氟代烷不太稳定，但当一个碳上连有多个氟原子时稳定性显著提升。全氟代烷是非常稳定的一类化合物，具有较高的化学稳定性和热稳定性，能够在高温、高压和强酸碱性等恶劣条件下稳定存在。如六氟乙烷在 400～500 ℃的高温下也不发生变化，且对强酸、强碱、强氧化剂都很稳定。由四氟乙烯聚合成的聚四氟乙烯是一种性能非常好的塑料。它具有耐酸、耐碱、耐高温(250 ℃)、耐低温(−269 ℃)、耐腐蚀等优点，并具有较高的机械强度，因而具有许多特殊的用途，例如被用于制造人造血管等医用材料、实验室电磁搅拌磁心的外壳及炊事用具等。

【知识拓展】含氟麻醉剂

含氟化合物在药物研发中具有非常重要和广泛的应用价值，许多药物分子结构中含有氟原子，例如抗肿瘤药 5-氟尿嘧啶，治疗精神类疾病的盐酸三氟拉嗪，以及喹诺酮类抗菌药物诺氟沙星、环丙沙星等。氟的原子半径与氢原子类似，因此碳氟键的键长与碳氢键也相似。但是氟原子的电负性比氢原子大很多，因而能够对化合物的电子效应、酸碱性、偶极矩、分子构型和邻近基团的化学反应性等理化性质产生较大的影响。这一特点被应用于将已知药物分子中的氢原子用氟原子代替，从而开发出新的药物分子，例如抗肿瘤药 5-氟尿嘧啶。5-氟尿嘧啶的结构与尿嘧啶类似，可以通过伪似作用干扰癌细胞 DNA 的合成而达到抗肿瘤的目的。引入氟原子还可增加化合物在细胞膜上的脂溶性，提高药物的吸收与转运速率。三氟甲基是具亲脂性的基团之一。含氟化合物在农药领域也有广泛的应用，如杀虫剂、除草剂、昆虫信息素等。引入氟原子后可明显改善农药分子的亲脂性、特效性、吸收转运和转化降解等性能，从而达到高效低毒的要求。

小　结

卤代烃是烃分子中的氢原子被卤原子取代的化合物，通式为 R—X。卤代烃中碳卤键

(C—X)为极性共价键，对化合物的性质及反应活性起着重要作用。

卤代烃可根据卤原子不同分为氟代烃、氯代烃、溴代烃、碘代烃；可根据分子中卤原子数目不同分为一卤代烃、二卤代烃和多卤代烃；可根据卤素所连接的饱和碳原子类型分为伯(1°)卤代烃、仲(2°)卤代烃和叔(3°)卤代烃；还可根据烃基的不同分为饱和卤代烃、不饱和卤代烃和卤代芳烃。卤代烃的命名有普通命名法、俗名法和系统命名法。卤代烃不溶于水而易溶于有机溶剂。

卤代烃的主要化学反应是由卤原子引起的，碳卤键比较活泼，容易发生亲核取代反应、消除反应和生成有机金属化合物的反应等；亲核取代反应有 S_N1 和 S_N2 两种反应机制，消除反应有 E1 和 E2 两种反应机制；亲核取代反应与消除反应是竞争性反应，反应体系中 S_N1、S_N2、E1、E2 是并存和相互竞争的，按哪一种或主要按哪一种机制进行反应取决于卤代烃的结构、试剂的性质和反应条件。卤代烃与多种金属反应可形成非常活泼的有机金属化合物，其中与金属镁反应产生的格氏试剂是一种用途十分广泛的有机合成试剂。

不饱和卤代烃和卤代芳烃的化学性质主要由卤原子及其与分子内不饱和键的相对位置决定。

目标检测

目标检测答案

一、用系统命名法命名下列化合物。

(1) 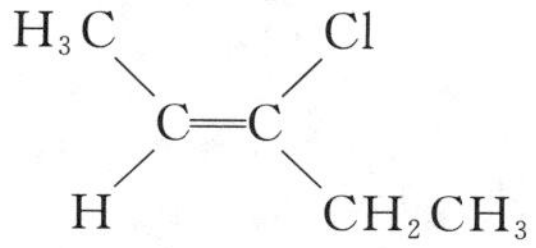 H_3C、Cl、C=C、H、CH_2CH_3

(2) 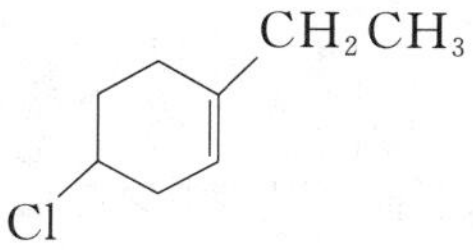 CH_2CH_3、Cl

(3) CH_2CH_3、Br

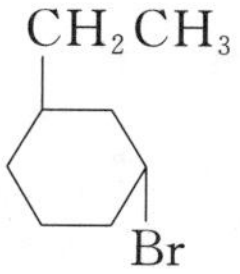

(4) 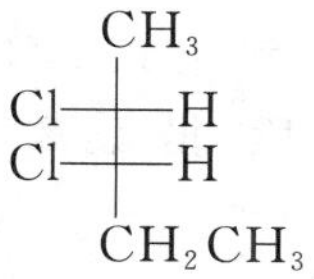 CH_3、Cl—H、Cl—H、CH_2CH_3

二、单项选择题。

(1) 下列化合物与硝酸银的醇溶液反应立即出现沉淀的是(　　)。

A. 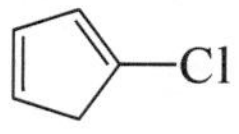 —Cl

B. 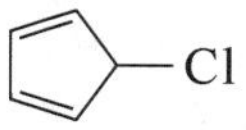 —Cl

C. 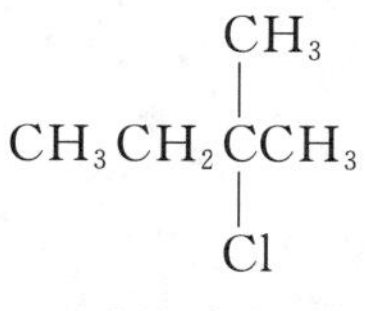 $CH_3CH_2CCH_3$（CH_3、Cl）

D. CH_3CH_2Cl

(2) 下列化合物发生 S_N1 反应的速率最大的是(　　)。

A. 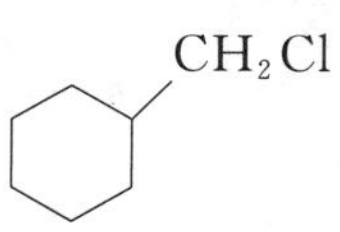 CH_2Cl

B. 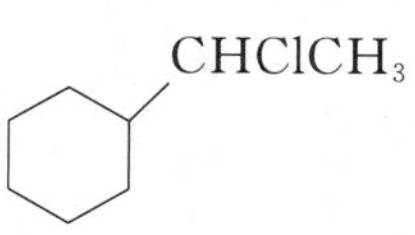 $CHClCH_3$

C. 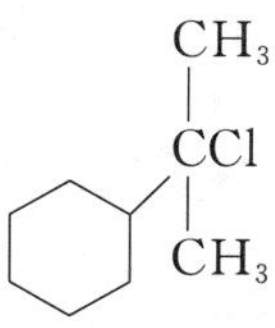 CH_3、CCl、CH_3

D. 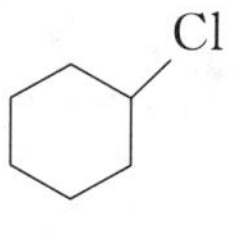 Cl

(3) 下列描述为 S_N2 反应机制的是(　　)。

A. 反应速率只与卤代烃浓度成正比

B. 反应产物构型翻转

Note

C. 反应中出现重排产物　　D. 反应中叔卤代烃反应速率最大

(4) 扎依采夫规则适用于(　　)。

A. 烯烃加 HBr 的反应　　B. 卤代烃的取代反应

C. 醇或卤代烃的消除反应　　D. 芳烃的取代反应

三、完成下列反应式。

(1) $CH_3CH_2CH_2Cl + CH_3CH_2ONa \longrightarrow$

(2) $(CH_3CH_2)_3CCl + CH_3CH_2ONa \xrightarrow{EtOH}$

(3) $CH_3CH_2CH(Cl)CH_3 + NaOH \xrightarrow{H_2O}$

(4) 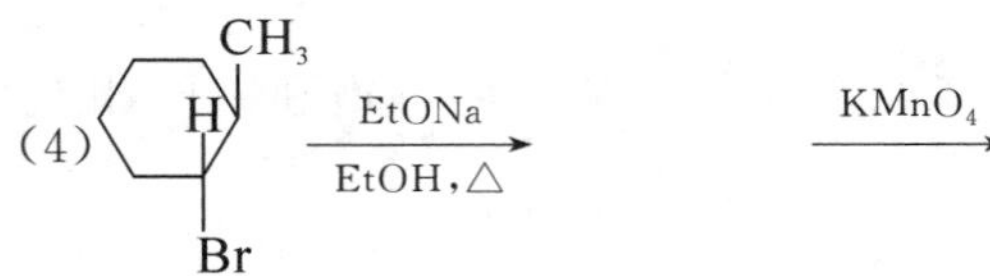

四、用化学反应法鉴别下列化合物。

溴苯、3-氯丙烯、2-氯丙烷、碘乙烷

【思政元素】

参考文献

[1] 刘华,朱焰,郝红英. 有机化学[M]. 武汉:华中科技大学出版社,2020.

[2] 陆涛. 有机化学[M]. 9 版. 北京:人民卫生出版社,2022.

[3] 董陆陆. 有机化学[M]. 4 版. 北京:高等教育出版社,2021.

[4] 罗美明. 有机化学[M]. 5 版. 北京:高等教育出版社,2020.

(格根塔娜)

第八章　醇、酚、醚

学习目标

素质目标：引导与培养医学专业学生严谨的科学态度、勇于创新的精神、奉献科学的信心，秉承新医科思想要求，树立正确的自然观、世界观和价值观，帮助学生建立良好的家国情怀、人文科学素养、职业道德素养和社会责任感。

能力目标：熟悉醇、酚、醚的理化性质，能够将科学思维和研究方法相结合，提高医学专业学生分析问题、解决问题的能力。

知识目标：掌握醇、酚、醚的分类方式和命名方法，醇、酚、醚的主要化学性质。熟悉醇、酚、醚的结构特点及氢键对醇、酚、醚物理性质的影响。了解硫醇的结构及理化性质，冠醚的结构与功能。

扫码看 PPT

案例导入

即使古代人类不具有关于酒精（乙醇的通称）方面的科学知识，人们也早在文明兴盛前，就了解酒精发酵的生活智慧。酒并不属于人类的发明史，而是一段人类利用酒精的发现史。在醇中，只有乙醇能让人类及其他动物作为养分而饮用，其他醇，如甲醇（methanol）或乙二醇（ethylene glycol）等，即使少量也对人体有剧毒。事实上，乙醇也不是全然无害，若一时大量摄取乙醇也会引起急性酒精中毒，甚至可能形成后遗症等危害，进而导致死亡。酒对于文明的发展有其贡献，虽然一般人认为喝酒容易乱性，但醉酒状态有时也能孕育出独特的创意，带动文明的发展。由此可见，或许对人类发展而言，酒是不可欠缺的必要存在。

思考：1. 具有羟基的有机化合物是否都可以在医药领域扮演重要的角色？

2. 乙醇在医药领域的作用主要表现在哪些方面？

答案解析

醇（alcohol）、酚（phenol）、醚（ether）都属于烃的含氧衍生物，广泛分布于自然界中，是三类具有重要作用和功能的有机化合物。醇是脂肪烃、脂环烃或芳烃侧链上氢原子被羟基（—OH，醇羟基）取代而形成的化合物；酚是芳环上的氢原子被羟基（—OH，酚羟基）取代而形成的化合物；醚可看作醇和酚分子中羟基上的氢原子被烃基（—R 或—Ar）取代而形成的化合物。

醇、酚和醚的结构通式如下：

R—OH	Ar—OH	(Ar)R—O—R′(Ar′)
醇	酚	醚

醇、酚、醚与医药学的联系十分密切，可用作常见的溶剂（如乙醇、乙醚等）、食品添加剂（2,6-二叔丁基-4-甲基苯酚）、消毒水（苯酚、甲酚皂溶液）和支气管扩张药（沙丁胺醇）等，是研究生物体生理、病理变化及药物作用的重要物质基础。

第一节　醇

一、结构、分类和命名

(一)醇的结构

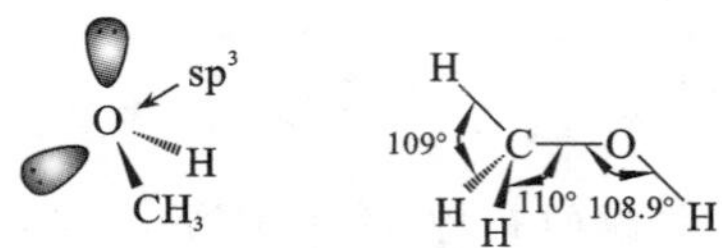

图 8-1　甲醇的结构

醇的结构特点是羟基直接与饱和碳原子相连，一般认为醇羟基中的氧是不等性 sp^3 杂化，两对孤对电子分别位于两个 sp^3 杂化轨道中，余下的两个 sp^3 杂化轨道分别与碳原子和氢原子形成 O—C σ 键和 O—H σ 键。醇分子中的氧与水分子中的氧构型相同，醇分子中 C—O—H 键角接近 sp^3 杂化轨道的角度。例如，甲醇分子中的 C—O—H 键角为 108.9°(图 8-1)。

由于氧原子的电负性大于碳原子和氢原子，醇分子中的 C—O 键和 O—H 键的电子云均偏向氧原子，为极性共价键，因此醇为极性分子，偶极矩方向指向羟基。一般情况下，醇的偶极矩为 6.667×10^{-30} C·m 左右，甲醇的偶极矩为 5.70×10^{-30} C·m。

(二)醇的分类

醇的分类主要有以下三种方法。

(1) 根据醇分子中的羟基数目，醇可分为一元醇、二元醇、三元醇等，含有两个以上羟基的醇统称为多元醇。例如：

$H_3C—CH_2(OH)$　　$H_2C(OH)—CH_2(OH)$　　$H_2C(OH)—CH(OH)—CH_2(OH)$　　$HOH_2C—C(CH_2OH)_2—CH_2OH$

乙醇(一元醇)　乙二醇(二元醇)　丙三醇(三元醇)　季戊四醇(多元醇)

(2) 根据醇分子中羟基所连的碳原子种类，醇可分为伯醇(1°醇)、仲醇(2°醇)和叔醇(3°醇)。例如：

$R—CH_2OH$　　$R—CH(OH)—R'$　　$R—C(R')(OH)—R''$

伯醇(1°醇)　仲醇(2°醇)　叔醇(3°醇)

(3) 根据醇分子中羟基所连的烃基的种类，醇可分为饱和醇、不饱和醇、脂环醇及芳香醇。例如：

$CH_3CH_2CH_2CH_2OH$　　$H_3CHC═CHCH_2OH$　　(环己基-OH)　　(苯基-CH_2OH)

正丁醇(饱和醇)　丁-2-烯-1-醇(不饱和醇)　环己醇(脂环醇)　苯甲醇(芳香醇)

醇羟基一般情况只会连接在饱和碳原子上，如果连在不饱和碳原子上，例如双键碳原子上，则称为烯醇，其极不稳定，很快会转化成较为稳定的醛或者酮。多元醇的羟基一般分别与不同的碳原子相连，但同一个碳原子上连有两个或两个以上的羟基的多元醇结构不稳定，会自动脱水生成醛或者酸。

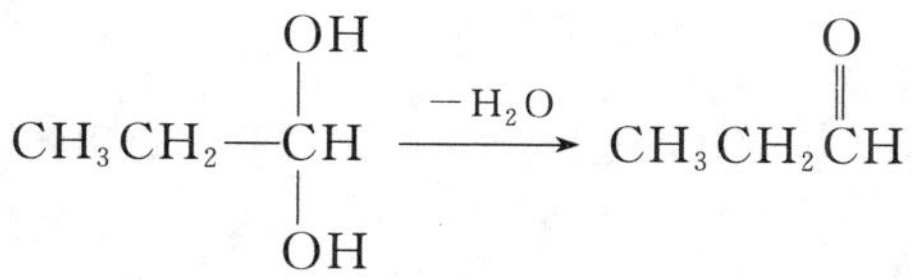

$$CH_3CH_2\text{—}CH(OH)_2 \xrightarrow{-H_2O} CH_3CH_2CHO$$

（三）醇的命名

1. 普通命名法 普通命名法一般适用于结构简单的醇，通常在“醇”前加上烃基名称，称为“某醇”，英文名称则是在相应的烷基名称后加“alcohol”。例如：

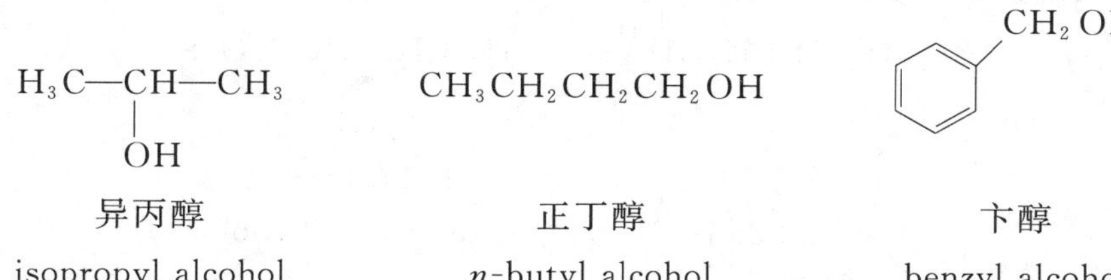

异丙醇	正丁醇	卞醇
isopropyl alcohol	*n*-butyl alcohol	benzyl alcohol

2. 系统命名法 系统命名法适用于各种结构类型醇的命名。命名原则：选择含有羟基的最长碳链作为主链，称为“某醇”；从靠近羟基的一端开始依次给主链碳原子编号，在“某”字后用阿拉伯数字标出羟基的位置；将取代基的位次、数目、名称按次序规则依次写在母体名称的前面，并在阿拉伯数字与汉字之间用短线隔开。例如：

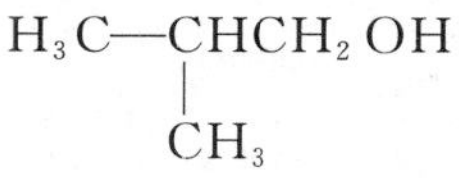

$H_3C\text{—}CH(CH_3)CH_2OH$	$H_3C\text{—}C(CH_3)_2\text{—}CH_2CH(OH)\text{—}CH_3$	$H_3C\text{—}CH(CH_3)CH_2CH(C_2H_5)CH_2CH(OH)CH_3$
2-甲基丙-1-醇	4，4-二甲基戊-2-醇	4-乙基-6-甲基庚-2-醇
2-methylprop-1-ol	4，4-dimethylpent-2-ol	4-ethyl-6-methylhept-2-ol

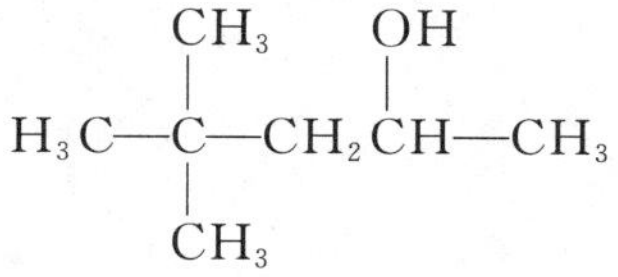

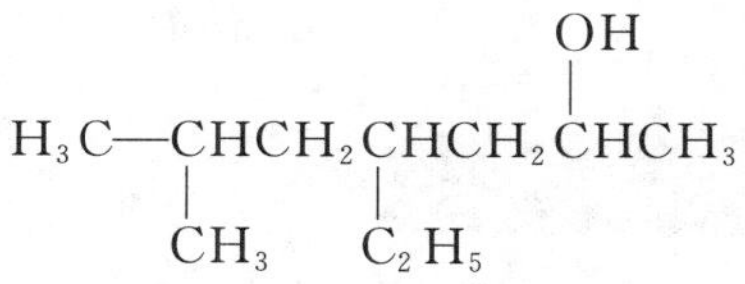

对于脂环醇，根据与羟基相连的脂环烃基命名为“环某醇”，环碳原子的编号从羟基开始。例如：

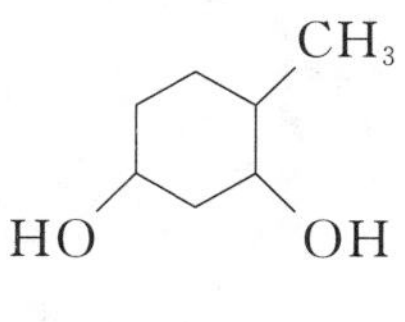

4-甲基环己-1，3-二醇	4-乙基-2-甲基环戊醇
4-methylcyclohexa-1，3-diol	4-ethyl-2-methylcyclopentanol

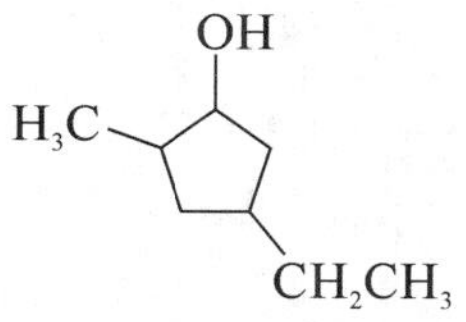

对于芳香醇，通常是把链醇作为母体，芳基作为取代基。例如：

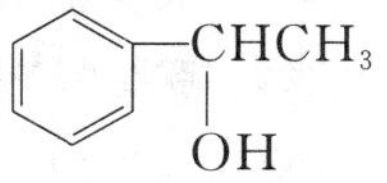

$C_6H_5\text{—}CH(OH)CH_3$	$C_6H_5\text{—}CH(CH_3)CH_2OH$
1-苯基乙醇	2-苯基丙-1-醇
1-phenylethanol	2-phenylprop-1-ol

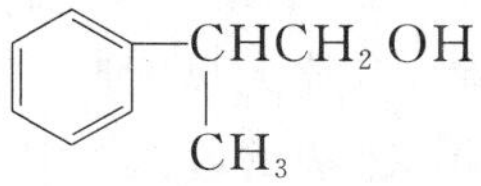

对于不饱和醇，要选择含有不饱和键和羟基的最长碳链作为主链，从靠近羟基一端开始编号，命名时把“烯（炔）”放在醇字前面，根据主链碳原子数称为“某烯（炔）醇”，双键（三键）位置放在“烯（炔）”字之前，羟基位置则标在“醇”字之前。例如：

```
                        OH
                        |
H3C—C═CHCH2CHCH3             HC≡C—CHCH2OH
    |                             |
    CH3                           CH3
```

5-甲基己-4-烯-2-醇　　2-甲基丁-3-炔-1-醇

5-methylhex-4-en-2-ol　　2-methylbut-3-yne-1-ol

多元醇的命名，选择连有尽可能多的羟基的碳链作为主链，依羟基的数目称某二醇或某三醇等，并在“某”字后标明羟基的位次。例如：

```
HOCH2CH2CH2OH          HOCH2CHCH2OH
                            |
                            OH
```

丙-1,3-二醇　　丙-1,2,3-三醇

prop-1,3-diol　　prop-1,2,3-triol

一些天然醇习惯用俗名。例如：

```
        OH  OH  H   H
        |   |   |   |
HOH2C—— + — + — + — + ——CH2OH
        |   |   |   |
        H   H   OH  OH
```

甘露醇

mannitol

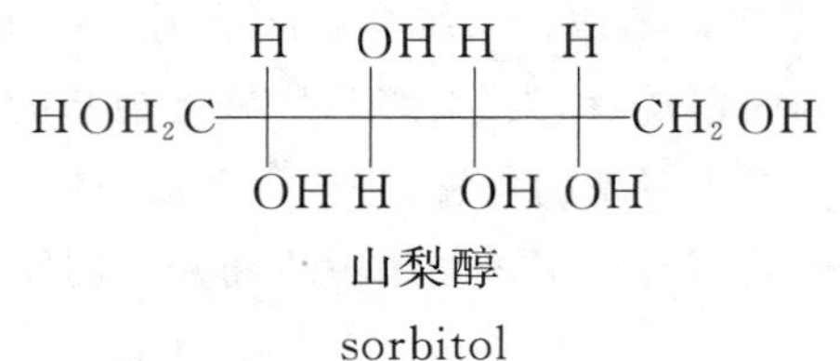

山梨醇

sorbitol

课堂练习8-1

命名下列化合物。

```
                      CH3
                      |
(1) H3C—CH—CH2CHCHCH3        (2) CH≡CCH2CH2OH
        |          |
        CH3        OH

              OH
              |
(3) C6H5—CHCHCH3
              |
              CH3
```

扫码看答案

二、物理性质

含 1～4 个碳原子的低级饱和一元醇为无色液体，具有特殊的气味和辛辣的味道，且多数能与水以任意比例互溶。含 5～11 个碳原子的醇为黏稠液体，一般具有特殊的气味。含 11 个以上碳原子的高级醇为蜡状固体，多数无臭无味，几乎不溶于水。随着醇相对分子质量的增大，烷基对整个醇分子的影响越来越大，醇的物理性质越来越接近烷烃。一元醇的密度虽然比相应的烷烃大，但仍小于水。一些常见醇的物理常数如表 8-1 所示。

表 8-1　一些常见醇的物理常数

化　合　物	熔点/℃	沸点/℃	溶解度/(g/100 mL H_2O)
甲醇	−97.9	65.0	∞
乙醇	−114.7	78.5	∞
丙-1-醇	−126.5	97.4	∞

Note

续表

化合物	熔点/℃	沸点/℃	溶解度/(g/100 mL H_2O)
丙-2-醇	−88.5	82.4	∞
丁-1-醇	−89.5	117.3	7.9
丁-2-醇	−108.0	108.0	10.0
戊-1-醇	−79.0	138.0	2.2
己-1-醇	−52.0	156.0	0.6
环己醇	25.2	161.1	3.8
丙-1,2,3-三醇	18.0	290.0	∞

醇在水中的溶解度取决于亲水性羟基和疏水性烃基所占比例的大小。对于含 3 个及以下碳原子的低级醇，因烃基所占的比例小，醇分子与水分子之间可以形成很强的氢键（图 8-2）。此时醇与水之间的氢键结合力大于烃基与水之间的排斥力，如甲醇、乙醇、丙醇能与水以任意比例互溶。随着醇分子中烃基部分的增大，醇分子中亲水部分（羟基）所占比例减小，醇分子与水分子间形成氢键的能力也降低，因此在水中的溶解度明显下降。多元醇分子中，羟基数目较多，与水形成氢键的部位增多，因此在水中的溶解度更大。

醇的沸点比相对分子质量相近的烷烃高，这是因为液态醇分子间能以氢键相互缔合（图 8-3）。直链饱和一元醇的沸点随碳原子数的增加而上升，在直链的同系列中，10 个以下碳原子的相邻醇之间的沸点相差 18～20 ℃；10 个及以上碳原子的相邻醇之间沸点差变小。碳原子数相同的醇，含支链越多者沸点越低。多元醇的沸点随羟基数目的增加而增加。

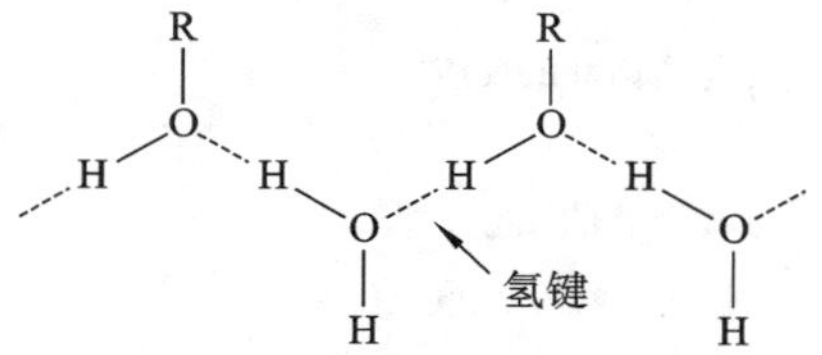

图 8-2　醇分子与水分子间形成氢键

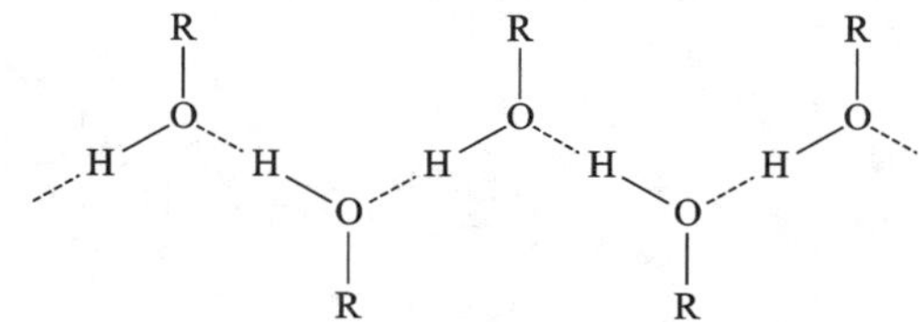

图 8-3　醇分子间形成氢键

多元醇分子中的羟基数目较多，与水形成氢键的部位增多，故在水中的溶解度更大。例如丙三醇（俗称甘油），不仅可以和水互溶，而且具有很强的吸湿性，能滋润皮肤，加之其对无机盐及一些药物的盐有较好的溶解性能，故甘油在药物制剂及化妆品工业中得到广泛的应用。

低级醇能与氯化钙、氯化镁等无机盐形成结晶配合物，它们可溶于水而不溶于有机溶剂。例如：

$$CaCl_2 \cdot 4CH_3OH \quad MgCl_2 \cdot 6CH_3OH$$

$$CaCl_2 \cdot 4C_2H_5OH \quad MgCl_2 \cdot 6C_2H_5OH$$

因此，醇类化合物不能用氯化钙、氯化镁作为干燥剂而除去其中的水分。

三、光谱性质

1. 红外吸收光谱　醇中的游离羟基（未形成氢键）的伸缩振动在 3650～3500 cm^{-1} 区间产生一个尖峰，强度不定。形成氢键后，羟基伸缩振动吸收峰出现在 3500～3200 cm^{-1} 区间，峰形较宽（有时与 N—H 伸缩振动吸收峰重叠）。醇分子中的碳氧（C—O）伸缩振动吸收峰通常出现在 1260～1000 cm^{-1} 区间。由于伯醇、仲醇和叔醇三种醇在该吸收峰上存在细微的差别，故有时可根据该特征峰来确定伯醇、仲醇和叔醇。

2. 核磁共振氢谱　醇中羟基质子的化学位移受温度、溶剂种类、浓度变化影响，可出现在

0.5～5.5 ppm 的范围。氢键的形成能降低羟基质子周围的电子云密度,使质子化学位移向低场移动。当溶剂被稀释(用非质子溶剂)或升高温度时,分子间形成氢键的程度减弱,质子化学位移将向高场移动。丙-1-醇的核磁共振氢谱见图 8-4。

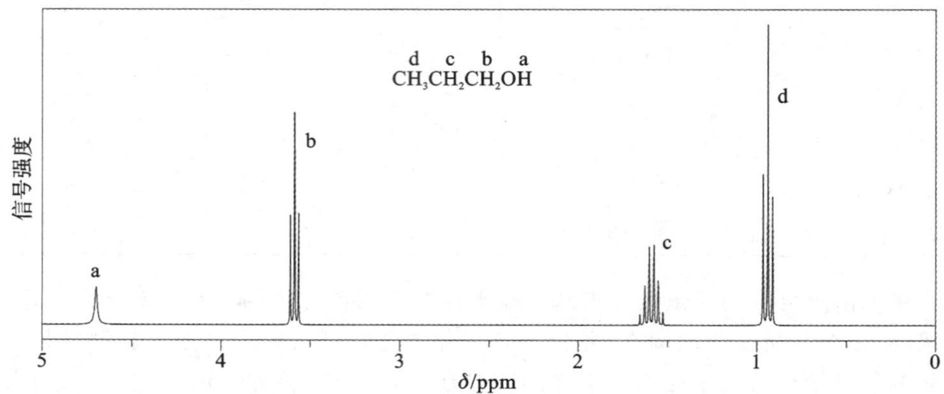

图 8-4 丙-1-醇的核磁共振氢谱

四、化学性质

醇的化学性质主要由羟基(—OH)和受它影响的相邻基团所决定。羟基中氧的电负性比较大,与氧相连的 O—H 键和 C—O 键具有很强的极性,因而醇分子中有 2 个反应中心,都可以发生断裂。α-H 和 β-H 由于受到 C—O 键极性的影响也表现出一定的活性,可以发生氧化反应和消除反应等。醇化学性质与结构的关系如图 8-5 所示。

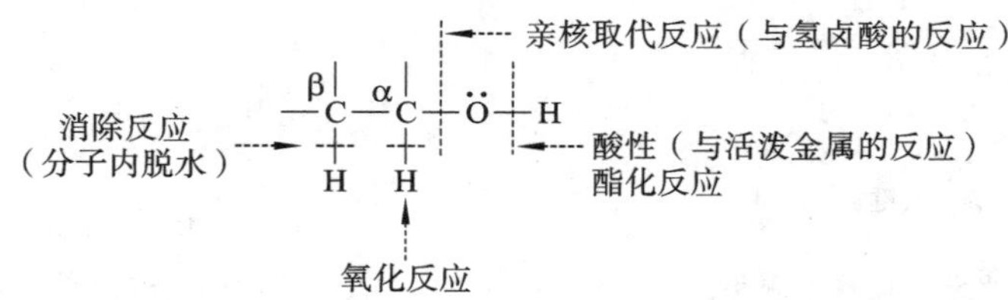

图 8-5 醇化学性质与结构的关系

(一) 醇与活泼金属的反应

醇羟基中 O—H 键是极性键,容易断裂而提供质子,具有一定的酸性,羟基上的氢可以被 Na、K 等活泼金属置换生成醇盐,放出氢气。

$$ROH + Na \longrightarrow RONa + 1/2H_2$$

钠与醇的反应比钠与水的反应缓和得多,产生的热量不足以使氢气燃烧,说明醇的酸性比水还弱。生成的醇钠是强碱,碱性比氢氧化钠强,不稳定,遇水分解成氢氧化钠和醇。

$$CH_3CH_2ONa + H_2O \rightleftharpoons CH_3CH_2OH + NaOH$$

扫码看答案

随着醇中 α-C 上烷基取代基的增多,与羟基相连的烷基的给电子能力增强,因此不同醇与钠的反应活性:甲醇>伯醇>仲醇>叔醇。醇钠是有机合成中常用的碱性试剂,不同类型的醇所生成的醇钠的碱性强弱顺序:叔醇钠>仲醇钠>伯醇钠>甲醇钠。

课堂练习8-2

按酸性由强到弱的顺序排列下列各组化合物。

(1) 正丁醇、仲丁醇、叔丁醇

(2) 甲醇、乙醇、正丙醇、异丙醇

(二) 醇生成卤代烃的反应

1. 与氢卤酸反应 醇与氢卤酸作用，C—O 键断裂，生成卤代烃和水。

$$ROH + HX \longrightarrow RX + H_2O$$

不同氢卤酸的反应活性顺序：HI＞HBr＞HCl。

不同醇的反应活性顺序：烯丙型醇＞叔醇＞仲醇＞伯醇＞甲醇。

盐酸与醇的反应较困难，加无水氯化锌可加快反应的进行。无水氯化锌的浓盐酸溶液称为卢卡斯(Lucas)试剂。含有 6 个以下碳原子的醇可以溶解于卢卡斯试剂中，生成的卤代烃难溶于卢卡斯试剂，产生细小的油状液滴分散在卢卡斯试剂中，使反应液变混浊，从反应液出现混浊所需要的时间可以衡量醇的反应活性，判断醇的类型。室温下，叔醇立即反应使溶液变混浊，仲醇在 5～10 min 反应使溶液变混浊，伯醇在数小时后也不反应。

醇与氢卤酸的反应是在酸催化下的亲核取代反应，其反应机制与卤代烃的亲核取代反应相似，根据醇的结构，反应可按 S_N1 或 S_N2 机制进行。叔醇或烯丙型醇的反应主要按 S_N1 机制进行，有碳正离子中间体产生。

$$(H_3C)_3C—OH + HX \rightleftharpoons (H_3C)_3C—\overset{+}{O}H_2 + X^-$$

$$(H_3C)_3C—\overset{+}{O}H_2 \xrightleftharpoons{慢} (CH_3)_3\overset{+}{C} + H_2O$$

$$(CH_3)_3\overset{+}{C} + X^- \xrightleftharpoons{快} (CH_3)_3C—X$$

S_N1 反应通过碳正离子进行，因而可能有重排产物生成，尤其是 β-C 上有支链的醇，更易出现重排现象。仲醇的反应既可以按 S_N2 机制进行，也可以按 S_N1 机制进行，有时会出现重排现象。伯醇的反应主要按 S_N2 机制进行，一般不发生重排。

$$H_3C—\underset{CH_3}{\overset{CH_3}{\underset{|}{\overset{|}{C}}}}—\underset{OH}{\underset{|}{CH}}—CH_3 + HCl \longrightarrow H_3C—\underset{Cl}{\overset{CH_3}{\underset{|}{\overset{|}{C}}}}—\underset{CH_3}{\underset{|}{CH}}—CH_3$$

课堂练习8-3

下列化合物中与卢卡斯试剂反应时哪一个最先变混浊？

(1) 苯甲醇 (2) 2-苯基丙-2-醇 (3) 2-苯基-3-甲基丁-1-醇

扫码看答案

2. 与卤化磷反应 醇与卤化磷(PX_3、PX_5)反应生成卤代烃，此反应常用于制备卤代烃，可避免氢卤酸带来的分子内重排反应，能使卤代产物保持醇原来的骨架结构。

$$3ROH + PX_3 \longrightarrow 3RX + H_3PO_3$$

$$ROH + PX_5 \longrightarrow RX + POX_3 + HX$$

醇与 PX_5 的反应，因副产物磷酸酯较多，不易进行产物分离，因此不是制备卤代烃的好方法。实际实验中，三溴化磷或三碘化磷常用红磷与溴或碘作用而产生。

$$2P + 3X_2 \longrightarrow 2PX_3 (X = I, Br)$$

3. 与卤化亚砜反应 醇与卤化亚砜(SOX_2)反应生成卤代烃，此反应也常用于制备卤代烃，也可以使卤代产物保持醇原来的碳架结构，用 $SOCl_2$ 作为卤代试剂，副产物 SO_2 和 HCl 很容易离开反应体系，产物容易分离和纯化。

$$ROH + SOCl_2 \xrightarrow[\triangle]{醚} RCl + SO_2\uparrow + HCl\uparrow$$

Note

（三）醇与含氧酸反应

醇与酸之间脱水生成相应的酯，此反应称为酯化反应(esterification reaction)。

1. 与无机含氧酸的反应 醇与无机含氧酸(如硝酸、亚硝酸、硫酸和磷酸等)之间脱水生成相应的无机酸酯。例如：

$$CH_3\underset{\displaystyle |}{\overset{CH_3}{C}}HCH_2CH_2OH + HONO \longrightarrow CH_3\overset{CH_3}{\underset{}{C}}HCH_2CH_2ONO + H_2O$$

亚硝酸异戊酯

多元醇与硝酸反应生成多元硝酸酯。例如：

$$\begin{array}{l} CH_2-OH \\ | \\ CH-OH \\ | \\ CH_2-OH \end{array} + 3HONO_2 \longrightarrow \begin{array}{l} CH_2-ONO_2 \\ | \\ CH-ONO_2 \\ | \\ CH_2-ONO_2 \end{array} + 3H_2O$$

三硝酸甘油酯

【知识拓展】
甘油与
硝化甘油

三硝酸甘油酯(又称硝化甘油)因具有扩张血管的功能，可用作心绞痛的缓解药物，是冠心病患者的必备药物，主要用于心绞痛急性发作时的抢救。三硝酸甘油酯是一种黄色的油状透明液体，遇到震动会发生猛烈爆炸，通常将它与一些惰性材料(如硅藻土等)混合以提高安全性，这就是诺贝尔发明的硝化甘油炸药。

醇的无机酸酯具有重要的生物学作用，如存在于软骨中的硫酸软骨素具有硫酸酯结构，生物体内的遗传物质如核糖核酸(RNA)和脱氧核糖核酸(DNA)都含有磷酸酯结构，细胞膜成分磷脂及重要的供能物质三磷酸腺苷(ATP)也都含有磷酸酯结构。

2. 与有机含氧酸的反应 醇与有机含氧酸脱水生成有机酸酯。在酸(如浓硫酸)催化下，羧酸与醇反应生成酯和水。

$$CH_3-\overset{\overset{\displaystyle O}{\|}}{C}-OH + HO-CH_2CH_3 \underset{\triangle}{\overset{H^+}{\rightleftharpoons}} CH_3-\overset{\overset{\displaystyle O}{\|}}{C}-OCH_2CH_3 + H_2O$$

该反应可逆，在相同条件下，酯能够发生水解反应生成相应的羧酸和醇，称为酯的水解反应。为提高酯的产率，可适当增大反应物浓度或将生成物酯和水不断蒸出反应体系，使反应平衡向右移动。

（四）醇的脱水反应

醇在酸性条件下加热可发生脱水反应。醇脱水可按两种反应类型进行：一种是醇分子内脱去一分子水生成相应的烯烃(消除反应)，另一种是两分子醇发生分子间脱水反应生成相应的醚(亲核取代反应)。

1. 分子内脱水反应 醇在浓硫酸催化下加热，分子内消去一分子水，生成不饱和产物烯烃，此反应属于消除反应。

$$\underset{H}{\underset{|}{CH_2}}-\underset{OH}{\underset{|}{CH_2}} \xrightarrow[170\ ℃]{浓\ H_2SO_4} H_2C=CH_2 + H_2O$$

醇在酸催化下发生分子内脱水的反应，一般遵循E1机制，醇的羟基先质子化，再脱去一分子水生成碳正离子中间体，然后消除β-H生成烯烃。

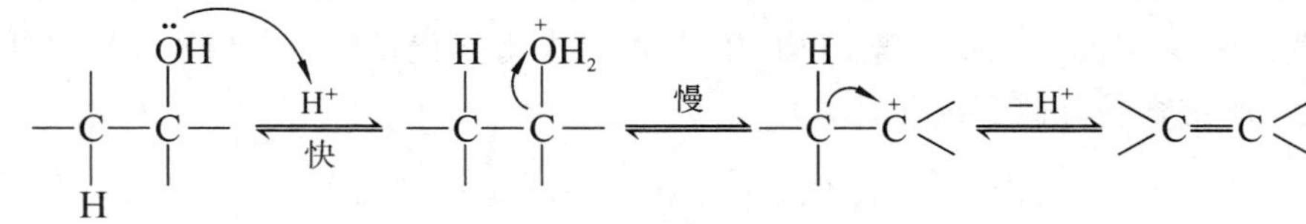

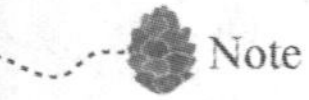

生成碳正离子中间体的速率决定整个反应的速率，醇发生消除反应的难易取决于碳正离子的稳定性，由于碳正离子的稳定性为3°(叔)碳＞2°(仲)碳＞1°(伯)碳，因此不同醇的反应活性为叔醇＞仲醇＞伯醇。

当醇分子中有多个β-H可供脱水生成烯烃时，反应遵循查依扎夫规则，即主要产物是双键上连有较多烃基的烯烃(与卤代烷脱卤化氢类似)。例如：

$$H_3C-\underset{OH}{\overset{CH_3}{\overset{|}{\underset{|}{C}}}}-CH_2CH_3 \xrightarrow[\triangle]{H_2SO_4} \underset{90\%}{H_3C-\overset{CH_3}{\overset{|}{C}}=CHCH_3} + \underset{10\%}{H_2C=\overset{CH_3}{\overset{|}{C}}-CH_2CH_3}$$

2. 分子间脱水反应 两分子醇也可以发生分子间脱水而生成醚。例如：

$$H_3CH_2C-O-\boxed{H+H-O}-CH_2CH_3 \xrightarrow[140\ ℃]{浓\ H_2SO_4} H_3CH_2C-O-CH_2CH_3+H_2O$$

醇分子间脱水反应是制备醚的一种方法，但仅适用于伯醇，仲醇在此条件下反应，生成醚和烯烃的混合物，而叔醇则只生成烯烃。此反应实际上是一种亲核取代反应。一般伯醇按S_N2机制进行，仲醇按S_N1或S_N2机制进行，而叔醇在一般情况下易发生消除反应生成烯烃，很难形成醚。

醇的消除反应和成醚反应都是在酸的催化下进行的，两者的关系是并存和相互竞争的，反应方向与醇分子的结构和反应条件有关。伯醇易发生成醚反应，叔醇易发生消除反应；较低的温度有利于发生成醚反应，高温条件有利于发生消除反应生成烯烃，若能控制好反应条件，则可以使其中一种产物成为主要产物。

(五) 醇的氧化反应

在有机化学中，加氧或去氢的反应统称为氧化反应(oxidation reaction)，加氢或去氧的反应统称为还原反应(reduction reaction)。

由于受到羟基的影响，α-H表现出一定的活性，容易与羟基中的氢原子一起脱去而发生氧化反应。伯醇和仲醇分子中的α-H容易被氧化，其中伯醇被氧化生成醛，进一步氧化生成羧酸；仲醇则被氧化生成相应的酮。叔醇因不含有α-H，在相同的条件下不被氧化，但在强氧化剂作用下，易发生C—C共价键的断裂，生成小分子的醛、酮或羧酸。常用的氧化剂有$K_2Cr_2O_7/H^+$、$KMnO_4/H^+$溶液等。

$$\underset{伯醇}{RCH_2-OH} \xrightarrow{[O]} \underset{醛}{RCHO} \xrightarrow{[O]} \underset{羧酸}{RCOOH}$$

$$\underset{仲醇}{R\overset{OH}{\overset{|}{C}}H-R'} \xrightarrow{[O]} \underset{酮}{R\overset{O}{\overset{\|}{C}}-R'}$$

在体内，乙醇主要在肝内脱氢酶的作用下氧化成乙醛，再进一步氧化生成乙酸，肝处理乙醇的能力有限，因此过量饮酒会造成酒精中毒。

强氧化剂$KMnO_4$及$K_2Cr_2O_7$都能将伯醇氧化成羧酸，反应不能停留在生成醛的阶段。用选择性氧化剂如Sarrett试剂氧化伯醇，反应可停留在生成醛的阶段，分子中的双键和三键不受影响，反应一般在二氯甲烷中进行。

$$H_3CH_2CH_2CH_2C-C\equiv C-CH_2OH \xrightarrow[CH_2Cl_2,25\ ℃]{Sarrett\ 试剂} H_3CH_2CH_2CH_2C-C\equiv C-CHO$$

可以利用氧化反应的难易及反应现象来判断伯醇、仲醇和叔醇。伯醇、仲醇与$KMnO_4$或H_2CrO_4都能反应，使$KMnO_7$溶液紫色褪去并产生褐色沉淀，使橙色H_2CrO_4溶液变成暗绿色，

而叔醇不能。

(六) 邻二醇的特殊化学性质

分子中含2个及以上羟基的多元醇具有一元醇的性质,此外还具有一些特殊的性质。

1. 与氢氧化铜反应 邻二醇可与氢氧化铜反应形成配合物,使氢氧化铜沉淀溶解变为深蓝色的溶液,利用此反应可鉴别具有邻二羟基结构的有机化合物。

$$\begin{array}{l} CH_2-OH \\ | \\ CH-OH \\ | \\ CH_2-OH \end{array} + Cu^{2+} \xrightarrow{OH^-} \begin{array}{l} CH_2-O \\ | \qquad\quad \searrow \\ | \qquad\qquad Cu \\ CH-O \ \nearrow \\ | \\ CH_2-OH \end{array}$$

2. 与高碘酸反应 邻二醇可被高碘酸或四乙酸铅氧化,连接2个—OH的C—C键断裂,生成相应的醛、酮或羧酸等含羰基的化合物。

$$R-\underset{OH}{\underset{|}{HC}}-\overset{R'}{\overset{|}{\underset{OH}{\underset{|}{C}}}}-R + HIO_4 \longrightarrow R-\overset{O}{\overset{\|}{C}}H + R-\overset{O}{\overset{\|}{C}}-R' + HIO_3 + H_2O$$

$$R-\overset{R'}{\overset{|}{\underset{OH}{\underset{|}{C}}}}-\underset{OH}{\underset{|}{CH}}-\underset{OH}{\underset{|}{CH_2}} + 2HIO_4 \longrightarrow R-\overset{O}{\overset{\|}{C}}-R' + H-\overset{O}{\overset{\|}{C}}-OH + H-\overset{O}{\overset{\|}{C}}-H + 2HIO_3 + H_2O$$

该氧化反应生成的HIO_3可与$AgNO_3$进一步反应生成白色的$AgIO_3$沉淀,可利用此反应鉴别具有邻二醇结构的化合物。高碘酸与邻二醇的氧化反应可定量进行,根据生成产物的结构、数量及消耗HIO_4的量,可以推断邻二醇的基本结构。

五、硫醇

(一) 结构和命名

硫醇(mercaptan)的结构通式为R—SH。巯基(—SH)为硫醇的官能团。简单硫醇的命名,只需要在相应的醇名称中加上“硫”字。结构较复杂的硫醇,将—SH作为取代基进行命名。

CH_3SH	CH_3CH_2SH	$HSCH_2CH_2SH$	$HSCH_2CH_2OH$
甲硫醇	乙硫醇	乙-1,2-二硫醇	2-巯基乙醇
methanethiol	ethanethiol	ethyl-1,2-dithiol	2-mercaptoethanol

(二) 物理性质

大多数硫醇易挥发,且具有特殊臭味,低级硫醇常作为臭味剂使用,如城市燃气中加入少量叔丁硫醇,一旦燃气泄漏,叔丁硫醇的特殊气味可起泄漏示警的作用。

硫醇与水形成氢键及硫醇分子间形成氢键的能力均不如醇分子,因此,硫醇的水溶性不如醇,沸点也较相应的醇低。如甲硫醇和乙硫醇的沸点分别为6.2 ℃和37 ℃。乙硫醇在水中的溶解度只有1.5 g/100 mL。

(三) 化学性质

1. 弱酸性 与氧原子相比,硫原子半径大,巯基中S—H键的键长较羟基中O—H键的键长长,S—H键易被极化,异裂放出质子。硫醇在水溶液中解离出质子,生成RS^-,显酸性。硫醇的酸性比水和醇强很多,其pK_a为9～12,但仍属于弱酸。

Note

$$RSH \rightleftharpoons RS^- + H^+$$

硫醇难溶于水，易溶于氢氧化钠溶液，生成易溶于水的硫醇钠(盐)。

$$CH_3CH_2SH + NaOH \longrightarrow CH_3CH_2SNa + H_2O$$

2. 与重金属化合物作用 与无机硫化物类似，硫醇可以与汞、银、铅等重金属的盐或氧化物作用，生成难溶于水的硫醇盐。

$$2RSH + HgO \longrightarrow (RS)_2Hg\downarrow + H_2O$$

利用硫醇的这一性质，在临床上常将某些含巯基的化合物用作重金属中毒的解毒剂。常见的重金属解毒剂如下：

$$\underset{\text{OH}}{H_2C}—\underset{\text{SH}}{CH}—\underset{\text{SH}}{CH_2}$$

二巯基丙醇

$$\underset{\text{SH}}{H_2C}—\underset{\text{SH}}{CH}—\underset{SO_3Na}{CH_2}$$

二巯基丙磺酸钠

$$\begin{array}{l}HS—CH—COONa\\ \quad\;\;\,|\\ HS—CH—COONa\end{array}$$

二巯基丁二酸钠

这些解毒剂(如二巯基丁二酸钠)与金属离子的亲和力较强，不仅能与进入人体的游离重金属离子结合，而且还能夺取已经与酶结合的重金属离子，生成不易解离的水溶性大的无毒配合物，最后随尿液排出体外，从而达到解毒的目的。但是，若酶与重金属离子结合时间太久，酶彻底失去活性，即使与酶结合的重金属离子被解毒剂结合而排出体外，酶也难以恢复活性，因此重金属中毒需要尽早用药解毒。

$$酶\langle^{SH}_{SH} + Hg^+ \longrightarrow 酶\langle^{S}_{S}\rangle Hg + 2H^+$$

活性酶　　　　中毒酶

$$酶\langle^{S}_{S}\rangle Hg + \begin{array}{l}HS—CH—COONa\\ \quad\;\;\,|\\ HS—CH—COONa\end{array} \longrightarrow 酶\langle^{SH}_{SH} + Hg\langle\begin{array}{l}S—CH—COONa\\ \quad\,|\\ S—CH—COONa\end{array}$$

中毒酶　　　　活性酶　　　　排出体外

3. 氧化反应 硫醇比醇更容易被氧化，在稀的过氧化氢，甚至在空气中氧气的作用下，硫醇能够被氧化成二硫化物(disulfide)。

$$2CH_3CH_2CH_2SH + H_2O_2 \longrightarrow CH_3CH_2CH_2S—SCH_2CH_2CH_3 + 2H_2O$$

此反应定量进行，通过测定反应剩余过氧化氢的量，可以确定巯基化合物的含量。

二硫化物分子中的“—S—S—”键称为二硫键(disulfide bond)，二硫键在生物化学上有重要意义。蛋白质中的氨基酸残基(如半胱氨酸)中存在巯基，这些氨基酸残基的巯基可以形成二硫键将蛋白质链连接到一起，这样有助于维持蛋白质的三级结构。含二硫键的化合物很稳定，但在一定的还原条件下可以被还原为巯基。

$$H_3C—S—S—CH_3 \xrightarrow{[H]} CH_3—SH$$

在生物体内这种氧化还原作用是一个非常重要的生理过程。

在强氧化剂(如高锰酸钾、硝酸等)作用下，硫醇可以被氧化成磺酸。

$$CH_3CH_2SH \xrightarrow{KMnO_4} CH_3CH_2SO_3H$$

硫原子上连有 2 个烃基的化合物称为硫醚(thioether)，其结构通式为 R—S—R。最简单的硫醚为二甲基硫醚，硫醚也较容易被氧化。在室温条件下，二甲基硫醚能被过氧化氢氧化成二甲基亚砜(DMSO)。

$$H_3C—S—CH_3 \xrightarrow{H_2O_2} H_3C—\overset{\overset{\displaystyle O}{\|}}{S}—CH_3$$

Note

第二节　酚

一、结构和命名

(一) 酚的结构

酚是羟基直接连在芳环上的化合物,通式为 Ar—OH,其官能团是与苯环直接相连的羟基,称为酚羟基。苯酚是最常见的酚,俗称石炭酸(carbolic acid)。

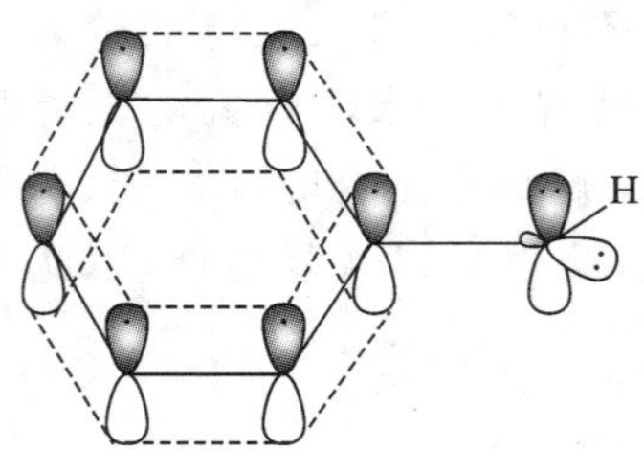

图 8-6　苯酚 p-π 共轭体系轨道示意图

酚羟基中氧原子为 sp^2 杂化,氧原子上的两对未共用电子对中,一对处于 sp^2 杂化轨道,另一对处于未杂化的 p 轨道中,p 轨道中的未共用电子对与苯环的大 π 键形成 p-π 共轭体系(图 8-6),氧原子上的共用电子对可离域到苯环上,从而导致氧原子 p 轨道中的电子向苯环偏移,降低了氧原子的电子云密度,使 O—H 键的极性增大,易断裂;羟基与苯环之间的 p-π 共轭效应使 C—O 键电子云密度相对增加,难以断裂;与苯比较,p-π 共轭效应使苯酚分子中苯环上电子云密度增大,易在苯环上发生亲电取代反应。

(二) 酚的命名

根据酚羟基的数目不同,酚可分为一元酚、二元酚、三元酚等,通常将含有两个以上酚羟基的酚称为多元酚。根据所含芳基的不同,酚又可分为苯酚、萘酚等。

简单酚的命名是在酚字前加上芳环名称作为母体,再冠以取代基的位次、数目和名称。多元酚命名时,要标明酚羟基的相对位置。对于结构复杂的酚,可将酚羟基作为取代基来命名。萘酚因酚羟基的位置不同,分为 α-萘酚和 β-萘酚。

OH	OH, CH_3	OH	OH, OH
苯酚	2-甲基苯酚	β-萘酚	苯-1,3-二酚(间苯二酚)
phenol	*o*-cresol	β-naphthol	*m*-dihydroxybenzene

课堂练习8-4

请用系统命名法命名下列化合物。

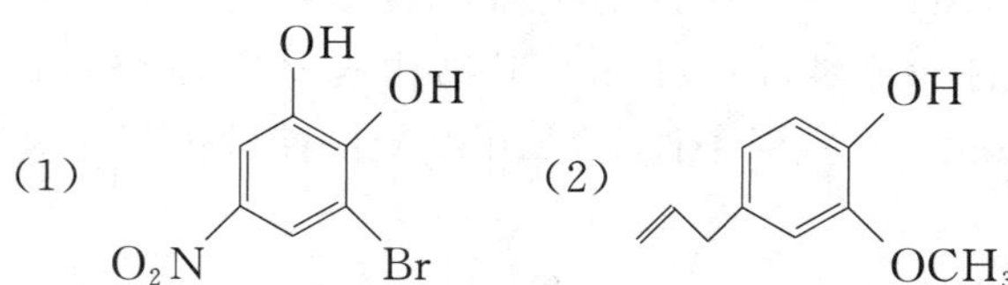

扫码看答案

二、物理性质

在常温下,多数酚为结晶性固体,只有少数烷基酚(如甲基苯酚)为高沸点液体。酚一般没有颜色，但往往由于含有氧化产物而带有黄色或者红色。大多数酚有难闻的气味，仅少数酚具有香味，例如百里香酚具有百里香的香味。苯酚在常温下为无色晶体（实验室中苯酚通常表面呈现淡粉色，是由于被氧化成了有颜色的醌），有毒，有腐蚀性，微溶于水，易溶于有机溶剂。

由于酚分子间及酚与水分子间能形成氢键，所以其熔点、沸点和水溶性均比相应的烃高。酚具有特殊的气味，能溶于乙醇、乙醚和苯等有机溶剂。一元酚微溶于水，加热时易溶于水，多元酚易溶于水。一些常见酚的物理常数如表 8-2 所示。

表 8-2　一些常见酚的物理常数

化合物	熔点/℃	沸点/℃	溶解度(g/100 mL H_2O,25 ℃)	pK_a
苯酚	43	182	9.3	10.00
2-甲基苯酚	30	191	2.5	10.20
3-甲基苯酚	11	201	2.6	10.01
4-甲基苯酚	35.5	201	2.3	10.17
2-氯苯酚	43	220	2.8	8.11
3-氯苯酚	33	214	2.6	8.80
4-氯苯酚	43	220	2.7	9.20
2-硝基苯酚	45	217	0.2	7.17
3-硝基苯酚	96	—	1.4	8.28
4-硝基苯酚	114	—	1.7	7.15
2,4-二硝基苯酚	113	—	0.6	3.96
2,4,6-三硝基苯酚	122	—	1.4	0.38

三、光谱性质

1. 红外吸收光谱　酚的结构中既有羟基，又有苯环，因此酚的红外吸收光谱除有羟基的特征吸收外，还有苯环的特征吸收。酚羟基的 O—H 键伸缩振动吸收峰在 3650～3590 cm^{-1} 区间，缔合的 O—H 键伸缩振动在 3550～3200 cm^{-1} 区间出现宽峰，酚的 C—O 键伸缩振动吸收峰在 1250～1220 cm^{-1} 区间，苯环的 C—C 键伸缩振动吸收峰在 1600 cm^{-1} 左右，苯环的 C—H 键伸缩振动吸收峰在 3000 cm^{-1} 左右。

2. 核磁共振氢谱　酚羟基质子的化学位移因溶剂、温度和浓度的不同而有很大的变化，一般分布在 4.5～7.7 ppm 区间。图 8-7 为 4-甲基苯酚的核磁共振氢谱图，其酚羟基质子的 δ 值为 5.0 ppm 左右。

四、化学性质

醇和酚分子中都含有 O—H，所以酚能发生与醇类似的反应，由于受苯环的影响，其性质与醇又有显著的差异。酚中的酚羟基氧原子 p 轨道中的孤对电子向苯环偏移，结果增加了苯环上电子云密度，降低了氧原子的电子云密度，使 O—H 键的极性增大，容易断裂给出质子而显酸性；羟基与苯环之间的 p-π 共轭效应使键极性降低，通常情况下羟基与苯环之间的共价键较难断裂；与苯比较，p-π 共轭效应更有利于苯环上亲电取代反应的发生，尤其是羟基的邻、对位。酚与醇结构上的差异造成它们性质上的不同。如酚的 C—O 键不易断裂，酚羟基不易被取代，不能与氢卤酸(HX)发生反应等。

酚的化学性质与结构的关系如图 8-8 所示。

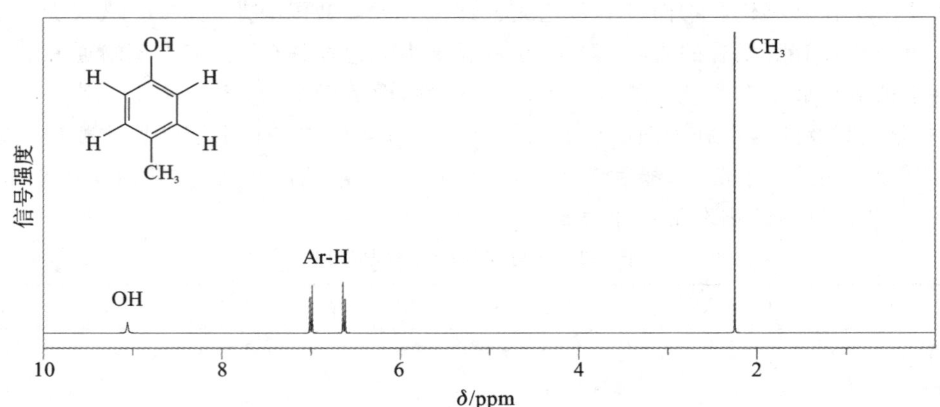

图 8-7　4-甲基苯酚的核磁共振氢谱图

亲电取代反应 → 苯环；氧化反应；O—H：酸性，与NaOH反应；与$FeCl_3$发生显色反应

图 8-8　酚的化学性质与结构的关系

(一) 酚羟基的反应

1. 酚羟基的酸性　由于 p-π 共轭，酚羟基上的氢更容易解离，因此，酚的酸性比醇强很多，但仍属于弱酸，苯酚的 $pK_a=9.96$。

苯酚与氢氧化钠反应生成易溶于水的苯酚钠。

$$C_6H_5OH + NaOH \longrightarrow C_6H_5ONa + H_2O$$

苯酚钠

若向苯酚钠溶液中通入二氧化碳，则苯酚又游离出来。苯酚($pK_a=9.96$)的酸性比碳酸($pK_a=6.35$)还弱，因此苯酚只能溶于氢氧化钠或碳酸钠溶液，而不溶于碳酸氢钠溶液。利用酚的弱酸性和成盐性质，可以将酚与近中性化合物(如环己醇、硝基苯等)分离，也可区分酚与羧酸。

$$C_6H_5ONa + H_2O + CO_2 \longrightarrow C_6H_5OH + NaHCO_3$$

苯环上连了取代基的酚的酸性发生改变，如表 8-2 中取代酚的 pK_a 所显示的，连接吸电子基，则取代酚的酸性增强；连接给电子基，则取代酚的酸性减弱。相同取代基连在不同位置上对酸性的影响也有一定的差异。

扫码看答案

课堂练习8-5

下列化合物中酸性最强的是哪一个？

(1) 3-溴苯酚　(2) 3-甲基苯酚　(3) 3-硝基苯酚　(4) 苯酚

2. 酚的显色反应　羟基连在碳碳双键碳原子上的化合物称为烯醇(enol)。酚是一种特殊的烯醇。

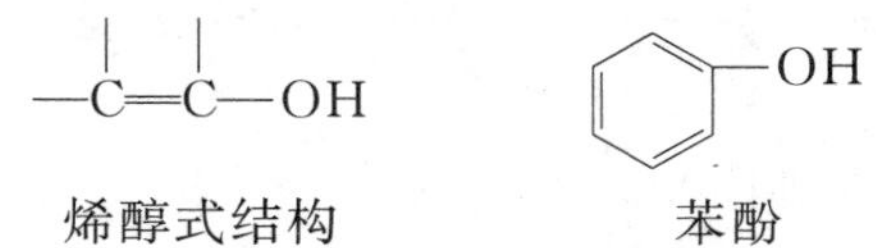

凡是具有烯醇式结构的化合物与三氯化铁的水溶液都可以发生显色反应，显示不同的颜色。如苯酚、间苯二酚、间苯三酚显紫色；甲基苯酚显蓝色；邻苯二酚和对苯二酚显绿色。

因此，可以利用酚与三氯化铁的显色反应鉴别酚或具有烯醇式结构的化合物。

3. 酚的氧化反应 酚容易被氧化，其产物很复杂，无色的苯酚在空气中能逐渐被氧化而显红色或暗红色。如果用重铬酸钾的酸性溶液作氧化剂，苯酚能被氧化成对苯醌。

$$C_6H_5OH \xrightarrow[H_2SO_4]{K_2Cr_2O_7} O{=}C_6H_4{=}O$$

对苯醌

p-benzoquinone

多元酚更容易被氧化，在室温下也能被弱氧化剂氧化，其产物为醌。因此保存酚类药物时，应避免与空气接触，必要时需加抗氧化剂。

（二）芳环上的取代反应

由于 p-π 共轭效应使苯环活化，尤其是羟基的邻、对位，因此苯酚的邻、对位上很容易发生卤代、硝化和磺化等亲电取代反应。

1. 卤代反应 苯酚与溴水在室温下反应，立即生成白色 2,4,6-三溴苯酚沉淀。

$$C_6H_5OH + Br_2 \longrightarrow 2,4,6\text{-}Br_3C_6H_2OH\downarrow + HBr$$

该反应非常灵敏，很稀的苯酚溶液（10 mg/L）也能与溴水产生明显的混浊现象且定量进行，常用于苯酚的定性和定量分析。

若想得到一溴苯酚或二溴苯酚，可以改变反应条件，加氯溴酸使反应停留在生成二溴苯酚的阶段，在低温条件下使用非极性溶剂（如二硫化碳）得到一溴取代物——4-溴苯酚。

$$C_6H_5OH + Br_2 \xrightarrow{CS_2} 4\text{-}BrC_6H_4OH + HBr$$

4-溴苯酚（80%～84%）

2. 硝化反应 由于羟基的活化作用，苯酚的硝化反应在不需要混酸（HNO_3/H_2SO_4）的条件下就能进行。硝酸是具有氧化性的无机酸，而苯酚很容易被氧化，所以苯酚的硝化反应在较低浓度的硝酸和较低温度下进行可以最大限度地避免副反应，提高反应产率。苯酚与稀硝酸在室温下反应，生成邻硝基苯酚与对硝基苯酚的混合物，若选择低极性溶剂，低温下苯酚与硝酸的反应主要生成对硝基苯酚。苯酚与浓硝酸反应，生成 2,4,6-三硝基苯酚。

$$C_6H_5OH + HONO_2 \xrightarrow{25\ ℃} 2\text{-}O_2NC_6H_4OH + 4\text{-}O_2NC_6H_4OH$$

2-硝基苯酚（30%～40%） 4-硝基苯酚（15%）

Note

$$C_6H_5OH + HONO_2 \xrightarrow[15\ ℃]{CHCl_3} \text{邻硝基苯酚} + \text{对硝基苯酚}$$

邻硝基苯酚（26%）　　对硝基苯酚（61%）

通过水蒸气蒸馏可以分离邻硝基苯酚和对硝基苯酚。这是由于对硝基苯酚通过分子间氢键相互缔合，其挥发性小，不能随水蒸出；邻硝基苯酚通过分子内氢键，形成分子内六元环状螯合物，阻碍其与水形成氢键，其水溶性低，挥发性大，能随水蒸出。

3. 磺化反应　苯酚与浓硫酸反应生成羟基苯磺酸，在较低温度(25 ℃)时主要生成邻位取代物——邻羟基苯磺酸(受速率控制)；在较高温度(100 ℃)时主要生成对位取代物——对羟基苯磺酸(受平衡控制)；若采用发烟硫酸，则生成 2-羟基-1,3,5-三磺酸苯。

$$C_6H_5OH + H_2SO_4(浓) \xrightarrow{25\ ℃} \text{(2-)}HOC_6H_4SO_3H$$

$$C_6H_5OH + H_2SO_4(浓) \xrightarrow{100\ ℃} \text{(4-)}HOC_6H_4SO_3H$$

$$C_6H_5OH + 3SO_3 \xrightarrow[25\ ℃,4\ h]{H_2SO_4} HOC_6H_2(SO_3H)_3$$

第三节　醚

一、结构和命名

(一) 醚的结构

醚可以看作醇(酚)羟基上的氢原子被烃基取代的化合物，也可以看作由 1 个氧原子连接 2 个烃基而形成的化合物。其通式为(Ar)R—O—R′(Ar′)，C—O—C 称为醚键，是醚的官能团。根据与氧原子相连烃基的结构或方式不同，醚可分为单醚、混醚和环醚。与氧原子相连的两个烃基相同的醚称为单醚；与氧原子相连的两个烃基不相同的醚称为混醚；如果醚键是环的一部分，分子呈环状，则称为环醚，三元环醚称为环氧化物。两个烃基都是脂肪烃基的醚为脂肪醚；一个或两个烃基是芳基的醚则为芳香醚。

最简单的醚是甲醚 CH_3OCH_3，甲醚分子中 C—O—C 键角为 111.7°，氧原子为 sp^3 不等性杂化，两对孤对电子位于 sp^3 杂化轨道(图 8-9)。

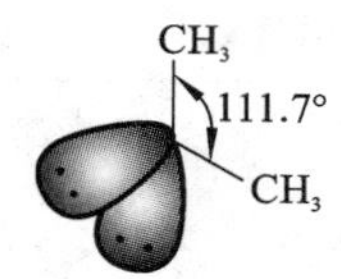

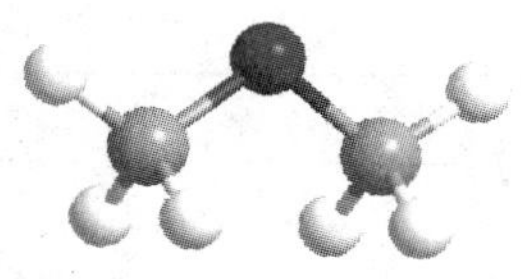

图 8-9　甲醚分子的结构

（二）醚的命名

开链醚命名时，在两个烃基名称后加“醚”字，烃基名称中的“基”字通常可以省略。单醚命名时，在烃基名称前加数字“二”；结构简单的单醚，“二”字通常可以省略。混醚命名时，分别写出两个烃基的名称，加上“醚”字，如果是两个脂肪烃基，较优基团放在后面，即“先小后大”，称“某某醚”；如果有芳基，则芳基放在前面，即“先芳香后脂肪”。

CH_3OCH_3	$CH_3OC_2H_5$	$CH_3OHC{=}CH_2$	$C_6H_5OCH_3$
甲醚	甲乙醚	甲基乙烯基醚	苯甲醚
methyl ether	methyl ethyl ether	methyl vinyl ether	methyl phenyl ether

结构复杂的醚，采用系统命名法命名，将烷氧基作为取代基，比较复杂的烃基作为母体。

$CH_3CH_2CH(Cl)CH(OCH_3)CH_3$	$CH_3CH(CH_3)CH_2CH(OH)CH(OCH_3)CH_3$	$p\text{-}CH_3OC_6H_4OH$
2-甲氧基-3-氯戊烷	2-甲氧基-5-甲基-3-己醇	对甲氧基苯酚
2-methoxy-3-chloropentane	2-methoxy-5-methyl-3-hexanol	*p*-methoxyphenol

课堂练习8-6

命名下列化合物：

（1）$C_6H_{11}\text{—}O\text{—}CH(CH_3)CH_3$（环己基）　（2）$C_6H_5\text{—}O\text{—}CH_2CH_3$

二、物理性质

常温下除了甲醚、乙醚和甲乙醚为气体外，大多数醚是无色液体。与醇分子不同，醚分子间不能形成氢键，所以沸点显著低于相对分子质量相近的醇，而接近于相对分子质量相近的烷烃，如甲醚沸点为－23 ℃（表 8-3），而丙烷和乙醇的沸点分别为－42.2 ℃和 78.5 ℃。

醚分子中的氧可与水形成氢键，所以低级醚在水中的溶解度与相对分子质量相近的醇接近，如乙醚和正丁醇在水中的溶解度均为 8 g/100 mL。但四氢呋喃和 1,4-二氧六环等环醚由于氧原子暴露于分子的一端而突出在外，更容易与水形成分子间氢键，因此它们能够与水以任意比例混溶。

低级醚挥发性大，易燃，有特殊气味，使用时要注意通风及避免使用明火和电器。醚既能溶于有机溶剂，又能溶解其他有机化合物，因此是实验室中常用的溶剂，如乙醚可作为溶剂提取中药材中的某些脂溶性成分。

表 8-3 一些常见醚的物理常数

化合物	英文名	熔点/℃	沸点/℃	密度/(g/mL)
甲醚	methyl ether	−140	−23	0.67
乙醚	ethyl ether	−116	34.6	0.713
丙醚	propyl ether	−122	91	0.736
异丙醚	isopropyl ether	−60	69	0.735
正丁醚	dibutyl ether	−95	142	0.769
苯甲醚	methyl phenyl ether	−37	154	0.994
苯乙醚	ethoxybenzene	−33	172	0.985
二苯醚	diphenyl ether	27	259	1.075

三、光谱性质

1. 红外吸收光谱 在 1000～1300 cm^{-1} 有 C—O 键伸缩振动。但要注意，其他含氧化合物如醇、羰基化合物等也有此伸缩振动吸收峰。

2. 核磁共振氢谱 与氧直接相连的碳原子上的质子的 δ 值一般为 3.3～3.9 ppm，β-H 的信号在 0.8～1.4 ppm 处。

四、化学性质

醚键是稳定的官能团，因此醚的化学性质比较稳定，稳定性仅次于烷烃。醚不能与活泼金属、还原剂、氧化剂、碱和稀酸反应，只能在强酸条件下发生反应。

(一) 醚的质子化：鎓盐的生成

醚分子中氧原子上的孤对电子能接受质子而生成 鎓盐(oxonium salt)。醚作为碱接受质子的能力很弱，必须与浓强酸作用才能生成 鎓盐，因此，醚能溶于浓盐酸和浓硫酸等强酸中。 鎓盐是弱碱强酸盐，不稳定，遇水立即分解，释放出原来的醚。利用醚能溶于强酸的性质，可以把醚与烷烃、卤代烃区分开来。

$$R—\ddot{O}—R' + HCl \longrightarrow [R—\overset{H}{\ddot{O}}—R']^+ Cl^-$$

(二) 醚键的断裂

醚与氢碘酸一起加热，醚分子中的 1 个 C—O 键断裂，生成碘代烃和醇。生成的醇进一步与过量的氢碘酸反应，生成碘代烃。高温下，浓氢溴酸和盐酸也可以发生上述反应。

$$CH_3CH_2—O—CH_2CH_3 + HI \xrightarrow{\triangle} CH_3CH_2OH + CH_3CH_2I + H_2O$$
$$CH_3CH_2OH \xrightarrow{HI} CH_3CH_2I$$

氢卤酸的反应活性：HI>HBr>HCl。

混合醚与氢卤酸反应时，通常是较小的烃基生成卤代烃，较大的烃基生成醇；含有苯基的混合醚与氢卤酸反应时，一般生成苯酚和卤代烃，二苯基的混合醚不被氢卤酸分解。

$$CH_3—O—CH_2\underset{}{\overset{CH_3}{\overset{|}{C}}}HCH_2CH_2CH_3 + HI \xrightarrow{100\ ℃} CH_3I + HO—CH_2\overset{CH_3}{\overset{|}{C}}HCH_2CH_2CH_3$$

$$C_6H_5—O—CH_3 + HI \xrightarrow[120\sim130\ ℃]{57\%HI} C_6H_5—OH + CH_3I$$

（三）过氧化物的生成

醚与常规氧化剂（$KMnO_4$、$K_2Cr_2O_7$）不发生反应，但是含有 α-H 的醚在空气中久置或光照，会慢慢地发生氧化反应，生成过氧化物（peroxide）。

$$CH_3CH_2-O-CH_2CH_3 \xrightarrow{O_2} CH_3\underset{}{\overset{O-O-H}{\overset{|}{C}}}H-O-CH_2CH_3$$

过氧乙醚

过氧化物的沸点比醚高，受热易分解爆炸，所以乙醚蒸馏时要避免蒸干。为了检查乙醚中是否有过氧化物，蒸馏前取少量乙醚与酸性碘化钾混合、振荡，如有过氧化物存在，碘离子被氧化成碘，遇淀粉变蓝。也可以取少量乙醚与 $FeSO_4$ 和 KSCN 水溶液一起振荡，如果有过氧化物存在，可将 Fe^{2+} 氧化成 Fe^{3+}，Fe^{3+} 与 KSCN 反应生成$[Fe(SCN)_3]$而显红色。如果要除去乙醚中的过氧化物，可用硫酸亚铁水溶液将乙醚充分洗涤。保存醚时应将其置于深色瓶内，避免暴露于空气中。

五、环氧化物

（一）结构与命名

1，2-环氧化物简称环氧化物（epoxide），是指一个氧原子与相邻的两个碳原子相连所构成的三元环醚及其取代产物，最简单的环氧化物是环氧乙烷。环氧化物的命名，根据相应碳原子个数，称为环氧某烷，然后在名称前标出氧原子所在位次。

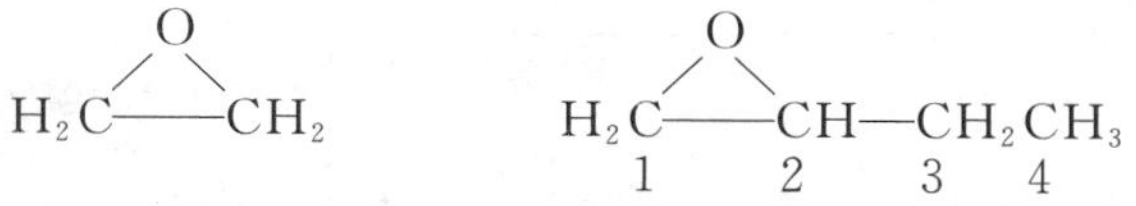

H_2C-CH_2（O 桥连两个碳）　　$\underset{1}{H_2C}-\underset{2}{CH}-\underset{3}{CH_2}\underset{4}{CH_3}$（O 桥连 C1、C2）

环氧乙烷　　1，2-环氧丁烷

oxirane　　1，2-epoxybutane

五元以上的环醚具有和开链醚相似的性质，例如，四氢呋喃和 1，4-二氧六环是有机合成中常用的溶剂，在强酸作用下五元以上环醚的醚键断裂，发生开环反应。但是三元环氧化物的张力作用和 C—O 键的极性，导致它的化学性质比较活泼，可以发生多种开环反应，这些反应在有机合成中被广泛应用，所以环氧化物是有机合成中重要的中间体。环氧乙烷是最简单的三元环氧化物，它非常活泼，能与多种试剂反应，可以用于制备乙二醇、聚乙二醇等多种物质，它可以在银的催化下，由乙烯氧化得到。

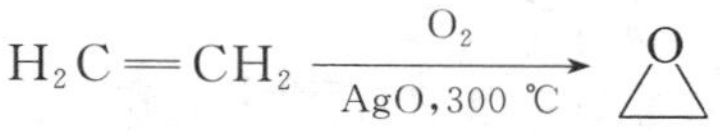

$$H_2C=CH_2 \xrightarrow[AgO,300\ ℃]{O_2} \text{环氧乙烷}$$

（二）环氧化物的开环反应

三元结构具有较大的张力，因此环氧化物在酸或碱的作用下，易受亲核试剂的进攻，发生 C—O 键断裂的开环反应（ring opening reaction）。因此，环氧化物与一般的醚不同，化学性质比较活泼。

在酸性条件下，环氧乙烷易与多种亲核试剂发生反应，生成相应的开环产物。

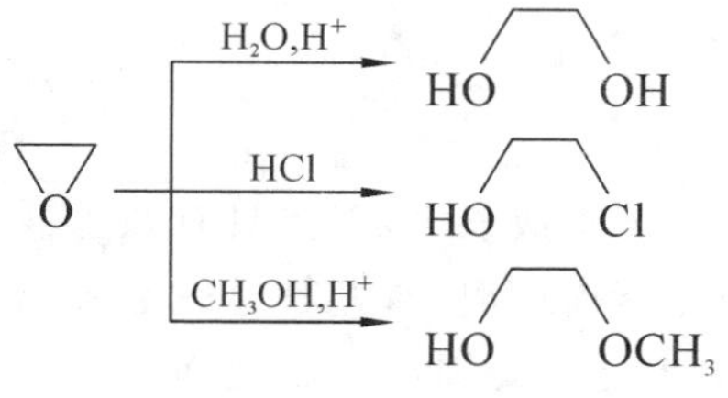

$$\text{环氧乙烷} \xrightarrow{H_2O,H^+} HO\text{—}CH_2CH_2\text{—}OH$$
$$\text{环氧乙烷} \xrightarrow{HCl} HO\text{—}CH_2CH_2\text{—}Cl$$
$$\text{环氧乙烷} \xrightarrow{CH_3OH,H^+} HO\text{—}CH_2CH_2\text{—}OCH_3$$

Note

在碱性条件下,环氧乙烷与氢氧化钠、氨、醇钠发生以下反应:

$NaOH, H_2O$ → HO—CH_2CH_2—OH

NH_3 → HO—CH_2CH_2—NH_2

CH_3ONa, CH_3OH → HO—CH_2CH_2—OCH_3

上述反应都生成了含有两种官能团的化合物,在有机合成中,它们有特殊的用途。环氧乙烷与 Grignard 试剂发生开环反应,生成多2个碳原子的醇。这是有机合成中常用的增长碳链的方法之一。

(三)环氧化物的开环反应机制

不论在酸性条件下,还是在碱性条件下,环氧化物的开环反应都可以通过 S_N1 或 S_N2 反应机制进行,亲核试剂都是从氧原子的背面进攻反应中心环碳原子,结果亲核试剂与新形成的—OH 分别处于 C—C 键的两侧,生成反式产物。

当碳原子上连接取代基时,在酸性条件或碱性条件下,亲核试剂进攻不同的碳原子,得到不同的开环产物。在酸性条件下,亲核试剂主要进攻连接烃基较多的碳原子,例如 2,2-二甲基环氧乙烷与甲醇在酸催化下的反应。

H^+ ⇌ ; $HOCH_3$, $-H^+$ → HO, OCH_3

2-甲基-2-甲氧基丙醇

在碱性条件下,反应按 S_N2 机制进行,亲核试剂进攻含取代基较少的碳原子,受到的空间位阻较小,如果亲核试剂的亲核能力很强,反应会更加容易发生。

CH_3ONa + (甲基环氧乙烷) $\xrightarrow{CH_3OH}$ H_3CO, OH

1-甲氧基-2-丙醇

六、冠醚

冠醚(crown ether)可以看作4个或4个以上的乙二醇分子头尾相连发生分子间脱水形成的闭合环状化合物,因其立体结构像皇冠,故称冠醚。

冠醚命名时把环上所含原子的总数标注在"冠"字之前,把其中所含氧原子数标注在名称之后,通常以"X-冠-Y"来表示。

1,4,7,10-四氧杂环十二烷 (12-冠-4)　　1,4,7,10,13,16-六氧杂环十八烷 (18-冠-6)

冠醚分子中的氧原子可与水分子形成氢键,因此具有亲水性。而冠醚外部为亚乙基结构,故其具有亲脂性。冠醚最大的特点是能与阳离子,尤其是碱金属离子配位,并且随环的大小不同而能与不同的金属离子配位,例如,12-冠-4与锂离子配位而不与钠离子、钾离子配位;18-冠-6不仅

与钾离子配位，还可与重氮盐配位，但不与锂离子、钠离子配位。利用冠醚这一特性，可分离不同的金属离子。

冠醚的这种性质在合成上被广泛应用，许多在传统条件下难以发生甚至不发生的反应可以顺利进行。冠醚与试剂中阳离子配位，使该阳离子可溶解在有机溶剂中，而与它相对应的阴离子也随同进入有机溶剂，冠醚不与阴离子配位，使游离或裸露的阴离子反应活性更高，能迅速反应。在此过程中，冠醚把试剂带入有机溶剂中，称为相转移剂或相转移催化剂（phase transfer catalyst，PTC），这样发生的反应称为相转移催化反应（phase transfer reaction）。这类化学反应的反应速率大、条件简单、操作方便、产率高。

第四节　应用于医药中的化合物

一、乙醇

乙醇俗称酒精、火酒，是醇的一种，在常温常压下是一种易燃、易挥发的无色透明液体，沸点为 78.5 ℃，毒性较低，具有酒香味，略带刺激性，可以与水以任意比例互溶，也可与氯仿、乙醚、甲醇、丙酮等多数有机溶剂混溶。乙醇燃烧性很好，是常用的燃料，乙醇蒸气与空气混合可以形成爆炸性混合物。

【知识拓展】
酒精检测仪是怎么吹口气就能识别酒驾的？

乙醇在化学工业、医疗卫生、食品工业、农业生产等领域都有广泛的用途。在临床上，常用体积分数为 70%～75%的乙醇溶液作为外用消毒剂；体积分数为 50%的乙醇溶液用于长期卧床患者涂擦皮肤，具有收敛作用，并能促进血液循环，预防压疮；体积分数为 95%的乙醇溶液常用于制备酊剂及提取中草药的有效成分。

二、乙醚

乙醚又称二乙醚或乙氧基乙烷，是一种常见的醚，是易挥发、有甜味（飘逸气味）、极易燃的无色液体，沸点为 34.5 ℃。乙醚的蒸气与空气混合达到一定比例时，遇火即可引起爆炸。因此在制备和使用乙醚时，周围要避免明火，并采取必要的安全措施。乙醚比水轻，微溶于水，是一种良好的有机溶剂，能溶解多种有机化合物，常用于提取中草药的有效成分。乙醚有麻醉作用，曾用作吸入型全身麻醉剂，由于乙醚可引起恶心、呕吐等反应，现已被更高效、安全的麻醉剂异氟醚和七氟醚等代替。

三、丙三醇

丙三醇俗称甘油，是无色的黏稠液体，具有甜味，能与水或乙醇混溶，能从空气中吸收水分，也能吸收硫化氢、氰化氢和二氧化硫，难溶于苯、氯仿、四氯化碳、二硫化碳、石油醚和油类。甘油是甘油三酯分子的骨架成分。其相对密度为 1.26，熔点为 17.8 ℃，沸点为 290.0 ℃。甘油有润肤作用，但由于其吸湿性极强，会对皮肤产生刺激，故使用时需先用适量水稀释。在医学方面，甘油用于制备各种制剂、溶剂、吸湿剂、防冻剂和甜味剂，配制外用软膏或栓剂等。甘油主链存在于被称为甘油酯的脂质中，其具有抗菌和抗病毒特性，因此被广泛用于烧伤的治疗。它也可用作细菌培养基。它可作为衡量肝病的有效标志物。它还广泛用作食品工业中的甜味剂和药物配方中的保湿剂。

四、苯酚

Note

苯酚俗称石炭酸，主要由异丙苯经氧化、分解制得，是重要的有机化工原料，具有特殊气味，为无色针状晶体,有毒,熔点为 43 ℃,沸点为 182 ℃。苯酚常温下微溶于水,68 ℃以上可与水以任意比例互溶,易溶于乙醇、乙醚和苯等有机溶剂,是生产某些树脂、杀菌剂、防腐剂及药物(如阿司匹林)的重要原料。苯酚具有腐蚀性,能使蛋白质凝固,有杀菌作用,可用于外科器械的消毒和排泄物的处理,在医药上用作消毒剂和防腐剂。苯酚有毒,现已不用作人体消毒剂。苯酚有腐蚀性,接触后会使局部蛋白质变性,其溶液沾到皮肤上可用乙醇洗涤。苯酚暴露在空气中会被氧气氧化为醌而使表面呈粉红色。

2017 年 10 月 27 日,世界卫生组织(WHO)国际癌症研究机构公布的 3 类致癌物清单中包含苯酚。

五、甲苯酚

甲苯酚简称甲酚,为煤焦油中分馏得到的各种甲酚异构体的混合物。因其来源于煤焦油,故又称为煤酚。甲酚为几乎无色、淡紫红色或淡棕黄色的澄清液体,有类似苯酚的臭气,并微带焦臭味,久贮或在日光下,色渐变深,其饱和水溶液显中性或弱酸性。可与乙醇、乙醚、甘油、脂肪油或挥发油以任意比例互溶,在水中略溶而形成混浊的溶液,在氢氧化钠溶液中溶解。甲酚主要有邻、间、对三种异构体,由于它们的沸点接近,不易分离,故实际常用其混合物。甲酚抗菌作用较苯酚强,可用于器械和环境的消毒,而毒性与苯酚相当,故治疗指数更大,能杀灭包括分枝杆菌在内的细菌繁殖体,2%的甲酚溶液经 10~15 min 能杀死大部分致病性细菌,2.5%的甲酚溶液经 30 min 能杀灭结核分枝杆菌。因其难溶于水,能溶于肥皂溶液,常配成 50%的肥皂溶液,称为煤酚皂溶液(俗称“来苏水”)。

六、维生素 E

维生素 E 亦称维他命 E,又名生育酚,是一种金黄色或淡黄色的油状物,带有温和的特殊气味。作为一种天然存在的脂溶性维生素,其水解产物为生育酚,具有抗不育作用,是重要的抗氧化剂之一。维生素 E 在食油、水果、蔬菜及粮食中均广泛存在,自然界中有 α-生育酚、β-生育酚、γ-生育酚、δ-生育酚等 8 种形式的异构体,其中 α-生育酚活性最高。

α-生育酚

维生素 E 是一种人体必需的脂溶性维生素,作为一种优良的抗氧化剂和营养剂,广泛应用于临床、医药、食品、饲料、保健品和化妆品等行业。维生素 E 能溶于脂肪和乙醇等有机溶剂,不溶于水,对热、酸稳定,对碱不稳定,对氧敏感,对热不敏感。维生素 E 具有多种生物活性,对一些疾病有预防及治疗作用。它是一种很强的抗氧化剂,可通过中断自由基的连锁反应保护细胞膜的稳定性,防止膜上脂褐素形成而延缓机体衰老;可通过维持遗传物质的稳定和防止染色体结构变异,使机体代谢活动有条不紊地进行,起到延缓衰老的作用;可阻止体内各种组织中致癌物的形成,激发机体的免疫系统,杀死新产生的变形细胞,还能将某些恶性肿瘤细胞逆转为正常表现型的细胞;具有维持结缔组织弹性,促进血液循环的作用;调节体内激素正常分泌;保护皮肤黏膜等功能,使皮肤滋润健美,从而达到美容护肤的作用;还可改善头发毛囊微循环,保证其营养供应,使头发再生;能促进性激素分泌,使男性精子活力和数量增加;使女性雌激素浓度增大,提高生育能力,预防流产。维生素 E 能阻止 LDL 胆固醇氧化,从而避免冠状动脉硬化;还可防止白内障发

Note

生；延缓早老性痴呆；维持正常的生殖机能；保持肌肉和外周血管结构与功能的正常状态；治疗胃溃疡；保护肝；调节血压；辅助治疗 2 型糖尿病等。

小　结

羟基是醇和酚的主要官能团。醇羟基的活泼氢具有一定的酸性，可以被 K、Na 等活泼金属所取代，生成醇的金属化合物；醇可以与卤化氢发生亲核取代反应而生成卤代烃；与有机酸、无机酸发生脱水缩合反应生成酯；醇分子内脱水发生消除反应生成烯烃，其消除产物遵循查依扎夫规则，醇分子间发生亲核取代反应可以生成醚；含有 α-H 的醇可发生氧化反应，伯醇氧化生成醛，继续氧化生成酸，仲醇氧化生成酮；叔醇由于不具有 α-H，不易发生氧化反应。

酚羟基氧与苯环形成 p-π 共轭效应，使得 C—O 键较为牢固，不易发生断裂，但使 O—H 键极性大于醇羟基，因此酚具有弱酸性且酸性强于醇；酚特别容易被氧化成醌；酚可以与三氯化铁溶液发生显色反应。

醚键的氧可以与强酸形成盐而溶于强酸中，在氢卤酸作用下醚键发生断裂。环氧化物在酸或碱的作用下发生开环反应，不对称的环氧化物在酸性条件下开环和碱性条件下开环生成的产物不同。

硫醇具有一定的酸性，可以和重金属化合物反应，含硫醇结构的药物可以作为重金属中毒的解毒剂。硫醇氧化生成二硫键在生物体内具有重要意义。

冠醚的空穴结构对离子有选择性作用，在有机化学反应中可作为相转移催化剂。

目标检测

目标检测答案

一、写出下列化合物的结构式。

(1) 顺-戊-3-烯-2-醇　　(2) 亚硝酸戊酯

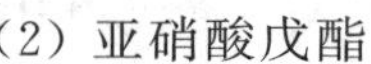

(3) 巯基乙酸　　(4) *Z*-丁-2-烯-1-醇

(5) 苦味酸　　(6) 4-甲氧基-1-萘酚

二、完成下列反应式。

(1) $CH_3CH_2OH + Na \longrightarrow$

(2) $C_6H_5CH_2\underset{\underset{OH}{|}}{C}HCH_3 + H_2SO_4 \xrightarrow{\triangle}$

(3) $C_6H_5SH + NaOH \longrightarrow$

(4) $HO-C_6H_4-CH_2OH$ (对位) $+ NaOH \longrightarrow$

(5) $HSCH_2\underset{\underset{NH_2}{|}}{C}HCOOH \xrightarrow{[O]}$

(6) $CH_3-O-\underset{\underset{CH_3}{|}}{C}HCH_3 + HI(过量) \longrightarrow$

(7) $CH_3CH_2\underset{\diagdown O \diagup}{CH-CH_2} + CH_3OH \xrightarrow{H_2SO_4}$

Note

(8) $CH_3CH_2CH—CH_2$ (环氧，O 连接两个碳) $+ CH_3OH \xrightarrow{CH_3ONa}$

三、用化学方法鉴别下列各组化合物。

(1) 丁-1-醇与正戊烷　　(2) 戊-1-醇与戊-2-烯-1-醇

(3) 对苯酚与苯甲醇　　(4) 丙-1,2-二醇与丙-1,3-二醇

四、请用适当的方法将下列混合物中的少量杂质除去。

(1) 乙醚中含少量乙醇　　(2) 环己醇中含少量苯酚

五、化合物 A 的分子式为 $C_6H_{10}O$，A 能与 Lucas 试剂较快反应，能被 $KMnO_4$ 氧化，能吸收等物质的量的溴，经催化加氢得到 B。将 B 氧化得到 C(分子式为 $C_6H_{10}O$)，B 在加热条件下与浓硫酸作用得到 D。D 被还原得到环己烷。试推断 A、B、C、D 的可能结构。

六、化合物 A 的分子式为 $C_6H_{14}O$，A 能与 Na 反应，A 在酸催化作用下脱水生成 B。以冷 $KMnO_4$ 溶液氧化 B 可以得到 C(分子式为 $C_6H_{14}O_2$)。C 与 HIO_4 反应只能生成丙酮。试推断 A、B、C 的可能结构。

七、具有 *R* 构型化合物 A 的分子式为 $C_8H_{10}O$，A 与 NaOH 不反应；与金属钠反应放出氢气。A 与浓硫酸共热只生成化合物 B(分子式为 C_8H_8)。将 B 与 $KMnO_4$ 的酸性溶液反应可以得到 CO_2 和化合物 C(分子式为 $C_7H_6O_2$)。试推断 A、B、C 的可能结构。

八、某化合物 A 的分子式为 C_7H_8O，A 与金属钠不反应，与浓氢碘酸反应生成化合物 B 和 C。B 能溶于氢氧化钠，并与 $FeCl_3$ 溶液作用显紫色，C 与硝酸银的乙醇溶液作用生成黄色沉淀。试推断 A、B、C 的可能结构。

参考文献

【思政元素】

[1] 侯小娟，张玉军. 有机化学[M]. 武汉：华中科技大学出版社，2018.

[2] 侯小娟，刘华. 有机化学[M]. 2 版. 西安：第四军医大学出版社，2014.

[3] 刘华，朱焰，郝红英. 有机化学[M]. 武汉：华中科技大学出版社，2020.

[4] 邢其毅，裴伟伟，徐瑞秋，等. 基础有机化学[M]. 3 版. 北京：高等教育出版社，2005.

(郭文强)

Note

第九章 醛、酮、醌

扫码看 PPT

学习目标

素质目标：培养学生严谨的科学态度、勇于创新的精神，引导学生树立正确的人生观、价值观；塑造学生刻苦务实、积极、乐观的人格，增强其社会责任感，培养学生的家国情怀。

能力目标：掌握羰基化合物结构与化学性质之间的关系，熟悉醛和酮亲核加成、α-H 反应历程，能够依据特殊反应性质对羰基化合物进行鉴别，具有对目标化合物合成路线的设计和综合分析能力。

知识目标：掌握醛和酮的结构特点与命名方法；醛和酮的主要化学性质，亲核加成反应，羟醛缩合反应、卤代反应和卤仿反应，氧化和还原反应。熟悉醛和酮的分类、物理性质，醌的结构特点与命名。了解醌的化学性质，醛、酮和醌的应用。

案例导入

黄鸣龙是中国著名的有机化学家，他在一次 Kishner-Wolff 还原反应实验中，因有要事需要出差，就托付同事照看。然而，该同事并没有妥善照料，导致软木塞腐蚀，容器内的溶剂挥发干燥，反应液漆黑一团。黄鸣龙不打算放弃，决定继续进行实验，后来发现产率出乎意料地高。黄鸣龙随后认真分析原因，并通过一系列实验对反应条件进行探索，最终创造性地改进了羰基还原为亚甲基的方法，即 Kishner-Wolff-黄鸣龙还原法。尽管此方法的发现具有偶然性，但这与黄鸣龙一贯严谨的科学态度和精益求精的治学精神是密不可分的。

$$R_1-\overset{\overset{O}{\|}}{C}-R_2 \xrightarrow[(HOCH_2CH_2)_2O,\triangle]{KOH,NH_2NH_2} R_1-CH_2-R_2$$

Kishner-Wolff-黄鸣龙还原法

醛、酮和醌是烃的含氧衍生物，其分子中都含有羰基(carbonyl)，因此醛、酮和醌又称为羰基化合物(carbonyl compound)。醛、酮的化学性质非常活泼，是有机合成中重要的原料和常见的中间体。羰基是一个活性位点，在有机化学的手性合成中具有重要的意义。羰基化合物在自然界中广泛存在，有些是工业原料，有些是药物的有效成分，有些是动植物代谢的中间体。生物体内普遍存在着羰基化合物与伯、仲醇之间的氧化还原反应。醌和酚羟基的电子转移在体内具有很重要的作用，许多基团转移酶的辅酶含有羰基。

Note

第一节 醛 和 酮

一、结构、分类和命名

(一) 醛、酮的结构

醛(aldehyde)分子中的羰基与1个烃基和1个氢原子相连(甲醛中的羰基与2个氢原子相连)。羰基与氢原子相连构成的基团,称为醛基(—CHO),醛基是醛的官能团。酮(ketone)分子中的羰基与2个烃基相连,又称为酮基(—CO—),是酮的官能团,酮分子中的羰基也可以称为酮羰基。

$$\underset{\text{醛}}{(Ar)R-\overset{\overset{\displaystyle O}{\|}}{C}-H \text{ 或 } (Ar)R-CHO} \qquad \underset{\text{酮}}{(Ar_1)R_1-\overset{\overset{\displaystyle O}{\|}}{C}-R_2(Ar_2)}$$

【动画】
羰基的结构

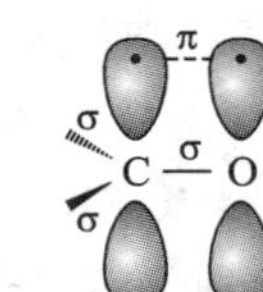

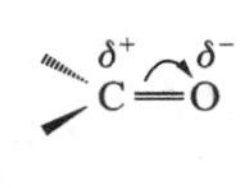

图 9-1 羰基的结构

醛、酮的羰基是由碳原子和氧原子以双键结合而成的官能团,碳氧双键中一个是σ键,一个是π键。羰基碳原子为sp^2杂化,因而羰基碳和其所连的3个原子都在同一个平面上,其键角接近120°。碳原子的3个sp^2杂化轨道与氧和其他2个原子形成3个σ键,剩余的一个未参与杂化的p轨道与氧形成π键(图9-1)。在碳氧双键中,由于碳原子和氧原子的电负性差别较大,双键上电子的分布是不均匀的,呈现出较强的极性,这种双键属于极性不饱和键,其偶极矩大小一般为2.3~2.8 D。电子云偏向氧原子一方,使氧原子带部分负电荷(δ^-),碳原子带部分正电荷(δ^+),这种结构特点使羰基具有较高的反应活性,亲核试剂容易进攻带部分正电荷的碳原子,从而发生亲核加成反应。

(二) 醛、酮的分类

【动画】
醛、酮的分类

根据与羰基相连的烃基不同,醛、酮可分为脂肪醛、脂肪酮和芳香醛、芳香酮(羰基与芳环直接相连)。根据所连的烃基是否含有碳碳不饱和键,脂肪醛、脂肪酮又可分为饱和醛、饱和酮与不饱和醛、不饱和酮。根据分子中所含羰基数目的不同,脂肪醛、脂肪酮可分为一元醛、一元酮和多元醛、多元酮。

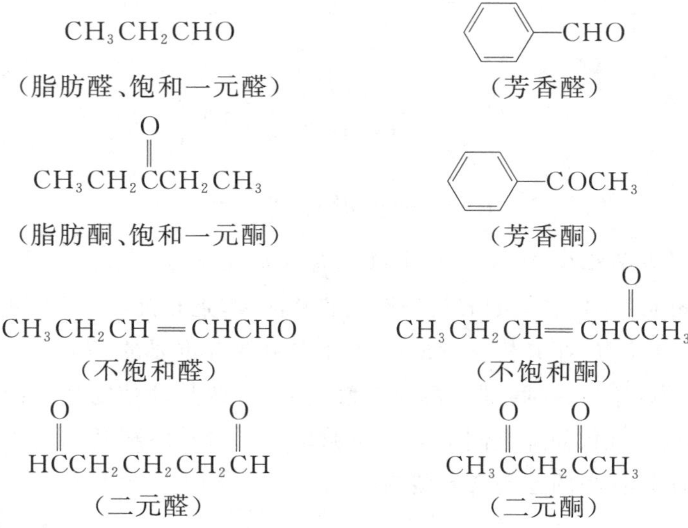

（三）醛、酮的命名

简单的醛、酮可采用普通命名法命名，结构较复杂的醛、酮则采用系统命名法（IUPAC 命名法）命名。

1. 普通命名法 醛的普通命名与醇的命名相似，简单的脂肪醛根据分子中的碳原子数目称为“某醛”，芳香醛则将芳基作为取代基。酮则是依据羰基所连接的两个烃基的名称进行命名，将两个烃基的名称按英文字母顺序排列，然后加“甲酮”。以下例子括号中的“基”字或“甲”字通常省去。

CH_3CH_2CHO

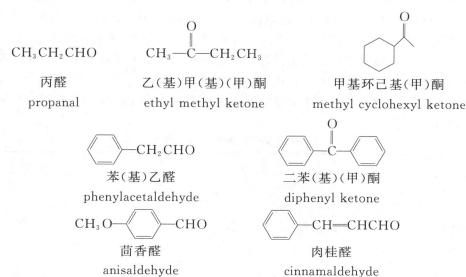

丙醛

propanal

$CH_3—\overset{\overset{O}{\|}}{C}—CH_2CH_3$

乙（基）甲（基）（甲）酮

ethyl methyl ketone

甲基环己基（甲）酮

methyl cyclohexyl ketone

$C_6H_5—CH_2CHO$

苯（基）乙醛

phenylacetaldehyde

$C_6H_5—\overset{\overset{O}{\|}}{C}—C_6H_5$

二苯（基）（甲）酮

diphenyl ketone

$CH_3O—C_6H_4—CHO$

茴香醛

anisaldehyde

$C_6H_5—CH{=}CHCHO$

肉桂醛

cinnamaldehyde

2. 系统命名法 结构复杂的醛、酮的命名主要采用系统命名法。①选主链：选择含有羰基碳原子在内的最长碳链作为主链，称为某醛或某酮；②标位次：从醛基或靠近羰基的一端开始编号，编号也可以用希腊字母表示（与羰基碳直接相连的碳原子编为 α，之后依次为 β，γ…），命名不饱和醛和酮时，羰基的编号应尽可能小并标明不饱和键的位置；③定名称：表示羰基位次的数字写在其名称前，并在母体醛、酮名称前标明支链或取代基的位次、数目和名称。

$\overset{4}{C}H_3—\overset{3}{\underset{\beta}{C}}H(CH_3)—\overset{2}{\underset{\alpha}{C}}H(CH_3)—\overset{1}{C}HO$

2，3-二甲基丁醛（α，β-二甲基丁醛）

2，3-dimethyl butyraldehyde

$\overset{4}{C}H_3—\overset{3}{C}H(CH_3)—\overset{2}{C}(=O)—\overset{1}{C}H_3$

3-甲基-2-丁酮

3-methyl-2-butanone

$\overset{4}{C}H_3—\overset{3}{C}(CH_3){=}\overset{2}{C}H—\overset{1}{C}HO$

3-甲基-2-丁烯醛

3-methyl-2-butenoic aldehyde

脂环酮的命名类似于脂肪酮，编号从羰基碳原子开始，在名称前加“环”字；芳香醛、酮是以脂肪醛、酮作为母体，芳基作为取代基来命名；多元醛、酮命名时要标明羰基的位置和数目。例如：

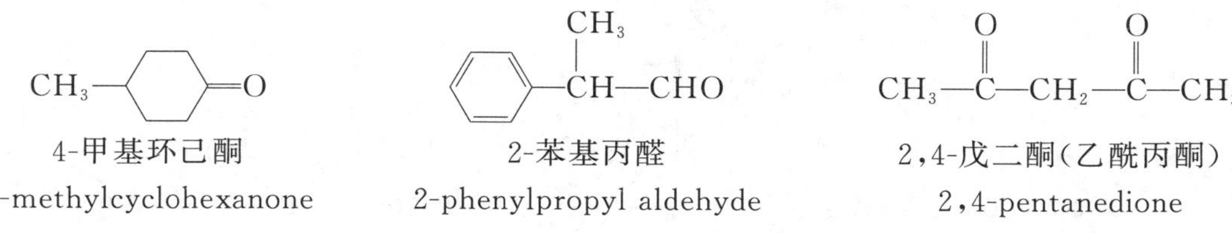

4-甲基环己酮

4-methylcyclohexanone

2-苯基丙醛

2-phenylpropyl aldehyde

2，4-戊二酮（乙酰丙酮）

2，4-pentanedione

扫码看答案

课堂练习9-1

用系统命名法命名下列化合物。

（1）$CH_3\underset{|}{C}HCH_2CHO$（支链为 CH_2CH_3）

（2）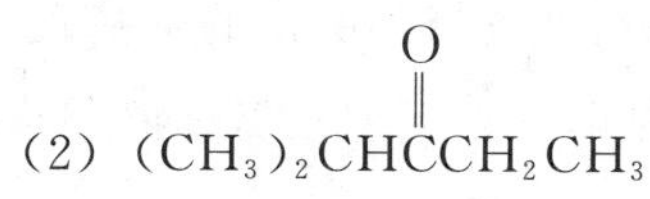

Note

(3) 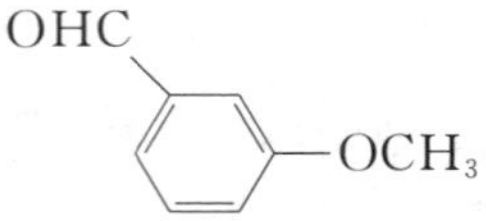 OHC, OCH_3（间甲氧基苯甲醛结构式）　　(4) 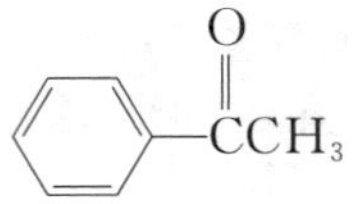 O, $\overset{\|}{C}CH_3$（苯乙酮结构式）

二、物理性质

常温(25 ℃)下,除甲醛是气体以外,12 个碳以下的低级脂肪醛、酮都是无色液体;高级脂肪醛、酮和芳香醛、酮大多为固体。低级脂肪醛常有刺激性臭味,而某些天然醛、酮具有特殊的芳香气味,可作为香料用于食品及化妆品工业,如香草醛具有浓烈的奶香气味,苯乙酮有类似山楂的香味。由于羰基中的氧原子可以与水形成分子间氢键,所以低级醛、酮易溶于水,高级醛、酮的水溶性随着分子中烃基比例的增大而迅速降低。由于醛和酮分子中羰基氧原子上没有氢原子,分子间不能形成氢键,其沸点比相对分子质量相近的醇和羧酸低。但由于醛、酮分子有较强的极性,羰基的极性使得醛、酮分子间的作用力增大,因此其沸点比相应的烷烃和醚高。常见醛、酮的熔点和沸点见表 9-1。

表 9-1　常见醛、酮的熔点和沸点

名　　称	英 文 名 称	熔点/℃	沸点/℃
甲醛	formaldehyde	−92	−19
乙醛	acetaldehyde	−123	21
苯甲醛	benzaldehyde	−26	179
丙酮	acetone	−95	56
环己酮	cyclohexanone	−45	156
苯乙酮	acetophenone	20	202

三、化学性质

醛和酮的化学性质主要取决于羰基。羰基氧的电负性大于碳,使 π 电子云偏向氧原子一方,氧原子带部分负电荷(δ^-),碳原子带部分正电荷(δ^+),因此醛和酮有较高的化学活性。由于羰基是一个极性不饱和基团,因此容易被亲核试剂进攻,发生亲核加成反应;分子中的羰基具有很强的吸电子诱导效应,使得羰基邻位碳上的氢具有较高的反应活性,发生 α-H 的反应,主要包括羟醛缩合反应和卤代反应;醛、酮分子中的羰基可以被催化加氢,发生还原反应。但由于醛、酮结构上的差异,导致它们在反应性能上表现出差异。醛中的羰基与氢原子相连,氢原子受羰基吸电子诱导效应影响而比较活泼,使得醛可以被某些弱氧化剂氧化,而酮则不能,可利用这一特点鉴别醛和酮。醛、酮的化学性质与结构的关系如图 9-2 所示。

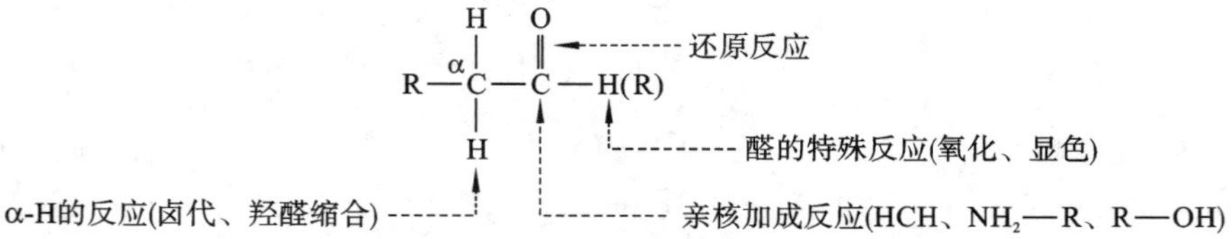

R—C(α)(H)(H)—C(=O)—H(R)
还原反应
醛的特殊反应(氧化、显色)
α-H的反应(卤代、羟醛缩合)
亲核加成反应(HCH、NH_2—R、R—OH)

图 9-2　醛、酮的化学性质与结构的关系

(一) 亲核加成反应

由亲核试剂进攻带正电荷的羰基碳而引起的加成反应称为亲核加成(nucleophilic addition)反应,它是羰基的特征反应。反应分两步进行,试剂(NuA)中带负电荷的部分(Nu^-)首先进攻羰

基碳，生成氧负离子中间体，这一步反应较慢，是亲核加成反应的控速步骤；随后试剂中带正电荷的部分（A^+）进攻氧负离子，生成最终产物，此步反应很快。原来羰基碳原子是 sp^2 杂化，加成后反应产物中该碳原子是 sp^3 杂化。在反应中，亲核试剂对羰基碳的进攻步骤决定了整个化学反应的反应速率，因此称为亲核加成反应。其结果是试剂中带负电荷的部分加到羰基碳原子上，带正电荷的部分加到氧原子上，羰基的 π 键断裂，生成加成产物。醛、酮羰基亲核加成反应机制如下：

$$\overset{\delta^+}{C}=\overset{\delta^-}{O} \underset{慢}{\overset{Nu^-}{\rightleftharpoons}} \left[-\underset{|}{\overset{Nu}{\overset{|}{C}}}-O^- \right] \underset{快}{\overset{A^+}{\rightleftharpoons}} -\underset{|}{\overset{Nu}{\overset{|}{C}}}-OA$$

醛、酮的羰基上实际有两个反应中心。一个是带部分正电荷的羰基碳原子，另一个是带部分负电荷的氧原子。若碳原子先被进攻，则生成的是氧负离子中间体；若氧原子先被进攻，则生成的是碳正离子中间体。由于氧原子的电负性强，其容纳负电荷的能力比碳原子容纳正电荷的能力更强，故氧负离子中间体的稳定性要高于碳正离子中间体，因此总是碳原子优先被进攻。

亲核试剂一般是负离子或带孤对电子的中性分子，如氢氰酸、亚硫酸氢钠、醇、水、氨和氨的衍生物等。不同的亲核试剂由于亲核能力的差异而具有不同的反应活性。除了亲核试剂的性质影响，亲核加成反应的难易程度还与醛、酮的结构有密切关系，主要取决于羰基碳上所连基团的电子效应和空间效应。在电子效应方面，烷基具有给电子诱导效应，使羰基碳正电性减弱，不利于亲核试剂的进攻；空间效应方面，烷基的数量增加和体积增大会使空间位阻增大，同样不利于亲核试剂的进攻。芳香醛、芳香酮由于 π-π 共轭效应也能使羰基碳的正电性减弱，且芳环具有较大的空间位阻，使反应活性降低。因此，醛的反应活性通常比酮高，脂肪醛（酮）的反应活性要比芳香醛（酮）高。不同结构的醛、酮发生亲核加成反应的难易程度不同，发生亲核加成反应由易到难的顺序如下：

$$(H)(H)C=O > ((Ar)R)(H)C=O > (R)(CH_3)C=O > (Ar)(CH_3)C=O$$

甲醛 其他醛 脂肪甲基酮 芳香甲基酮

醛和酮可以与氢氰酸、醇及氨的衍生物等亲核试剂发生加成反应。加成时都是试剂中的氢加到羰基氧原子上，其余部分加到羰基碳原子上，形成新的化合物。

1. 与氢氰酸的加成 大多数醛、脂肪甲基酮和8个碳原子以下的环酮与氢氰酸（HCN）发生加成反应，生成相应的 α-羟基腈，也称为氰醇（cyanohydrin），而芳香酮则由于活性太低而难以发生反应。

$$C=O + HCN \rightleftharpoons C(OH)(CN)$$

(2) (1)

α-羟基腈(氰醇)

反应中氰基负离子（CN^-）作为亲核试剂，其浓度是决定反应速率的重要因素之一。HCN 的酸性很弱，不易解离生成 CN^-，因此在酸性条件下，几乎不能发生加成反应；而向体系中加入少量碱，增大溶液的 pH，则可增大 CN^- 的浓度，使反应大大加快。

醛、酮和 HCN 的加成在有机合成中可用来增长碳链，因为生成物比反应物增加了1个碳原子。氰醇具有氰基和醇羟基两种官能团，是一种重要的有机合成中间体，由氰醇可以制备 α-羟基

Note

酸、β-羟基胺等化合物。

$$>C(OH)CN \xrightarrow{H_2O,H^+} >C(OH)COOH$$

$$>C(OH)CN \xrightarrow{[H]} >C(OH)CH_2NH_2$$

由于 HCN 挥发性强,有剧毒,使用不方便,实验室中常将醛、酮与氰化钠或氰化钾溶液混合,然后加入无机酸来进行与氢氰酸的加成。

$$CH_3\overset{O}{\overset{\|}{C}}CH_3 \xrightarrow{NaCN,HCl} H_3C-\underset{CN}{\overset{OH}{C}}-CH_3$$

2. 与亚硫酸氢钠的加成反应 醛、脂肪甲基酮和 8 个碳原子以下的环酮能与饱和亚硫酸氢钠溶液发生加成反应,生成 α-羟基磺酸钠,由于硫原子的亲核性强,反应不需要催化剂。α-羟基磺酸钠可溶于水,但在饱和亚硫酸氢钠溶液中的溶解度较小,以白色结晶析出。该反应可用于某些醛、酮的鉴别。另外,α-羟基磺酸钠与稀酸或稀碱共热又可生成原来的醛、酮,因此该反应还可用于某些醛、酮的分离和提纯。

$$>\overset{\delta^+}{C}=\overset{\delta^-}{O} + O=S(OH)O^-Na^+ \rightleftharpoons >C(ONa)SO_3H \longrightarrow >C(OH)SO_3H$$

该反应中的亲核试剂为 HSO_3^-,体积比 CN^- 更大,受空间位阻影响也更为明显,故其与醛、酮的加成比 HCN 更困难,因此常用过量的亚硫酸氢钠以提高产率。

3. 与水的加成反应 醛、酮可以和水发生加成反应,生成醛、酮的水合物,称为偕二醇(geminal diol)。

$$>C=O + H_2O \rightleftharpoons >C(OH)OH$$

偕二醇

多数情况下偕二醇不稳定,容易脱水生成原来的醛或酮,因此反应的平衡主要偏向反应物一侧。个别醛(如甲醛)、酮在水溶液中几乎全部以水合物形式存在,但若将水合物分离出来则会迅速发生脱水。

$$H_2C=O + H_2O \rightleftharpoons H_2C(OH)_2$$

当羰基与强吸电子基相连时,羰基碳原子的正电性增强,可以生成比较稳定的水合物。如水合氯醛是三氯乙醛的水合物,曾用于镇静催眠和麻醉,也是生产农药和某些抗生素的重要中间体。茚三酮是不稳定的化合物,分子中的 3 个带正电荷的羰基碳原子连在一起,使分子的能量升高,形成水合物后,降低了电荷的排斥力,而且分子中形成了氢键,所以平衡偏向生成物的一边,在水溶液中极易生成水合茚三酮,水合茚三酮可用作氨基酸和蛋白质的鉴别试剂。

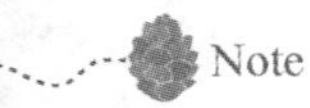

$$\text{茚三酮} + H_2O \rightleftharpoons \text{水合茚三酮}$$

环丙酮很容易生成水合物，是因为环丙酮环的张力大，生成水合物以后可以降低分子的张力。

$$\text{环丙酮} + H_2O \rightleftharpoons \text{1,1-环丙二醇}$$

4. 与醇的加成反应 醇是较弱的亲核试剂，在干燥氯化氢的催化下，一分子醛能与一分子醇发生亲核加成反应，生成半缩醛（hemiacetal）。半缩醛分子中新生成的羟基与原来的醇羟基不同，它的化学活性较高，称为半缩醛羟基。半缩醛一般不稳定，可以继续与另一分子醇作用，失去一分子水生成稳定的缩醛（acetal）。半缩醛羟基因与醚键连在同一碳原子上，通常稳定性差，容易分解成原来的醛和醇。但某些环状半缩醛稳定性较好，如单糖（多羟基醛或酮）能以环状半缩醛（酮）的形式稳定存在。而缩醛分子具有偕二醚结构（2 个醚键连在同一碳原子上），其性质与醚类似。

$$RCHO + HOR_1 \underset{}{\overset{\text{干燥 HCl}}{\rightleftharpoons}} R-CH(OH)(OR_1) \underset{R_1OH}{\overset{\text{干燥 HCl}}{\rightleftharpoons}} R-CH(OR_1)_2 + H_2O$$

半缩醛（OH 为半缩醛羟基）　　缩醛

缩醛在中性和碱性溶液中比较稳定，但遇到稀酸则水解成原来的醛和醇。因此在有机合成中，常利用这一特性来保护羰基，避免其与氧化剂、还原剂发生反应，在同样情况下，酮也能发生类似的反应，生成半缩酮（hemiketal）和缩酮（ketal），但是反应要比醛慢得多，产率也非常低，但环状缩酮比较容易生成。如在酸催化下，乙二醇可以和酮反应，生成具有五元环结构的缩酮，利用这个反应，在有机合成中可以用乙二醇保护酮羰基，也可以用丙酮保护邻二醇。

$$RR'C{=}O + HOCH_2CH_2OH \xrightarrow{\text{干燥 HCl}} RR'C(OCH_2CH_2O) + H_2O$$

5. 与 Grignard 试剂的加成反应 Grignard 试剂中的 C—Mg 键是极性很强的键，与金属（Mg）相连的碳带部分负电荷，可与醛、酮发生亲核加成反应。例如，Grignard 试剂与甲醛反应得到伯醇，与其他醛反应得到仲醇，与酮反应得到叔醇，这是制备结构复杂的醇的重要方法。

$$(R')H(R)C{=}O + \overset{\delta^-}{R''}-\overset{\delta^+}{MgX} \xrightarrow{\text{无水乙醚}} (R')H(R)C(OMgX)R'' \xrightarrow{H_2O} (R')H(R)C(OH)R'' + Mg(OH)X$$

6. 与氨的衍生物的加成反应 醛、酮可以和多种氨的衍生物（如羟胺、肼、苯肼、2，4-二硝基苯肼等）发生亲核加成反应，加成产物再脱去一分子水，生成稳定的含碳氮双键的化合物，如果用 $H_2N—R$ 代表不同的氨的衍生物，其反应过程可用通式表示如下：

$$>C{=}O + H_2\ddot{N}-R \longrightarrow -\underset{|}{\overset{OH}{C}}-\overset{H}{N}-R \xrightarrow{-H_2O} >C{=}NR$$

表9-2列出了常见的氨的衍生物及其与醛和酮反应的产物，这些缩合产物均为晶体，具有一定的熔点和形状，在稀酸作用下可以水解生成原来的醛、酮。此反应常用于鉴别羰基化合物及分离、提纯醛或酮，所以通常将这些氨的衍生物称为羰基试剂(carbonyl reagent)。特别是2,4-二硝基苯肼，几乎能与所有的醛或酮迅速反应，生成橙黄色或橙红色晶体2,4-二硝基苯腙。该类反应应用最为广泛，临床上用于组织器官转氨酶的活性测定。

表9-2　常见的氨的衍生物及其与醛和酮反应的产物

氨的衍生物	氨的衍生物的结构式	加成缩合产物结构式	加成缩合产物名称
羟胺	H_2N-OH	$>C=N-OH$	肟
肼	H_2N-NH_2	$>C=N-NH_2$	腙
苯肼	$H_2N-NH-C_6H_5$	$>C=N-NH-C_6H_5$	苯腙
2,4-二硝基苯肼	$H_2NHN-C_6H_3(2-NO_2)(4-NO_2)$	$>C=NHN-C_6H_3(2-NO_2)(4-NO_2)$	2,4-二硝基苯腙
伯胺	$H_2N-R(Ar)$	$>C=N-R(Ar)$	Schiff碱

Schiff碱易被稀酸水解，而重新生成醛、酮及伯胺，常用来保护羰基。将Schiff碱还原可以得到仲胺。

$$\underset{R'}{\overset{R}{>}}C=NAr \xrightarrow{Pt,H_2} \underset{R'}{\overset{R}{>}}CH-NHAr$$

(二) α-H的反应

醛、酮分子中与羰基直接相连的碳原子称为α-C，与α-C相连的氢原子称为α-H。由于羰基具有强吸电子作用，醛、酮α-C上的C—H键极性增强，α-H变得异常活泼，容易以质子的形式离去；α-H以质子的形式离去之后α-C变成碳负离子，碳负离子能够发生异构化转变为烯醇负离子，使负电荷离域到α-H的碳原子和氧原子上，稳定性增强。质子与碳负离子结合得到原来的醛、酮，质子与烯醇负离子结合则得到烯醇。醛、酮与烯醇互为异构体，它们能够相互转化并处于动态平衡中，这种异构现象称为互变异构(tautomerism)，醛、酮与相应的烯醇称为互变异构体。

$$\underset{\text{烯醇式}}{CH_2=\overset{\overset{\large OH}{|}}{C}-CH_3} \rightleftharpoons \underset{\text{酮式}}{CH_3-\overset{\overset{\large O}{\|}}{C}-CH_3}$$

扫码看答案

课堂练习9-2

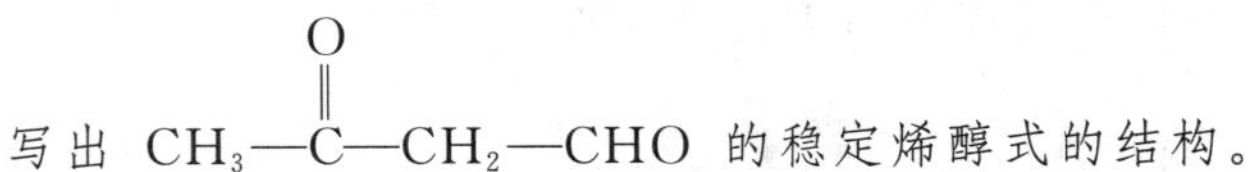

写出 $CH_3-\overset{\overset{O}{\|}}{C}-CH_2-CHO$ 的稳定烯醇式的结构。

Note

1. 卤代反应　在酸或碱的催化下，卤素能与含有α-H的醛、酮迅速反应，将α-H完全取代，生成α-卤代醛酮。

$$\text{C}_6\text{H}_5\text{—}\overset{\text{O}}{\overset{\|}{\text{C}}}\text{—CH}_3 + Br_2 \longrightarrow \text{C}_6\text{H}_5\text{—}\overset{\text{O}}{\overset{\|}{\text{C}}}\text{—CH}_2\text{Br} + HBr$$

苯乙酮　　　　α-溴苯乙酮

如果α-C上连有3个氢原子(即羰基与甲基直接相连,如乙醛和甲基酮等),3个α-H都能被卤素取代,生成三卤代物,但它在碱性溶液中很不稳定,立刻发生C—C键断裂,分解成为三卤甲烷(卤仿)和羧酸盐,此反应称为卤仿反应(haloform reaction)。若用的是碘的碱溶液(I_2 + NaOH),则生成碘仿(CHI_3),称为碘仿反应(iodoform reaction)。碘仿是具有特殊气味的淡黄色晶体,在反应时由于其难溶于水而产生沉淀,易于观察,因此实验室常用此反应来鉴别乙醛和甲基酮。

$$CH_3\text{—}\overset{\text{O}}{\overset{\|}{\text{C}}}\text{—H(R)} \xrightarrow{X_2+NaOH} CX_3\text{—}\overset{\text{O}}{\overset{\|}{\text{C}}}\text{—H(R)} \xrightarrow{OH^-} CHX_3\downarrow + \text{(R)HCOONa}$$

$$X_2 + NaOH \longrightarrow NaOX + NaX + H_2O$$

因为碘和氢氧化钠溶液歧化生成的次碘酸钠(NaOI)是一种氧化剂,能将α-甲基醇(如乙醇、异丙醇等)氧化为乙醛或α-甲基酮。因此,能发生碘仿反应的有机化合物结构式如下:

$$CH_3\text{—}\overset{\text{O}}{\overset{\|}{\text{C}}}\text{—H(R)} \qquad CH_3\text{—}\underset{\text{H}}{\underset{|}{\overset{\text{OH}}{\overset{|}{\text{C}}}}}\text{—H(R)}$$

(乙醛、甲基酮)　　　　(α-甲基醇)

课堂练习9-3

下列哪些化合物能发生碘仿反应?

(1) 乙醇　(2) 丙醇　(3) 异丙醇　(4) 乙醛　(5) 丙醛　(6) 丙酮　(7) 3-戊酮　(8) 2-戊酮

扫码看答案

2. 羟醛缩合反应 在稀碱(10% NaOH)溶液中,含有α-H的醛,能和另一分子醛发生加成反应。一分子醛的α-H加到另一分子醛的羰基氧原子上,余下的部分加到羰基碳原子上,生成β-羟基醛的反应称为羟醛缩合反应或醇醛缩合(aldol condensation)反应。

$$CH_3\text{—}\overset{\text{O}}{\overset{\|}{\text{C}}}\text{—H} + \overset{\alpha}{}\overset{\text{H}}{\overset{|}{\text{C}}}\text{H}_2\text{—CHO} \xrightarrow{\text{稀}OH^-} CH_3\text{—}\overset{\text{OH}}{\overset{|}{\text{C}}}\text{H—CH}_2\text{—CHO} \xrightarrow{\triangle} CH_3\text{—CH═CH—CHO}$$

(箭头标注 (1)、(2))

3-羟基丁醛　　　　2-丁烯醛

羟醛缩合反应过程主要有碳负离子的生成和亲核加成两个关键步骤,其反应机制是一分子醛在碱的作用下转变为碳负离子;碳负离子作为亲核试剂进攻另一分子醛的羰基碳,发生亲核加成,生成氧负离子中间体;氧负离子中间体和水发生质子交换生成β-羟基醛。

通过羟醛缩合反应可以由碳原子数较少的醛制备碳原子数翻倍的β-羟基醛,当生成的β-羟基醛上仍有α-H时,受热容易发生分子内脱水,生成不饱和醛。还可以进一步转变为其他多种类型的化合物,因此该反应是有机合成中用于增长碳链的重要方法之一。

如果两种不同的含α-H的醛进行羟醛缩合,一般情况下得到的是4种缩合产物的混合物,分离困难,实用价值不大。但如果其中一种醛没有α-H,则可以通过控制反应过程得到单一的缩合产物,在合成上有应用价值。例如,在稀碱存在下将乙醛缓慢加入过量的苯甲醛中,可以得到很

Note

高产率的肉桂醛。这是因为苯甲醛无 α-H，不能产生碳负离子，乙醛生成的碳负离子会立即与苯甲醛的羰基发生加成，而且苯甲醛又是过量的，抑制了乙醛自身的缩合，所以产物比较单一。另外该反应不需要加热也能得到 α,β-不饱和肉桂醛，主要是由于分子中双键和苯环之间存在 π-π 共轭，增强了产物的稳定性，使脱水更容易发生。

$$C_6H_5-CHO + CH_3CHO \xrightarrow{NaOH} C_6H_5-CH=CHCHO + H_2O$$

含有 α-H 的酮在稀碱催化下也能发生羟醛缩合反应，但由于酮羰基吸电子作用比醛的羰基弱，同时酮羰基周围的空间位阻也比较大，故羟醛缩合反应更难发生。

（三）氧化还原反应

1. 氧化反应 在醛分子中，醛基上的氢原子比较活泼，极容易被氧化生成羧酸，醛具有较强的还原性。醛不仅能和 $KMnO_4$ 等强氧化剂作用，还能和一些弱氧化剂作用。酮分子中无活泼氢，在一般条件下很难被氧化。这是醛和酮化学性质的主要差异之一。因此可以利用弱氧化剂能氧化醛而不能氧化酮的特性，来鉴别醛与酮。常见的弱氧化剂有托伦试剂(Tollen reagent)、费林试剂(Fehling reagent)和班氏试剂(Benedict reagent)等(表 9-3)。

表 9-3 醛与弱氧化剂的反应

名称	组成	反应式	现象	范围
托伦试剂	$AgNO_3$ 的氨水溶液	$RCHO+[Ag(NH_3)_2]OH \xrightarrow{\triangle} RCOONH_4+Ag\downarrow$	形成银镜	所有醛
费林试剂	$CuSO_4$ 和酒石酸钾钠的 NaOH 溶液	$RCHO+Cu^{2+} \xrightarrow[\triangle]{碱性溶液} RCOONa+Cu_2O\downarrow$	砖红色沉淀	脂肪醛
班氏试剂	$CuSO_4$、Na_2CO_3 及柠檬酸钠的混合溶液	$RCHO+Cu^{2+} \xrightarrow[\triangle]{碱性溶液} RCOONa+Cu_2O\downarrow$	砖红色沉淀	脂肪醛

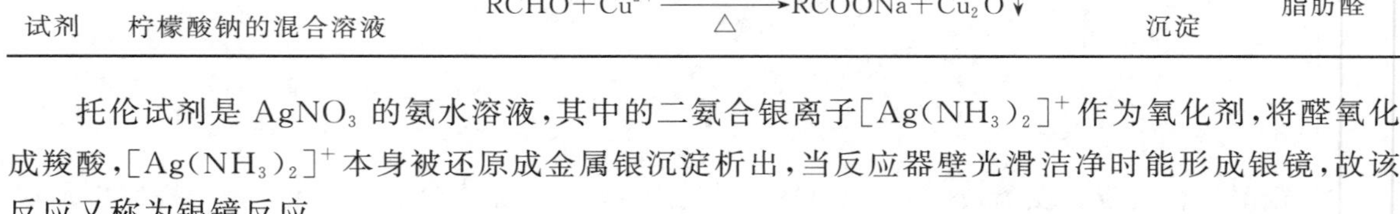

【知识链接】德国化学家 Tollen 简介

【知识链接】德国化学家 Fehling 简介

托伦试剂是 $AgNO_3$ 的氨水溶液，其中的二氨合银离子$[Ag(NH_3)_2]^+$作为氧化剂，将醛氧化成羧酸，$[Ag(NH_3)_2]^+$本身被还原成金属银沉淀析出，当反应器壁光滑洁净时能形成银镜，故该反应又称为银镜反应。

费林试剂是 $CuSO_4$ 与酒石酸钾钠的 NaOH 溶液，Cu^{2+} 作为氧化剂，将脂肪醛氧化成羧酸，Cu^{2+} 本身被还原成砖红色的 Cu_2O 沉淀。费林试剂的稳定性较差，久置易失去反应活性，需要现用现配。

班氏试剂是 $CuSO_4$、Na_2CO_3 及柠檬酸钠的混合溶液，反应原理与费林试剂一致，也生成砖红色的 Cu_2O 沉淀，但其稳定性好，可长期放置。临床上班氏试剂可用于检验尿液中是否含有葡萄糖。

综上所述，弱氧化剂和醛反应现象明显，但不能和酮反应，也不能和分子中的羟基、双键反应，因此可用于醛的鉴别。需要注意的是，费林试剂和班氏试剂只能氧化脂肪醛，不能氧化芳香醛，利用这一特点可以区分脂肪醛和芳香醛。

通常情况下酮很难被氧化，若使用硝酸、高锰酸钾等强氧化剂，则发生 C—C 键断裂，生成多种羧酸的混合物，没有实用价值。但某些环酮能被氧化得到较单一的产物，如环己酮在强氧化剂作用下生成己二酸，是工业生产己二酸的有效方法。

2. 醛和酮的还原反应 醛和酮都能发生还原反应，使用不同的还原剂可以将羰基还原成醇羟基或亚甲基(—CH_2—)。

(1) 催化氢化：在金属催化剂 Pt、Pd、Ni 等存在下，醛和酮的羰基经催化氢化还原为羟基，醛加氢被还原成伯醇，酮则被还原成仲醇，可利用此反应制备相应的醇。催化氢化是非选择性的还

原方法，分子中的碳碳双键等其他不饱和键也被加氢还原。

醛：

$$R-\overset{O}{\overset{\|}{C}}-H + H_2 \xrightarrow{Ni} RCH_2OH\text{(伯醇)}$$

酮：

$$R_1-\overset{O}{\overset{\|}{C}}-R_2 + H_2 \xrightarrow{Ni} R_1-\overset{OH}{\underset{H}{C}}-R_2\text{(仲醇)}$$

(2) 金属氢化物还原：使用金属氢化物如 $LiAlH_4$、$NaBH_4$ 等作为还原剂，也能将醛、酮还原成相应的醇。

$$C_6H_5CH=CHCHO \xrightarrow[(2)H^+, H_2O]{(1)NaBH_4, CH_3OH} C_6H_5CH=CHCH_2OH$$

此反应发生时经历了亲核加成过程，金属氢化物中的氢负离子(H^-)作为亲核试剂进攻羰基碳，金属基团与羰基氧结合，生成加成产物，经水解后得到醇。金属氢化物 $LiAlH_4$、$NaBH_4$ 不能还原碳碳双键，是选择性的还原剂。

$LiAlH_4$ 极易水解，因此反应需在无水条件下进行。而 $NaBH_4$ 的还原能力比 $LiAlH_4$ 弱，但其反应时不需无水环境，使用方便。

(3) 还原成亚甲基的反应：醛、酮与锌汞齐(Zn-Hg)和浓盐酸一起加热回流反应，可将羰基还原成亚甲基，称为 Clemmensen 还原。此反应是利用芳香酮还原合成带侧链的芳烃的一种好方法。但由于反应需在强酸性环境下进行，Clemmensen 还原只适用于对酸稳定的化合物。

$$C_6H_5-COCH_2CH_3 \xrightarrow{Zn-Hg, HCl(浓)} C_6H_5-CH_2CH_2CH_3$$

【知识链接】美国化学家 Clemmensen 简介

对酸不稳定而对碱稳定的醛和酮，可使用 Kishner-Wolff-黄鸣龙还原法将羰基还原成亚甲基。此反应是以高沸点的水溶性液体(如缩二乙二醇)为溶剂，将醛或酮与浓碱在常压下加热，羰基即被还原为亚甲基。

【知识链接】德国化学家 Wolff 简介

$$\text{环壬酮}=O \xrightarrow[(HOCH_2CH_2)_2O, \triangle]{NaOH, NH_2NH_2} \text{环壬烷}$$

该反应是由苏联化学家 Kishner 和德国化学家 Wolff 首先发现的，称为 Kishner-Wolff 还原法。我国化学家黄鸣龙对此还原法进行了重要改进，主要有以下 3 个方面：①原反应使用价格昂贵的无水肼和难以保存的金属钠，改良后使用便宜的肼的水溶液和 NaOH；②原反应需要在封管或高压釜中进行，对设备要求高，改良后能在常压下进行，更适合工业化生产；③原反应的反应时间很长(50～100 h)，改良后反应时间大大缩短(3～5 h)，效率更高。正是因为黄鸣龙对此反应的改进做出了很大贡献，改良后的反应被称为 Kishner-Wolff-黄鸣龙还原法，这也是有机化学反应中仅有的几个以中国人名字命名的反应之一。

【知识链接】俄国化学家 Kishner 简介

【知识链接】中国化学家黄鸣龙简介

(4) 醛的 Cannizzaro 反应：不含 α-H 的醛在浓碱作用下，一分子醛被氧化成羧酸，另一分子醛被还原成伯醇，这种反应称为 Cannizzaro 反应，反应中醛同时发生氧化和还原两种反应，因此也称为歧化反应(disproportionation reaction)。

$$2C_6H_5CHO \xrightarrow{浓\ NaOH} C_6H_5COONa + C_6H_5CH_2OH$$

【知识链接】意大利化学家 Cannizzaro 简介

两种不同的无 α-H 的醛在浓碱存在下，将同时发生自身 Cannizzaro 反应和交叉 Cannizzaro 反应，生成多种产物的混合物。但使用甲醛与其他不含 α-H 的醛进行反应时，由于甲醛的醛基最活泼，总是先被 OH^- 进攻而被氧化生成甲酸，另一种醛被还原成为伯醇，因此产物比较单一，可用于有机合成。

$$\text{呋喃}-CHO + HCHO \xrightarrow{浓\ NaOH} \text{呋喃}-CH_2OH + HCOONa$$

(四) 醛与品红亚硫酸试剂的显色反应

品红亚硫酸试剂又称希夫试剂(Schiff reagent)。醛和品红亚硫酸试剂作用呈紫红色,而酮却不显色,可以此来鉴别醛与酮。甲醛与希夫试剂作用后生成的紫红色在加入 H_2SO_4 后不消失,而其他醛会消失,可由此来鉴别甲醛和其他醛。

第二节 醌

醌(quinone)在植物中的分布非常广泛,多数存在于植物的根、皮、叶及心材中,也可存在于茎、种子和果实中。大黄、何首乌、茜草、决明子、芦荟、丹参等植物中均含有醌。醌在一些低等植物(如地衣类)和菌类的代谢产物中也存在。

醌有多种生物活性。如番泻叶中的番泻苷具有较强的致泻作用;大黄中游离的羟基蒽醌具有抗菌作用,尤其是对金黄色葡萄球菌具有较强的抑制作用;茜草中的茜草素具有止血作用;紫草中的萘醌类色素具有抗菌、抗病毒及止血作用;丹参中丹参醌具有扩张冠状动脉的作用,可用于治疗冠心病、心肌梗死等;还有一些醌具有驱绦虫、解痉、利尿、利胆、镇咳、平喘等作用。

一、结构和命名

醌是具有共轭环己二烯二酮结构的化合物,主要分为苯醌、萘醌、蒽醌和菲醌4种类型。

【动画】
对苯醌

醌的命名法是以苯醌、萘醌、蒽醌、菲醌等作为母体,2个羰基的位置用阿拉伯数字加在前面注明,有时也用对、邻、α、β等标明2个羰基的相对位置,如有取代基,则可注明位置,写在醌的前面。

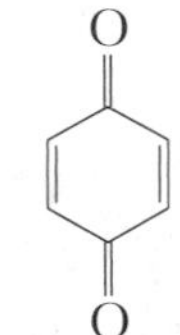

1,4-苯醌(对苯醌)
1,4-benzoquinone(*p*-benzoquinone)

1,2-苯醌(邻苯醌)
1,2-benzoquinone(*o*-benzoquinone)

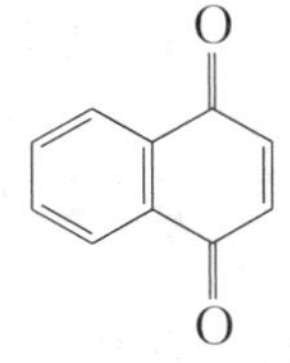

1,4-萘醌(α-萘醌)
1,4-naphthoquinone
(α-naphthoquinone)

9,10-蒽醌
9,10-anthraquinone

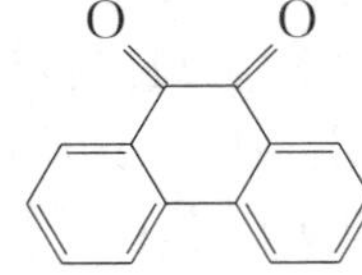

9,10-菲醌
9,10-phenanthraquinone

二、化学性质

(一) 酸碱性

醌的衍生物多具有酚羟基,有的还具有其他的酸性取代基(如羧基),故呈酸性。苯醌和萘醌醌核上的羟基的酸性类似于羧酸,酸性较强。

萘醌和蒽醌的苯环上的羟基酸性:β-羟基>α-羟基。

游离蒽醌衍生物酸性强弱排序:含—COOH>含2个以上β-OH>含1个β-OH>含2个

α-OH＞含 1 个 α-OH。

（二）颜色反应

醌的衍生物在碱性条件下经加热能迅速与醛及邻二硝基苯反应，生成紫色化合物，称为 Feigl 反应。无色亚甲蓝溶液是检验苯醌及萘醌的专用显色剂，常用于纸色谱法（PPC），显蓝色斑点，可用来鉴别它们与蒽醌。

（三）碳碳双键的加成反应

在乙酸溶液中，溴与醌分子中的碳碳双键加成，生成二溴化物或四溴化物。

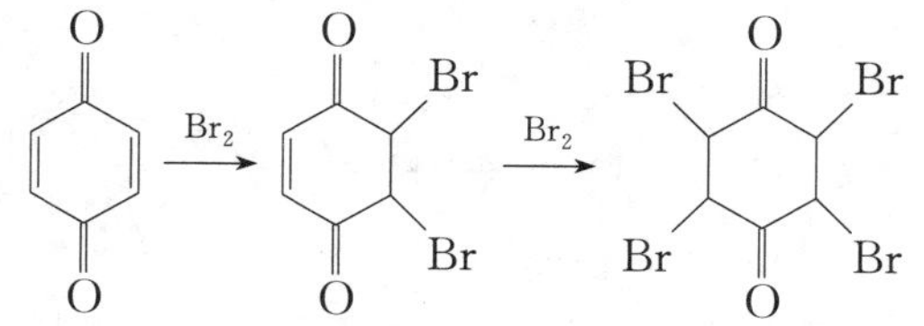

（四）羰基的反应

醌具有二元羰基化合物的特性，对苯醌能够与一分子羟胺作用生成对苯醌一肟，与两分子羟胺作用生成对苯醌二肟。

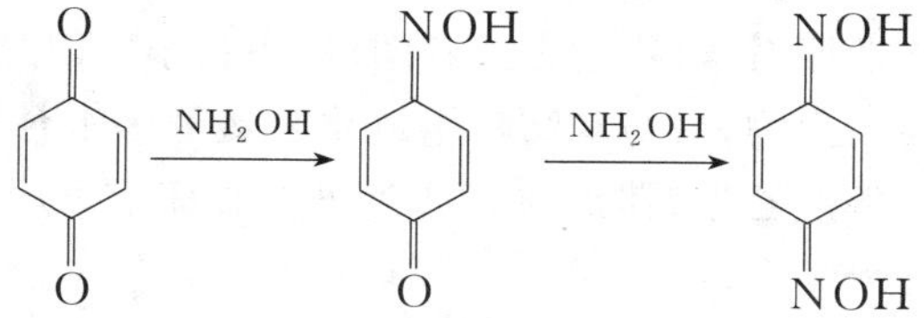

（五）1，4-加成反应

醌中碳碳双键与碳氧双键共轭，可与氢卤酸、氢氰酸等试剂发生 1，4-加成反应。

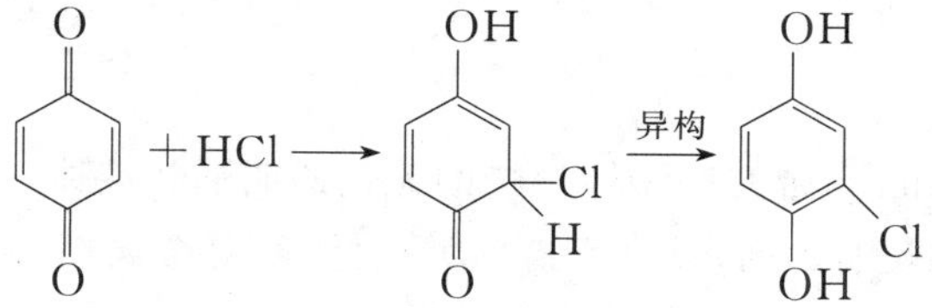

（六）还原反应

对苯醌在亚硫酸钠溶液中很容易被还原为对苯二酚（也称为氢醌），对苯二酚也容易被氧化为对苯醌。

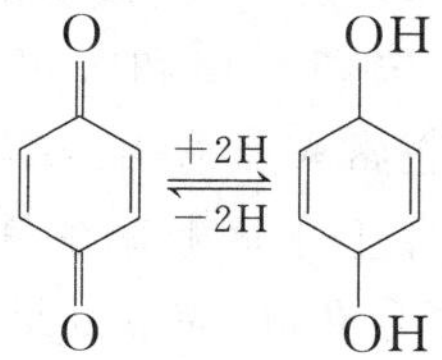

第三节　应用于医药中的化合物

一、甲醛

甲醛（formaldehyde）俗名蚁醛，是无色、具有辛辣刺激性气味、易溶于水的气体，沸点为

【动画】
三聚甲醛

【动画】
乌洛托品

−19 ℃。甲醛具有使蛋白质凝固和广谱杀菌的作用，对真菌、乙肝病毒和细菌等都有较好的杀灭能力。35%～40%的甲醛水溶液(俗称福尔马林)常用作保存标本的防腐剂，临床上用作外科器械、手套和污染物等的消毒剂。

甲醛的化学性质比其他醛活泼，容易被氧化，又极易发生聚合反应，在常温下自动聚合生成具有环状结构的三聚甲醛。福尔马林长期放置会产生混浊或沉淀，这是由于甲醛自动聚合生成多聚甲醛。多聚甲醛经加热(160～200 ℃)后，可解聚生成气体甲醛。

甲醛与浓氨水一起蒸发时，生成环六亚甲基四胺($C_6H_{12}N_4$)，药品名为乌洛托品，医药上用作利尿剂及尿道消毒剂。

$$\text{(环状 } H_2C\text{、}O\text{—}CH_2\text{、}O\text{、}O\text{—}CH_2\text{)} \qquad +CH_2—O+_n \qquad \text{(乌洛托品，含 4 个 N)}$$

三聚甲醛　　多聚甲醛　　乌洛托品

二、乙醛

乙醛(ethanal)是一种无色、有刺激性气味、易挥发的液体，沸点为 21 ℃，可溶于水、乙醇、氯仿和乙醚。乙醛是重要的工业原料，可用于合成乙酸、乙醇和季戊四醇等。

三氯乙醛是乙醛的重要衍生物，易与水结合生成水合氯醛。水合氯醛是无色透明棱状晶体，有刺激性气味，易溶于水、乙醇及乙醚，其 10%的水溶液在临床上可用作为长时间作用的催眠药。

$$CCl_3—\overset{\overset{\displaystyle O}{\|}}{C}—H + H_2O \longrightarrow CCl_3—\underset{\underset{\displaystyle OH}{|}}{\overset{\overset{\displaystyle OH}{|}}{C}}—H$$

三、戊二醛

戊二醛(glutaraldehyde)是带有刺激性气味的无色透明油状液体，溶于热水、乙醇、氯仿、冰乙酸、乙醚等有机溶剂，属高效消毒剂，具有广谱、高效、低毒、对金属腐蚀性小、稳定性强等特点，适用于医疗器械和耐湿忌热的精密仪器的消毒与灭菌。

四、丙酮

丙酮(acetone)是无色、具有特殊气味、易挥发、极易溶于水的液体，沸点为 56 ℃。丙酮是重要的有机合成原料，用于生产环氧树脂、有机玻璃和医用药物等。丙酮能溶解许多有机化合物，是良好的溶剂。丙酮是糖的分解产物，正常人血清中丙酮的含量很低，但糖尿病患者体内常有过量丙酮产生，并随呼吸或尿液排出。临床上常用亚硝酰铁氰化钠($Na_2[Fe(CN)_5NO]$)的氨水溶液，检查患者尿中是否有丙酮，若有丙酮存在，反应液就呈鲜红色。

五、苯醌

苯醌(benzoquinone)有对苯醌和邻苯醌两种异构体，对苯醌为黄色，邻苯醌为红色。苯醌具有醌所有的化学性质。天然存在的苯醌的衍生物多为黄色或橙色晶体，如 2,6-二甲氧基对苯醌存在于中药凤眼草的果实中，具有较强的抗菌作用；从中药朱砂根中分离得到的化合物密花醌，具有抗毛滴虫作用。自然界中还存在一类含有醌式结构的化合物，称为泛醌，其是生物氧化反应的一种辅酶，称为辅酶 Q。人体内的辅酶 Q 含有 10 个异戊烯单位，故又称为辅酶 Q_{10}。辅酶 Q_{10} 可从猪心中分离得到，已用于治疗心脏病、高血压及癌症等。

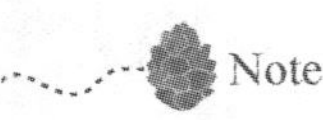
Note

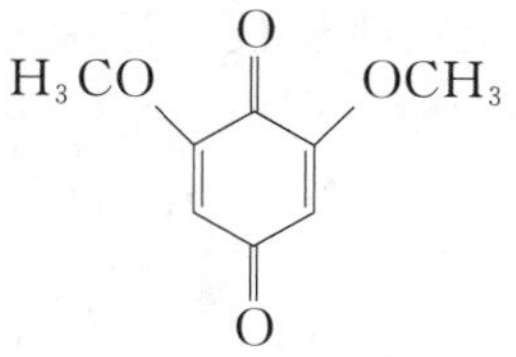

2,6-二甲氧基对苯醌 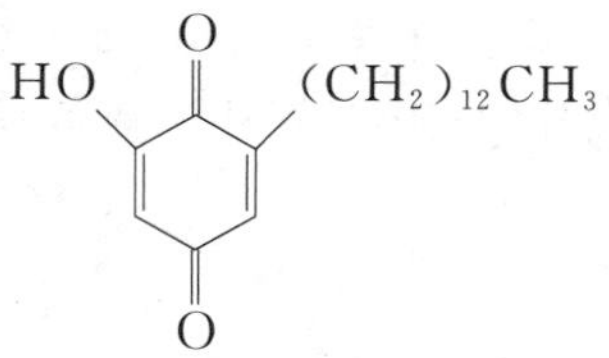　　　　密花醌

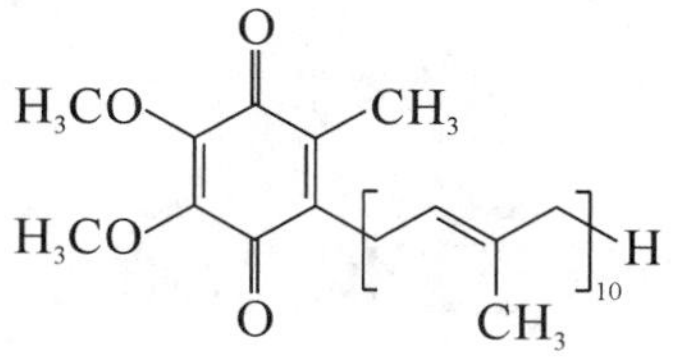

辅酶 Q_{10}

六、萘醌

萘醌(naphthoquinone)有三种异构体：α-萘醌、β-萘醌和 2,6-萘醌。其中最常见的是 α-萘醌。

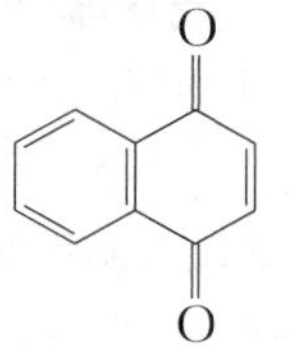

α-萘醌 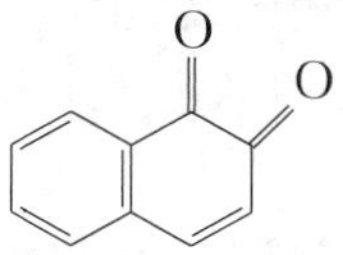　　　　β-萘醌 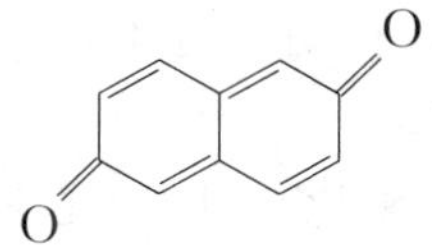　　　　2,6-萘醌

在动植物体内，许多具有生物活性的化合物含有 α-萘醌的结构，其中最重要的一类化合物是维生素 K。维生素 K_1 和维生素 K_2 广泛存在于自然界中，以猪肝和苜蓿中含量较多，此外，在一些绿色植物、蛋黄、肝中含量也较为丰富。维生素 K 具有凝血作用，可用作止血剂。天然存在的维生素 K_1 和维生素 K_2 是 2-甲基-1,4-萘醌的衍生物。

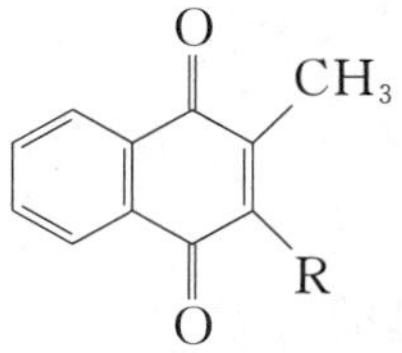

2-甲基-1,4-萘醌：R＝H

维生素 K_1：$R=CH_2CH{=}C(CH_3)-(CH_2CH_2CH_2CH(CH_3))_3-CH_3$

维生素 K_2：$R=(CH_2CH{=}C(CH_3)-CH_2)_5-CH_2CH{=}C(CH_3)-CH_3$

在研究维生素及其衍生物的化学结构与凝血关系时发现，通过化学合成得到的 2-甲基-1,4-萘醌具有更强的凝血功能，它是不溶于水的黄色固体，但它与亚硫酸氢钠加成的产物溶于水，医学上称为维生素 K_3。

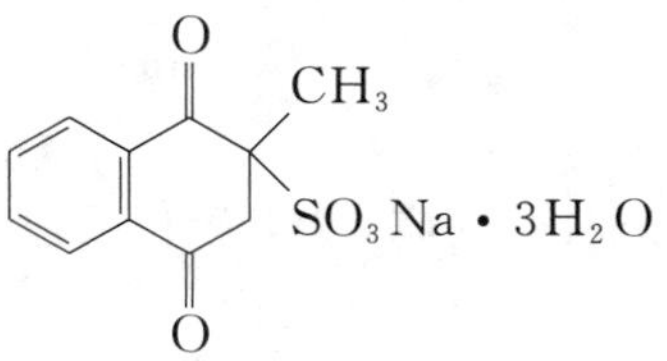

$SO_3Na \cdot 3H_2O$

维生素 K_3

七、蒽醌

蒽醌(anthraquinone)有三种异构体，其中 9,10-蒽醌及其衍生物较为常见。蒽醌的衍生物广

【动画】
大黄素

泛存在于自然界中,大多是植物的成分,如红色的植物染料茜素最初是从茜草根中分离出来的,中药大黄中的有效成分大黄素、大黄酸等都是蒽醌的衍生物。

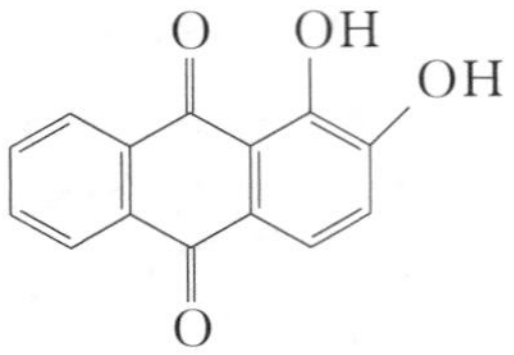

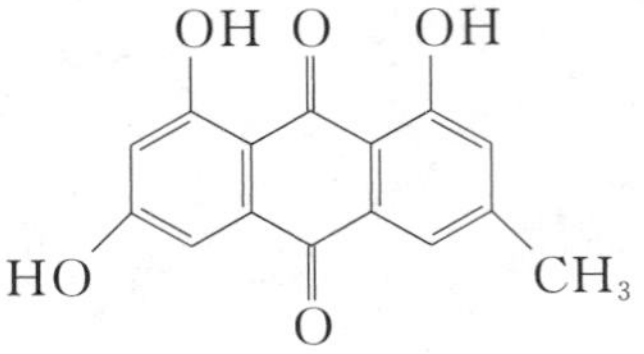

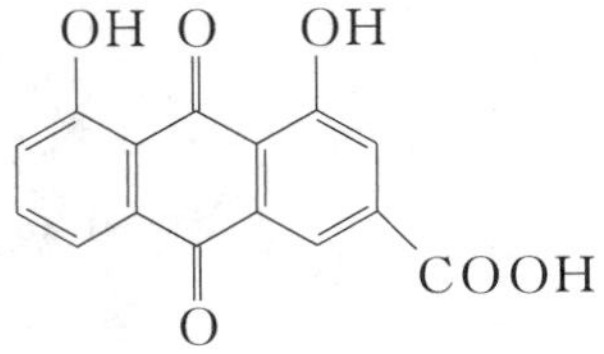

茜素　　　　大黄素　　　　大黄酸

小　　结

醛、酮、醌是分子中含有羰基的化合物,羰基是醛、酮、醌的官能团。醛、酮的系统命名需要选择含羰基碳的最长碳链作为主链,并使羰基碳的编号尽可能小。

醛、酮发生的主要反应是亲核加成反应,可以和氢氰酸、亚硫酸氢钠、醇、水、Grignard 试剂以及氨的衍生物等亲核试剂发生加成反应。在此类反应中,试剂带负电荷的部分加到羰基碳原子上,带正电荷的部分加到氧原子上,羰基的 π 键断裂,生成加成产物。受羰基的影响,醛、酮的 α-H 具有较高的反应活性,可以发生羟醛缩合反应和卤代反应。当 α-C 上连有 3 个氢原子时,可发生卤仿反应。

醛比较容易被氧化,可以和托伦试剂、费林试剂等弱氧化剂反应,而酮很难被氧化,不能与上述试剂发生反应。醛、酮分子中的羰基可以发生还原反应。在不同的条件下,可以将羰基还原成羟基或亚甲基。不含 α-H 的醛在浓碱作用下能够发生歧化反应,一分子醛被氧化成羧酸,另一分子醛被还原成伯醇。

醌是具有共轭环己二烯二酮结构的化合物,分子中既有碳碳双键,又有碳氧双键,所以可以发生加成反应。

目标检测

目标检测答案

一、选择题。

(1) 黄鸣龙是我国著名的有机化学家,他的贡献是(　　)。

A. 醛、酮的催化氢化　　　　B. 改进用肼还原羰基的反应

C. 醌的分离

(2) 下列物质不能发生碘仿反应的是(　　)。

A. 乙醇　　　　B. 乙醛　　　　C. 丙醇

(3) 下列能进行 Cannizzaro 反应的化合物是(　　)。

A. 丙酮　　　　B. 乙醛　　　　C. 甲醛

(4) 下列反应能增长碳链的是(　　)。

A. 羟醛缩合反应　　　　B. Cannizzaro 反应　　　　C. 碘仿反应

二、写出下列化合物的结构式。

(1) 2-丁烯醛　　　　(2) 2-甲基-1-苯基-1-丁酮

(3) 2,2-二甲基环己酮　　　　(4) 对甲氧基苯甲醛

三、完成下列反应式。

(1) $C_6H_5COCHO \xrightarrow{HCN}$

(2) $(CH_3)_3CCHO \xrightarrow{NaOH}$

(3) C_6H_5—$COCH_3 \xrightarrow{I_2,NaOH}$

(4) 环戊基—CHO + C_6H_5—$NHNH_2$ ⟶

四、用化学方法鉴别下列各组化合物。

(1) 1-苯基乙醇和 2-苯基乙醇　　(2) 2-己醇、2-己酮和环己酮

五、化合物 A 与托伦试剂不反应，与 2,4-二硝基苯肼反应可以得到橘红色固体。A 与氰化钠和硫酸反应得到化合物 B，B 分子式为 C_4H_7ON，A 与硼氢化钠在甲醇中反应可以得到非手性化合物 C，C 经浓硫酸脱水得到丙烯。试推断 A、B、C 的可能结构。

参考文献

[1] 侯小娟，张玉军. 有机化学[M]. 武汉：华中科技大学出版社，2018.

[2] 侯小娟，刘华. 有机化学[M]. 2 版. 西安：第四军医大学出版社，2014.

[3] 刘华，朱焰，郝红英. 有机化学[M]. 武汉：华中科技大学出版社，2020.

[4] 邢其毅，裴伟伟，徐瑞秋，等. 基础有机化学[M]. 3 版. 北京：高等教育出版社，2005.

【思政元素】

(文　超)

第十章　羧酸和取代羧酸

学习目标

扫码看 PPT

素质目标：培养学生良好的有机化学逻辑思维能力，从有机化学角度分析和解决相关问题。培养学生科学的世界观、人生观、价值观，终身学习的理念和创新意识。培养学生敬业乐群的学习态度、品质和反思创新、求真务实的精神，使学生成为复合型、应用型人才。

能力目标：运用结构理论、诱导效应和共轭效应解释羧酸和取代羧酸的稳定性和有机化学反应的可行性。提高学生发现问题、分析问题、解决问题的能力。

知识目标：掌握羧酸的酸性(结构与酸性的影响)，羧酸的酸性及成盐反应、羟基被取代生成羧酸衍生物的反应、脱羧反应，羰基酸和羟基酸的化学性质。熟悉羧酸及取代羧酸的结构，常见取代羧酸的俗名。了解羧酸及取代羧酸的物理性质，应用于医药中的羧酸及取代羧酸。

羧酸(carboxylic acid)是分子中含有羧基，并且具有酸性的一类有机化合物。羧酸的官能团是羧基(—COOH，carboxyl group)。除甲酸外，羧酸可以看作烃分子中的氢原子被羧基取代的衍生物。根据所连基团不同，羧酸可以分为脂肪酸(R—COOH)与芳香酸(Ar—COOH)。取代羧酸(substituted carboxylic acid)是羧酸分子中烃基上的氢原子被其他原子或基团取代的化合物。取代羧酸种类多，如羟基酸、羰基酸、卤代酸和氨基酸等，本章重点介绍羟基酸和羰基酸，氨基酸的相关知识将在第十六章讲解。

羧酸和取代羧酸在自然界中普遍存在，不仅在有机合成、生物代谢、临床应用中起着重要作用，也涉及日常生活的方方面面。许多羧酸和取代羧酸是动植物代谢的中间体，有些参与动植物的生命活动，有明显的生物活性和药理活性。如食醋的主要成分是乙酸，乙酸属于有机酸，常作为有机溶剂；苯甲酸的钠盐可作为食品防腐剂；高级脂肪酸钠是肥皂的主要成分，用于去污去油；乳酸、丙酮酸、柠檬酸等则是人体代谢的中间产物。

第一节　羧　　酸

一、羧酸的分类和命名

羧酸除甲酸外，均可以分解成烃基和羧基两部分。根据分子中烃基的结构，羧酸可分为脂肪酸、脂环酸和芳香酸；根据分子中烃基是否含有不饱和键，羧酸可分为饱和羧酸与不饱和羧酸；根据分子中羧基的数目，羧酸可分为一元羧酸、二元羧酸和多元羧酸等。饱和一元脂肪酸的通式为 $C_nH_{2n}O_2$。

Note

CH_3COOH	$HOOCHC=CHCOOH$	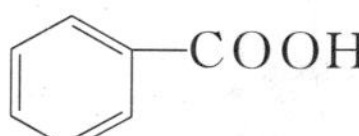
饱和脂肪酸（一元羧酸）	不饱和脂肪酸（二元羧酸）	芳香酸（一元羧酸）

常见的羧酸多用俗名，其主要根据羧酸的来源命名。如甲酸俗称蚁酸，因为它最初从蚂蚁蒸馏液中分离得到；乙酸是食醋的主要成分，俗称醋酸；乙二酸常以草酸盐的形式存在于植物中，也称草酸。

羧酸的系统命名规则与醛相似，将“醛”改成“酸”字即可。命名饱和脂肪酸时，选择含羧基的最长碳链为主链，称为某酸；编号从羧基碳原子开始，用阿拉伯数字标明主链碳原子位次。简单羧酸也习惯用希腊字母标明主键碳原子位次，与羧基直接相连的碳原子位置为α，之后依次为β、γ、δ…。不饱和脂肪酸的命名，选择包含羧基与不饱和键在内的最长碳链作为主链，称为“某烯(炔)酸”，并标明不饱和键的位次。二元酸的命名，应选择包含两个羧基在内的最长碳链为主链，称为“某二酸”。命名脂环酸和芳香酸时，以脂肪酸为母体，把脂环或芳环看作取代基。例如：

$CH_3CH_2CH(CH_3)CH_2COOH$

3-甲基戊酸(β-甲基戊酸)

3-methylpentanoic acid

$BrCH_2CH_2CH(CH_3)COOH$

4-溴-2-甲基丁酸(α-甲基-γ-溴丁酸)

4-bromo-2-methylbutanoic acid

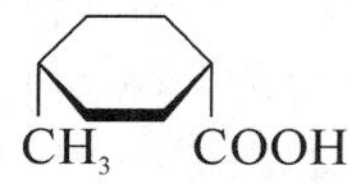

顺-4-甲基环己甲酸

cis-4-methylcyclohexanecarboxylic acid

C_6H_5—CH=CHCOOH

3-苯基-丙-2-烯酸(肉桂酸)

3-phenyl-propyl-2-enoic acid

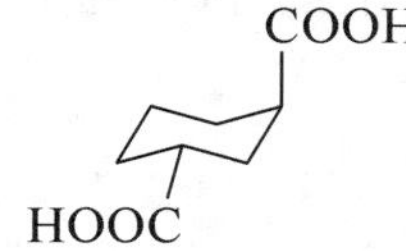

1,3-环己基二甲酸

1,3-cyclohexyl dicarboxylic acid

C_6H_5—COOH

苯甲酸(安息香酸)

benzoic acid

当主链碳原子数目在10个以上时，应根据碳原子的个数用中文数字命名为“某碳酸”，如$CH_3(CH_2)_{16}COOH$为十八碳酸，俗称硬脂酸。

在有机化学命名中，对于官能团的优先次序：羧基(—COOH)＞醛基(—CHO)和酮基(—COR)＞羟基(—OH)＞碳碳双键(C=C)和碳碳三键(C≡C)＞烷基(—R)＞卤原子(—X)和硝基($—NO_2$)。

羧酸分子中除去羧基中的羟基后，所余下的部分称为酰基(acyl)。根据相应的羧酸命名酰基，例如：

酰基：R—C(=O)—　乙酰基：H_3C—C(=O)—　苯甲酰基：C_6H_5—C(=O)—

课堂练习10-1

命名下列化合物：

(1) $CH_3CH_2CHCH_2COOH$（CH 上连有 CH_2CH_3）　(2) $C_6H_5-C(CH_3)=CHCOOH$

(3) $ClCH_2CH_2CHCOOH$（CH 上连有 CH_2CH_3）

扫码看答案

二、羧酸的结构

羧酸的官能团是羧基，羧基可以看作由羰基和羟基组成，但不是两者的简单加和。羧基中的碳原子为 sp^2 杂化，三个 sp^2 杂化轨道分别与羰基氧原子、羟基氧原子及烃基碳原子(或氢原子)形成三个 σ 键。而羧基碳上未参与杂化的 p 轨道与羰基氧上的 p 轨道肩并肩重叠形成 π 键，羟基氧上的孤对电子与 π 键发生 p-π 共轭，使得电子平均化，稳定性增强，羧酸官能团的结构如图 10-1 所示。

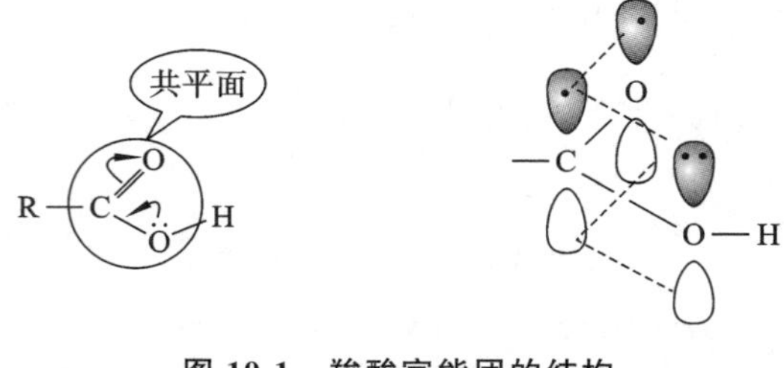

图 10-1　羧酸官能团的结构

羧基中 p-π 共轭的结果：①碳氧双键与碳氧单键的键长趋向平均化；X 线衍射证明，在甲酸分子中，C ═O 键长为 123 pm，较醛酮中羰基键长(120 pm)有所增长，C—O 键长为 136 pm，较醇中的 C—O 单键(143 pm)要短。②羰基碳的正电性降低，亲核加成难度增加。③羟基极性增大，使得羟基氢的酸性增强。故羧基不是羰基和羟基的简单加和。

三、羧酸的物理性质

常温下，低级饱和一元羧酸为液体，含 4～10 个碳原子的羧酸是有强烈恶臭气味的液体；高级饱和脂肪酸为蜡状固体，挥发性低，没有气味；脂肪二元羧酸和芳香酸都是晶体。低级羧酸可与水混溶，溶解度随相对分子质量的增大而逐渐减小。

饱和一元羧酸的熔点随碳原子数的增加而呈锯齿状上升，即偶数个碳原子的羧酸的熔点比相邻两个奇数个碳原子的羧酸高。这可能是因为含偶数个碳原子的羧酸分子比含奇数个碳原子的羧酸分子对称性更高，其在晶体中排列得更紧密。饱和一元羧酸的沸点也随相对分子质量的增加而升高。由于羧酸分子能通过分子间氢键缔合成二聚体，一元醇分子之间只能形成一个氢键，因此，羧酸的沸点比相对分子质量相近的醇的沸点高得多。一些常见羧酸的理化常数如表 10-1 所示。

O····H—O
R—C(═O)　　C—R
O—H····O

羧酸二聚体

表 10-1 一些常见羧酸的理化常数

名称	俗名	结构式	熔点/℃	沸点/℃	溶解度 (g/100 g H_2O)	pK_a (25 ℃)
甲酸 methanoic acid	蚁酸	HCOOH	8.4	100.5	∞	3.77
乙酸 ethanoic acid	醋酸	CH_3COOH	16.6	117.9	∞	4.75
丙酸 propanoic acid	初油酸	CH_3CH_2COOH	−20.8	141	∞	4.87
丁酸 butanoic acid	酪酸	$CH_3(CH_2)_2COOH$	−4.3	163.5	∞	4.82
戊酸 pentanoic acid	缬草酸	$CH_3(CH_2)_3COOH$	−33.6	187	3.7	4.81
己酸 hexanoic acid	羊油酸	$CH_3(CH_2)_4COOH$	−2	205	0.96	4.84
十六酸 hexadecanoic acid	软脂酸	$CH_3(CH_2)_{14}COOH$	62.9	269 (0.01 MPa)	不溶	—
十八酸 octadecanoic acid	硬脂酸	$CH_3(CH_2)_{16}COOH$	69.9	287 (0.01 MPa)	不溶	—
乙二酸 ethandioic acid	草酸	HOOCCOOH	189.5	>100 (升华)	8.6	1.27* 4.40**
丙二酸 propandioic acid	缩苹果酸	$HOOCCH_2COOH$	136	140 (分解)	7.3	2.85* 5.70**
丁二酸 butanedioic acid	琥珀酸	$HOOC(CH_2)_2COOH$	185	235 (失水)	5.8	4.21* 5.64**
顺-丁烯二酸 *cis*-butenedioic acid	马来酸	(HOOC)HC=CH(COOH)（顺式，两个COOH在同侧）	131	—	79	1.90* 6.50**
反-丁烯二酸 *trans*-butenedioic acid	富马酸	(H)(HOOC)C=C(COOH)(H)（反式）	302	—	0.7	3.00* 4.20**
苯甲酸 benzoic acid	安息香酸	C_6H_5COOH	122.4	249	0.34	4.17

注：* 表示 pK_{a1}；** 表示 pK_{a2}。

羧酸的红外吸收光谱特征：游离羧酸 ν(O—H)在 3550 cm^{-1} 处，ν(C═O)在 1750～1770 cm^{-1} 处，ν(C—O)在 1210～1320 cm^{-1} 处。在核磁共振氢谱中，羧基质子受两个氧原子的吸电子诱导效应共同影响，屏蔽作用降低，化学位移值为 10～13 ppm；羧酸 α-H 的化学位移值为 2～2.5 ppm。

四、羧酸的化学性质

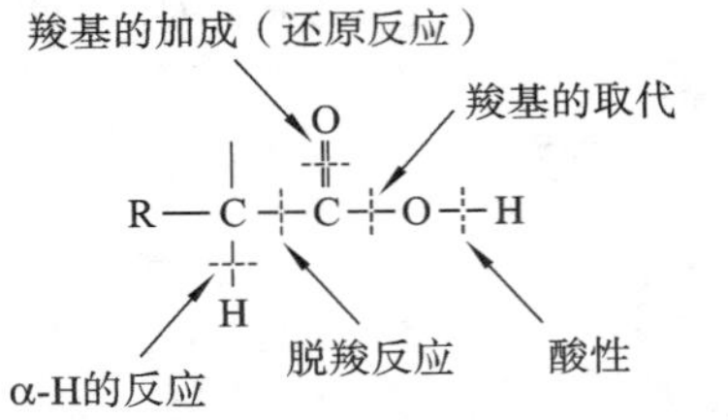

羧基的加成（还原反应）
羧基的取代
α-H的反应
脱羧反应
酸性

图 10-2 羧酸的化学反应位置示意图

羧酸的化学性质主要表现在羧基上。羧基结构中 p-π 共轭体系的存在使羧基的化学性质并不表现为羰基和羟基的简单加合。p-π 共轭效应降低了羰基碳原子的正电性，同时也增强了 O—H 的极性。使得羧酸中的 C═O 不像醛酮中羰基那样活泼，不能与 HCN、$NaHSO_3$、$H_2N—G$ 等进行亲核加成(但能被 $AlLiH_4$ 还原成伯醇)。羧基中—OH 氧原子的电子密度降低，从而使 O—H 键电子云密度降低，且更靠近氧原子，故羧基中的氢能以 H^+ 的形式解离，表现出明显的酸性(图 10-2)。

(一) 羧酸的酸性

受 p-π 共轭效应影响，O—H 键极性增强，羧酸在水中能解离出质子，具有明显的酸性。

$$RCOOH \rightleftharpoons RCOO^- + H^+$$

羧酸解离出质子后，羧酸根的负电荷通过 p-π 共轭效应，使得电子平均化，稳定性增强。羧酸的酸性与它的结构有关，酸性强弱可用 pK_a 表示，pK_a 越小，酸性越强。常见一元羧酸的 pK_a 一般为 4～5，酸性强于碳酸(pK_a=6.5)，可以与碳酸氢钠反应生成二氧化碳，酸性也强于酚、醇及其他含氢有机化合物。

1. 脂肪酸 羧酸的酸性强弱受整个分子结构的影响，主要与羧基的电子效应、立体效应和溶剂化效应有关。取代基对酸性强弱的影响与取代基的性质、数目及相对位置有关。就电子效应而言，当羧酸分子烃基上的氢原子被卤原子、硝基、羟基等吸电子基取代后，由于这些基团的吸电子诱导效应(－I 效应)使羧基电子云密度降低，羧基的质子易于解离，羧基负离子稳定性增加，因而酸性增强。当羧酸分子中烃基连接给电子基后，如烷基，由于给电子基的给电子诱导效应(＋I 效应)，不利于羧酸根负电荷的分散，故稳定性降低，酸性减弱。

$$G \longleftarrow COOH \rightleftharpoons G \longleftarrow COO^- + H^+ \quad 酸性增强$$

$$G \longrightarrow COOH \rightleftharpoons G \longrightarrow COO^- + H^+ \quad 酸性减弱$$

不同化合物，取代基的诱导效应次序可能不完全一致。诱导效应有加和性，相同性质的基团越多对酸性的影响越大，即吸电子基越多，酸性越强；诱导效应在饱和碳链上沿 σ 键传递，随着与羧基距离的增加而迅速减弱，酸性递减，通常经过三个原子后，诱导效应的影响就很弱了；含不同卤原子的一卤代乙酸酸性强弱与卤原子的电负性顺序一致，卤原子的电负性越大，羧酸的酸性就越强。例如：

酸性	CH_3COOH	<	$ClCH_2COOH$	<	$Cl_2CHCOOH$	<	Cl_3CCOOH
pK_a	4.74		2.86		1.29		0.65
酸性	ICH_2COOH	<	$BrCH_2COOH$	<	$ClCH_2COOH$	<	FCH_2COOH
pK_a	3.16		2.90		2.87		2.67
酸性	$CH_2(Cl)CH_2CH_2COOH$	<	$CH_3CH(Cl)CH_2COOH$	<	$CH_3CH_2CH(Cl)COOH$
pK_a	4.52		4.06		2.86

2. 二元羧酸 二元羧酸酸性强弱与两个羧基的相对距离有关。二元羧酸分两步解离：一级解离，生成一个质子和羧酸根，因一个羧基受另外一个羧基吸电子诱导效应的影响，其酸性强于含相同碳原子数的饱和一元羧酸，一般二元羧酸的 pK_{a1} 较小(表 10-1)。所以二元羧酸两个羧基距离越近，酸性越强。当一个羧基解离后，成为羧酸根，对另一个羧基产生给电子诱导效应，使第

Note

二个羧基不易解离，因此，一些低级二元羧酸的 pK_{a2} 总是大于 pK_{a1}。解离过程如下：

$$HOOC(CH_2)_nCOOH \xrightleftharpoons{K_{a1}} HOOC(CH_2)_nCOO^- + H^+$$

$$HOOC(CH_2)_nCOO^- \xrightleftharpoons{K_{a2}} {}^-OOC(CH_2)_nCOO^- + H^+$$

3. 芳香酸 苯甲酸酸性比一般脂肪羧酸强（除甲酸外），当芳环上引入取代基后，与取代酚类似，其酸性随取代基的种类、位置的不同而发生变化。当取代基在芳环间位和对位时，一般给电子基（如甲基）使酸性降低，吸电子基（如硝基）使酸性增强。如对硝基苯甲酸酸性强于苯甲酸，因为硝基作为吸电子基，对苯环有吸电子诱导效应和吸电子共轭效应；对甲基苯甲酸酸性小于苯甲酸，是由于对甲基苯甲酸的甲基是给电子基，具有给电子诱导效应。

酸性 对硝基苯甲酸（COOH，NO_2） > 苯甲酸（COOH） > 对甲基苯甲酸（COOH，CH_3）

pK_a 3.4 4.2 4.4

物质的酸性强弱，除了受物质本身的结构、电子效应、立体位阻效应、杂化效应、氢键的影响外，还与溶剂的种类和溶剂化作用等多种因素有关。对位取代苯甲酸的酸性较间位和邻位异构体弱（除硝基外）。由于取代基距羧基较远，诱导效应很微弱，起主导作用的是共轭效应。而邻位取代基不管是给电子基（如甲基）还是吸电子基（如硝基），都使酸性较相应的间位和对位异构体强。这是由于它们具有邻位效应，包括电子效应和立体位阻效应等。立体位阻效应由于邻位取代基占据一定的空间，在一定程度上排挤了羧基，使羧基偏离苯环平面，导致苯环难与羧基中羰基产生共轭效应，减少了苯环电子云向羧基偏移，故羧基中羟基的氢原子易解离，酸性增强。

课堂练习10-2

将下列各组化合物按酸性从强到弱的顺序排列：

(1) $BrCH_2COOH$，$HC\equiv CCH_2COOH$，O_2NCH_2COOH，$ClCH_2COOH$，$(CH_3)_3CCH_2COOH$

(2) 邻氯苯甲酸（Cl，COOH），邻氟苯甲酸（F，COOH），邻硝基苯甲酸（NO_2，COOH），邻甲基苯甲酸（CH_3，COOH），邻甲氧基苯甲酸（OCH_3，COOH）

扫码看答案

（二）成盐反应

羧酸具有酸性，能与碱（NaOH、Na_2CO_3 和 $NaHCO_3$ 等）反应生成盐，羧酸与 $NaHCO_3$ 反应放出 CO_2，因酚不能与 $NaHCO_3$ 反应，因此 $NaHCO_3$ 可用于鉴别苯酚与羧酸。但羧酸的酸性比无机强酸弱。羧酸盐与无机强酸作用，又可转化为原来的羧酸，羧酸的这个性质常用于分离与提纯，或从动植物中提取含羧基的有效成分。

$$CH_3COOH + NaOH \longrightarrow CH_3COONa + H_2O$$

$$CH_3COOH + NaHCO_3 \longrightarrow CH_3COONa + H_2O + CO_2\uparrow$$

$$RCOONa + HCl \longrightarrow RCOOH + NaCl$$

Note

低级羧酸的钠盐、钾盐和铵盐一般易溶于水。成盐可以增大药物的水溶性,医药上常将含羧基而难溶于水的药物制成易溶于水的盐,如将含有羧基的青霉素和氨苄青霉素制成钾盐注射剂,以便于临床使用。此外,硬脂酸钠可用作表面活性剂,苯甲酸钠具有杀菌防腐作用。

(三) 取代反应

羧基中的羟基虽不如醇羟基容易被取代,但在一定条件下,羧基中的羟基可以被卤素、酰氧基、烷氧基或氨基取代,形成酰卤、酸酐、酯或酰胺等羧酸衍生物(carboxylic acid derivative)。

$$\text{(Ar)R}-\overset{\overset{\displaystyle O}{\|}}{C}-\text{OH} \longrightarrow \text{(Ar)R}-\overset{\overset{\displaystyle O}{\|}}{C}\vdots\text{L}$$

酰基　离去基团

1. 酯化反应　羧酸与醇在强酸(如浓硫酸)催化下生成酯(ester)和水的反应称为酯化反应(esterification reaction)。酯化反应是可逆反应,通常需要强酸催化加热进行,反应一般较慢。为提高产率,必须使平衡向酯化方向移动。常通过加入过量的廉价醇或羧酸,或加入除水剂,除去反应中产生的水,或从反应体系蒸出酯,促使反应向生成酯的方向进行,达到提高产率的目的。

$$\text{RCOOH}+\text{R}'\text{OH} \overset{H^+}{\rightleftharpoons} \text{RCOOR}'+\text{H}_2\text{O}$$

酯化反应是羧酸与醇发生分子间脱水,脱水规律通常是酸脱羟基,醇脱氢。

$$\text{R}-\overset{\overset{\displaystyle O}{\|}}{C}\vdots\text{OH} + \text{H}\vdots\text{O}-\text{R}' \longrightarrow \text{R}-\overset{\overset{\displaystyle O}{\|}}{C}-\text{OR}' + \text{H}_2\text{O}$$

酯化反应的机制:羧酸的羰基接受来自强酸催化剂的一个质子(H^+),结合成质子化的羧酸①,增加了羰基碳原子的正电性,使醇容易发生亲核加成,碳氧之间的 π 键打开形成一个四面体中间体②,此步反应是决定化学反应速率的一步;然后中间体②发生质子转移生成中间体③,中间体③失去一分子水,得到质子化酯④;最后,质子化酯④再失去一个质子生成酯⑤。总的结果是,羧基中的羟基被烷氧基取代,可看作羰基上的亲核取代反应。

$$\text{R}-\text{C}(=\ddot{\text{O}})-\ddot{\text{O}}\text{H} \overset{H^+}{\rightleftharpoons} \underset{①}{\text{R}-\text{C}(=\overset{+}{\text{O}}-\text{H})-\ddot{\text{O}}\text{H}} \overset{\text{H}\ddot{\text{O}}\text{R}'}{\rightleftharpoons} \underset{②}{\text{R}-\text{C}(\ddot{\text{O}}-\text{H})(\ddot{\text{O}}\text{H})-\overset{+}{\text{O}}\text{R}'\text{H}} \rightleftharpoons$$

$$\underset{③}{\text{R}-\text{C}(\ddot{\text{O}}-\text{H})(\overset{+}{\text{O}}\text{H}_2)-\ddot{\text{O}}\text{R}'} \overset{-\text{H}_2\text{O}}{\rightleftharpoons} \underset{④}{\text{R}-\text{C}(=\overset{+}{\text{O}}-\text{H})-\ddot{\text{O}}\text{R}'} \rightleftharpoons \underset{⑤}{\text{R}-\text{C}(=\ddot{\text{O}})-\ddot{\text{O}}\text{R}'} + \text{H}^+$$

酯化反应是一类重要的反应,在药物合成中常利用酯化反应将药物转变成前药,以改变药物的生物利用度、稳定性及克服多种不利因素。如治疗青光眼的药物塞他洛尔(cetamolol),分子中含有羟基,极性强,脂溶性差,难以透过角膜。将羟基与丁酸酯化制成丁酰塞他洛尔,其脂溶性明显增强,透过角膜的能力增强了 4～6 倍,进入眼球后,经过酶水解再生成塞他洛尔而发挥药效。

【知识链接】
塞他洛尔

Note

2. 酰卤的生成　羧基中的羟基被卤素取代生成的产物称为酰卤(acyl halide),最重要的酰卤是酰氯。酰卤是有机合成中非常重要的酰基化试剂,其中以酰氯最常用,酰氯可由 $SOCl_2$(氯化亚砜)、PCl_3、PCl_5 等试剂反应制得。

$$3R-\overset{O}{\overset{\|}{C}}-OH + PCl_3 \longrightarrow 3R-\overset{O}{\overset{\|}{C}}-Cl + H_3PO_3$$

$$R-\overset{O}{\overset{\|}{C}}-OH + PCl_5 \longrightarrow R-\overset{O}{\overset{\|}{C}}-Cl + POCl_3 + HCl$$

$$R-\overset{O}{\overset{\|}{C}}-OH + SOCl_2 \longrightarrow R-\overset{O}{\overset{\|}{C}}-Cl + SO_2 + HCl$$

酰氯很活泼，容易水解，因此不能用水洗的方法除去反应中的无机化合物，通常用蒸馏法分离产物。在有机合成中选用哪种氯化剂，主要取决于原料、产物和副产物之间的沸点差。通常 PCl_3 适合制备低沸点酰氯；PCl_5 适合制备高沸点酰氯；用 $SOCl_2$ 制备酰氯时，产物除酰氯外，都是气体，容易提纯。

3. 酸酐的生成 羧酸(甲酸除外)在脱水剂(乙酰氯、乙酸酐、P_2O_5 等)存在下加热，发生分子间脱水生成酸酐(acid anhydride)。

$$R-\overset{O}{\overset{\|}{C}}-OH + HO-\overset{O}{\overset{\|}{C}}-R' \xrightarrow{P_2O_5} R-\overset{O}{\overset{\|}{C}}-O-\overset{O}{\overset{\|}{C}}-R' + H_2O$$

甲酸一般不发生分子间的加热脱水反应。甲酸在浓硫酸中加热，分解成 CO 气体和 H_2O，可用来制备高纯度的 CO。酸酐也可由羧酸盐与酰氯反应得到。

$$2\,C_6H_5-COOH \xrightarrow[\triangle]{(CH_3CO)_2O} C_6H_5-\overset{O}{\overset{\|}{C}}-O-\overset{O}{\overset{\|}{C}}-C_6H_5 + H_2O$$

$$\text{邻苯二甲酸} \xrightarrow{180\ ℃} \text{邻苯二甲酸酐} + H_2O$$

邻苯二甲酸　　　　邻苯二甲酸酐

4. 酰胺的生成 羧酸可以与氨(或胺)反应形成酰胺(amide)。羧酸与氨或胺反应生成的铵盐加热失水可得酰胺。

$$RCOOH \xrightarrow{NH_3} RCOONH_4 \xrightleftharpoons{\text{加热}} R-\overset{O}{\overset{\|}{C}}-NH_2 + H_2O$$

$$RCOOH \xrightarrow{NHR'R''} RCOONH_2R'R'' \xrightleftharpoons{\text{加热}} R-\overset{O}{\overset{\|}{C}}-NR'R'' + H_2O$$

酰卤、酸酐等的氨解反应产物也是酰胺。酰胺是一类重要的有机化合物，很多生物活性分子属于酰胺，许多药物中也含有酰胺的结构。

(四) 脱羧反应

羧酸分子中脱去羧基并放出二氧化碳的反应称为脱羧(decarboxylation)反应。羧酸发生脱羧反应时所需活化能较高，因此反应较难进行。一般而言，α-C 上连有吸电子基(如硝基、卤素、酰基和氰基等)的羧酸容易脱羧，生成少一个碳原子的烃，此反应常用于有机合成。

$$O_2N-CH_2COOH \xrightarrow{\triangle} CH_3NO_2 + CO_2$$

$$CN-CH_2COOH \xrightarrow{\triangle} CH_3CN + CO_2$$

人体内的脱羧反应是在脱羧酶的催化作用下进行的，它是一类非常重要的生化反应。

(五) 二元羧酸热解反应

二元羧酸除了具有羧酸的通性外，由于分子中两个羧基的相互影响，还具有某些特殊性质。二元羧酸对热不稳定，当加热这类羧酸时，随着两个羧基间碳原子数的不同，可发生脱羧反应或脱水反应，或同时发生脱羧反应与脱水反应。

$$\underset{\text{丙二酸}}{HOOCCH_2COOH} \xrightarrow{140\sim160\ ℃} \underset{\text{乙酸}}{CH_3COOH} + CO_2$$

$$\begin{array}{l} CH_2COOH \\ | \\ CH_2COOH \end{array} \xrightarrow{300\ ℃} \text{丁二酸酐} + H_2O$$

丁二酸酐

$$\begin{array}{l} CH_2CH_2COOH \\ | \\ CH_2CH_2COOH \end{array} \xrightarrow[300\ ℃]{Ba(OH)_2} \text{环戊酮} + H_2O + CO_2$$

环戊酮

含 8 个以上碳原子的脂肪二元羧酸受热时，不能生成环酮，而是发生分子间脱水，生成高分子链状缩合酸酐。这说明，反应物有可能形成环状产物时，通常是形成张力较小的五元环或六元环，这被称为布朗克(Blanc)规则。

第二节　取代羧酸

羧酸分子烃基上的氢原子被其他原子或基团取代后的化合物称为取代羧酸。根据取代基的不同，取代羧酸可分为卤代酸、羟基酸、氨基酸、羰基酸等。羟基酸又可分为醇酸与酚酸，羰基酸又分为醛酸与酮酸。本节主要讨论羟基酸与羰基酸，氨基酸将在后续章节讨论。

一、羟基酸

羧酸分子中烃基上的氢原子被羟基取代后的化合物称为羟基酸(hydroxy acid)。羟基酸广泛存在于动植物体内，并在生物体生命活动中起着重要作用，羟基酸也可作为药物合成的原料和食品的调味剂。

(一) 命名

羟基酸的命名以羧酸为母体，羟基作为取代基，并用阿拉伯数字或希腊字母 α、β、γ 等标明羟基的位置。有些羟基酸常用俗名。对于酚酸的命名，以芳香酸作为母体，根据羟基在芳环上的位置给出相应的名称。例如：

$$\begin{array}{c} \quad\quad\quad\ \ H \\ HOOCH_2C—C—COOH \\ \quad\quad\quad\ \ | \\ \quad\quad\quad\ \ OH \end{array} \qquad \begin{array}{l} HO—CHCOOH \\ \qquad\ | \\ HO—CHCOOH \end{array}$$

2-羟基-1,4-丁二酸(苹果酸)　2,3-二羟基-1,4-丁二酸(酒石酸)

malic acid　tartaric acid

$$\begin{array}{c} CH_2COOH \\ | \\ HO-CCOOH \\ | \\ CH_2COOH \end{array}$$

2-羟基-1,2,3-三羧基丙烷(柠檬酸)

citric acid

(邻位 OH 与 COOH 取代的苯环)

邻羟基苯甲酸(水杨酸)

salicylic acid

(二)物理性质

羟基酸一般是黏稠的液体或晶体,易溶于水,其溶解度大于相应脂肪酸。这是由于分子中同时含有羟基和羧基两个极性基团,它们都能与水形成氢键。醇酸不易挥发,在常压下蒸馏会发生分解。酚酸大多为晶体,其熔点比相应的芳香酸高。有些酚酸易溶于水,如没食子酸;有些微溶于水,如水杨酸。一些常见羟基酸的理化常数如表 10-2 所示。

表 10-2 一些常见羟基酸的理化常数

名称(俗名)	熔点/℃	溶解度(g/100 g H_2O)	pK_a(25 ℃)
乳酸	26	∞	3.76
(±)-乳酸	18	∞	3.76
苹果酸	100	∞	3.40 *
(±)-苹果酸	128.5	144	3.40 *
酒石酸	170	133	3.04
(±)-酒石酸	206	20.6	—
meso-酒石酸	140	125	—
柠檬酸	153	133	3.15
水杨酸	159	微溶于冷水	2.98
没食子酸	253	可溶	—

注:* 为 pK_{a1}。

(三)化学性质

羟基酸同时含有羟基和羧基,因而可发生氧化反应、酯化反应和酰化反应;有酸性且能与 $FeCl_3$ 发生显色反应。由于羟基和羧基相互影响,羟基酸又具有特殊性,这些性质随羟基与羧基相对位置的不同而表现出明显的差异。

1. 酸性 由于羟基的吸电子诱导效应,因此醇酸的酸性强于相应的羧酸。羟基距离羧基越近,酸性越强,通常相距 3 个碳原子以上时,吸电子诱导效应就很弱了。

酸性 $HOCH_2COOH > HOCH_2CH_2COOH > CH_3COOH$

pK_a 3.83 4.50 4.76

而酚酸的酸性,除了与电子效应有关之外,还要考虑邻位效应的影响。

2. 氧化反应 受吸电子诱导效应的影响,醇酸中的羟基比醇中的羟基更易被氧化。如稀硝酸不能氧化醇,但可以氧化醇酸;托伦试剂能将 α-醇氧化成 α-酮酸。此外,醇酸在人体内的氧化需要酶的参与。

$$\underset{\underset{OH}{|}}{CH_3CHCH_2COOH} \xrightarrow{\text{稀 } HNO_3} \underset{\underset{O}{\|}}{CH_3CCH_2COOH}$$

$$\underset{\underset{OH}{|}}{CH_3CH_2CHCOOH} \xrightarrow[\triangle]{\text{托伦试剂}} \underset{\underset{O}{\|}}{CH_3CH_2CCOOH} + Ag\downarrow$$

$$CH_3\underset{\large OH}{\underset{|}{C}}HCOOH \xrightarrow{\text{脱羧酶}} CH_3\overset{}{\underset{\large O}{\underset{\|}{C}}}COOH$$

3. 脱水反应 羟基酸对热敏感,受热易脱水,产物因羟基与羧基相对位置不同而异。α-羟基酸受热时两分子间交叉脱水形成交酯(lactide);β-羟基酸受热发生分子内脱水生成α,β-不饱和酸;γ-羟基酸受热发生分子内脱水生成γ-或δ-内酯。

$$2\,RCH(OH)COOH \xrightarrow{\triangle} \text{交酯} + H_2O$$

交酯

$$R\overset{\beta}{C}H(OH)CH_2COOH \xrightarrow{\triangle} RCH{=}CHCOOH + H_2O$$

$$R\overset{\gamma}{C}H(OH)(CH_2)_2COOH \xrightarrow{\triangle} \gamma\text{-内酯} + H_2O$$

γ-内酯

γ-羟基酸在室温下即可脱水生成内酯,所以,不易得到游离的γ-羟基酸。γ-内酯是稳定的中性化合物,在碱性条件下可开环形成γ-羟基酸盐,通常以这种形式保存γ-羟基酸。内酯也具有酯的特性,难溶于水,在酸和碱存在下,可发生水解,当发生碱性水解时生成稳定的醇酸盐。因此,某些具有内酯结构的药物常因水解开环而减效或失效。如:

$$\gamma\text{-丁内酯} + NaOH \longrightarrow HOCH_2CH_2CH_2COONa$$

γ-羟基丁酸钠

γ-羟基丁酸钠为醇酸盐,有较弱的麻醉作用,起效较慢,毒性小,无镇痛作用,它具有使术后患者快速苏醒的优点。由于能引起头晕,2 min让人昏睡,10多分钟让人昏迷不醒,已是严重泛滥的软性毒品,一些国家已将其列为一级管制药品。

二、羰基酸

脂肪酸分子中同时含有羧基和羰基的有机化合物称为羰基酸,又名氧代羧酸,可分为醛酸和酮酸。醛酸实际应用少,此部分只讨论酮酸。

(一) 命名

根据酮基与羧基的相对位置,酮酸可分为α-酮酸、β-酮酸等。酮酸的系统命名与羧酸类似,选择含酮基和羧基的最长链为主链,称为"某酮酸",并标明酮基的位次。医学中也常采用俗名或习惯命名。如:

$H_3C-\overset{O}{\overset{\|}{C}}-COOH$	$H_3C-\overset{O}{\overset{\|}{C}}-CH_2COOH$	$HOOC-\overset{O}{\overset{\|}{C}}-CH_2COOH$
丙酮酸	β-丁酮酸(乙酰乙酸)	丁酮二酸(草酰乙酸)
pyruvic acid	β-butanone acid	butanone diacid

(二) 化学性质

羰基酸也是双官能团化合物,醛酸具有醛和羧酸的典型性质;酮酸除具有一般酮和羧酸的典型性质外，还有一些特性。

1. 酸性 羰基的吸电子能力比羟基强，因此，酮酸的酸性比相应的醇酸强，α-酮酸比 β-酮酸强，例如：

α-丁酮酸＞β-丁酮酸＞β-羟基丁酸＞丁酸

2. 脱羧反应 α-酮酸和 β-酮酸都容易进行脱羧反应，α-酮酸在一定条件下，脱羧生成醛。

$$H_3C-\overset{\overset{\displaystyle O}{\|}}{C}-COOH \xrightarrow[150\ ℃]{稀\ H_2SO_4} CH_3CHO + CO_2\uparrow$$

β-酮酸比 α-酮酸更容易发生脱羧反应，在室温或微热时脱羧生成酮。

$$H_3C-\overset{\overset{\displaystyle O}{\|}}{C}-CH_2COOH \xrightarrow{微热} H_3C-\overset{\overset{\displaystyle O}{\|}}{C}-CH_3 + CO_2\uparrow$$

第三节 应用于医药中的化合物

一、重要的羧酸

（一）甲酸

甲酸俗称蚁酸，最初发现于蚂蚁体内，是最简单的脂肪酸。存在于蜂类、蚁类及毛毛虫的分泌物中，同时也广泛存在于植物界，如荨麻、松叶。甲酸沸点为 100.5 ℃，能与水、乙醇、乙醚混溶，有刺激性气味。甲酸的腐蚀性很强，能刺激皮肤起疱，人体被蚂蚁、蜂类蜇咬后会痒、肿、痛，可用稀氨水或小苏打溶液涂抹，以减轻疼痛。

甲酸分子中既有羧基，又有醛基，因此，它既有羧酸的性质，又有醛的性质。如甲酸的酸性比它的同系物强，甲酸能与托伦试剂作用生成银镜，甲酸还能使高锰酸钾溶液褪色。

（二）乙酸

乙酸俗称醋酸，是食醋的主要成分，乙酸有刺激性气味。纯乙酸具有吸湿性，沸点为 117.9 ℃，在低于熔点（16.6 ℃）时，无水乙酸就析出冰状结晶，故称冰醋酸。乙酸是常用的有机试剂，也是染料、香料、塑料及制药工业的原料。

乙酸可作为消毒防腐剂，如医药上常用 5～20 g/L 的乙酸溶液洗涤烧伤感染的创面，30 g/L 的乙酸溶液可用于治疗甲癣，室内熏蒸食醋可预防流行性感冒。

（三）草酸

【知识链接】

草酸

草酸即乙二酸，常以钾盐或钙盐的形式存在于植物中。草酸是无色透明结晶，常见的草酸含有两分子结晶水，熔点为 189.5 ℃，对人体有害，会引起人体酸碱失衡，影响儿童的发育。草酸的酸性比甲酸及其他二元羧酸都强。此外，草酸在工业中也有重要作用，草酸可以除锈。

（四）苯甲酸

苯甲酸是最简单的芳香酸，苯甲酸以酯的形式存在于安息香胶中，又名安息香酸。苯甲酸为针状结晶，熔点为 122.4 ℃，微溶于水。受苯环吸电子诱导效应影响，苯甲酸的酸性比一般脂肪酸的酸性强。

苯甲酸常用于制备药物、染料、香料。苯甲酸具有防腐作用，其钠盐用作食品防腐剂。

二、重要的羟基酸

(一) 乳酸

乳酸(lactic acid)化学名称为2-羟基丙酸,是一种有机酸,分子式是 $C_3H_6O_3$。乳酸是一个 α-羟基酸。乳酸常温下为无色黏稠液体,溶于水,吸湿性强,具有旋光性。

$$\begin{array}{c} \quad\quad OH \\ \quad\quad | \\ H_3C—C—COOH \\ \quad\quad | \\ \quad\quad H \end{array}$$

通常,酸牛奶中乳酸为(±)-乳酸,蔗糖发酵产生的为(−)-乳酸,剧烈运动之后人体肌肉生成的为(+)-乳酸。

乳酸主要用作消毒防腐剂、食品添加剂,乳酸钙可用作补钙剂,乳酸钠可用作酸中毒的解毒剂。

(二) 酒石酸

酒石酸(tartaric acid)化学名称为2,3-二羟基丁二酸,是一种羧酸,存在于多种物质中,如葡萄和罗望子,也是葡萄酒中主要的有机酸之一。作为食品中添加的抗氧化剂,可以使食物具有酸味。酒石酸最大的用途是用作饮料添加剂,也可用作制药原料。

$$\begin{array}{l} HO—CHCOOH \\ \quad\quad\;\; | \\ HO—CHCOOH \end{array}$$

酒石酸可用作酸味剂,酒石酸锑钾盐又称吐酒石,为白色结晶粉末,临床上用作催吐剂,也具有抗血吸虫病作用;酒石酸钾钠用于配制费林(Fehling)试剂。

(三) 柠檬酸

柠檬酸(citric acid)是一种重要的有机酸,又名枸橼酸,为无色晶体,常含一分子结晶水,无臭,有很强的酸味,易溶于水,主要存在于多种植物的果实中和动物组织与体液中。

$$\begin{array}{l} \quad\quad\;\; CH_2COOH \\ \quad\quad\;\; | \\ HO—CCOOH \\ \quad\quad\;\; | \\ \quad\quad\;\; CH_2COOH \end{array}$$

柠檬酸在工业、食品、医药等领域具有极多的用途。柠檬酸因为有温和爽快的酸味,普遍用于各种汽水、葡萄酒、糖果、点心、饼干、罐头果汁、乳制品等食品制造领域。

医药上柠檬酸铁铵可用作补血剂,柠檬酸钙可用作抗凝剂。在凝血酶原激活物的形成及以后的凝血过程中,必须有钙离子参加。柠檬酸根与钙离子能形成一种难以解离的可溶性配合物,从而降低血液中钙离子浓度,使血液凝固受阻,故在输血或化验室血样抗凝时,常将柠檬酸用作体外抗凝剂。

(四) 水杨酸及其衍生物

水杨酸(salicylic acid)分子式为 $C_7H_6O_3$,是柳树皮提取物,是一种天然的消炎药,常用的感冒药阿司匹林就是水杨酸的衍生物——乙酰水杨酸。

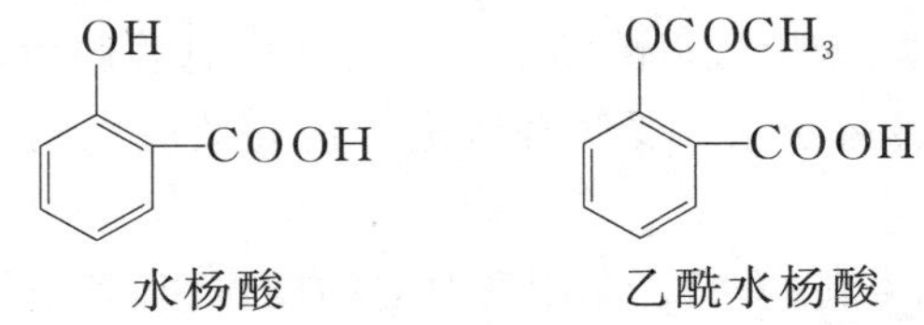

水杨酸　　乙酰水杨酸

水杨酸（又名邻羟基苯甲酸）具有杀菌和解热镇痛作用，可外用；乙酰水杨酸即阿司匹林（aspirin），有解热镇痛作用，能抑制血小板凝聚，防止血栓形成。

三、重要的羰基酸

（一）乙酰乙酸

乙酰乙酸又名β-丁酮酸，酸性比乙酸强，性质不稳定，常用于有机合成中，是脂肪代谢中间产物。糖尿病患者由于脂肪代谢障碍，β-丁酮酸及分解产物丙酮在体内积聚，易发生酸中毒。

$$H_3C-\overset{\overset{\displaystyle O}{\|}}{C}-CH_2COOH$$

乙酰乙酸

（二）酮体

酮体（ketone body）是脂肪酸氧化分解的中间产物乙酰乙酸（β-丁酮酸）、β-羟基丁酸及丙酮三者的统称。在饥饿期间，酮体是包括脑在内的许多组织能量的来源，因此具有重要的生理意义。正常人血液中酮体的含量低于 10 mg/L，糖尿病患者因糖代谢紊乱，靠消耗脂肪提供能量，其血液中酮体的含量为 3～4 g/L。酮体的重要性在于，由于血脑屏障的存在，除葡萄糖和酮体外的物质无法进入脑为脑组织提供能量。饥饿时酮体可占脑能量来源的 25%～75%。

【知识链接】
前列腺素

长期饥饿者或糖尿病患者代谢发生障碍，血液和尿中的酮体含量会升高。酮体呈酸性，如果酮体的升高超过了血液的抗酸缓冲能力，就会使血液的 pH 小于 7.35，有可能发生酸中毒。因此，检查酮体含量可以帮助对疾病进行诊断。

目标检测

目标检测答案

一、命名下列化合物。

（1）$CH_3\underset{\underset{\displaystyle CH_3}{|}}{C}HCOOH$

（2）邻位二羧基苯（苯环上两个相邻的 —COOH）

（3）苯环上相邻的 —COOH 与 —OH

（4）$C=C$，左侧连 H_3C 与 H，右侧连 COOH 与 CH_3（H_3C 与 COOH 同侧）

（5）H_3C—环己基—COOH（1,4-位）

（6）$O=\underset{\underset{\displaystyle CH_2COOH}{|}}{C}-COOH$

二、写出下列化合物的结构简式。

（1）*Z*-3，4，4-三甲基-2-丁烯酸

（2）间苯二甲酸

（3）乙酰乙酸

（4）草酰乙酸

（5）环戊基乙酸

（6）丙酮酸

三、比较下列各组化合物酸性的强弱。

（1）乙酸、草酸、甲酸、苯甲酸、苯酚、碳酸

（2）乳酸、丙酮酸、丙酸

四、完成下列反应式。

（1）H_3C—苯环—COOH（对位）$\xrightarrow{NaHCO_3}$

Note

(2) $H_2C(COOH)_2 \xrightarrow{\triangle}$

(3) $H_3C-\overset{O}{\overset{\|}{C}}-COOH \xrightarrow{+2H}$

(4) $CH_3COOH+HOCH_2CH_2OH \underset{\triangle}{\overset{H^+}{\rightleftharpoons}}$

(5) 环己烷-1-COOH-2-OH $\xrightarrow{\triangle}$

(6) 环己烷-1-COOH-2-OH $\xrightarrow[H^+]{(CH_3CO)_2O}$

参考文献

【思政元素】

[1] 刘天意.食品防腐剂苯甲酸钠的作用机理、毒性及其检测方法综述[J].现代食品,2020(7):32-34.

[2] 李智强.食品检验中防腐剂对微生物总数的影响[J].科技博览,2014(13):392.

[3] 王思文,巩江,高昂,等.防腐剂苯甲酸钠的药理及毒理学研究[J].安徽农业科学,2010,38(30):16724,16846.

[4] 侯小娟,张玉军.有机化学[M].武汉:华中科技大学出版社,2018.

(肖家福)

第十一章　羧酸衍生物

扫码看 PPT

学习目标

素质目标：培养学生运用化学知识分析生活现象的能力，激发学生对专业的热爱，引导学生树立安全意识，培养学生的科学精神、创新精神和社会责任感。

能力目标：通过对羧酸衍生物的学习，能够准确识别常见羧酸衍生物所含的官能团，能够从官能团的特点分析和推断物质的化学性质，并具备一定的发现问题、分析问题和解决问题的能力。

知识目标：掌握羧酸衍生物的结构、命名及化学性质。熟悉碳酸衍生物和原酸衍生物的结构及化学性质。了解医药中相关的羧酸衍生物。

答案解析

案例导入

患者王某，男，35 岁，常年胃痛，有胃溃疡病史，服用雷尼替丁后效果不佳，便自行服用阿司匹林，但是症状没有缓解反而引发了急性胃溃疡。

思考：1. 阿司匹林的化学名称是什么？其结构式是什么？

2. 阿司匹林具有镇痛作用，为什么患者服用该药后，症状没有缓解反而引发了急性胃溃疡？

第一节　结构和命名

羧酸分子中羧基上的羟基被其他原子或原子团取代所生成的化合物称为羧酸衍生物（carboxylic acid derivative）。羧酸衍生物主要包括酰卤（acyl halide）、酸酐（anhydride）、酯（ester）和酰胺（amide）。

酰卤、酸酐、酯和酰胺的分子中都含有酰基（$-\overset{\overset{\displaystyle O}{\|}}{C}-R$），统称为酰基化合物。在酰基化合物中，酰基与卤原子（—X）连接的化合物称为酰卤；酰基与酰氧基（—OCOR）连接的化合物称为酸酐；酰基与烷氧基（—OR）连接的化合物称为酯；酰基与氨基（$-NH_2$）或取代氨基（—NHR、—NRR′）连接的化合物称为酰胺。

羧酸衍生物的反应活性很高，可转变为多种化合物，被广泛用于药物的合成。酰卤和酸酐性质比较活泼，在自然界中几乎不存在，而酯和酰胺广泛存在于动植物中，具有重要的生理意义，如油脂主要是羧酸酯的化合物；许多药物的有效成分具有酯和酰胺的结构，如巴比妥类、青霉素类

等药物含有酰胺的结构,局部麻醉剂盐酸普鲁卡因含有酯的结构。

一、结构

酰卤、酸酐、酯和酰胺的结构与羧酸类似,分子中都含有羰基,羰基碳原子为 sp^2 杂化,三个 sp^2 杂化轨道形成三个 σ 键,未参与杂化的 p 轨道与 O 氧原子的 p 轨道肩并肩重叠形成 π 键,形成平面结构。其结构通式如下:

$$\mathrm{R-\overset{\overset{\displaystyle O}{\|}}{C}-L} \qquad \mathrm{L=-X、-O\overset{\overset{\displaystyle O}{\|}}{C}R'、-OR'、-NH_2(或-NHR、-NR_2)}$$

酰卤　酸酐　酯　酰胺

此外,与羰基相连的原子(X、O、N)上都有孤对电子,可与羰基的 π 键形成 p-π 共轭,其差异仅仅是 p-π 共轭的程度不同。其共振结构式可表示如下:

$$\left[\mathrm{R-\overset{\overset{\displaystyle O}{\|}}{C}-\ddot{L}} \longleftrightarrow \mathrm{R-\overset{\overset{\displaystyle O^-}{|}}{C}=L^+}\right]$$

①　②

在羧酸衍生物的共振杂化体中,电荷分离的共振极限式的贡献大小取决于 L 中直接与羰基相连原子的电负性大小。在酰卤分子中,卤原子的电负性较大,共振结构式②不稳定,对共振杂化体的贡献小,在共振杂化体中以①为主;而在酰胺分子中,氮原子的电负性小,共振结构式②对共振杂化体的贡献较大,在共振杂化体中以②为主。也就是说,L 的电负性越大,共振结构式①对共振杂化体的贡献越大;L 的电负性越小,共振结构式②对共振杂化体的贡献越大。

二、命名

羧酸分子去掉羟基剩余的部分称为酰基(acyl group),根据相应的羧酸命名酰基,把“某酸”中的“酸”字去掉,改为“某酰基”,例如:

$$\mathrm{CH_3-\overset{\overset{\displaystyle O}{\|}}{C}-OH} \qquad \mathrm{CH_3-\overset{\overset{\displaystyle O}{\|}}{C}-} \qquad \mathrm{C_6H_5-\overset{\overset{\displaystyle O}{\|}}{C}-OH} \qquad \mathrm{C_6H_5-\overset{\overset{\displaystyle O}{\|}}{C}-}$$

乙酸 acetic acid　乙酰基 acetyl　苯甲酸 benzoic acid　苯甲酰基 benzoyl

(一)酰卤

酰卤的命名:酰基名+卤素名,称“某酰卤”。例如:

$$\mathrm{CH_3-\overset{\overset{\displaystyle O}{\|}}{C}-Cl} \qquad \mathrm{C_6H_5-\overset{\overset{\displaystyle O}{\|}}{C}-Cl} \qquad \mathrm{CH_3CH_2-\overset{\overset{\displaystyle O}{\|}}{C}-Br}$$

乙酰氯 acetyl chloride　苯甲酰氯 benzoyl chloride　丙酰溴 propionyl bromide

(二)酸酐

酸酐由羧酸脱水而成,由同种羧酸形成的酸酐称为单酐,由不同羧酸脱水形成的酸酐称为混酐,由二元羧酸分子内脱水形成的酸酐称为环酐。

单酐的命名:羧酸名+酐,称“某酸酐”或“某酐”。混酐命名时按英文名称字母顺序写出两种羧酸的名称,即羧酸名+羧酸名+酐,称为“某酸某酸酐”或“某某酐”。环酐的命名:羧酸名+酐,称为“某酸酐”。例如:

$$CH_3-\overset{O}{\overset{\|}{C}}-O-\overset{O}{\overset{\|}{C}}-CH_3$$

乙(酸)酐

acetic anhydride

$$CH_3-\overset{O}{\overset{\|}{C}}-O-\overset{O}{\overset{\|}{C}}-CH_2CH_3$$

乙(酸)丙(酸)酐

acetic propanoic anhydride

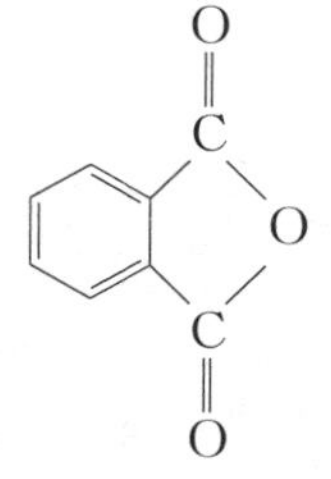

邻苯二甲酸酐

phthalic anhydride

(三) 酯

酯由羧酸和醇脱水而成,酯根据羧酸和醇命名。一元醇和羧酸形成的酯,称为“某酸某酯”;多元醇和羧酸形成的酯,称为“某醇某酸酯”;羟基酸分子内的羧基和羟基脱水形成内酯,根据羧酸名,称为“某内酯”,用数字或希腊字母标明原羟基的位置。例如:

$$CH_3-\overset{O}{\overset{\|}{C}}-OC_2H_5$$

乙酸乙酯

ethyl acetate

$$C_6H_5-\overset{O}{\overset{\|}{C}}-OC_2H_5$$

苯甲酸乙酯

ethyl benzoate

$$C_2H_5O-\overset{O}{\overset{\|}{C}}-\overset{O}{\overset{\|}{C}}-OC_2H_5$$

乙二酸二乙酯

diethyl ethanedioate

$H_2C-OCOCH_3$

$HC-OCOCH_3$

$H_2C-OCOCH_3$

丙三醇三乙酸酯

glyceryl triacetate

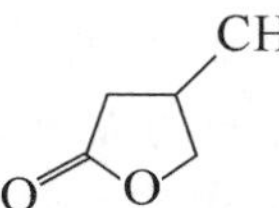

3-甲基-4-丁内酯

3-methyl-4-butyrolactone

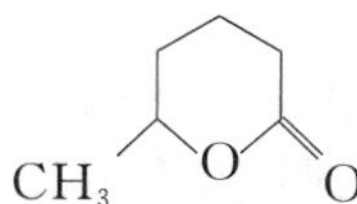

5-甲基戊内酯

5-methyl valerolactone

(四) 酰胺

酰胺的命名:酰基名+胺,称“某酰胺”。例如:

$$CH_3-\overset{O}{\overset{\|}{C}}-NH_2$$

乙酰胺

acetamide

$$C_6H_5-\overset{O}{\overset{\|}{C}}-NH_2$$

苯甲酰胺

benzamide

若酰胺的氮原子上连有烃基,命名时在烃基名称前加字母“N”,称为“N-某烃基某酰胺”或“N-某烃基-N-某烃基某酰胺”。例如:

$$CH_3-\overset{O}{\overset{\|}{C}}-NHCH_3$$

N-甲基乙酰胺

N-methyl acetamide

$$H-\overset{O}{\overset{\|}{C}}-N(CH_3)_2$$

N,N-二甲基甲酰胺(DMF)

N,N-dimethyl formamide

$$C_6H_5-\overset{O}{\overset{\|}{C}}-N(CH_3)(CH_2CH_3)$$

N-甲基-N-乙基苯甲酰胺

N-ethyl-N-methyl benzamide

环状酰胺称为内酰胺,命名类似于内酯。例如:

Note

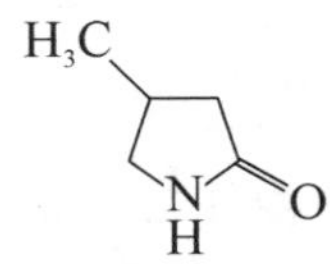

3-甲基-4-丁内酰胺
3-methyl-4-butyrolactam

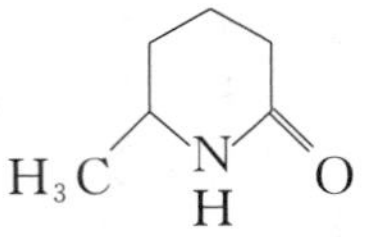

5-甲基戊内酰胺
5-methyl valerolactam

课堂练习11-1

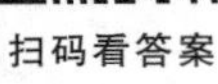

扫码看答案

命名下列化合物：

(1) $(CH_3CH_2CO)_2O$

(2) 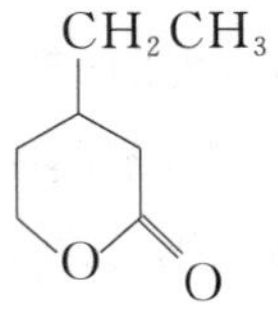 （含 CH_2CH_3 取代的六元环内酯结构式）

(3) $C_6H_5-CH_2\overset{O}{\overset{\|}{C}}Cl$

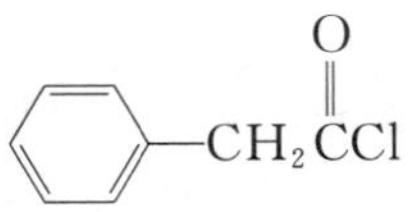

(4) 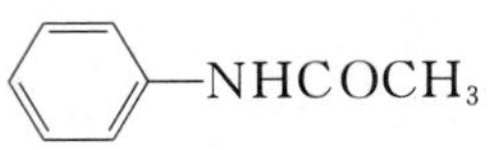 $C_6H_5-NHCOCH_3$

第二节　物理性质

低级酰卤和低级酸酐都是具有刺激性气味的无色液体，高级酰卤和高级酸酐为白色固体。低级酯是易挥发并有芳香气味的无色液体，可用作香料；高级酯为蜡状固体。酰胺一般为固体，甲酰胺和某些N-取代酰胺除外。

酰卤、酸酐和酯的分子间不能形成氢键，故它们的沸点比相对分子质量相近的羧酸低；酰胺能形成分子间氢键，其熔点、沸点都较相应的羧酸高。当酰胺氮原子上的氢原子都被烃基取代后，分子间不能形成氢键，熔点和沸点随之降低。

羧酸衍生物一般易溶于有机溶剂，如乙醚、氯仿、丙酮和苯等。低级酰胺，如N,N-二甲基甲酰胺、N,N-二甲基乙酰胺可与水混溶，它们是很好的非质子极性溶剂。酯在水中的溶解度较小，常用于从水溶液中提取有机化合物。表11-1为常见羧酸衍生物的物理常数。

表11-1　常见羧酸衍生物的物理常数

名　　称	结　构　式	熔点/℃	沸点/℃	相对密度 (d^{20})	在水中的溶解度 /(g/100 g)
乙酰氯	$CH_3-\overset{O}{\overset{\|}{C}}-Cl$	−112.0	52.0	1.104	与水反应
丙酰氯	$CH_3CH_2-\overset{O}{\overset{\|}{C}}-Cl$	−94.0	80.0	1.065	可溶于水
苯甲酰氯	$C_6H_5-\overset{O}{\overset{\|}{C}}-Cl$	−1.0	197.2	1.212	难溶于水

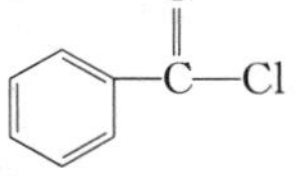

Note

续表

名　称	结构式	熔点/℃	沸点/℃	相对密度(d^{20})	在水中的溶解度/(g/100 g)
乙酸酐	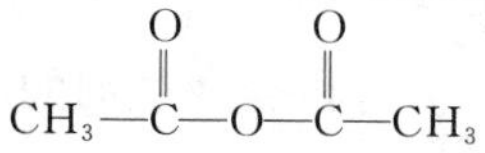 $CH_3-C(=O)-O-C(=O)-CH_3$	−73.1	139.6	1.082	可溶于水
丙酸酐	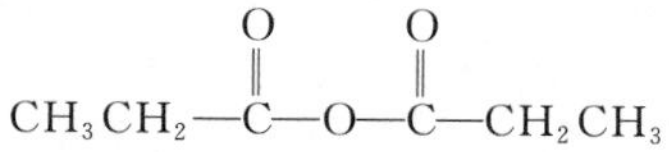 $CH_3CH_2-C(=O)-O-C(=O)-CH_2CH_3$	−45.0	168.6	1.212	可溶于水
苯甲酸酐	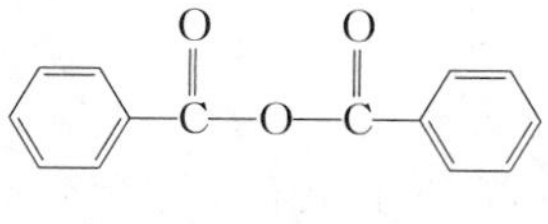 $C_6H_5-C(=O)-O-C(=O)-C_6H_5$	42.0	360.0	1.199	0.1
邻苯二甲酸酐	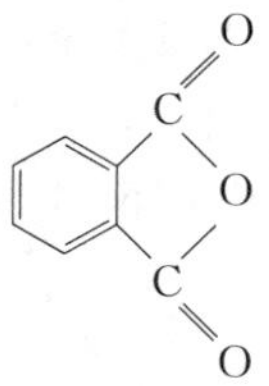 $C_6H_4(CO)_2O$	131.6	284.5	1.527	0.6(20 ℃)
甲酸乙酯	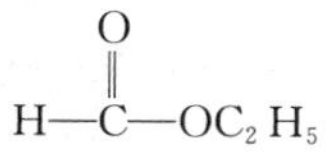 $H-C(=O)-OC_2H_5$	−80.5	54.0	0.969	微溶于水
乙酸乙酯	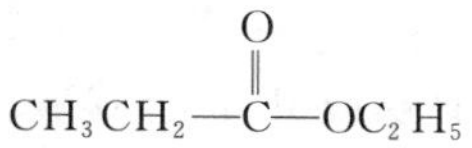 $CH_3CH_2-C(=O)-OC_2H_5$	−84.0	77.1	0.901	8.3(20 ℃)
苯甲酸乙酯	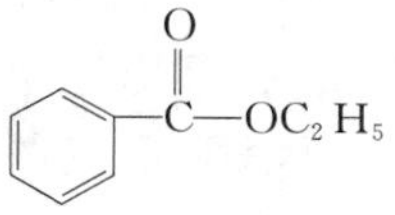 $C_6H_5-C(=O)-OC_2H_5$	−35.0	213.0	1.501	微溶于热水
乙酰胺	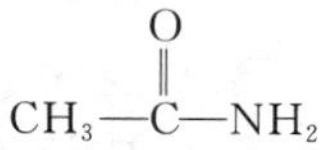 $CH_3-C(=O)-NH_2$	82.3	222.0	1.159	溶于水
丙酰胺	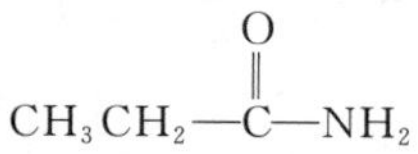 $CH_3CH_2-C(=O)-NH_2$	80.0	213.0	1.042	易溶于水
乙酰苯胺	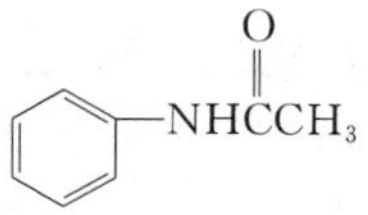 $C_6H_5-NHC(=O)CH_3$	114.3	305.0	1.210	0.46(20 ℃)
N,N-二甲基甲酰胺	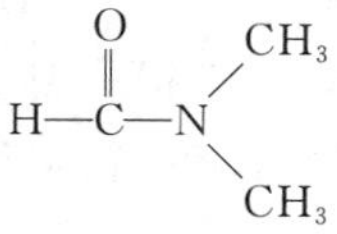 $H-C(=O)-N(CH_3)_2$	−61.0	153.0	0.948	与水互溶

第三节　化学性质

羧酸衍生物结构中都含有相同的官能团——酰基，因而表现出相似的化学性质。酰卤、酸酐、酯和酰胺中，由于卤原子、氧原子和氮原子电负性的不同，酰基和这些原子间的 p-π 共轭程度

Note

不同，因此它们在化学性质上也存在一定的差异。羧酸衍生物发生化学反应的部位如下所示：

$$\mathrm{R{-}\underset{\underset{H}{|}}{\overset{|}{C}}{-}\overset{\overset{O}{\|}}{C}{-}L}$$

羰基上的反应：亲核取代反应；还原反应；与有机金属试剂的反应

α-H的反应——酯缩合反应

一、亲核取代反应

羧酸衍生物中的酰基是极性基团，其羰基碳带部分正电荷，易受到亲核试剂（H_2O、ROH、RNH_2）的进攻，离去基团—L（—X、—OCOR、—OR、—NH_2 等）被亲核试剂（—OH、—OR、—NH_2 等）取代，发生亲核取代反应。其反应机制也大致相同，只是在反应活性上有所差异。反应分两步，首先是亲核试剂在羰基碳上发生亲核加成，形成四面体的氧负离子中间体，然后消除一个负离子。反应通式如下：

$$\mathrm{R{-}\overset{\overset{O}{\|}}{C}{-}L + {:}Nu^- \longrightarrow R{-}\underset{\underset{L}{|}}{\overset{\overset{O^-}{|}}{C}}{-}Nu \longrightarrow R{-}\overset{\overset{O}{\|}}{C}{-}Nu + L^-}$$

取代反应的反应速率受羧酸衍生物结构中的电子效应和空间效应的影响，因而与亲核加成和消除两步反应均有关系。如果羰基碳原子上所连基团的吸电子效应越强，且体积越小，则中间体越稳定，越有利于加成，反应速率就大；反之则不利于加成，反应速率就小。离去基团—L 吸电子效应的强弱顺序：—X＞—OCOR＞—OR＞—NH_2。而消除反应的反应速率与离去基团—L 的离去倾向有关，—L 越易离去，反应速率越大。—L 的离去能力与 L^- 的稳定性有关，L^- 的稳定性顺序：X^- ＞ $RCOO^-$ ＞ RO^- ＞ H_2N^-，所以，—L 的离去能力：—X＞—OCOR＞—OR＞—NH_2。综合加成、消除两步反应，羧酸衍生物的亲核取代反应活性顺序：酰卤＞酸酐＞酯＞酰胺。

（一）水解反应

羧酸衍生物均可发生水解反应，水解反应后的主要产物均为羧酸。反应通式如下：

$$\mathrm{R{-}\overset{\overset{O}{\|}}{C}{-}L + H_2O \longrightarrow R{-}\overset{\overset{O}{\|}}{C}{-}OH + HL}$$

1. 酰卤的水解 低级酰卤极易水解，如乙酰氯遇水反应很剧烈；随着酰卤相对分子质量增大，在水中的溶解度降低，水解速率逐渐减小，若加入使酰卤溶解的溶剂（如二氧六环，四氢呋喃等），可增大反应速率。酰卤的水解一般不需要催化剂。

$$\mathrm{R{-}\overset{\overset{O}{\|}}{C}{-}X + H_2O \longrightarrow R{-}\overset{\overset{O}{\|}}{C}{-}OH + HX}$$

2. 酸酐的水解 酸酐可以在中性、酸性或碱性溶液中水解，反应活性比酰卤稍缓和一些，但比酯容易水解。由于酸酐不溶于水，室温下水解很慢，必要时需加热、酸碱催化或选择适当溶剂使之成为均相来加快水解的进行。

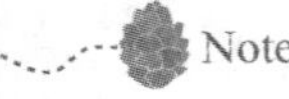
Note

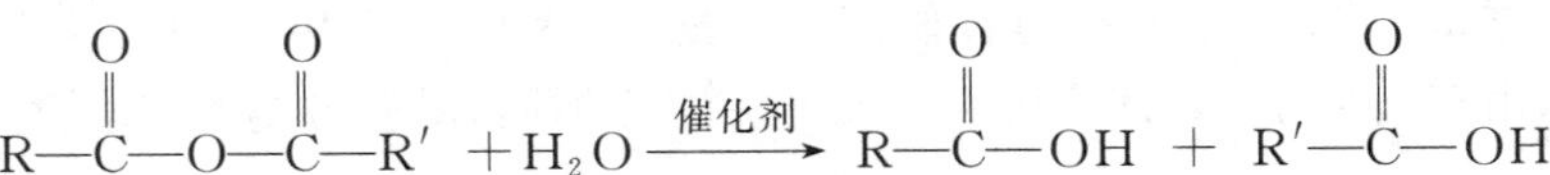

$$\mathrm{R{-}\overset{\overset{O}{\|}}{C}{-}O{-}\overset{\overset{O}{\|}}{C}{-}R' + H_2O \xrightarrow{催化剂} R{-}\overset{\overset{O}{\|}}{C}{-}OH + R'{-}\overset{\overset{O}{\|}}{C}{-}OH}$$

$$\text{(甲基马来酸酐)} + H_2O \xrightarrow{\triangle} \begin{matrix} CH_3 & & COOH \\ & C & \\ & \| & \\ & HC & \\ & & COOH \end{matrix}$$

(94%)

3. 酯的水解 酯水解生成一分子羧酸和一分子醇，是酯化反应的逆反应。酯的水解反应活性比酰卤、酸酐低，需在酸或碱催化下回流进行。

$$R-\overset{O}{\overset{\|}{C}}-OR' + H_2O \underset{\text{酯化}}{\overset{\text{水解}}{\rightleftharpoons}} R-\overset{O}{\overset{\|}{C}}-OH + R'-OH$$

酯在酸催化下水解是可逆反应；在碱催化下，酯水解生成的羧酸与碱成盐，使平衡被破坏，故酯在碱过量的条件下可彻底水解。酯的水解常采用碱催化的方法。在碱催化反应中，碱既是催化剂又是亲核试剂，反应速率与酯和碱的浓度成正比。

酯在碱催化下的水解反应是按照亲核加成-消除反应的机制进行的。首先，OH^-作为亲核试剂进攻酯分子中的羰基碳原子，发生亲核加成反应，生成一个负离子中间体；然后，OR′带着一个负电荷离去，生成相应的ROOH，ROOH将质子传递给$R'O^-$，生成羧酸盐和醇。

$$R-\overset{O}{\overset{\|}{C}}-OR' + OH^- \rightleftharpoons R-\underset{OR'}{\overset{O^-}{C}}-OH \rightleftharpoons R-\overset{O}{\overset{\|}{C}}-OH + R'O^- \longrightarrow R-\overset{O}{\overset{\|}{C}}-O^- + R'OH$$

酯在酸催化下的水解反应也是按照亲核加成-消除反应机制进行的。在酸催化下，首先，酯分子的羰基氧发生质子化，羰基碳原子的亲电性增强，更易被水分子进攻而发生加成反应，形成碳正离子中间体，然后发生质子转移，消除一分子醇，生成羧酸。

$$R-\overset{O}{\overset{\|}{C}}-OR' \underset{}{\overset{+H^+}{\rightleftharpoons}} R-\overset{\overset{+}{O}H}{\overset{\|}{C}}-OR' \overset{+H_2\ddot{O}}{\rightleftharpoons} R-\underset{OR'}{\overset{OH}{C}}-\overset{+}{O}H_2 \rightleftharpoons R-\underset{\overset{+}{O}R'H}{\overset{OH}{C}}-OH \overset{-R'OH}{\rightleftharpoons} R-\overset{\overset{+}{O}H}{\overset{\|}{C}}-OH \underset{-H^+}{\overset{+H^+}{\rightleftharpoons}} R-\overset{O}{\overset{\|}{C}}-OH$$

内酯也能发生水解反应，生成相应的羟基酸。例如：

$$\text{(β-甲基-γ-丁内酯)} \xrightarrow[H_2O]{H^+} HOCH_2\underset{CH_3}{\underset{|}{C}H}CH_2COOH$$

4. 酰胺的水解 酰胺的水解反应需在酸或碱催化下并长时间加热回流，水解产物为羧酸和氨(或胺)。

$$R-\overset{O}{\overset{\|}{C}}-NH_2 + H_2O \xrightarrow{\text{催化剂}} R-\overset{O}{\overset{\|}{C}}-OH + NH_3$$

酸催化酰胺水解时，酸既是催化剂，又可以中和水解所产生的氨或胺，生成铵盐，促使平衡向水解方向移动。

$$C_6H_5CH_2\overset{O}{\overset{\|}{C}}—NH_2 \xrightarrow[\text{回流}]{35\%\ HCl} C_6H_5CH_2COOH + NH_4Cl$$

课堂练习11-2

扫码看答案

完成下列反应式：

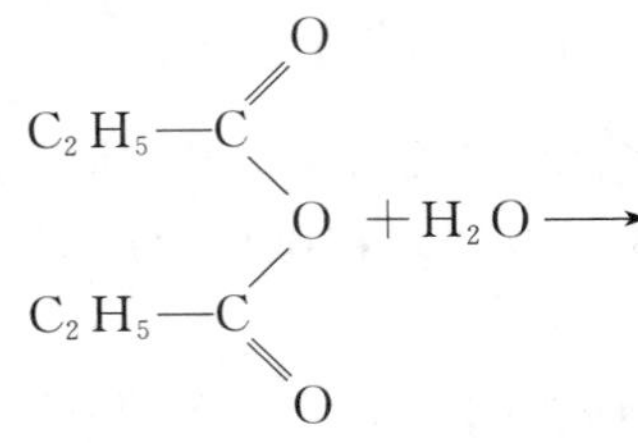

$$(C_2H_5CO)_2O + H_2O \longrightarrow$$

（二）醇解反应

酰卤、酸酐和酯发生醇解反应生成酯，反应通式如下：

$$R—\overset{O}{\overset{\|}{C}}—L + R'OH \longrightarrow R—\overset{O}{\overset{\|}{C}}—OR' + HL$$

1. 酰卤的醇解 酰卤很容易与醇或酚反应生成酯。反应中常加入一些碱性物质，一方面中和反应生成的酸（卤化氢），另一方面起催化作用，使平衡向右移动。

$$R—\overset{O}{\overset{\|}{C}}—X + R'OH \longrightarrow R—\overset{O}{\overset{\|}{C}}—OR' + HX$$

$$(CH_3)_3C\overset{O}{\overset{\|}{C}}Cl + C_6H_5—OH \xrightarrow{\text{吡啶}} C_6H_5—O\overset{O}{\overset{\|}{C}}C(CH_3)_3 + \text{吡啶}\cdot HCl$$

2. 酸酐的醇解 酸酐的醇解较酰卤温和，反应可用少量酸或碱催化。

$$R—\overset{O}{\overset{\|}{C}}—O—\overset{O}{\overset{\|}{C}}—R + R'OH \longrightarrow R—\overset{O}{\overset{\|}{C}}—OR' + R—\overset{O}{\overset{\|}{C}}—OH$$

例如阿司匹林就是以水杨酸为原料，在硫酸催化下与醋酐反应制得的。

$$o\text{-}HOC_6H_4COOH + (CH_3CO)_2O \xrightarrow{\text{浓}\ H_2SO_4} o\text{-}CH_3\overset{O}{\overset{\|}{C}}OC_6H_4COOH + CH_3COOH$$

3. 酯的醇解 酯的醇解生成新的酯和醇，又称为酯交换反应，反应通常需要在酸（如硫酸、对甲基苯磺酸）或碱（如醇钠）的催化下进行。反应通式如下：

$$R—\overset{O}{\overset{\|}{C}}—OR' + R''OH \longrightarrow R—\overset{O}{\overset{\|}{C}}—OR'' + R'OH$$

制药工业中，利用酯交换反应可将没有药用价值或药用价值较小的酯转化成有药用价值或药用价值更高的酯。例如，用对氨基苯甲酸乙酯合成局部麻醉剂普鲁卡因：

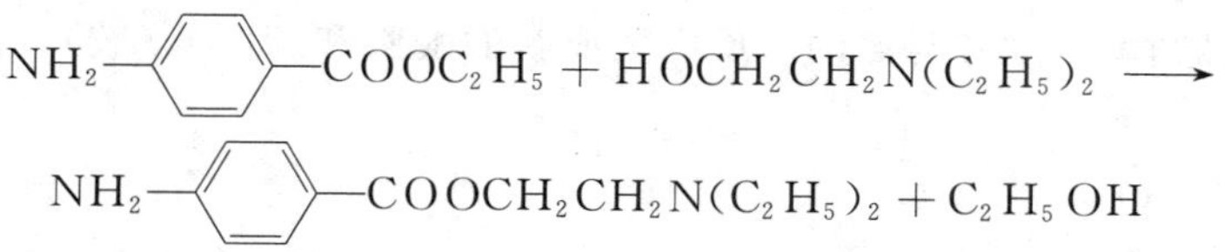

$$NH_2-C_6H_4-COOC_2H_5 + HOCH_2CH_2N(C_2H_5)_2 \longrightarrow$$

$$NH_2-C_6H_4-COOCH_2CH_2N(C_2H_5)_2 + C_2H_5OH$$

课堂练习11-3

完成下列反应式：

$$(C_2H_5CO)_2O + CH_3CH_2OH \longrightarrow$$

扫码看答案

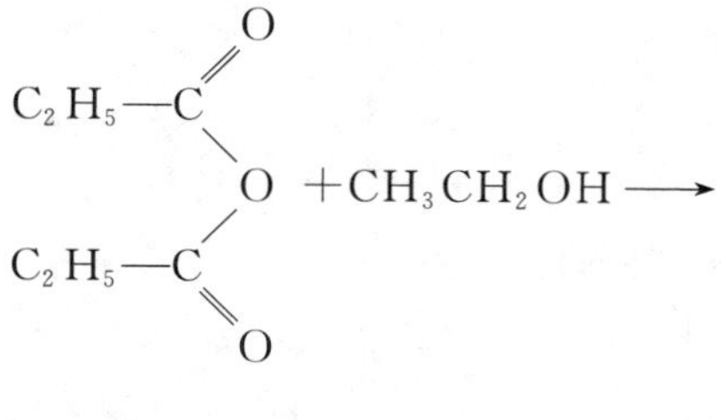

（三）氨(胺)解反应

酰卤、酸酐和酯可以与氨(胺)发生氨(胺)解反应，生成酰胺，这是制备酰胺常用的方法。

1. 酰卤的氨(胺)解 酰卤的氨(胺)解较容易进行，酰卤与胺的反应常在氢氧化钠、吡啶、三乙胺等碱性环境中进行。

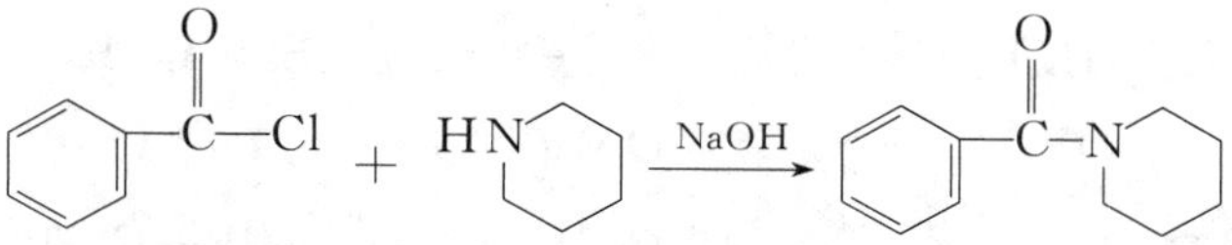

$$C_6H_5COCl + \text{哌啶(HN)} \xrightarrow{NaOH} C_6H_5CO-N(\text{哌啶})$$

2. 酸酐的氨(胺)解 酸酐常温下的水解较酰卤慢，而氨易溶于水，因此酸酐的氨解通常在水溶液中更容易进行。

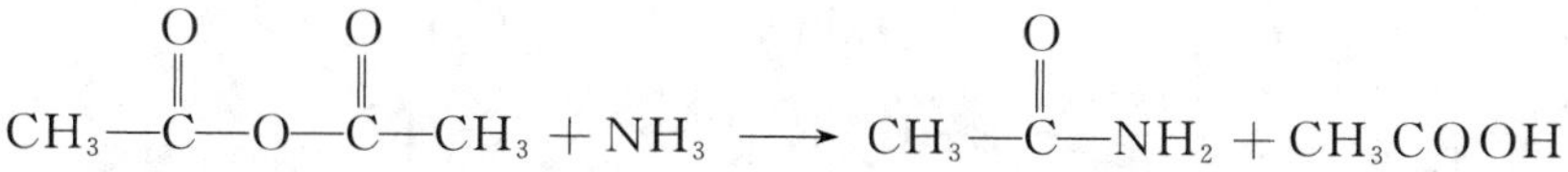

$$CH_3-\overset{O}{\overset{\|}{C}}-O-\overset{O}{\overset{\|}{C}}-CH_3 + NH_3 \longrightarrow CH_3-\overset{O}{\overset{\|}{C}}-NH_2 + CH_3COOH$$

分子内酸酐与氨反应，开环得到酰胺酸，高温下则生成酰亚胺。例如：

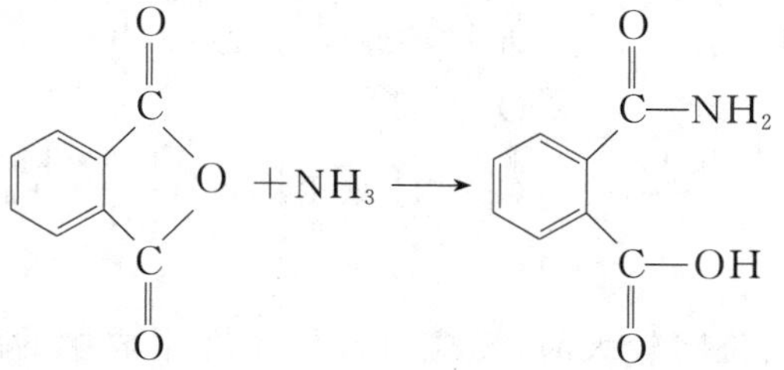

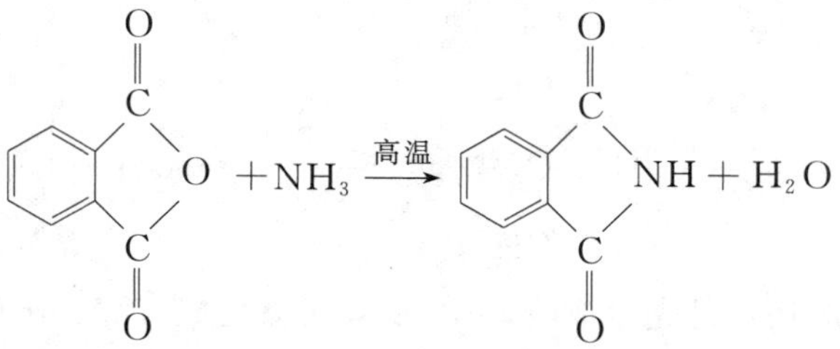

$$\text{邻苯二甲酸酐} + NH_3 \longrightarrow C_6H_4(CONH_2)(COOH)$$

$$\text{邻苯二甲酸酐} + NH_3 \xrightarrow{\text{高温}} \text{邻苯二甲酰亚胺(C}_6H_4(CO)_2NH) + H_2O$$

3. 酯的氨(胺)解 酯与氨(胺)反应后生成酰胺。例如：

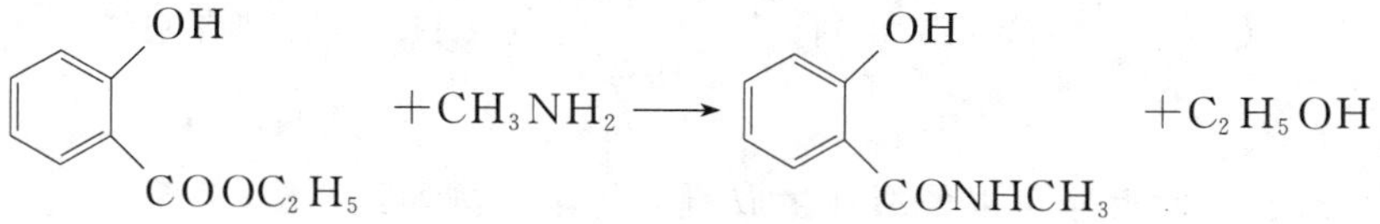

$$o\text{-}HO-C_6H_4-COOC_2H_5 + CH_3NH_2 \longrightarrow o\text{-}HO-C_6H_4-CONHCH_3 + C_2H_5OH$$

Note

4. 酰胺的氨(胺)解 酰胺与氨(胺)反应生成新的酰胺和新的氨(胺),可以看作酰胺的交换反应。

$$CH_3-\overset{\overset{\displaystyle O}{\|}}{C}-NH_2+CH_3NH_2\cdot Cl \longrightarrow CH_3-\overset{\overset{\displaystyle O}{\|}}{C}-NHCH_3+NH_4Cl$$

课堂练习11-4

扫码看答案

完成下列反应式:

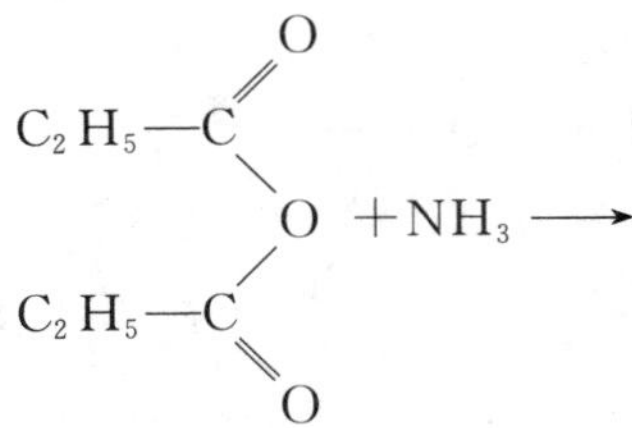

二、与有机金属化合物的反应

(一) 羧酸衍生物与格氏试剂的反应

羧酸衍生物与格氏试剂反应,先生成酮,酮进一步反应生成叔醇,其反应过程如下:

$$R-\overset{\overset{\displaystyle O}{\|}}{C}-L \xrightarrow{R'MgX} R-\underset{\underset{\displaystyle R'}{|}}{\overset{\overset{\displaystyle OMgX}{|}}{C}}-L \xrightarrow{-LMgX} R-\overset{\overset{\displaystyle O}{\|}}{C}-R'$$

$$\xrightarrow{R'MgX} R-\underset{\underset{\displaystyle R'}{|}}{\overset{\overset{\displaystyle OMgX}{|}}{C}}-R' \xrightarrow{H_2O} R-\underset{\underset{\displaystyle R'}{|}}{\overset{\overset{\displaystyle OH}{|}}{C}}-R'$$

酰卤与格氏试剂反应生成酮后,进一步被还原,生成叔醇(甲酰氯生成仲醇)。例如:

$$Ph-\overset{\overset{\displaystyle O}{\|}}{C}-L \xrightarrow[Et_2O]{CH_3CH_2MgCl} Ph-\overset{\overset{\displaystyle O}{\|}}{C}-CH_2CH_3 \xrightarrow[Et_2O]{CH_3CH_2MgCl} Ph-\underset{\underset{\displaystyle CH_2CH_3}{|}}{\overset{\overset{\displaystyle OH}{|}}{C}}-CH_2CH_3$$

当酰卤或格氏试剂空间位阻较大时,反应可以停留在生成酮的阶段,可以得到产率较高的酮。例如:

$$CH_3-\underset{\underset{\displaystyle CH_3}{|}}{\overset{H}{C}}-\overset{\overset{\displaystyle O}{\|}}{C}-Cl + C_2H_5-\underset{\underset{\displaystyle CH_3}{|}}{\overset{\overset{\displaystyle CH_3}{|}}{C}}-MgCl \xrightarrow[16\sim18\ ℃]{Et_2O} CH_3-\underset{\underset{\displaystyle CH_3}{|}}{\overset{H}{C}}-\overset{\overset{\displaystyle O}{\|}}{C}-\underset{\underset{\displaystyle CH_3}{|}}{\overset{\overset{\displaystyle CH_3}{|}}{C}}-C_2H_5$$

酸酐与格氏试剂反应仍然是先生成酮,进一步被还原生成叔醇。例如:

$$CH_3-\overset{\overset{\displaystyle O}{\|}}{C}-O-\overset{\overset{\displaystyle O}{\|}}{C}-CH_3 \xrightarrow[H_3O^+]{CH_3CH_2MgCl} CH_3-\underset{\underset{\displaystyle CH_2CH_3}{|}}{\overset{\overset{\displaystyle OH}{|}}{C}}-CH_2CH_3$$

反应温度较低时,此反应可以停留在生成酮的阶段。例如:

$$CH_3-\overset{O}{\overset{\|}{C}}-O-\overset{O}{\overset{\|}{C}}-CH_3 \xrightarrow[H_3O^+]{CH_3CH_2MgCl,-70\ ℃} CH_3-\overset{O}{\overset{\|}{C}}-CH_2CH_3$$

酯与格氏试剂的反应，通常用于制备羟基 α-C 上连有两个相同烷基的叔醇。例如：

$$Ph-\overset{O}{\overset{\|}{C}}-OCH_3 \xrightarrow[H_3O^+]{CH_3CH_2MgCl} Ph-\underset{CH_2CH_3}{\underset{|}{\overset{OH}{\overset{|}{C}}}}-CH_2CH_3$$

(二) 羧酸衍生物与其他有机金属化合物的反应

酰氯能迅速与二烃基铜锂反应生成酮。

$$R-\overset{O}{\overset{\|}{C}}-Cl \xrightarrow{R'_2CuLi/Et_2O} R-\overset{O}{\overset{\|}{C}}-R'$$

二烃基铜锂反应活性较格氏试剂低，与酮反应的反应速率较小，并且在低温下不与酯、酰胺和腈反应，因此可用其与酰卤反应制备酮，且产率较高。例如：

$$CH_3(CH_2)_2\overset{O}{\overset{\|}{C}}(CH_2)_4\overset{O}{\overset{\|}{C}}Cl \xrightarrow[Et_2O]{(CH_3)_2CuLi} CH_3(CH_2)_2\overset{O}{\overset{\|}{C}}(CH_2)_4\overset{O}{\overset{\|}{C}}CH_3$$

有机锂试剂与格氏试剂一样，与酯反应可生成醇，但与空间位阻较大的酯反应，可停留在生成酮的阶段。例如：

$$C_6H_5-\underset{CH_3}{\underset{|}{\overset{CH_3}{\overset{|}{C}}}}-\overset{O}{\overset{\|}{C}}-OC_2H_5 \xrightarrow[Et_2O]{CH_3Li} C_6H_5-\underset{CH_3}{\underset{|}{\overset{CH_3}{\overset{|}{C}}}}-\overset{O}{\overset{\|}{C}}-CH_3$$

酰氯与有机镉化合物(R_2Cd)反应也生成酮，但有机镉化合物的毒性太大，因此它的应用受到限制。

课堂练习11-5

完成下列反应式：

$$CH_3\overset{O}{\overset{\|}{C}}(CH_2)_2\overset{O}{\overset{\|}{C}}OCH_3 \xrightarrow[H_3O^+]{CH_3MgI,Et_2O}$$

扫码看答案

三、还原反应

与羧酸类似，羧酸衍生物分子中的羰基也可以被还原。由于与羰基所连的基团不同，羧酸衍生物反应活性存在一定的差异。通常，发生还原反应由易到难的顺序：酰氯＞酸酐＞酯＞羧酸。

羧酸衍生物的还原方法很多，还原剂不同，还原产物也不同。

(一) 用金属氢化物还原

常见的金属氢化物还原剂有氢化铝锂($LiAlH_4$)、硼氢化钠($NaBH_4$)等，氢化铝锂还原能力相对较强，因此，在羧酸衍生物的还原反应中常用氢化铝锂作还原剂。

酰卤通常被氢化铝锂还原生成伯醇。例如：

$$CH_3-\overset{O}{\overset{\|}{C}}-Cl \xrightarrow[②H_2O]{①LiAlH_4,Et_2O} CH_3CH_2OH+HCl$$

Note

酸酐被氢化铝锂还原生成两分子伯醇或一分子二元醇。例如：

$$CH_3-\overset{O}{\overset{\|}{C}}-O-\overset{O}{\overset{\|}{C}}-CH_2CH_3 \xrightarrow[②H_2O]{①LiAlH_4,Et_2O} CH_3CH_2OH+CH_3CH_2CH_2OH$$

$$\underbrace{(CH_2)_3(CO)_2O}_{\text{环状酸酐}} \xrightarrow[②H_2O]{①LiAlH_4,Et_2O} HOCH_2(CH_2)_3CH_2OH$$

酯被氢化铝锂还原生成两分子伯醇。例如：

$$CH_3-\overset{O}{\overset{\|}{C}}-O-CH_2CH_2CH_3 \xrightarrow[②H_2O]{①LiAlH_4,Et_2O} CH_3CH_2CH_2OH+CH_3CH_2OH$$

酰胺和腈被氢化铝锂还原生成胺。例如：

$$H_3C-\overset{O}{\overset{\|}{C}}-NHC_6H_5 \xrightarrow[②H_2O]{①LiAlH_4,Et_2O} CH_3CH_2NHC_6H_5$$

$$CH_3CH_2C\equiv N \xrightarrow[②H_2O]{①LiAlH_4,Et_2O} CH_3CH_2CH_2NH_2$$

(二) 鲍维特-布朗克还原法

以金属钠和醇为还原剂将酯还原成伯醇，该方法称为鲍维特-布朗克(Bouveault-Blanc)还原法。此反应条件温和，分子中的碳碳不饱和键不受影响。例如：

$$CH_3CH=CHCH_2\overset{O}{\overset{\|}{C}}OC_2H_5 \xrightarrow[C_2H_5OH]{Na} CH_3CH=CHCH_2CH_2OH$$

(三) 罗森孟德还原法

酰卤也可以采用罗森孟德(Rosenmund)还原法进行还原。该反应利用降低了活性(部分毒性)的钯作为催化剂，进行催化加氢，将酰卤选择性地还原成醛，而醛不会进一步被还原成醇。反应中通常将催化剂钯粉附在硫酸钡上，并加入少量的毒化剂(喹啉-硫或甲基硫脲)以降低钯的活性。在反应中加入碱性物质(如 2,6-二甲基吡啶)也可以阻止醛的过度还原。例如：

$$C_6H_5-\overset{O}{\overset{\|}{C}}-Cl \xrightarrow[\text{喹啉-硫}]{H_2,Pd/BaSO_4} C_6H_5-\overset{O}{\overset{\|}{C}}-H$$

$$CH_3(CH_2)_2\overset{O}{\overset{\|}{C}}(CH_2)_4\overset{O}{\overset{\|}{C}}Cl \xrightarrow[\text{2,6-二甲基吡啶}]{H_2,Pd/BaSO_4} CH_3(CH_2)_2\overset{O}{\overset{\|}{C}}(CH_2)_4CHO$$

完成下列反应式：

$$CH_3\overset{O}{\overset{\|}{C}}(CH_2)_2\overset{O}{\overset{\|}{C}}OCH_3 \xrightarrow[H_2O]{LiAlH_4,Et_2O}$$

扫码看答案

四、酯缩合反应

酯分子中的 α-H 显弱酸性，在醇钠的作用下可与另一分子酯发生类似于羟醛缩合的反应，失去一分子醇生成β-酮酸酯，该反应称为酯缩合反应或克莱森(Claisen)酯缩合反应。例如：两分子的乙酸乙酯在乙醇钠作用下，脱去一分子的乙醇，生成β-丁酮酸乙酯(乙酰乙酸乙酯)。

$$CH_3\overset{O}{\overset{\|}{C}}-OC_2H_5+H-CH_2\overset{O}{\overset{\|}{C}}-OC_2H_5\xrightarrow[②H_3O^+]{①C_2H_5ONa}CH_3\overset{O}{\overset{\|}{C}}-CH_2\overset{O}{\overset{\|}{C}}-OC_2H_5+C_2H_5OH$$

乙酰乙酸乙酯

ethyl acetoacetate

反应结果是一分子酯的α-H被另一分子酯的酰基取代。其反应机制如下：

$$CH_3-\overset{O}{\overset{\|}{C}}-OC_2H_5\underset{(1)}{\overset{C_2H_5O^-}{\rightleftharpoons}}\left[\overset{-}{C}H_2-\overset{O}{\overset{\|}{C}}-OC_2H_5\longleftrightarrow CH_2=\overset{O^-}{\overset{|}{C}}-OC_2H_5\right]+C_2H_5OH$$

$$CH_3-\overset{O}{\overset{\|}{C}}-OC_2H_5+CH_2=\overset{O^-}{\overset{|}{C}}-OC_2H_5\underset{(2)}{\rightleftharpoons}CH_3-\underset{OC_2H_5}{\underset{|}{\overset{O^-}{\overset{|}{C}}}}-CH_2COOC_2H_5$$

$$CH_3-\underset{OC_2H_5}{\underset{|}{\overset{O^-}{\overset{|}{C}}}}-CH_2COOC_2H_5\underset{(3)}{\rightleftharpoons}CH_3-\overset{O}{\overset{\|}{C}}-CH_2COOC_2H_5+C_2H_5O^-$$

$$CH_3-\overset{O}{\overset{\|}{C}}-CH_2COOC_2H_5+C_2H_5O^-\xrightarrow{(4)}CH_3-\overset{O}{\overset{\|}{C}}-\overset{-}{C}HCOOC_2H_5+C_2H_5OH$$

$$\downarrow H_3O^+\ (5)$$

$$CH_3-\overset{O}{\overset{\|}{C}}-CH_2COOC_2H_5$$

反应(1)～(3)均是可逆的。第一步，乙酸乙酯在醇钠的作用下失去α-H，形成烯醇负离子；第二步，烯醇负离子与另一分子乙酸乙酯发生亲核加成，形成氧负离子中间体；第三步，消除氧负离子，生成乙酰乙酸乙酯；第四步，乙酰乙酸乙酯的α-H酸性较强，能与氧负离子快速反应，生成稳定的碳负离子，同时形成一分子乙醇；第五步，碳负离子进行酸化，得到最终产物乙酰乙酸乙酯。

乙酰乙酸乙酯中的羰基表现出酮的性质，它既可以与羟胺、肼、苯肼等羰基试剂反应，还可以与氢氰酸、亚硫酸氢钠等反应。此外，乙酰乙酸乙酯能使溴的四氯化碳溶液褪色，说明分子中存在碳碳不饱和键；还可以和三氯化铁溶液反应呈紫红色，说明分子中存在烯醇式结构；能与金属钠反应放出氢气，说明分子中含有活泼氢。综上说明，乙酰乙酸乙酯存在酮式和烯醇式的互变异构。

$$\underset{酮式}{CH_3-\overset{O}{\overset{\|}{C}}-CH_2-\overset{O}{\overset{\|}{C}}-OC_2H_5}\rightleftharpoons\underset{烯醇式}{CH_3-\overset{OH}{\overset{|}{C}}=CH-\overset{O}{\overset{\|}{C}}-OC_2H_5}$$

扫码看答案

用化学方法鉴别下列化合物：

乙酸乙酯、乙酰乙酸乙酯

五、酰胺的特性

(一) 酸碱性

酰胺分子中，氨基氮原子p轨道上的弧对电子与羰基中的π键发生了p-π共轭，其结果是氮原子上的电子云密度降低，故碱性减弱，但是仍可与强酸成盐，表现出弱碱性；同时，氮氢键极性增强，氮原子上的氢更容易以质子形式离去，能与活泼的金属Na等反应，表现出一定的弱酸性。例如：

$$CH_3CH_2CONH_2 + Na \xrightarrow{Et_2O} CH_3CH_2CONHNa$$

$$CH_3CH_2CONH_2 + HCl \xrightarrow{Et_2O} CH_3CH_2CONH_2 \cdot HCl$$

在酰亚胺分子中，氮原子与两个羰基共轭，氮对共轭体系贡献的电子更多，氮原子上的电子云密度大大降低而不显碱性，表现出较明显的弱酸性，能与碱反应成盐。例如：

(邻苯二甲酰亚胺) $+ KOH \longrightarrow$ (邻苯二甲酰亚胺 N^-K^+) $+ H_2O$

(二) 霍夫曼降解

氮原子上未取代的酰胺在碱性溶液中与卤素单质(Cl_2 或 Br_2)作用，脱去羰基生成比酰胺少一个碳原子的伯胺，该反应称为霍夫曼(Hofmann)降解反应，也称为霍夫曼重排反应。

$$R-\overset{O}{\overset{\|}{C}}-NH_2 \xrightarrow[NaOH]{Br_2} RNH_2 + CO_2$$

其反应机制如下：

$$R-\overset{O}{\overset{\|}{C}}-\underset{H}{\underset{|}{N}}-H \xrightarrow[-H_2O]{OH^-} R-\overset{O^-}{\overset{|}{C}}=NH \xrightarrow[-Br^-]{Br-Br} R-\overset{O}{\overset{\|}{C}}-\underset{Br}{\underset{|}{N}}-H \xrightarrow[-H_2O]{OH^-} R-\overset{O^-}{\overset{|}{C}}=N-Br$$

(1)　(2)　(3)

$$\xrightarrow{-Br^-} R-N=C=O \xrightarrow{H_2O} R-\underset{H}{\underset{|}{N}}-\overset{O}{\overset{\|}{C}}-O-H \longrightarrow R-NH_2 + CO_2$$

(4)　(5)

酰胺在碱的作用下，脱去氮原子上的一个氢，转变成烯醇式氧负离子(1)；(1)再与溴结合生成N-溴代酰胺(2)；(2)在碱的作用下脱掉一个氢，生成不稳定的N-溴代酰胺烯醇式氧负离子(3)；(3)重排生成异氰酸酯(4)；(4)水解生成不稳定的N-取代氨基甲酸(5)；(5)脱羧生成少一个碳原子的伯胺。

(三) 脱水反应

氮原子上未取代的酰胺在脱水剂(P_2O_5 或 $SOCl_2$)存在下加热，脱去一分子水生成腈，这是制备腈常用的方法。

$$\text{2-Cl-C}_6\text{H}_4\text{-}\overset{\text{O}}{\overset{\|}{\text{C}}}\text{—NH}_2 \xrightarrow[\triangle]{P_2O_5} \text{2-Cl-C}_6\text{H}_4\text{-CN} + H_2O$$

$$CH_3CH_2\overset{O}{\overset{\|}{C}}—NH_2 \xrightarrow[\triangle]{P_2O_5} CH_3CH_2CN + H_2O$$

第四节　碳酸衍生物和原酸衍生物

一、碳酸衍生物

碳酸可看作共用一个羰基的二元羧酸。它的酸性衍生物(如氯甲酸、氨基甲酸、碳酸单酯等)是不稳定的,不能游离存在,而它的二元衍生物是稳定的,常见的碳酸衍生物如下:

$HO—\overset{O}{\overset{\|}{C}}—OH$	$Cl—\overset{O}{\overset{\|}{C}}—Cl$	$H_2N—\overset{O}{\overset{\|}{C}}—NH_2$	$H_2N—\overset{NH}{\overset{\|}{C}}—NH_2$	$H_2N—\overset{S}{\overset{\|}{C}}—NH_2$
碳酸	碳酰氯(光气)	碳酰胺(脲)	亚氨基脲(胍)	硫代碳酰胺(硫脲)

(一) 碳酰氯

碳酰氯俗称光气(phosgene),室温下是有甜味的气体,有毒。碳酰氯具有和酰氯一样的化学性质,易发生水解、醇解和氨解反应。

$$Cl—\overset{O}{\overset{\|}{C}}—Cl \xrightarrow{H_2O} CO_2 + HCl$$

$$Cl—\overset{O}{\overset{\|}{C}}—Cl \xrightarrow{ROH} \underset{\text{氯代甲酸酯}}{RO—\overset{O}{\overset{\|}{C}}—Cl} \begin{cases} \xrightarrow{R'OH} \underset{\text{碳酸酯}}{RO—\overset{O}{\overset{\|}{C}}—OR'} \\ \xrightarrow{NH_3} \underset{\text{氨基甲酸酯}}{RO—\overset{O}{\overset{\|}{C}}—NH_2} \end{cases}$$

$$Cl—\overset{O}{\overset{\|}{C}}—Cl \xrightarrow{NH_3} \underset{\text{胍}}{H_2N—\overset{O}{\overset{\|}{C}}—NH_2}$$

氯代甲酸酯和碳酸酯是重要的化学试剂,例如,氯代甲酸苄酯和氯代甲酸叔丁醇酯常用于氨基的保护。氨基甲酸酯具有一定的生物活性,例如,氨基甲酸乙酯(乌拉坦)具有镇静和轻度催眠作用。

(二) 碳酰脲

碳酰胺(carbomite)又称脲(urea),俗称尿素,为晶体,能溶于水、甲醇和乙醇,微溶于乙醚、氯仿等。尿素是人类和多数动物蛋白质代谢的最终产物。

脲具有酰胺的结构，故具有酰胺的一般性质，例如与酸或碱共热能发生水解反应。同时，酰胺还具有一些特殊性质，例如具有很弱的碱性，可以与强酸反应生成盐，也可与酰氯、酸酐或酯反应生成相应的酰脲。在乙醇钠的作用下，脲与丙二酸酯发生缩合反应，生成丙二酰脲。

$$CH_2(COOC_2H_5)_2 + H_2N—\overset{\overset{\large O}{\|}}{C}—NH_2 \xrightarrow{C_2H_5ONa} \text{丙二酰脲} + 2C_2H_5OH$$

丙二酰脲

丙二酰脲在水溶液中存在酮式-烯醇式互变异构现象，并保持动态平衡：

$$\text{酮式} \rightleftharpoons \text{烯醇式}$$

酮式　　　烯醇式

烯醇式丙二酰脲($pK_a=3.98$)的酸性比乙酸($pK_a=4.76$)还强，又称为巴比妥酸(barbituric acid)。巴比妥酸本身并无医疗作用，但丙二酰脲亚甲基上的两个氢原子被烃基取代所得的产物具有不同程度的镇静催眠作用，总称为巴比妥类药物。巴比妥类药物在水中溶解度小，但其钠盐易溶于水，因此常把其钠盐配成水溶液进行注射或口服。但是巴比妥类药物副作用大，长期使用后患者会出现耐受性和药瘾。

脲加热到略高于熔点时，可发生双分子缩合反应，生成缩二脲(biuret)，并放出氨气。

$$H_2N—\overset{\overset{O}{\|}}{C}—NH_2 + H_2N—\overset{\overset{O}{\|}}{C}—NH_2 \xrightarrow{\triangle} H_2N—\overset{\overset{O}{\|}}{C}—\overset{H}{N}—\overset{\overset{O}{\|}}{C}—NH_2 + NH_3$$

缩二脲

在缩二脲的碱性溶液中加入少量的硫酸铜稀溶液，溶液呈紫红色或红色，该反应称为缩二脲反应。缩二脲反应可用于多肽和蛋白质的定性分析。

(三) 胍

胍(guanidine)为无色晶体，具有强吸湿性，易溶于水。胍是一元有机强碱，碱性与氢氧化钾相当，能吸收空气中的水和二氧化碳，生成稳定的碳酸盐。

$$H_2N—\overset{\overset{NH}{\|}}{C}—NH_2 + CO_2 + H_2O \longrightarrow \left[H_2N—\overset{\overset{NH}{\|}}{C}—NH_2\right]\cdot H_2CO_3$$

胍易水解，在氢氧化钡水溶液中加热即水解生成脲和氨。

$$H_2N—\overset{\overset{NH}{\|}}{C}—NH_2 + H_2O \xrightarrow{Ba(OH)_2} H_2N—\overset{\overset{O}{\|}}{C}—NH_2 + NH_3$$

胍分子中的氨基去掉一个氢原子后剩余的基团称为胍基(guanidyl)，去掉一个氨基后剩余的基团称为脒基(guanyl)。

$$H_2N—\overset{\overset{NH}{\|}}{C}—NH— \qquad H_2N—\overset{\overset{NH}{\|}}{C}—$$

胍基　　　脒基

胍的衍生物是一类重要的化合物，如精氨酸中就含有胍的结构；有些胍的衍生物因具有很强的生物活性而用作药物。例如：在临床上，盐酸二甲双胍用于治疗糖尿病，硫酸胍氯酚用于治疗

原发性高血压、肾性高血压、恶性高血压。

二、原酸衍生物

原酸是羧酸分子中羧基上的羰基与水加成得到的化合物。

$$R-\overset{\overset{\displaystyle O}{\|}}{C}-OH + H_2O \longrightarrow \left[R-\underset{\underset{\displaystyle OH}{|}}{\overset{\overset{\displaystyle OH}{|}}{C}}-OH \right]$$

原酸不稳定，其衍生物原酸酯却比较稳定。原酸酯反应活性很高，常用于制备缩醛或缩酮。例如：原甲酸三乙酯可直接与醛、酮反应生成相应的缩醛或缩酮。

$$R-\overset{\overset{\displaystyle O}{\|}}{C}-H(R') + \underset{\text{原甲酸三乙酯}}{CH(OC_2H_5)_3} \longrightarrow R-\underset{\underset{\displaystyle H(R')}{|}}{\overset{\overset{\displaystyle OC_2H_5}{|}}{C}}-OC_2H_5 + HCOOC_2H_5$$

第五节 应用于医药中的化合物

一、乙酰乙酸乙酯

乙酰乙酸乙酯(ethyl acetoacetate)又称β-丁酮酸乙酯，是具有清香气味的无色液体，沸点为180 ℃，微溶于水，易溶于乙醇和乙醚等有机溶剂。乙酰乙酸乙酯是一种重要的有机合成原料，在医药上用于合成氨基吡啉、B族维生素等，亦用于黄色偶氮染料的制备，还用于调和果香香精。

$$CH_3\overset{\overset{\displaystyle O}{\|}}{C}CH_2\overset{\overset{\displaystyle O}{\|}}{C}OC_2H_5$$

二、阿司匹林

【知识链接】阿司匹林的发现

阿司匹林(aspirin)又名乙酰水杨酸，为白色结晶或结晶性粉末，微溶于水，易溶于乙醇，pK_a为3.5，熔点为135～140 ℃。阿司匹林具有较强的解热镇痛作用和抗炎、抗风湿作用，临床上常用于治疗感冒、发热、头痛、牙痛、关节痛、风湿病等。阿司匹林还具有较强的抗血小板凝聚作用，可以用于心血管系统疾病的预防和治疗。最近研究表明，阿司匹林对结肠癌也有预防作用。

(结构式：苯环邻位分别连有 COOH 和 $O\overset{\overset{}{}}{C}CH_3$（C=O），即 o-$CH_3COO-C_6H_4-COOH$)

三、扑热息痛

扑热息痛(paracetamol)又名对乙酰氨基酚，为白色结晶或结晶性粉末，溶于乙醇、丙酮和热水，难溶于冷水，不溶于石油醚及苯，pK_a为9.51，熔点为169～171 ℃。扑热息痛具有良好的解热镇痛作用，临床用于发热、头痛、关节痛、神经痛以及偏头痛、痛经等。扑热息痛解热镇痛作用与阿司匹林相当，但无抗炎作用。

$$HO-C_6H_4-NHCOCH_3$$

四、盐酸普鲁卡因

盐酸普鲁卡因(procaine hydrochloride)为白色结晶或结晶性粉末,易溶于水,略溶于乙醇,微溶于氯仿,游离普鲁卡因的 pK_a 为8.8,熔点为57~59 ℃,毒性比可卡因低。普鲁卡因属于苯甲酸酯类局部麻醉剂,是临床上常用的局部麻醉剂之一。普鲁卡因对黏膜的穿透力差,不适合表面麻醉,但毒性小,效果好,应用于浸润麻醉、阻滞麻醉、腰麻、硬膜外麻醉等。但是其麻醉程度比可卡因低,持续时间较短,临床上一般与血管收缩药肾上腺素合用,增强麻醉效果,延长作用时间。

$$H_2N-C_6H_4-COOCH_2CH_2N(C_2H_5)_2 \cdot HCl$$

五、青霉素G

青霉素G(benzylpenicllin)又名苄青霉素。游离青霉素不溶于水,为增强其水溶性,临床上常用其钾盐或钠盐。青霉素G钾盐或钠盐为白色结晶性粉末,注射前现配现用。青霉素G属于β-内酰胺类抗生素,临床上主要用于革兰阳性菌(如链球菌、葡萄球菌、肺炎球菌等)引起的全身或严重局部感染,对大多数革兰阴性菌无效。

小　结

羧酸衍生物是羧基中的羟基被其他原子或原子团取代后生成的化合物,主要有酰卤、酯、酸酐和酰胺。羧酸分子去掉羟基剩余的部分称为酰基。酰卤在酰基后面加上卤素名,称为“某酰卤”;酸酐是羧酸分子脱水的产物,可分成单酐和混酐;酯是羧酸和醇分子间脱水的产物;酰胺与酰卤类似,称为“某酰胺”。

羧酸衍生物可以发生水解反应、醇解反应和氨(胺)解反应,反应机制为亲核取代。发生亲核取代反应活性顺序是酰卤>酸酐>酯>酰胺。水解反应的共同产物是羧酸,醇解反应的共同产物是酯,氨(胺)解反应的共同产物是酰胺。羧酸衍生物中的羰基可以被还原,还原剂不同,还原产物也不同。酰卤、酸酐和酯还可以与格氏试剂反应生成叔醇。此外,酯分子中的α-H具有弱酸性,在醇钠作用下可与另一分子酯发生酯缩合反应。酰胺具有弱酸性与弱碱性,在强脱水剂作用下可脱水生成腈,与卤素单质的碱性溶液发生霍夫曼(Hofmann)降解反应。

碳酸衍生物是由碳酸分子中的两个羟基被其他基团取代所形成的化合物。重要的碳酸衍生物有脲、丙二酰脲和胍。脲(尿素)具有弱碱性,能水解,两分子脲缩合而成的缩二脲可发生缩二脲反应;丙二酰脲(巴比妥酸)亚甲基上的H容易被取代生成巴比妥类药物;胍的碱性很强,很多胍的衍生物具有生物活性,可应用于临床,因游离的胍不稳定,通常制成各种盐。原酸不稳定,其衍生物原酸酯却比较稳定,且反应活性很高,常用于制备缩醛或缩酮。

目标检测

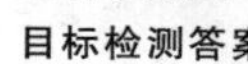

一、选择题。

(1) 下列化合物发生水解反应时，其水解反应速率最大的是(　　)。

A. 苯甲酰氯　　B. 苯甲酸乙酯　　C. 邻苯二甲酸酐

(2) 乙酸乙酯与足量 CH_3MgCl 反应的产物是(　　)。

A. 仲丁醇　　B. 叔丁醇　　C. 丙酮

(3) 丙酰胺与溴单质的氢氧化钠溶液反应的产物是(　　)。

A. 丙腈　　B. 丙胺　　C. 丙酸

二、命名下列化合物。

(1) 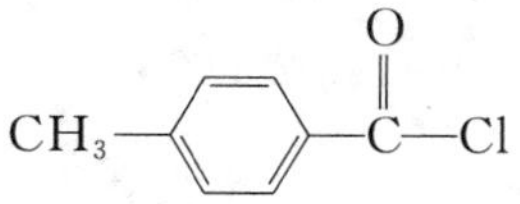

(2) 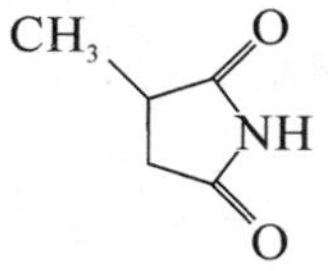

(3) 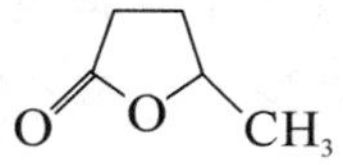

(4) 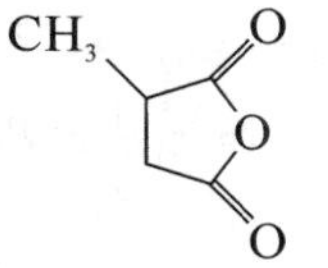

三、完成下列反应式。

(1) 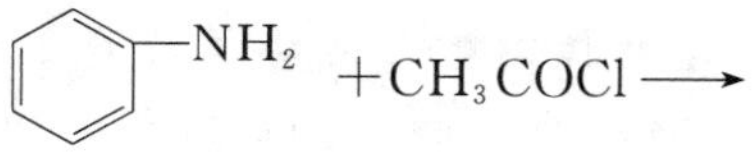

(2) 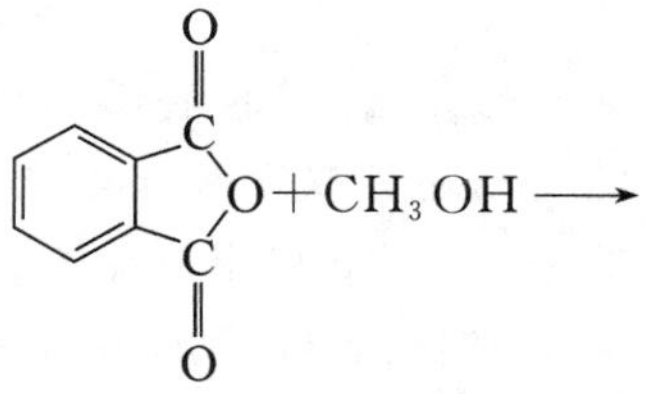

(3) 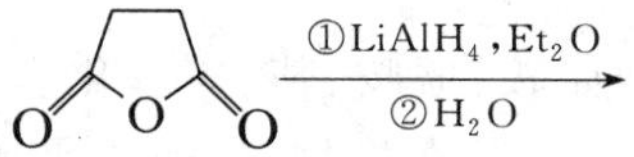

目标检测答案

参考文献

[1] 侯小娟，张玉军. 有机化学[M]. 武汉：华中科技大学出版社，2018.

[2] 魏俊杰，刘晓冬. 有机化学[M]. 2 版. 北京：人民卫生出版社，2013.

[3] 侯小娟，刘华. 有机化学[M]. 2 版. 西安：第四军医大学出版社，2014.

[4] 刘华，朱焰，郝红英. 有机化学[M]. 武汉：华中科技大学出版社，2020.

[5] 陆阳，刘俊义. 有机化学[M]. 8 版. 北京：人民卫生出版社，2013.

[6] 叶发青，李飞. 药物化学[M]. 武汉：华中科技大学出版社，2019.

【思政元素】

(周　芳)

Note

第十二章　含氮有机化合物

学习目标

扫码看 PPT

素质目标：培养严谨的科学思维，树立终身学习的意识，培养创新思维和创新能力；树立辩证唯物主义世界观，培养自主学习能力和团队协作精神，使学生具有“大药精诚，服务社会”的社会责任感和药学职业价值观。

能力目标：能够利用胺、芳香重氮盐的化学性质解决实际问题；能够应用霍夫曼消除规则解决合成中遇到的实际问题；能够识别药物分子中的生物碱并阐述其结构和功能特点。

知识目标：能够描述并归纳胺的分类、命名、碱性以及取代基对其碱性影响的一般规律；能够归纳总结胺和芳香重氮盐的制备和化学性质；能够描述生物碱的结构特点。

案例导入

含氮有机化合物是一类非常重要的化合物，与生物体的生命活动和人类日常生活关系密切，如含氮激素、B族维生素、巴比妥类药物、磺胺类药物、生物碱、氨基酸、蛋白质、核酸等都属于含氮有机化合物。

此外含氮有机化合物在农业和工业领域也发挥着重要的作用，是植物必需的营养元素之一，参与植物体的蛋白质合成和氮代谢过程；有机氮肥还可以改善土壤肥力，减小无机氮肥对环境的负面影响，保护生态环境；含氮有机化合物广泛应用于染料、涂料、合成纤维的合成。该领域的研究还在继续深入进行，同学们应挖掘其潜力，为人类社会发展做出更大的贡献。

含氮有机化合物是指分子中含有氮元素的有机化合物，例如胺、酰胺、腈、硝基化合物等，该类化合物种类多、范围广，与人类生命活动有着非常密切的关系，尤其在生物、医药等重要领域发挥着至关重要的作用。如生命的基础物质——核酸、辅酶；人体神经传导物质的生源胺、维生素 B_6 等；临床上使用的苯巴比妥类药物和磺胺类药物，中药中的生物碱等。本章主要讨论胺、季铵盐、季铵碱、重氮化合物、偶氮化合物、生物碱以及这些化合物的结构、性质和在生命科学中的应用。

第一节　胺

Note

胺(amine)可以看作氨气分子中的氢原子被烃基取代的一类产物，其结构通式为 RNH_2 或 $ArNH_2$。胺广泛分布于自然界中，具有多种生物活性，例如奎宁(quinine)具有抗疟疾作用；从罂粟中提取得到的吗啡(morphine)具有镇痛作用。此外，胺与药物密切相关，许多药物分子结构中含有氨基或取代氨基。

一、结构、分类和命名

（一）结构

胺的结构与氨气类似，以甲胺为例，分子中的氮原子为不等性 sp^3 杂化，其中三个 sp^3 杂化轨道上各具有一个电子，它们与氢原子的 s 轨道或者碳原子的杂化轨道重叠形成三个 σ 键，弧对电子占据着一个 sp^3 杂化轨道，整个分子呈四面体构型，结构及几何参数如图 12-1 所示。

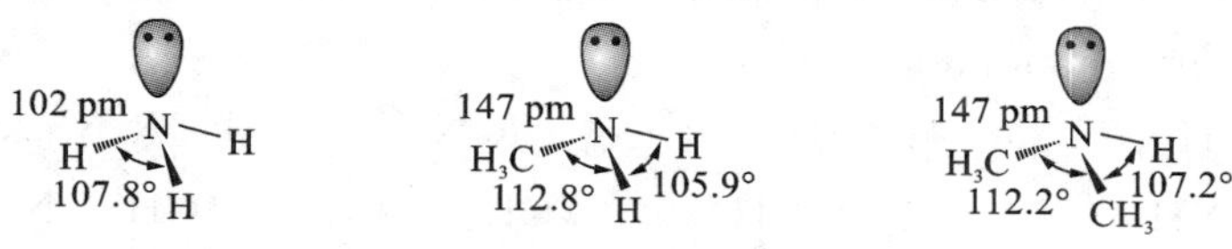

图 12-1　简单胺的结构示意图

由于胺为正四面体构型，当氮原子上所连的三个原子或基团彼此大小不等时，该氮原子为手性氮原子，分子与其镜像无法重合，存在对映异构关系。目前，对于简单胺的对映异构体的拆分尚未实现，主要是因为两种构型之间相互转化所需能垒较低（约 25 kJ/mol），在室温条件下很快发生相互转化而发生外消旋化（图 12-2）。

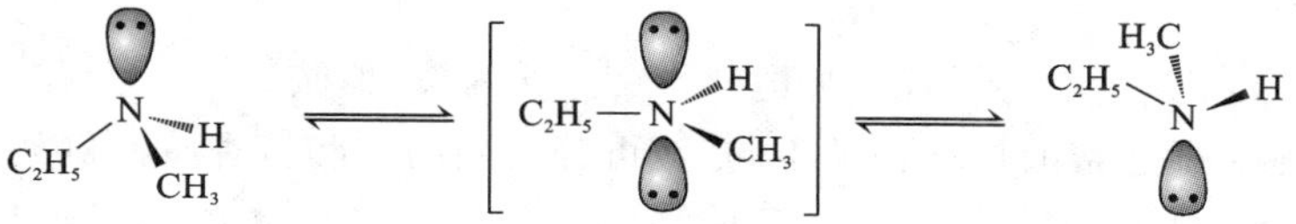

图 12-2　简单胺的对映异构体及其相互转化

某些氮原子位于桥头位置的桥环胺类存在阻碍氮原子通过上述过渡态相互转化的因素，此时可以分离出对映异构体。

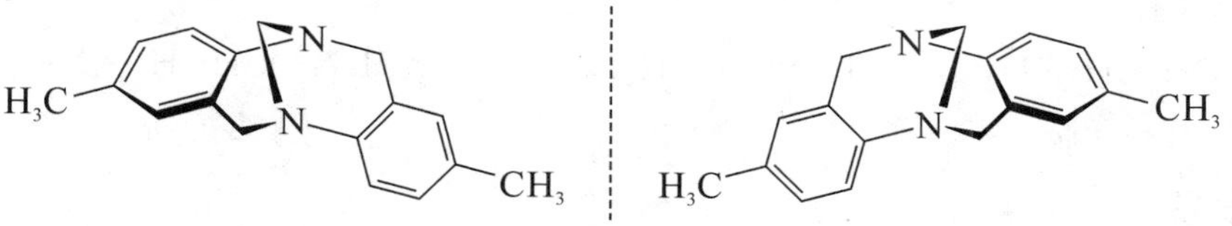

当胺的氮原子上连接四个不同的基团时，则形成手性化合物，存在对映异构关系。如下图化合物为拆分得到的左旋体和右旋体。

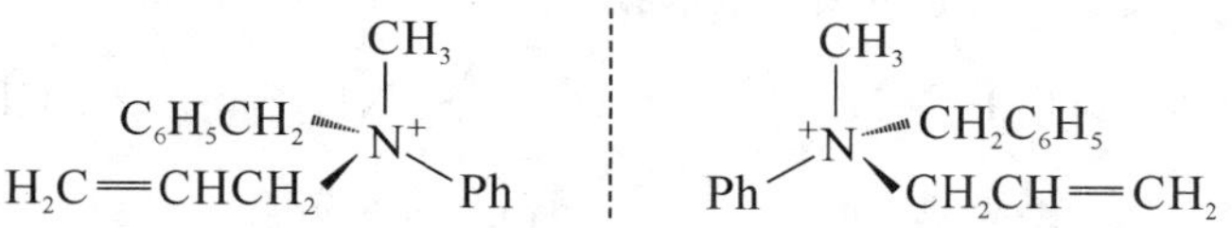

在芳香胺中，以苯胺为例，C—N 键的键长为 140 pm，较脂肪胺中 C—N 键的键长（147 pm）稍短。这是由于与氮原子直接成键的碳原子为 sp^2 杂化，吸电子能力较强，氮原子是不等性 sp^3 杂化，弧对电子所占据的轨道含有较多的 p 轨道成分，虽然与苯环的 π 轨道无法平行，但可以共平面，这种情况下弧对电子与苯环的大 π 键形成一定程度的共轭。其次这种情况也使得氮原子的四面体空间结构更加扁平，H—N—H 所构成的平面与苯环形成了一个 39.4°的夹角（图 12-3）。

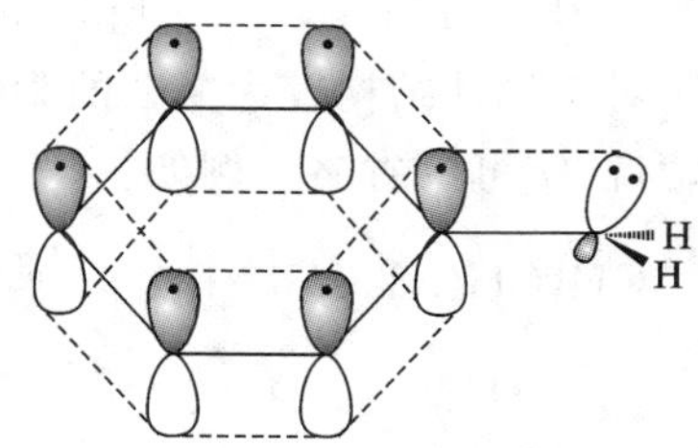

图 12-3　苯胺的结构

根据共振理论,苯胺的结构可以看作以下极限式的共振杂化体。

(二) 分类

胺是氨的烃基取代产物,根据氮原子上取代烃基的数目,胺可以分为伯胺、仲胺、叔胺和季铵盐,也可以分别称为一级胺(primary amine)、二级胺(secondary amine)、三级胺(tertiary amine)和四级铵盐(quaternary ammonium salt)。

RNH_2	R_2NH	R_3N	$R_4N^+X^-$
CH_3NH_2	$(CH_3)_2NH$	$(CH_3)_3N$	$(CH_3)_4N^+Cl^-$
伯胺	仲胺	叔胺	季铵盐

胺的伯、仲、叔的含义与其在前面章节中卤代烃和醇中的含义不同,胺的伯、仲、叔指的是与氮原子连接的烃基数目,与烃基本身结构无关;在卤代烃和醇中则是指卤素和羟基所连的碳原子的类型。

$CH_3CH(OH)CH_3$	$CH_3CH(NH_2)CH_3$
异丙醇(仲醇)	异丙胺(伯胺)

根据直接与氮原子连接的烃基种类不同,胺可分为脂肪胺和芳香胺。例如:

$CH_3CH_2NH_2$	C_6H_5—NH_2	C_6H_5—CH_2NH_2
脂肪胺	芳香胺	脂肪胺

根据胺分子中所含氨基的数目,胺可分为一元胺、二元胺和多元胺。例如:

$CH_3CH_2NH_2$	$H_2NCH_2CH_2NH_2$	H_2N—$CH(NH_2)CH_2$—NH_2
一元胺	二元胺	多元胺

(三) 命名

简单的胺可按“烃基+胺”的形式命名,其中“基”字可以省略,简称“某胺”。若氮原子上所连的烃基相同,则用汉字“二”或“三”表示烃基的数目;若氮原子上所连烃基不同,则按照基团首字母依次列出。脂肪胺英文名以-amine 结尾,苯胺的英文俗名为 aniline。例如:

$CH_3CH_2NH_2$	$(C_6H_5)_2NH$	C_6H_{11}—NH_2	$CH_3CH_2NHCH_3$
乙(基)胺	二苯(基)胺	环己(基)胺	N-乙基甲基胺
ethylamine	diphenylamine	cyclohexylamine	N-ethylmethylamine

对于烃基结构较为复杂的脂肪胺,可以按“母体氢化物+胺”的方式命名,母体氢化物为烷烃时,“烷”字可以省略。例如:

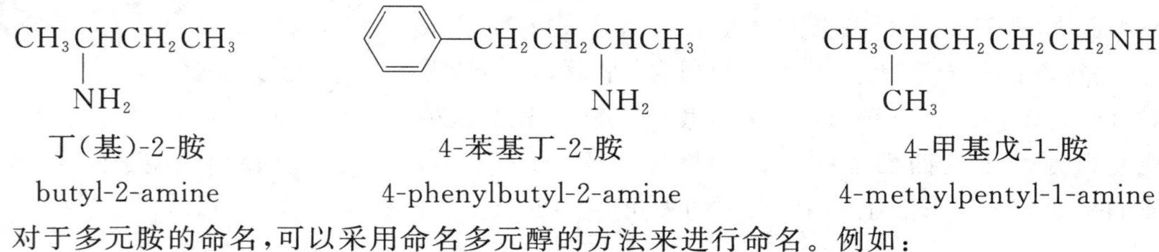

丁(基)-2-胺	4-苯基丁-2-胺	4-甲基戊-1-胺
butyl-2-amine	4-phenylbutyl-2-amine	4-methylpentyl-1-amine

对于多元胺的命名,可以采用命名多元醇的方法来进行命名。例如:

$H_2NCH_2CH_2CH_2CH_2NH_2$

丁-1,4-二胺
butane-1,4-diamine

环己-1,3-二胺
cyclohexane-1,3-diamine

萘-1,4-二胺
naphthalene-1,4-diamine

对于结构较为复杂的仲胺和叔胺,可以将最长的碳链作为母体,命名为“某胺”,氮原子上其他的烃基则作为取代基,以“N-某基”的形式写在母体的前面。例如:

$CH_3CH_2CH_2N(CH_3)CH_2CH_3$

N-乙基-N-甲基丙胺
N-ethyl-N-methylpropylamine

4-氯-N-乙基-N-甲基苯胺
4-chloro-N-ethyl-N-methylaniline

N-苄基苯胺
N-benzylaniline

含有多个官能团的化合物,按照官能团优先次序进行命名,氨基可作为取代基。例如:

$CH_3CH_2CH(NH_2)COOH$

2-氨基丁酸
2-aminobutyric acid

2,4-二氨基苯甲酸
2,4-diaminobenzoic acid

$H_2NCH_2CH_2CH_2CHO$

4-氨基丁醛
4-aminobutyraldehyde

二、物理性质和光谱性质

(一) 物理性质

在常温下,低级脂肪胺和中级脂肪胺通常为无色气体或易挥发液体,气味与氨气相似,有的胺具有鱼腥味;高级脂肪胺一般为固体。芳香胺为高沸点液体或低熔点固体,具有特殊气味,有的具有较大的毒性,可致癌。

伯胺、仲胺和叔胺都能与水形成分子间氢键,因此低级脂肪胺易溶于水,随着烃基的增大,溶解度迅速减小;中高级脂肪胺和芳香胺微溶或难溶于水。胺大都可溶于有机溶剂。伯胺和仲胺自身也可以形成分子间氢键,因此熔沸点比相对分子质量相近的非极性化合物高。由于胺中氮原子的电负性比氧小,胺分子间的氢键不如醇的氢键强,因此胺的熔沸点比相对分子质量相近的醇低。常见胺的物理常数见表 12-1。

表 12-1 常见胺的物理常数

名 称	结构简式	沸点/℃	熔点/℃	水溶性	pK_b
甲胺	CH_3NH_2	−93.5	−6.3	易溶	3.34
二甲胺	$(CH_3)_2NH$	−93	7.4	易溶	3.27
三甲胺	$(CH_3)_3N$	−117	3.0	可溶	4.19
乙胺	$C_2H_5NH_2$	−81	16.6	易溶	3.36

Note

续表

名　　称	结构简式	沸点/℃	熔点/℃	水溶性	pK_b
二乙胺	$(C_2H_5)_2NH$	−48	56.3	易溶	3.05
三乙胺	$(C_2H_5)_3N$	−115	89.3	微溶	3.25
苯胺	$C_6H_5NH_2$	−6.3	184	微溶	9.28
对甲基苯胺	p-$C_6H_4(CH_3)NH_2$	44	200	微溶	8.92
对硝基苯胺	p-$C_6H_4(NO_2)NH_2$	147.5	331.7	不溶	13.00

(二) 光谱性质

1. 红外吸收光谱　胺的红外吸收光谱的特征是在3300～3500 cm^{-1}区域有N—H伸缩振动吸收峰。伯胺有两个吸收峰,分别为对称伸缩振动吸收峰和不对称伸缩振动吸收峰;仲胺只有一个伸缩振动吸收峰;叔胺没有N—H键,所以在该区域内没有吸收。伯胺在1590～1650 cm^{-1}区域有强N—H面内弯曲振动吸收峰;仲胺在该区域内的吸收很弱。C—N键的伸缩振动吸收区域与α-C所连接的基团有关,脂肪胺在1030～1230 cm^{-1}区域,芳香胺在1250～1340 cm^{-1}区域。

2. 核磁共振氢谱　胺的氮原子上质子的化学位移与醇中羟基质子的化学位移一样,也存在变化较大的情况。一般情况下脂肪胺氮原子上质子的化学位移为1 ppm,芳香胺氮原子上质子的化学位移一般较大。α-C上质子的化学位移受氮原子的影响向低场移动,一般为2.7 ppm;而β-C上的质子受上述因素影响较小,其化学位移通常为1.1～1.7 ppm。

三、化学性质

胺的氮原子上有一对孤对电子,具有与其他原子共享该孤对电子的倾向,因此胺具有碱性和亲核性。芳香胺中除了在氮原子上的反应外,芳环也可以发生亲电取代反应,且反应活性高于苯环。

(一) 碱性和铵盐的形成

伯胺、仲胺和叔胺的氮原子上都有孤对电子,可以接受质子,呈碱性。例如甲胺水溶液中存在着以下平衡关系:

$$CH_3NH_2 + H_2O \rightleftharpoons CH_3NH_3^+ + OH^-$$

胺在水溶液中呈碱性,其强弱通常用pK_b来表示,pK_b越小,则表示胺的碱性越强。常见胺的pK_b见表12-1。

从表12-1可以看出,绝大部分脂肪胺的碱性比氨强,而芳香胺的碱性比氨弱。这是因为脂肪胺中烷基的给电子诱导效应使氮原子上的电子云密度增加,结合质子的能力增强。

脂肪胺中,伯胺、仲胺和叔胺的碱性也有所差异。在气相条件下测定,胺的碱性顺序为叔胺>仲胺>伯胺,即给电子基越多,氮原子上的电子云密度越大,碱性越强。而在水溶液中的碱性排序为仲胺>叔胺>伯胺,这是因为在水溶液中胺的碱性除了与氮原子上取代基的电子效应有关系外,还与结合质子后形成的铵离子的溶剂化程度有关系。胺上氮原子连接氢原子越多,与水形成氢键的机会就越多,此时溶剂化程度就越高,形成的铵离子就越稳定,胺的碱性就越强。

$$H_3C—\overset{\displaystyle H\cdots OH_2}{\overset{|}{\underset{\underset{\displaystyle H\cdots OH_2}{|}}{N^+}}}—H\cdots OH_2 \qquad H_3C—\overset{\displaystyle CH_3}{\overset{|}{\underset{\underset{\displaystyle H\cdots OH_2}{|}}{N^+}}}—H\cdots OH_2 \qquad Et—\overset{\displaystyle CH_3}{\overset{|}{\underset{\underset{\displaystyle CH_3}{|}}{N^+}}}—H\cdots OH_2$$

从诱导效应对胺碱性的影响来看,氮原子上连接的烷基越多,碱性越强;从溶剂效应来看,氮原子上连接的烷基越多,溶剂化程度就越小,碱性越弱;从空间效应来看,氮原子上连接的烷基越

多，体积越大，碱性越弱。

因此在水溶液中，胺的碱性强弱是多种因素共同作用的结果，各类胺碱性强弱顺序如下：

脂肪仲胺＞脂肪伯胺/叔胺＞芳香伯胺＞芳香仲胺＞芳香叔胺

季铵与胺不同，氮原子上连接了四个烃基并带正电荷，无法再接受质子，因此该类化合物的碱性强弱取决于与季铵结合的负离子。对于季铵碱，R_4N^+ 与 OH^- 之间是离子键，季铵碱的碱性表现为 OH^- 的碱性，因此季铵碱属于强碱，碱性强弱与 NaOH 接近。季铵碱可以与酸作用生成季铵盐：

$$R_4N^+OH^- + HCl \longrightarrow R_4N^+Cl^- + H_2O$$

产物 $R_4N^+Cl^-$ 为强酸弱碱盐，与强碱作用不会置换出游离的季铵碱，而是会建立如下平衡：

$$R_4N^+Cl^- + NaOH \rightleftharpoons R_4N^+OH^- + NaCl$$

胺一般为弱碱，可以与酸作用成盐，但碰到强碱又会重新游离析出：

$$CH_3CH_2NH_2 \underset{OH^-}{\overset{HCl}{\rightleftharpoons}} [CH_3CH_2NH_3]^+Cl^- \text{（或写成 } CH_3CH_2NH_2 \cdot HCl\text{）}$$

胺和盐酸形成的盐一般是易溶于水和乙醇的固体，在实验室中常利用胺的盐酸盐易溶于水而遇到强碱又重新游离析出的性质来分离和提纯胺。

胺（尤其是芳香胺）容易被氧化，而铵盐很稳定。医药上常将难溶于水的胺制备成盐，来增加其水溶性和稳定性。例如，局部麻醉剂普鲁卡因以盐酸盐的形式给药。

$$H_2N-C_6H_4-\overset{O}{\overset{\|}{C}}-O-CH_2CH_2N(C_2H_5)_2 + HCl \longrightarrow$$

$$H_2N-C_6H_4-\overset{O}{\overset{\|}{C}}-O-CH_2CH_2N(C_2H_5)_2 \cdot HCl$$

（二）酰化反应

伯胺和仲胺可以与酰卤、酸酐作用生成酰胺。由于叔胺氮原子上没有可以被取代的氢原子，因此无法发生酰化反应。

$$C_6H_5-NH_2 + C_6H_5-\overset{O}{\overset{\|}{C}}-Cl \xrightarrow{\text{吡啶}} C_6H_5-\overset{H}{N}-\overset{O}{\overset{\|}{C}}-C_6H_5 + HCl$$

$$C_6H_5-NHCH_3 + (CH_3CO)_2O \xrightarrow{\text{三乙胺}} C_6H_5-\overset{CH_3}{\overset{|}{N}}-\overset{O}{\overset{\|}{C}}-CH_3 + CH_3COOH$$

胺的酰化反应的实质是羧酸衍生物（酰卤、酸酐）的氨（胺）解反应。生成的酰胺一般为一定晶形的固体，利用该性质可以鉴别胺。酰胺在酸或碱的催化下可以发生水解反应，重新得到胺，因此常用酰化反应来保护氨基，避免胺在进行某些反应时被氧化破坏。例如，对氨基苯甲酸的合成中先用乙酰氯保护氨基来避免在氧化甲基的过程中氨基被氧化。

$$p\text{-}H_2N-C_6H_4-CH_3 \xrightarrow{CH_3COCl} p\text{-}CH_3COHN-C_6H_4-CH_3 \xrightarrow{[O]} p\text{-}CH_3COHN-C_6H_4-COOH \xrightarrow{H_2O/OH^-} p\text{-}H_2N-C_6H_4-COOH$$

许多药物小分子在芳氨基上引入酰基来降低其毒副作用，如镇痛退热药物扑热息痛（化学名对羟基乙酰苯胺）。

$$p\text{-}ClC_6H_4NO_2 \xrightarrow[(2)H_2O,H^+]{(1)NaOH,H_2O} p\text{-}HOC_6H_4NO_2 \xrightarrow{H_2/Ni} p\text{-}HOC_6H_4NH_2 \xrightarrow{(CH_3CO)_2O} p\text{-}HOC_6H_4NHCOCH_3$$

（三）磺化反应

伯胺和仲胺可与苯磺酰氯或对甲基苯磺酰氯反应，生成相应的磺酰胺。伯胺参与反应生成的磺酰胺氮原子上的氢在磺酰基的影响下呈弱酸性，可与碱作用成盐溶于水；由于仲胺形成的磺酰胺氮原子上没有氢，因而在水中析出，呈固体；叔胺无法发生磺化反应，因此与酸成盐在水中溶解。因此常利用三类胺与苯磺酰氯反应的产物在酸溶液中的溶解度来鉴别三类胺，该反应称为兴斯堡(Hinsberg)反应。

$$\left.\begin{array}{l}C_2H_5NH_2\\(C_2H_5)_2NH\\(C_2H_5)_3N\end{array}\right] \xrightarrow{H_3C-C_6H_4-SO_2-Cl} \left[\begin{array}{l}H_3C-C_6H_4-SO_2-NHC_2H_5\downarrow\\H_3C-C_6H_4-SO_2-N(C_2H_5)_2\downarrow\\\text{不反应}\end{array}\right] \xrightarrow{NaOH} \left[\begin{array}{l}H_3C-C_6H_4-SO_2-\overset{-}{N}C_2H_5Na^+\ (\text{溶解})\\H_3C-C_6H_4-SO_2-N(C_2H_5)_2\ (\text{不溶})\end{array}\right.$$

（四）与亚硝酸的反应

亚硝酸本身不稳定，由亚硝酸钠和盐酸或硫酸反应制得。伯、仲、叔胺与亚硝酸的反应各不相同，脂肪胺和芳香胺与亚硝酸反应也不同。

脂肪伯胺与亚硝酸反应，生成不稳定的脂肪重氮盐。该类化合物即便是在极低的温度下也会立即自动分解，生成碳正离子并放出氮气，碳正离子进一步反应生成醇、烯烃和卤代烃等混合物，由于反应复杂，因此在有机合成中应用价值不大。

芳香伯胺与亚硝酸在低温(一般低于5 ℃)环境及强酸水溶液中反应可以生成芳香重氮盐，该反应被称为重氮化反应(diazotization reaction)。

$$C_6H_5-NH_2 + NaNO_2 + 2HCl \xrightarrow{0\sim5\ ℃} C_6H_5-\overset{+}{N}\equiv NCl^- + NaCl + H_2O$$

氯化重氮苯(重氮苯盐酸盐)

通常干燥的重氮盐不稳定，在受热或受压情况下极易发生爆炸。因此重氮盐的制备和使用过程中都要在低温的酸性介质中进行。一旦温度升高，重氮盐就会逐渐分解，放出氮气。

脂肪仲胺和芳香仲胺与亚硝酸反应，发生氮亚硝化，生成N-亚硝基化产物。N-亚硝基胺为淡黄色油状液体或固体，不溶于水，易溶于有机溶剂。该类化合物主要用于实验室、橡胶和化工生产。动物实验证实，亚硝基胺化合物具有强烈的致癌作用，目前已被列为化学致癌物。

$$(C_2H_5)_2N\text{-}\boxed{H+HO}\text{-}N=O \longrightarrow (C_2H_5)_2N-N=O+H_2O$$

$$C_6H_5-NHCH_3 + HNO_2 \longrightarrow C_6H_5-N(N=O)CH_3 + H_2O$$

Note

某些食品防腐剂中加入亚硝酸盐(或加入天然硝酸盐还原得到亚硝酸盐)后，在人体胃肠道内会和仲胺作用生成亚硝胺。因此能发生亚硝基化的胺进入人体后都是潜在的致癌因素，会危及人体健康。实验表明，维生素 C 可以将亚硝酸钠还原，阻断人体内亚硝胺的合成。

脂肪叔胺与亚硝酸作用生成不稳定的盐，若用强碱处理，则重新游离析出叔胺。

$$R_3N + HNO_2 \longrightarrow R_3\overset{+}{N}HNO_2^- \xrightarrow{NaOH} R_3N + NaNO_2 + H_2O$$

芳香叔胺因为氮原子上烷基的活化作用使芳环易发生亲电取代反应，与亚硝酸作用后生成对亚硝基胺，如果对位被占据，则生成邻位取代产物。

$$C_6H_5N(CH_3)_2 + NaNO_2 + HCl \xrightarrow{8\ ^\circ C} ON-C_6H_4-N(CH_3)_2 + H_2O + NaCl$$

综上所述，可以利用亚硝酸与脂肪族和芳香族的伯、仲、叔胺作用后发生不同的反应来鉴别胺。

（五）芳香胺的亲电取代

对于芳香胺，苯环上氨基的给电子共轭效应使苯环电子云密度升高，芳香胺苯环上更容易进行亲电取代反应。例如苯胺和溴水在室温条件下即可定量生成 2,4,6-三溴苯胺白色沉淀，利用该性质可鉴别和定量测定苯胺。

$$C_6H_5-NH_2 + 3Br_2 \longrightarrow 2,4,6\text{-}Br_3C_6H_2-NH_2 \downarrow + 3HBr$$

课堂练习12-1

写出下列化合物的结构式。

（1）三丁胺　（2）甲基二乙基胺　（3）N-甲基苯胺　（4）对氨基苯甲酸

扫码看答案

第二节　季铵盐和季铵碱

一、季铵盐

季铵盐是氮原子上连接有四个烃基、带有正电荷的一类化合物，可以由叔胺和卤代烷反应制得。季铵盐按无机盐的方式进行命名。例如：

$(CH_3)_4N^+Cl^-$	$(CH_3CH_2CH_2CH_2)_4N^+Br^-$	$(CH_3CH_2CH_2CH_2)_4N^+HSO_4^-$
氯化四甲基铵	溴化四丁基铵	硫酸氢化四丁基铵

季铵盐是离子型化合物，一般为白色晶体，易溶于水，不溶于乙醚等非极性有机溶剂，熔点较高，受热时会发生分解。在碱性条件下，铵盐可以游离出胺；而季铵盐氮原子没有质子，在强碱作用下生成季铵碱。

$$R_3N^+HCl^- + NaOH \longrightarrow R_3N + NaCl + H_2O$$

$$(CH_3)_4N^+I^- + KOH \rightleftharpoons (CH_3)_4N^+OH^- + KI$$

含有长脂肪碳链的季铵盐既可溶于水又可溶于有机溶剂，常用作阳离子型表面活性剂，具有杀菌消毒的作用。此外，季铵盐另一个重要用途是作为相转移催化剂，常用的相转移催化剂有氯化四丁基铵（TBAC）、氯化苄基三乙基铵（TEBA）、氯化甲基三辛基铵（TCMAC）等。一般含有 15～25 个碳原子的季铵盐的催化效果较好。相转移催化剂可以解决很多非均相反应中反应物互

Note

不相溶、反应速率小,甚至难以反应的难题,目前相转移催化技术广泛应用于有机合成中,使得许多反应的反应速率和产率大大提高。

$$CH_3(CH_2)_5CH{=}CH_2 \xrightarrow[KMnO_4\text{ 溶液},35\ ℃]{\text{苯},R_4N^+X^-} CH_3(CH_2)_5COOH \quad 99\%$$

$$RBr + NaOAc \xrightarrow[H_2O]{(n\text{-}Bu)_4N^+Br^-} ROAc + NaBr \quad 100\%$$

二、季铵碱

季铵盐和强碱作用得到季铵碱。季铵碱是强碱,碱性类似于氢氧化钠、氢氧化钾,能够吸收空气中的二氧化碳和水,也能和酸发生中和反应。

$$(CH_3)_4N^+Br^- + KOH \rightleftharpoons (CH_3)_4N^+OH^- + KBr$$

季铵碱受热时易分解,反应所得产物与季铵碱的结构有关。当四个烃基均为甲基时,则产物为三甲胺和甲醇,该反应可以看作分子内 S_N2 亲核取代反应;当季铵碱中氮原子的β位有氢原子时,分解产物将为叔胺、烯烃和水,该反应为分子内消除反应,生成烯烃,同时 C—N 键断裂。

$$(CH_3)_4N^+OH^- \xrightarrow{\triangle} (CH_3)_3N + CH_3OH$$

$$\underset{\substack{|\\ {}^+N(CH_3)_3OH^-}}{CH_3CH_2CHCH_3} \xrightarrow{\triangle} CH_3CH_2CH{=}CH_2 + CH_3CH{=}CHCH_3 + (CH_3)_3N + H_2O$$

上述季铵碱含有两个不同的β-H,主要从含氢较多的β-C上消除氢,得到的主要产物是双键碳上取代基较少的烯烃,这一消除方式被称为霍夫曼消除(Hofmann elimination)规则,它是由德国化学家霍夫曼(A. W. Hofmann)于1851年首次发现的。

第三节　重氮化合物和偶氮化合物

重氮化合物(diazo compound)和偶氮化合物(azo compound)都含有—N_2—官能团。重氮化合物中—N_2—的一端与烃基相连,偶氮化合物中两端都与烃基相连。例如:

CH_2N_2	$C_6H_5\overset{+}{N_2}Cl^-$	C_6H_5—N═N—SO_3Na
重氮甲烷	氯化重氮苯	苯重氮磺酸钠
$H_3CN{=}NCH_3$	C_6H_5—N═N—C_6H_5	H_3C—C_6H_4—N═N—C_6H_4—OH
偶氮甲烷	偶氮苯	4-甲基-4′-羟基偶氮苯

重氮化合物和偶氮化合物在药物合成、分析及燃料工业上都有广泛的用途。

一、重氮化反应

芳香伯胺与亚硝酸在低温(一般低于5 ℃)环境及强酸水溶液中反应可以生成芳香重氮盐,该反应被称为重氮化反应(diazotization reaction)。

$$C_6H_5NH_2 + NaNO_2 + 2H_2SO_4 \xrightarrow{0\sim5\ ℃} C_6H_5\overset{+}{N_2}HSO_4^- + NaHSO_4 + 2H_2O$$

通常干燥的重氮盐不稳定,在受热或受压情况下极易发生爆炸。因此重氮盐的制备和使用都要在低温的酸性介质中进行。一旦温度升高，重氮盐就会逐渐分解，放出氮气。

芳香伯胺的重氮化反应可以用于制备芳香重氮盐。制备时，一般先将芳香伯胺溶于过量的酸性溶液中，在冰水浴中不断搅拌下逐渐加入亚硝酸钠溶液，当溶液遇淀粉碘化钾试纸呈蓝色时，表明亚硝酸已过量，反应完成。

芳香重氮盐是离子型化合物，易溶于水，不溶于有机溶剂。结构简式为 $ArN_2^+X^-$。在重氮正离子中，氮原子为 sp 杂化，芳环与重氮基的 π 键形成共轭体系，可以使芳香重氮盐在低温酸性介质中稳定存在数小时。芳香重氮盐的稳定性还与酸根和苯环上的取代基有关，硫酸重氮盐比盐酸重氮盐稳定，氟硼酸重氮盐的稳定性更高。苯环上连有的吸电子基也会提高重氮盐的稳定性。重氮化反应需要在低温酸性介质中进行，得到的重氮盐无须从溶液中分离纯化，可以直接用于下一步反应。

二、芳香重氮盐的性质

芳香重氮盐的化学性质活泼，可以发生多种化学反应，合成许多有用的产物。常见的反应是放出氮气的取代反应，还有不放出氮气的还原反应和偶联反应。

（一）取代反应

带有正电荷的重氮基有强吸电子能力，使 C—N 键极性增强，易断裂放出氮气。在不同条件下，重氮基可以被羟基、卤原子、氰基、氢原子等取代。利用该反应可以由芳香重氮盐制备一系列芳香化合物。

$$C_6H_5\overset{+}{N_2}HSO_4^- \begin{cases} \xrightarrow{H_2O/H^+,\ \triangle} C_6H_5-OH + N_2 \\ \xrightarrow{CuX/HX} C_6H_5-X + N_2\ (X=Br,Cl) \\ \xrightarrow{KI/H_2O} C_6H_5-I + N_2 \\ \xrightarrow{HBF_4,\ \triangle} C_6H_5-F + N_2 \\ \xrightarrow{CuCN/KCN} C_6H_5-CN + N_2 \\ \xrightarrow{H_3PO_2/H_2O} C_6H_5-H + N_2 \end{cases}$$

利用芳香重氮盐的水解可以制备酚。这一反应通常是用硫酸重氮盐在 40%～50% 的硫酸中加热进行，酸性环境下可以防止未水解的重氮盐和生成的酚发生偶联。如果使用盐酸重氮盐，则会有副产物氯苯生成。重氮盐和碘化钾水溶液共热，不需要添加催化剂就能以良好的产率得到芳香碘代烃。

$$Cl-C_6H_4-NH_2 \xrightarrow[0\sim5\ ℃]{NaNO_2,H_2SO_4} Cl-C_6H_4-\overset{+}{N_2}HSO_4^- \xrightarrow[0\sim5\ ℃]{KI,H_2O} Cl-C_6H_4-I + N_2$$

芳香氟代烃难以通过芳环直接氟代得到，可以通过芳香重氮盐与氟硼酸反应来制备：

$$o\text{-}Br-C_6H_4-\overset{+}{N_2}Cl^- \xrightarrow{HBF_4} o\text{-}Br-C_6H_4-\overset{+}{N_2}BF_4^- \xrightarrow{165\ ℃} o\text{-}Br-C_6H_4-F + N_2 + BF_3$$

芳香重氮盐与氰化亚铜在氰化钾水溶液中反应，重氮基被氰基取代。氰基又可以通过水解转化为羧基，因此可以利用该反应来合成芳香酸。例如 2,4,6-三溴苯甲酸的合成：

$$\text{PhNH}_2 \xrightarrow{Br_2} \text{2,4,6-Br}_3C_6H_2NH_2 \xrightarrow[\text{HCl, 0～5 ℃}]{NaNO_2} \text{2,4,6-Br}_3C_6H_2\overset{+}{N}_2Cl^- \xrightarrow[\text{KCN}, \triangle]{CuCN} \text{2,4,6-Br}_3C_6H_2CN \xrightarrow{H_2O, H^+} \text{2,4,6-Br}_3C_6H_2COOH$$

重氮基被氢原子取代，可以将芳香胺转化为芳烃，该策略可以合成某些无法直接通过芳环的取代反应得到的化合物。例如1,3,5-三溴苯，无法通过苯的溴代反应直接制得，但从苯胺出发，经溴代、重氮化和去氨基化可以得到。

$$\text{PhNH}_2 \xrightarrow{Br_2} \text{2,4,6-Br}_3C_6H_2NH_2 \xrightarrow[\text{HCl, 0～5 ℃}]{NaNO_2} \text{2,4,6-Br}_3C_6H_2\overset{+}{N}_2Cl^- \xrightarrow{H_3PO_2} \text{1,3,5-Br}_3C_6H_3$$

(二)偶联反应

芳香重氮盐和酚或芳香胺等化合物反应，由偶氮基将两个芳环连接，生成偶氮化合物的反应称为偶联反应。

重氮离子为下列两个共振式的杂化体：

$$Ar—\overset{+}{N}≡N: \longleftrightarrow Ar—\ddot{N}=\overset{+}{N}:$$

共振结构显示，重氮基的两个氮原子都带正电荷，因此偶联反应可以看作重氮基进攻芳环的亲电取代反应。由于重氮正离子亲电能力较弱，只能进攻酚、芳香胺等反应活性较高的芳环。例如：

$$C_6H_5—\ddot{N}=\overset{+}{N}: + C_6H_5—OH \xrightarrow[\text{pH 8～9}]{0\ ℃} C_6H_5—N=N—C_6H_4—OH$$

对羟基偶氮苯

$$C_6H_5—\overset{+}{N}≡NCl^- + C_6H_5—N(CH_3)_2 \xrightarrow[H_2O,\ 0\ ℃,\ \text{pH 5～7}]{HOAc/NaOAc} C_6H_5—N=N—C_6H_4—N(CH_3)_2 + HCl$$

4-二甲氨基偶氮苯

偶联反应通常发生在羟基或氨基的对位，当对位被占据时，发生在邻位，一般不发生在间位。下列各化合物中箭头所指位置为偶联反应发生的位置：

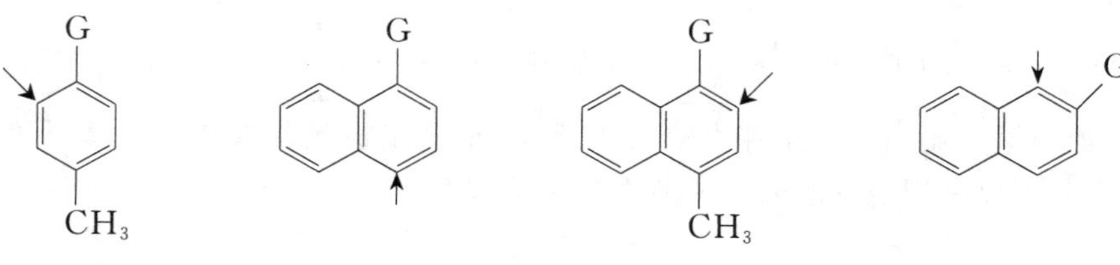

(G=OH，NH_2，NHR，NR_2)

一般来说，芳香重氮盐和芳胺的偶联反应的酸碱环境非常重要，反应的最佳 pH 为 5～7。当 pH<5 时，芳香胺形成铵盐，芳环上电子云密度降低，不利于重氮正离子的进攻。芳香重氮盐与酚的偶联反应则在弱碱性溶液中进行得最快，因为在弱碱性环境中，酚以氧负离子的形式参与反应，有利于重氮正离子对芳环的进攻。若在强碱(pH>10)中反应，芳香重氮盐将转化为芳香重氮酸和芳香重氮酸盐，此时就无法发生偶联反应了。

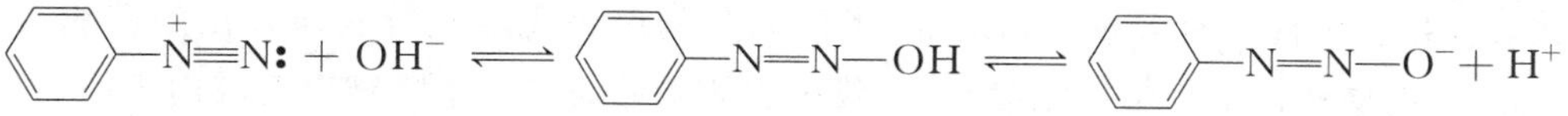

$$C_6H_5-\overset{+}{N}\equiv N: + OH^- \rightleftharpoons C_6H_5-N=N-OH \rightleftharpoons C_6H_5-N=N-O^- + H^+$$

三、偶氮化合物

偶氮化合物是指—N_2—与两个烃基相连而形成的化合物。分子中的氮原子为 sp^2 杂化，氮氮双键存在顺反异构，反式结构比顺式结构稳定，两种异构体在光照或加热条件下可以相互转化。例如：

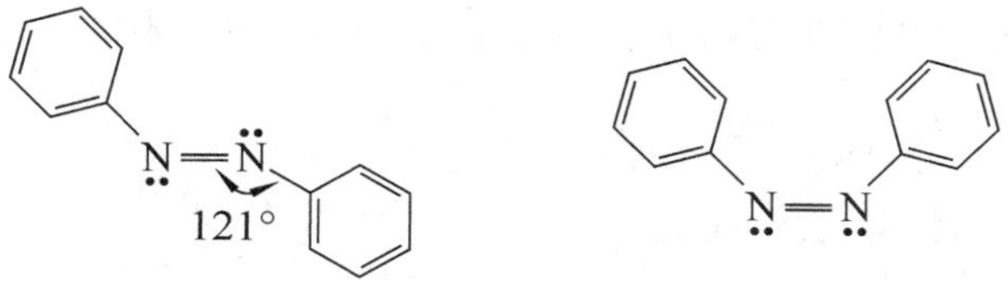

121°

反-偶氮苯(mp 68 ℃)　　顺-偶氮苯(mp 71.4 ℃)

—N_2—是一种常见的发色基团，一般的偶氮化合物都有颜色，很多被用作染料，称为偶氮染料。有些偶氮化合物也可用作酸碱指示剂或生物切片的染色剂。如甲基橙常用作酸碱指示剂，酸性橙Ⅰ常用作羊毛和蚕丝织物的染料。

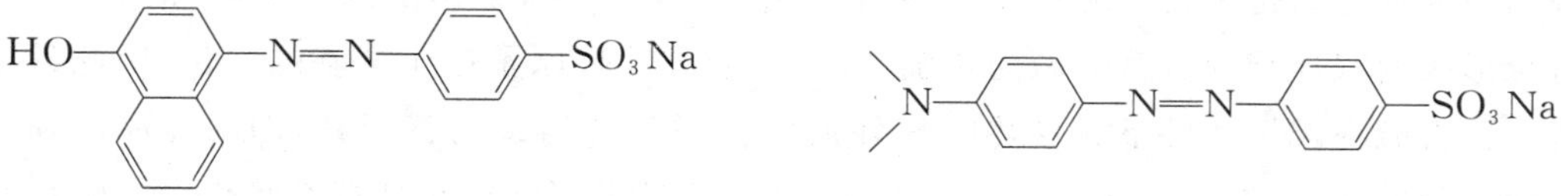

HO—(萘基)—N=N—C_6H_4—SO_3Na　　$(CH_3)_2N$—C_6H_4—N=N—C_6H_4—SO_3Na

酸性橙Ⅰ　　甲基橙

第四节　生　物　碱

一、生物碱的一般性质

生物碱(alkaloid)是指生物体内除了必需的含氮有机化合物，如氨基酸、多肽、蛋白质和 B 族维生素外一类含氮的有机碱性化合物，许多生物碱具有显著的生物活性。生物碱大多存在于植物中，分子结构多属于仲胺、叔胺或季铵，少数为伯胺，常含有氮杂环结构片段。大多数生物碱为固体，还有少数生物碱在常温下呈液态，并具有挥发性，常温下能随水蒸气蒸馏出来而不被破坏。

大多数生物碱的分子结构中含有氮原子，多为无色有苦味的晶体，其孤对电子能与质子结合生成盐，所以呈碱性，分子结构不同，其碱性强弱也不一样。游离的生物碱极性较小，一般不溶于水或难溶于水，能溶于氯仿、乙醚、乙醇、丙酮等有机溶剂，也能溶于稀酸溶液中生成盐。生物碱的盐极性较大，易溶于水和醇，难溶于苯、氯仿、乙醚等有机溶剂。

Note

生物碱遇到某些试剂能产生不同颜色的沉淀，可以利用这一性质来检验生物碱，但由于此类反应易受杂质干扰，因此提纯后的生物碱的反应才灵敏、准确。常用的沉淀剂有碘化汞钾、碘化铋钾、碘-碘化钾、苦味酸、磷钨酸等。

二、常见的生物碱

生物碱在生物体内具有多种生物活性，目前以生物碱为先导化合物研发出的药物占全部植物药的 46%。生物碱在植物中广泛存在，一般按它的来源命名。生物碱广泛应用于医药中，目前应用于临床的生物碱有 100 多种，而有些生物碱长期使用后容易使人产生依赖性，成为严重危害人类身心健康的毒品。

（一）芳香生物碱

麻黄碱又称麻黄素、左旋麻黄素，它与伪麻黄碱互为对映异构体，广泛存在于中药麻黄中。麻黄碱与伪麻黄碱都属于芳香仲胺类生物碱，在临床上常用于治疗支气管哮喘、过敏性反应及低血压等疾病。盐酸麻黄碱对中枢神经系统有兴奋作用，也有散瞳作用。

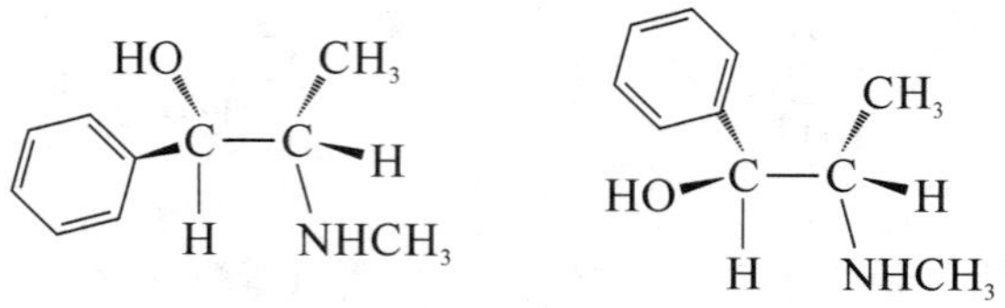

(－)-麻黄碱　　(＋)-伪麻黄碱

（二）四氢吡咯和六氢吡啶生物碱

颠茄中的莨菪碱是由莨菪醇和莨菪酸所形成的酯，其可以看作由四氢吡咯和六氢吡啶两个杂环骈合形成的双环结构。莨菪碱为左旋结构，由于手性碳原子位于羰基的 α 位，因此易发生互变异构。莨菪碱在碱性条件下或受热时易外消旋化得到外消旋的莨菪碱，即阿托品。临床上用阿托品作抗胆碱药，能抑制汗腺、唾液腺、泪腺等多种腺体的分泌，并具有散瞳作用。阿托品还可用于治疗平滑肌痉挛、胃溃疡和十二指肠溃疡等疾病，也可作为有机磷农药中毒的解毒剂。

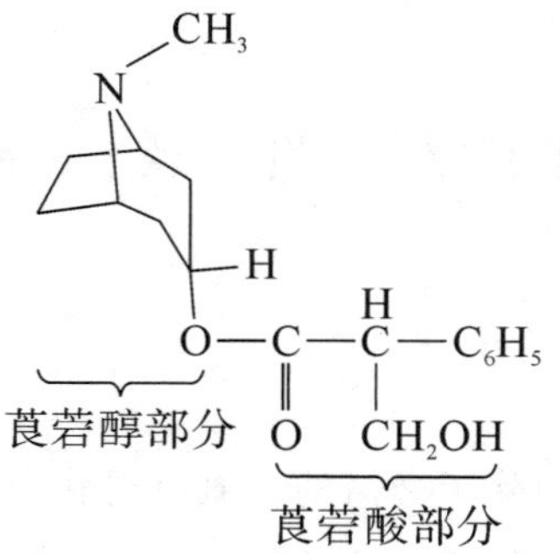

莨菪醇部分　莨菪酸部分

莨菪碱

（三）吲哚生物碱

吲哚生物碱包含吲哚结构单元，是生物碱家族众多成员中的重要一员，不仅种类繁多，而且许多吲哚生物碱具有良好的抗肿瘤、抗炎、降血压、抗氧化等生物活性。长春新碱为片状结晶，是存在于夹竹桃科植物长春花中的一种吲哚生物碱，其结构式如下：

长春新碱对几种白血病、骨髓病、骨肉瘤均有效，毒性较低，临床上用于治疗急性白血病。

（四）喹啉和异喹啉生物碱

小檗碱又称黄连素，属于异喹啉生物碱，广泛存在于黄连、黄柏等小檗属植物中。游离的小檗碱主要以季铵碱的形式存在，为黄色晶体，味苦，能溶于水，难溶于有机溶剂。小檗碱为广谱抗菌剂，对多种革兰阳性菌及革兰阴性菌有抑制作用。小檗碱同时有温和的镇静、降血压和健胃作用，临床上用于治疗痢疾、肠胃炎等疾病。小檗碱结构式如下：

罂粟是一种一年生或两年生的草本植物，其带籽的蒴果中含有一种浆液，在空气中干燥后形成棕黑色固体，即中药阿片，俗称鸦片。阿片中含有 20 种以上生物碱，其中最重要的是吗啡、可待因和罂粟碱等，它们均属于异喹啉或还原型异喹啉生物碱，前两者在临床上应用较多。

【知识拓展】断肠草与钩吻碱

吗啡是阿片中最重要、含量最多的有效成分。临床用药一般为吗啡的盐酸盐及其制剂，其是强烈的镇痛药，药效能持续 6 h，也能镇咳，但容易成瘾，一般只为解除晚期癌症患者的痛苦而使用。可待因临床上一般应用其磷酸盐，主要用于中枢神经系统，兼有镇咳和镇痛作用，其强度较吗啡弱，成瘾倾向也较小。海洛因即二乙酰吗啡，不存在于自然界中，其成瘾性为吗啡的 3～5 倍，严禁作为药用，是对人类危害较大的毒品之一。

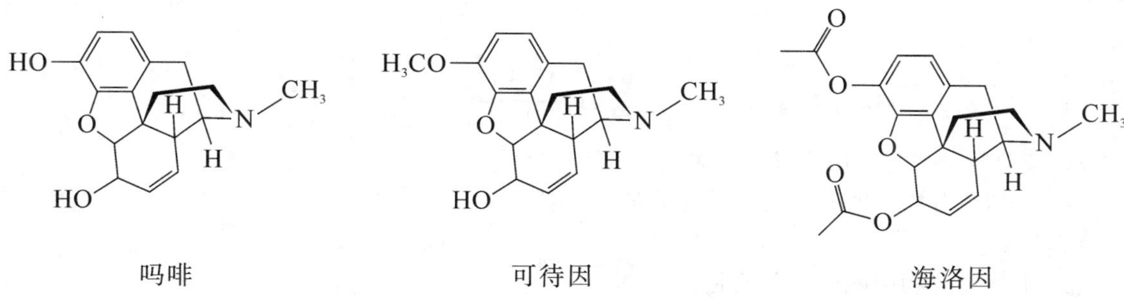
吗啡　　可待因　　海洛因

目标检测

目标检测答案

一、写出分子式 $C_4H_{11}N$ 的所有胺的同分异构体的结构式，并用系统命名法命名，有立体异构的画出 Fischer 投影式。

二、写出下列化合物的结构或名称。

（1）N,N-二甲基苯胺　　（2）氢氧化四甲铵

（3）N-乙基-2-苯乙胺　　（4）对甲基苯胺盐酸盐

(5) 戊-1,4-二胺

(6) $[(C_2H_5)_2N(CH_3)_2]^+Br^-$

(7) 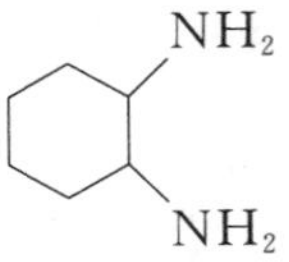 环己烷-1,2-二基结构：NH_2，NH_2

(8) 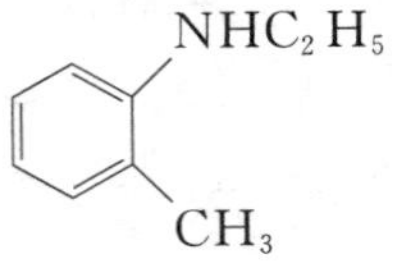 苯环结构：NHC_2H_5，CH_3

(9) 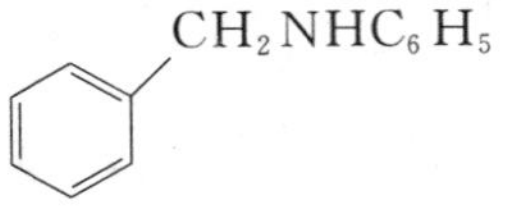 苯环结构：$CH_2NHC_6H_5$

(10) 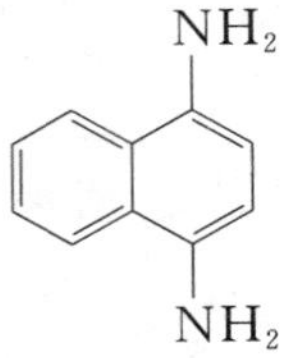 萘环结构：NH_2，NH_2

(11)  $CH_3CHCH_2CH_3$（NH_2 连在 CH 上）

(12) 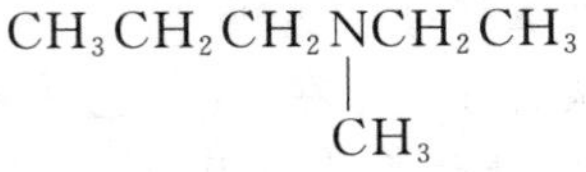 $CH_3CH_2CH_2NCH_2CH_3$（CH_3 连在 N 上）

三、试写出苯胺与下列试剂反应得到的主要产物。

(1) 稀硫酸　(2) $(CH_3CO)_2O$　(3) $NaNO_2/HCl$

(4) Br_2/H_2O　(5) $C_6H_5SO_2Cl$　(6) $C_6H_5N_2^+Cl^-$

四、请用化学方法分离下列各组混合物。

(1) 苯胺、N-甲基苯胺、N,N-二甲基苯胺

(2) 苯酚、苯胺、苯甲酸

(3) 环己烷、环己酮、环己胺

五、完成下列反应式。

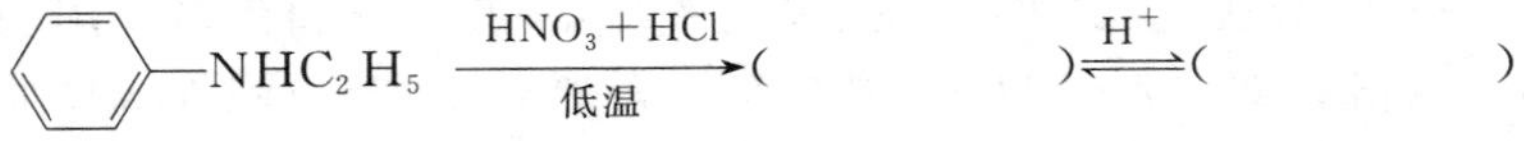

(1) 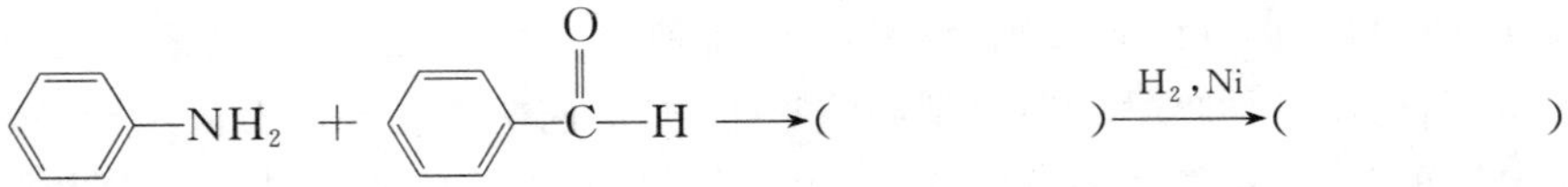 $C_6H_5-NH_2 + C_6H_5-\overset{O}{\overset{\|}{C}}-H \longrightarrow (\quad) \xrightarrow{H_2, Ni} (\quad)$

(2) $C_6H_5-NH_2 \xrightarrow{CH_3COCl} (\quad) \xrightarrow[AcOH]{HNO_3} (\quad)$

(3) $C_6H_5-NHC_2H_5 \xrightarrow[低温]{HNO_3+HCl} (\quad) \xrightleftharpoons{H^+} (\quad)$

(4) $H_3C-C_6H_4-NH_2 \xrightarrow[HCl]{HNO_3} (\quad) \xrightarrow[CuCN]{KCN} (\quad)$

(5) 间溴苯基 $-N^+\equiv NCl^- + C_6H_5-OH \xrightarrow[H_2O]{NaOH} (\quad)$

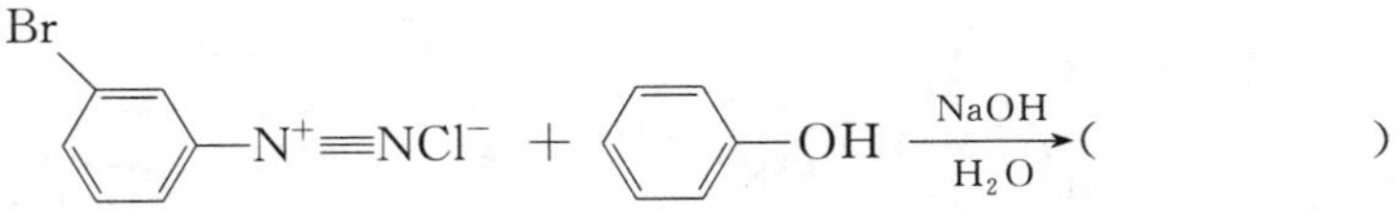

六、按照题目要求选出正确的答案。

(1) 下列化合物不能发生酰化反应的是(　　)。

A. 苯胺　B. 乙胺　C. 三乙胺

(2) 下列化合物中碱性最弱的是(　　)。

A. 氨水　B. 三乙胺　C. 乙酰胺

(3) 下列试剂中能区别苯胺和苯酚的是(　　)。

A. 氯化铁溶液　B. 溴水　C. 高锰酸钾溶液

(4) 重氮盐制备苯酚所需的试剂是(　　)。

A. H_3PO_4　B. 40%～50%的 H_2SO_4　C. CH_3OH

七、化合物A的分子式为 $C_4H_9NO_2$，有旋光性，不溶于水，可溶于盐酸，亦可逐渐溶于NaOH水溶液。A与亚硝酸在低温下作用会立即放出氮气。试推导该化合物的结构并用Fischer投影式表示之。

Note

参考文献

[1] 陆涛.有机化学[M].9版.北京:人民卫生出版社,2022.
[2] 邢其毅,裴伟伟,徐瑞秋,等.基础有机化学[M].4版.北京:北京大学出版社,2016.
[3] 陆阳,罗美明,李柱来.有机化学[M].9版.北京:人民卫生出版社,2021.

(魏 凯)

第十三章　杂环化合物

扫码看 PPT

素质目标：引导与培养医学专业学生严谨的科学态度、勇于创新的精神，秉承新医科思想要求，树立正确的自然观、世界观和价值观，培养其良好的家国情怀、人文科学素养、职业道德素养和社会责任感。

能力目标：熟悉杂环化合物的理化性质，能够将医药学的科学思维和研究方法相结合，提高发现问题、分析问题、解决问题的能力。

知识目标：掌握常见杂环化合物的命名方法和主要化学性质。熟悉嘧啶、吡唑、咪唑、噻唑、吲哚、嘌呤等杂环化合物的基本结构。了解常见杂环化合物在医药方面的应用。

案例导入

答案解析

20 世纪 50 年代，随着神经科学和精神病学的快速发展，许多制药企业开始关注神经精神类药物。1954 年 Roche 公司开始立项研发镇静药，并决定研发出一类药效比当时所用镇静剂好且结构新颖的镇静药。由于几年内在该领域均未取得重大进展，Roche 公司解散了研究团队，并要求他们彻底清扫实验室。研究团队在清扫实验台时注意到一个名为 Ro-50690 的化合物，但是并没有提交给药理部进行活性研究，于是抱着试试看的心态，把它送到了药理部。药理部反馈这一化合物有镇静、抗焦虑、松弛肌肉的作用，效果比市场上的安宁、巴比妥等都要好，于是 Roche 公司对 Ro-50690 做了进一步的深入研究。由于 Ro-50690 的活性高且副作用小，临床试验进展非常顺利，并很快生产上市，随后在世界范围内上市，并成为历史上第一个年销售额超 10 亿美元的"重磅炸弹"药物，该药即地西泮。

地西泮正是研究者正视偶然化学实验失败和偶然失误而执着开发成功的镇静药，同时也是抗焦虑活性试验的"金标准"。历史总是充满着偶然与必然，但机会总是留给那些有准备的人；好奇心、观察力、创造力与探索精神成就了传奇药物，也成就了传奇的科学人生。

思考：1. 杂环化合物在临床治疗上的应用价值有哪些？

2. 简述药物研发中心态的重要性。

杂环化合物(heterocyclic compound)是指分子中含有由碳原子和其他原子共同组成环的环状化合物，它是有机化学的重要组成部分之一。杂环中的非碳原子统称为杂原子，常见的杂原子有 N、O、S 等。严格来讲，环醚、内酯、环酐以及内酰胺等也属于杂环化合物，但由于其易开环形成脂肪族化合物，其性质又与相应的脂肪族化合物类似，因此，一般不在杂环化合物中进行讨论。本章重点讨论环结构稳定、具有一定芳香性的杂环化合物，这类化合物统称为芳(香)杂环化合物(aromatic heterocycles)。

杂环化合物广泛分布于自然界中，在已发现的天然有机化合物中占比达65%以上，许多天然杂环化合物在动植物体内起到重要的生理学作用。例如，植物的叶绿素、动物的血红素、核酸的碱基、中草药的有效成分生物碱、部分维生素、抗生素等都含有杂环结构。目前合成的杂环化合物涉及医药、农药、染料、超导材料等领域，尤其在现代药学中，杂环化合物占有相当大的比重，与人们的生活息息相关。

第一节　分类和命名

一、分类

杂环化合物可根据环的大小、杂原子的数目以及环的个数来进行分类。如根据环的个数可分为单杂环和稠杂环，单杂环又可根据成环原子数分为五元杂环和六元杂环等。

含一个杂原子的五元杂环：

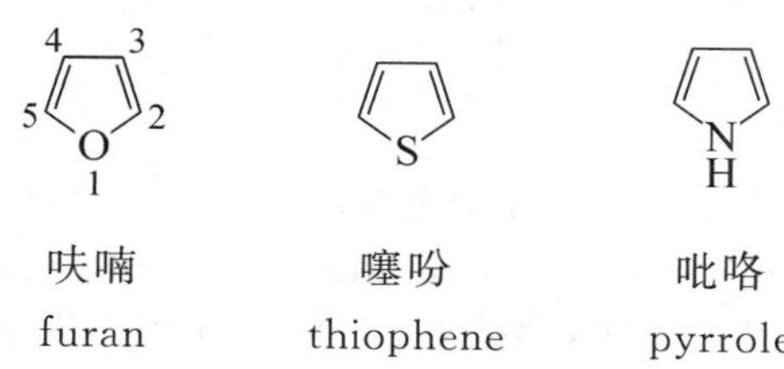

呋喃 furan　　噻吩 thiophene　　吡咯 pyrrole

含两个杂原子的五元杂环：

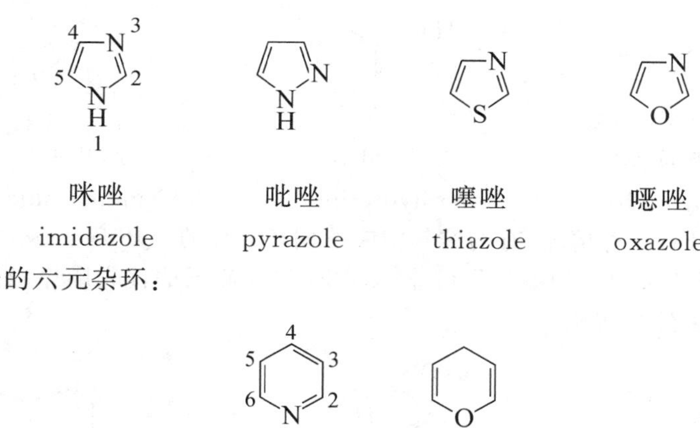

咪唑 imidazole　　吡唑 pyrazole　　噻唑 thiazole　　噁唑 oxazole

含一个杂原子的六元杂环：

吡啶 pyridine　　吡喃 pyran

含两个杂原子的六元杂环：

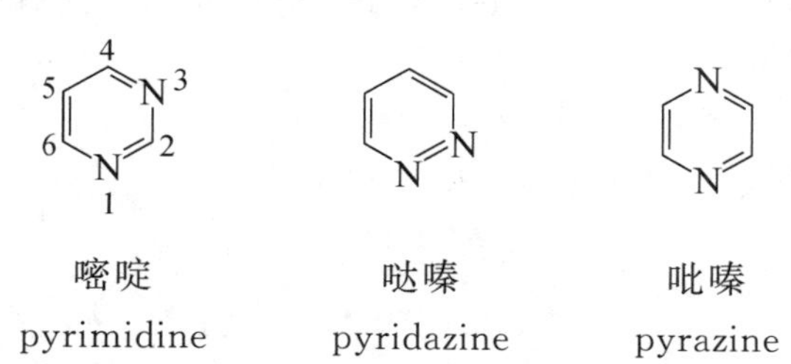

嘧啶 pyrimidine　　哒嗪 pyridazine　　吡嗪 pyrazine

稠杂环：

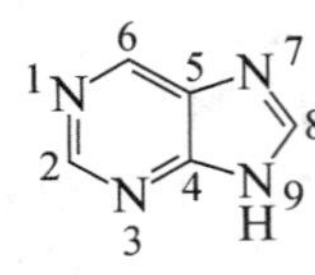

嘌呤
purine

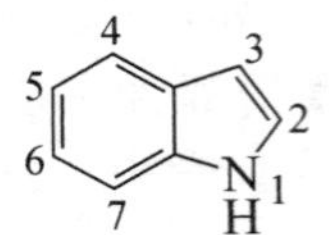

吲哚
indole

喹啉
quinoline

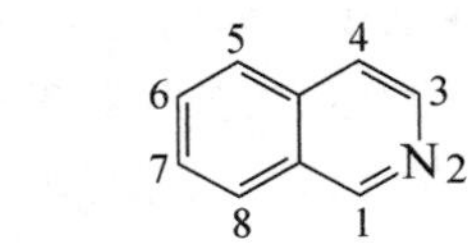

异喹啉
isoquinoline

二、命名

【知识链接】
药品的名称

目前对于大多数杂环化合物，主要采用音译法进行命名，即将特定的杂环化合物的英文名称译成同音汉字，加上“口”字旁作为杂环的名称。当杂环上有取代基时，以杂环为母体，对环上的碳原子进行编号，编号的规则如下。

(1) 当环上只有一个杂原子时，从杂原子开始编号，依次标记 1、2、3 等，或从靠近杂原子的碳原子开始编号，标以希腊字母 α、β、γ 等。

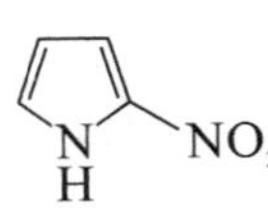

2-硝基吡咯
2-nitropyrrole

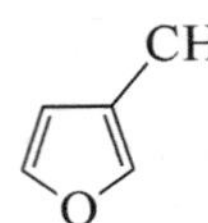

3-甲基呋喃
3-methylfuran

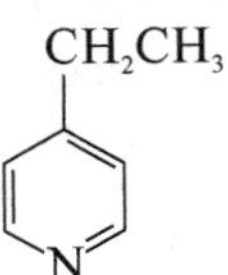

4-乙基吡啶
4-ethylpyridine

(2) 当环上有几个不同的杂原子时，则按 O、S、NH、N 的先后顺序编号，并使杂原子的编号尽可能小。

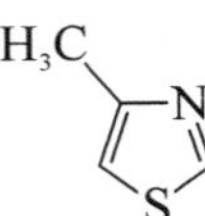

4-甲基噻唑
4-methylthiazole

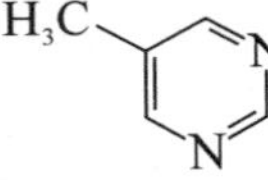

5-甲基嘧啶
5-methylpyrimidine

2-甲基咪唑
2-methylimidazole

(3) 稠杂环的编号有几种情况，有的按其相应的稠环芳烃的母环编号，从一端开始，共用碳原子一般不编号，编号时使杂原子的编号尽可能小，并遵守杂原子的优先顺序；有的稠杂环母环(如吲哚、嘌呤等)有特定的编号规则。

3,7-二羟基喹啉
3,7-dihydroxyquinoline

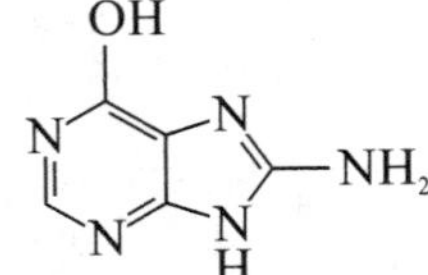

8-氨基-6-羟基嘌呤
8-amino-6-hydroxypurine

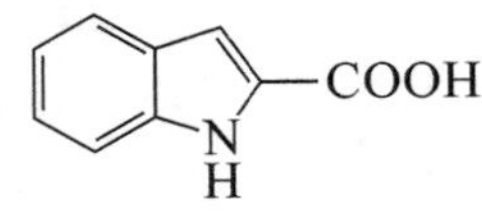

2-吲哚甲酸
2-indole carboxylic acid

扫码看答案

课堂练习13-1

命名下列化合物：

(1) Br … NO_2 (O 环)

(2) H_3C … N, S 环

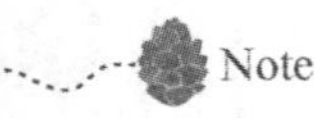

(3) CH_3 N　　　　(4) CH_2COOH N H

第二节　六元杂环化合物

【知识链接】
黄酮类化合物

六元杂环化合物是杂环化合物的重要组成部分，如含氧的六元杂环化合物有吡喃，含氮的六元杂环化合物有吡啶、嘧啶等，它们的衍生物广泛存在于自然界中，且大多具有生物活性。本节重点讨论含氮的六元杂环化合物。

一、吡啶

1. 结构与芳香性　吡啶环上的 5 个碳原子和 1 个氮原子均以 sp^2 杂化轨道相互重叠，形成以 σ 键相连的平面六元环结构（图 13-1）。环上每个原子未杂化的 p 轨道相互侧面重叠，且垂直于环平面，构成了具有 6 个电子的闭合共轭体系。吡啶环上氮原子的孤对电子占据着 sp^2 杂化轨道，没有参与环的共轭，因此吡啶的 π 电子数为 6，符合休克尔规则（$4n+2$ 规则），其具有一定的芳香性。

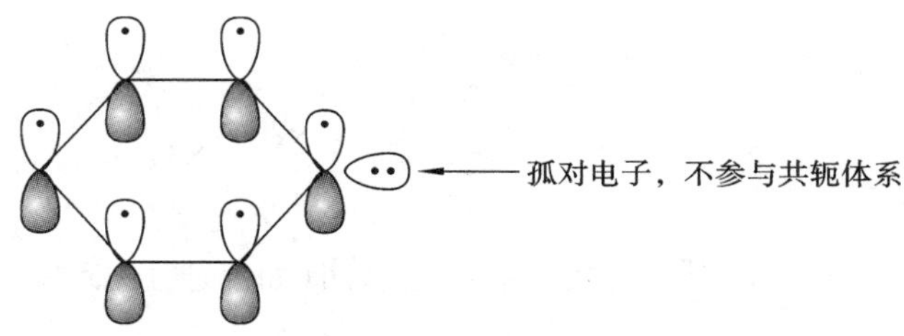

图 13-1　吡啶结构的电子云图

由于吡啶环上的氮原子电负性较大，致使 π 电子云向氮原子偏移，环上碳原子的电子云密度远远小于苯，因此将吡啶这类芳杂环称为缺 π 芳杂环。这类杂环化合物发生亲电取代反应变难，亲核取代反应变易，氧化反应变难，还原反应变易。

2. 物理性质　吡啶存在于煤焦油中，是有特殊气味的无色或淡黄色液体，沸点为 115.5 ℃，密度为 0.982 g/cm^3。吡啶能与水以任意比例互溶，同时能溶解大多数极性及非极性的有机化合物，甚至可以溶解某些无机盐，所以吡啶是一种广泛使用的溶剂。

3. 化学性质

（1）碱性：吡啶分子的氮原子上有 1 对孤对电子，能结合 H^+ 而显碱性。吡啶的碱性比脂肪胺和氨弱，近似于芳香胺，原因在于吡啶中氮原子上的孤对电子处于 sp^2 杂化轨道中，其 s 轨道成分较 sp^3 杂化轨道多，离原子核较近，电子受核束缚作用较强，给出电子的倾向较小，与 H^+ 结合能力偏弱。

吡啶不但能与无机酸成盐，还能与 Lewis 酸成盐。

(吡啶) + HCl ⟶ (吡啶) · HCl

$+SO_3 \longrightarrow \cdot SO_3$

(2) 亲电取代反应:由于吡啶分子中氮原子的电负性比碳原子大,环上碳原子电子云密度有所减小;同时,在亲电取代反应中试剂通常显酸性,使氮原子先与酸结合成吸电子基,因而环上碳原子电子云密度进一步减小,所以,吡啶比苯更难发生亲电取代反应,其反应条件要求较高。吡啶环上碳原子的电子云密度普遍减小,而其中以 β 位减小得较少,所以亲电取代反应主要发生在 β 位上。

$\xrightarrow[300\ ℃]{Br_2}$ Br

$\xrightarrow[300\ ℃,24\ h]{浓\ H_2SO_4+浓\ HNO_3}$ NO_2

$\xrightarrow[220\ ℃]{浓\ H_2SO_4+HgSO_4}$ SO_3H

(3) 亲核取代反应:由于吡啶环上氮原子的吸电子作用,环上碳原子的电子云密度减小,尤其在 α 位和 γ 位上的电子云密度更小,因而环上的亲核取代反应容易发生,取代反应主要发生在 α 位和 γ 位上。

$\xrightarrow{NaNH_2/NH_3}\ \xrightarrow{H_2O}$ NH_2

2-氨基吡啶

如果在吡啶环的 α 位或 γ 位存在着较好的离去基团(如卤原子、硝基),则亲核取代反应更加容易发生。

$\xrightarrow[\triangle]{NaOH,H_2O}$ OH

Br $\xrightarrow[\triangle]{CH_3ONa,CH_3OH}$ OCH_3

(4) 氧化还原反应:吡啶环上的电子云因氮原子的存在而发生偏移,因此环对氧化剂比较稳定。但当环上有烃基时,烃基容易被氧化。

CH_3 $\xrightarrow[\triangle]{KMnO_4,H_2O}$ COOH

吡啶较苯环更容易被还原,在常压下就可以被还原为六氢吡啶。

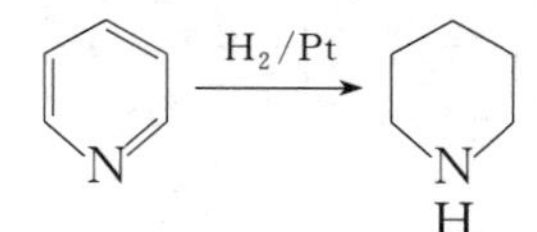

六氢吡啶又名哌啶，为无色液体，能与水混溶。它的碱性比吡啶强，性质与脂肪仲胺相似，在有机化学反应中常作为碱性试剂。

二、嘧啶

含有两个氮原子的六元杂环称为二氮嗪。“嗪”表示多于一个氮原子的六元杂环。二氮嗪共有三种同分异构体，分别为嘧啶(pyrimidine)、哒嗪(pyridazine)和吡嗪(pyrazine)。

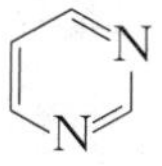

嘧啶 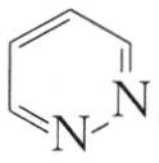　　哒嗪 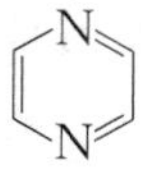　　吡嗪

嘧啶、哒嗪和吡嗪是许多重要杂环化合物的母核，其中嘧啶环广泛存在于动植物中，并在动植物的新陈代谢中起重要作用。比如，核酸中的碱基有三种是嘧啶衍生物，磺胺类及巴比妥类等合成药物都含有嘧啶环，重要的嘧啶衍生物主要有以下几种。

(1) 尿嘧啶(uracil)、胞嘧啶(cytosine)和胸腺嘧啶(thymine)：组成核酸分子的重要成分。

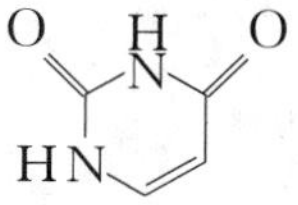

尿嘧啶 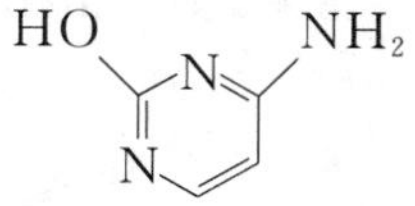　　胞嘧啶 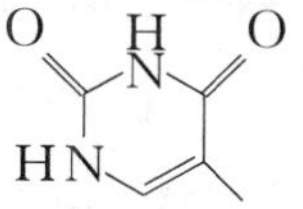　　胸腺嘧啶

(2) 维生素 B_1(vitamin B_1)：由嘧啶和噻唑通过亚甲基连接形成，为白色晶体，易溶于水，医药上常用其盐酸盐，又称硫胺素。维生素 B_1 是维持糖代谢、消化和神经传导正常的必需物质，可用于治疗多发性神经炎、脚气病、食欲不振和胃肠道疾病等。

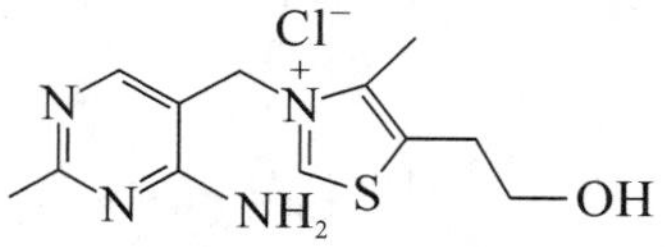

维生素 B_1

(3) 磺胺嘧啶(sulfadiazine)：可用于临床上治疗溶血性链球菌、肺炎球菌及脑膜炎双球菌的感染。

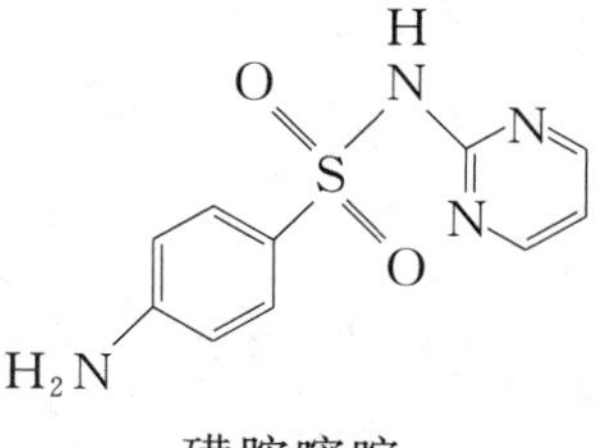

磺胺嘧啶

(4) 5-氟尿嘧啶(5-fluorouracil)：可用于治疗结肠癌、直肠癌、乳腺癌、卵巢癌及胃癌等，但毒性很大。如与脱氧核糖核酸缩合成5-氟尿嘧啶脱氧核苷，则毒性减小。

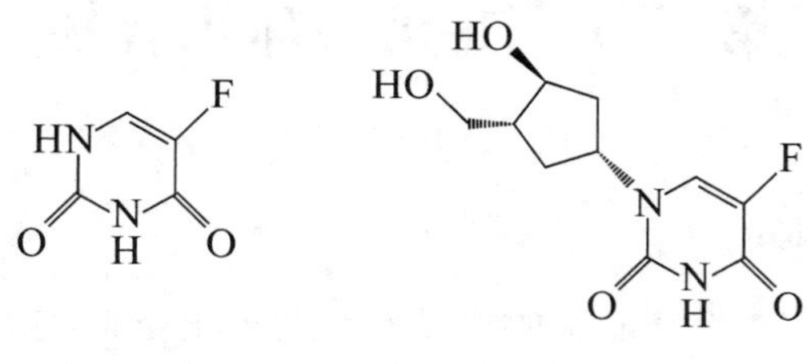

5-氟尿嘧啶　　5-氟尿嘧啶脱氧核苷

三、其他重要的六元杂环化合物

(1) 烟酸(nicotinic acid)和烟酰胺(nicotinamide):烟酸是 B 族维生素中的一种,能促进细胞的新陈代谢,并有扩张血管的作用。烟酰胺是辅酶Ⅰ的组成成分,两者在大多数场合下可以通用,烟酸在动物体内转化成烟酰胺。体内缺乏烟酰胺会得糙皮病,烟酰胺在蛋白质和糖的新陈代谢中发挥作用,可改善人类和动物的营养状态。此外,它在化妆品中可作为营养性添加剂,还被用作医药、食品及饲料等的添加剂。

烟酸　　烟酰胺

(2) 尼可刹米(nikethamide)和异烟肼(isoniazid):尼可刹米又名可拉明,为呼吸中枢兴奋药,用于中枢性呼吸和循环衰竭。异烟肼又名雷米封,为常用的抗结核药。

尼可刹米　　异烟肼

【知识链接】
三聚氰胺

(3) 维生素 B_6(vitamin B_6):包括吡哆醇、吡哆醛和吡哆胺三种化合物,它们存在于蔬菜、谷物、肉、蛋类中,是维持蛋白质正常代谢的重要维生素,可用于治疗放射性呕吐、妊娠呕吐和白细胞减少症等。

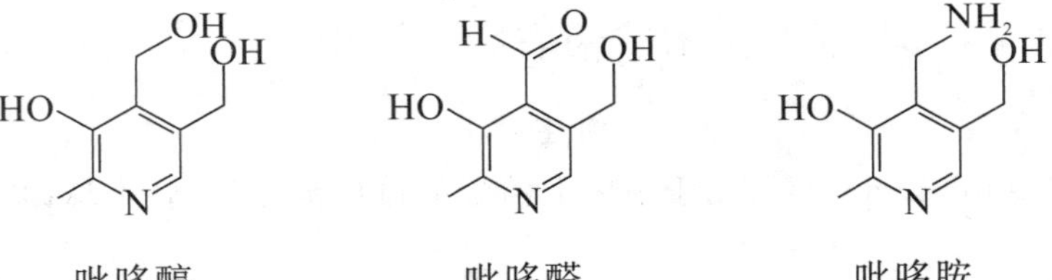

吡哆醇　　吡哆醛　　吡哆胺

课堂练习13-2

回答下列问题:

(1) 为什么吡啶的溴化不能用 $FeBr_3$ 催化?

(2) 为什么吡啶的碱性比六氢吡啶弱?

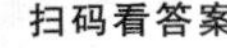
扫码看答案

第三节　五元杂环化合物

一、吡咯、呋喃和噻吩

吡咯、呋喃和噻吩是含有 1 个杂原子的重要五元杂环化合物,它们的衍生物不但种类繁多,而且有些是重要的工业原料,有些具有重要的生理作用。

1. 结构与芳香性 近代物理方法检测证实,吡咯、呋喃和噻吩都是平面型分子。碳原子与杂原子均以 sp^2 杂化轨道与相邻原子以 σ 键构成五元环,每个原子都有 1 个未参与杂化的 p 轨道与环平面垂直,碳原子的 p 轨道中有 1 个电子,而杂原子的 p 轨道中有 2 个电子,这些 p 轨道相互侧面重叠形成具有 6 个 π 电子的闭合共轭体系(图 13-2),符合 $4n+2$ 规则,因此,这些杂环均具有芳香性。

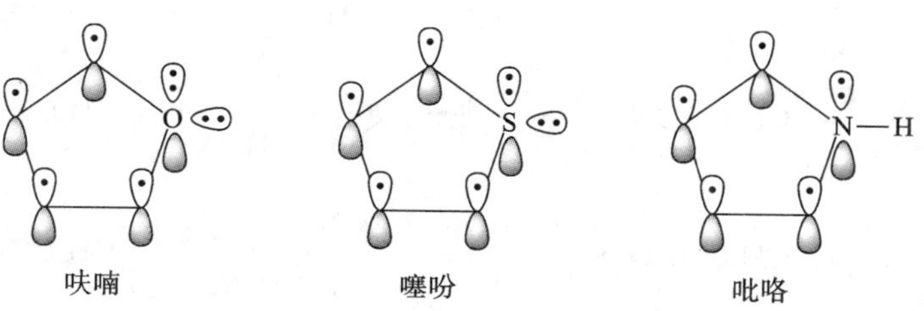

图 13-2 呋喃、噻吩和吡咯的结构

在这 3 种类型的五元杂环中,由于 5 个 p 轨道中分布着 6 个电子,因此杂环上碳原子的电子云密度比苯环上碳原子的电子云密度大,又称为多 π 芳杂环。因此,它们进行亲电取代反应比苯容易得多。

2. 物理性质 吡咯存在于煤焦油和骨焦油中,为无色液体,沸点为 131 ℃,有类似苯胺的气味。其蒸气能使盐酸浸过的松木片呈红色,借此可检验吡咯及其同系物。呋喃存在于松木焦油中,为无色易挥发液体,沸点为 31 ℃,气味与氯仿相似。呋喃能使盐酸浸过的松木片呈绿色。噻吩存在于煤焦油中,为无色有特殊气味的液体,沸点为 84 ℃,在浓硫酸存在下,噻吩与靛红作用显蓝色。

上述 3 种类型的五元杂环都难溶于水,其原因是杂原子的一对 p 电子参与形成了大 π 键,杂原子上的电子云密度减小,与水的缔合能力减弱。但是它们的水溶性仍有差别,吡咯氮上的氢可与水形成氢键,呋喃环上的氧与水也能形成氢键,但强度相对较弱,而噻吩环上硫不能与水形成氢键,因此在水中的溶解度大小顺序为吡咯＞呋喃＞噻吩。

3. 化学性质

(1) 酸碱性:吡咯分子虽有仲胺结构,但碱性很弱,其原因是氮原子上的孤对电子已经参与形成大 π 键,不再具备给电子的能力,与质子难以结合。相反,氮上的氢原子显示出弱酸性,因此吡咯能与金属单质钾及干燥的强碱氢氧化钾共热生成盐。

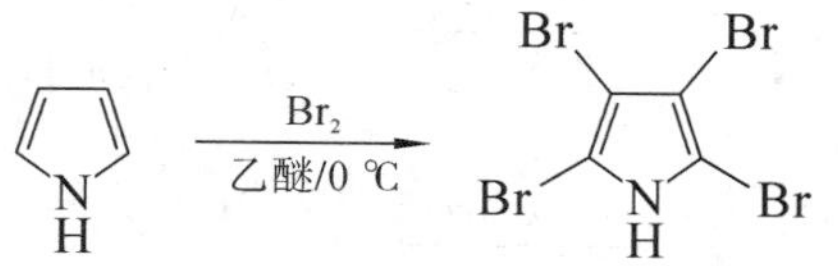

Br_2 / 乙醚/0 ℃ (吡咯 → 2,3,4,5-四溴吡咯: Br, Br, Br, Br, N–H)

(2) 亲电取代反应:吡咯、呋喃和噻吩都属于多 π 芳杂环,容易发生亲电取代反应。虽然杂原子的大小及电负性不同,它们的活性有差异,但它们的活性都比苯大,其活性大小顺序:吡咯＞呋喃＞噻吩＞苯。五元杂环的 α 位电子云密度最大,所以亲电取代反应主要发生在 α 位上,β 位产物较少。具体的反应类型如下。

①卤代反应:吡咯、呋喃和噻吩在室温下与氯单质或溴单质反应很剧烈,得到多卤代产物。若要得到一卤代产物,需用溶剂稀释并在低温下进行反应。

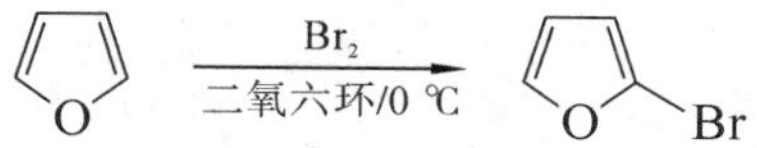

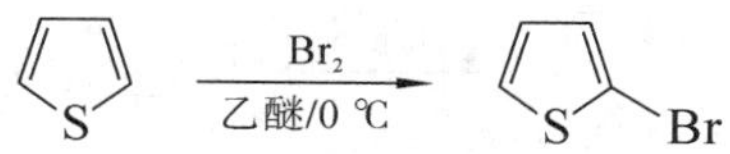

Br_2 / 二氧六环/0 ℃ (呋喃 → 2-溴呋喃: O, Br)

Br_2 / 乙醚/0 ℃ (噻吩 → 2-溴噻吩: S, Br)

②硝化反应:在强酸性条件下,吡咯和呋喃由于质子化而芳香性被破坏,进而聚合成树脂状物质。噻吩用混酸作硝化剂时,共轭体系也会被破坏。因此它们的硝化反应需用较缓和的硝酸乙酰酯作为硝化剂,并且在低温条件下进行反应。

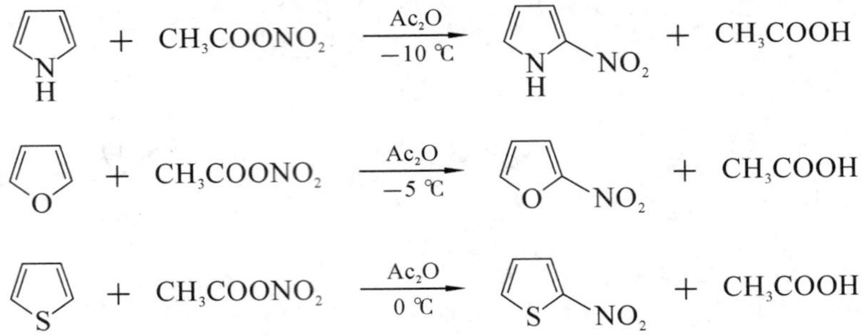

$$\underset{H}{N} + CH_3COONO_2 \xrightarrow[-10\ ℃]{Ac_2O} \underset{H}{N}\ NO_2 + CH_3COOH$$

$$O + CH_3COONO_2 \xrightarrow[-5\ ℃]{Ac_2O} O\ NO_2 + CH_3COOH$$

$$S + CH_3COONO_2 \xrightarrow[0\ ℃]{Ac_2O} S\ NO_2 + CH_3COOH$$

③磺化反应:吡咯和呋喃的磺化反应也需在比较缓和的条件下进行,常用吡啶与三氧化硫的加合物作为磺化试剂;而噻吩由于比较稳定,可直接用硫酸进行磺化反应。

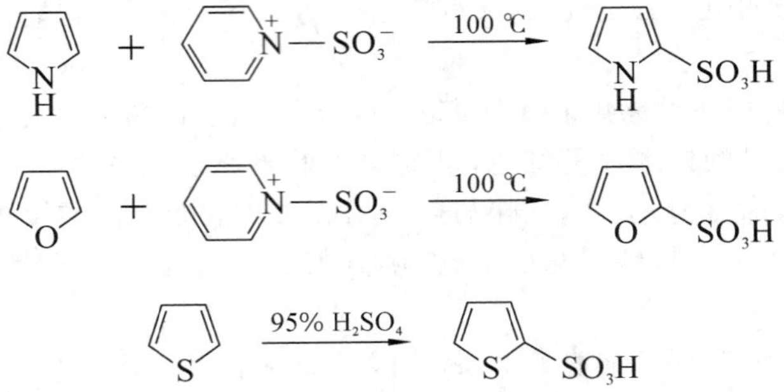

$$\underset{H}{N} + \overset{+}{N}—SO_3^- \xrightarrow{100\ ℃} \underset{H}{N}\ SO_3H$$

$$O + \overset{+}{N}—SO_3^- \xrightarrow{100\ ℃} O\ SO_3H$$

$$S \xrightarrow{95\%\ H_2SO_4} S\ SO_3H$$

④Friedel-Crafts 反应:此反应需采用比较温和的催化剂如 $SnCl_4$、BF_3 等,对活性较大的吡咯可不用催化剂,直接用酸酐酰化。由于吡咯、呋喃和噻吩很活泼,故该反应烷基化往往会得到多烷基取代混合物,甚至不可避免会产生树脂状物质。

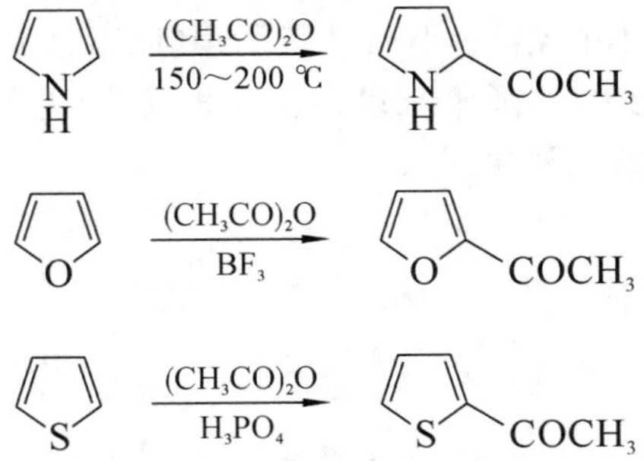

$$\underset{H}{N} \xrightarrow[150\sim200\ ℃]{(CH_3CO)_2O} \underset{H}{N}\ COCH_3$$

$$O \xrightarrow[BF_3]{(CH_3CO)_2O} O\ COCH_3$$

$$S \xrightarrow[H_3PO_4]{(CH_3CO)_2O} S\ COCH_3$$

(3) 加氢反应:吡咯、呋喃和噻吩均可进行催化加氢反应,生成饱和的杂环化合物,并由此失去芳香性。

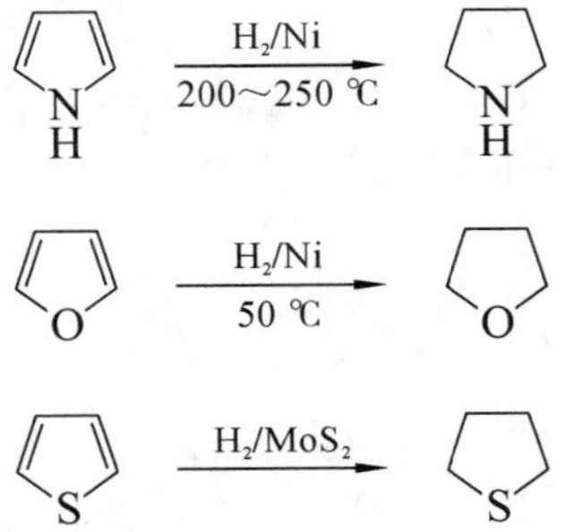

$$\underset{H}{N} \xrightarrow[200\sim250\ ℃]{H_2/Ni} \underset{H}{N}$$

$$O \xrightarrow[50\ ℃]{H_2/Ni} O$$

$$S \xrightarrow{H_2/MoS_2} S$$

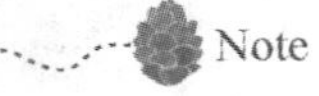

由于噻吩中含硫，会使一般的催化剂失效，氢化时必须使用特殊的催化剂。

4. 重要的吡咯衍生物

（1）卟啉：卟啉（porphyrin）是一类由四个吡咯类亚基的 α-C 通过次甲基桥（—$\overset{|}{\mathrm{C}}$H—）互连而形成的大分子杂环化合物，其母体化合物为卟吩（porphine），有取代基的卟吩即为卟啉。血红素（heme）、细胞色素和叶绿素（chlorophyll）等生物大分子的核心部分就是由卟啉构成的。

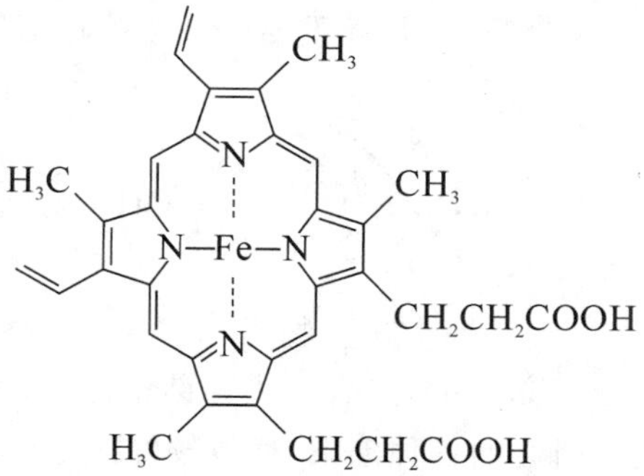

血红素

（2）吡咯类药物：药物中的吡咯衍生物有海人草酸（kainic acid）、林可霉素（lincomycin）、维生素 B_{12}（vitamin B_{12}）等。海人草酸是一种驱蛔虫药；林可霉素是一种新型抗生素，对革兰阳性菌和革兰阴性菌均有较强的抑制作用；维生素 B_{12} 是治疗恶性贫血的药物，是被发现的第一个含钴的天然产物。

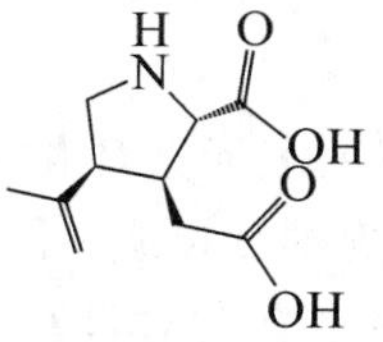

海人草酸 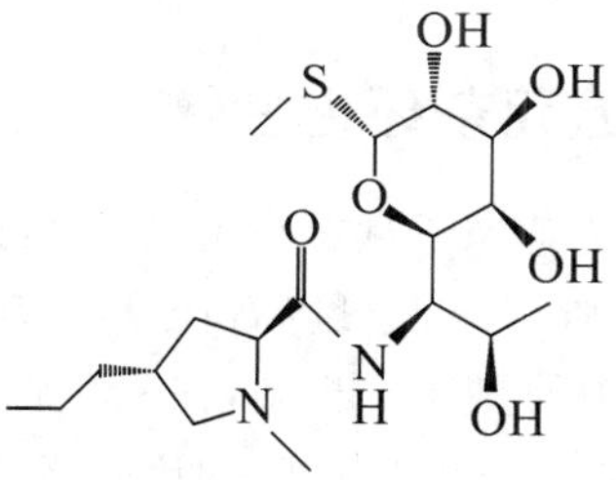　　　林可霉素

5. 重要的呋喃衍生物

（1）糠醛（furfural）：植物纤维原料中的戊聚糖经水解和脱水生成的无色透明油状液体，又称2-呋喃甲醛，有特殊香味，沸点为 167.1 ℃，能溶于乙醇、乙醚、乙酸等有机溶剂，在光照、受热、空气中氧化及无机酸作用下很快变为黄褐色，最终变成黑褐色，也容易发生聚合而呈树脂状。它常作为溶剂或有机合成的原料，也可用于合成树脂、清漆、农药、医药、橡胶和涂料等。

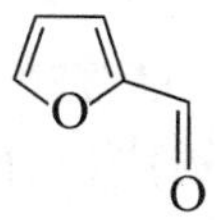

2-呋喃甲醛

（2）呋喃类药物：可供药用的呋喃衍生物相当多，如抗血吸虫病药呋喃丙胺（furapromide）、抗菌药呋喃唑酮（furazolidone）。

呋喃丙胺　　　　呋喃唑酮

6. 重要的噻吩衍生物

(1) 生物素(biotin):含有四氢噻吩环,是最重要的天然噻吩衍生物,是人体中酶的生长因子。

D-生物素

(2) 头孢噻吩钠(cephalothin sodium):半合成头孢菌素之一,可用于对青霉素耐药的金黄色葡萄球菌、肺炎球菌、大肠杆菌等引起的各种感染,疗效较好。

头孢噻吩钠

二、其他重要的五元杂环化合物

唑(azole)为含有2个杂原子且至少有1个是氮原子的五元杂环化合物,这类化合物中比较重要的有噻唑、咪唑和吡唑。它们可以看作噻吩、吡咯环上的2位或3位的CH换成氮原子,该氮原子的电子构型与吡啶中的氮原子相同,在 sp^2 杂化轨道中有一对孤对电子,这种结构使唑类化合物在水中溶解度比吡咯、噻吩要大,碱性比吡咯要强。

1. 噻唑　噻唑为无色、具有腐败臭味的液体,沸点为116.8 ℃,与水互溶。噻唑与吡啶类似,具有弱碱性,可与苦味酸和盐酸等形成盐,可与许多金属氯化物形成配合物。噻唑的环具有一定的稳定性,也表现出一定的芳香性,其化学性质与吡啶相似。一些重要的天然产物及合成药物中含有噻唑环,比如维生素 B_2、青霉素G等。

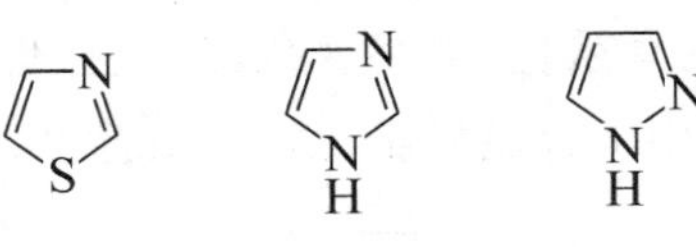

噻唑　　咪唑　　吡唑

2. 咪唑和吡唑　咪唑和吡唑是同分异构体,它们的区别是两个氮原子在环中的位置不同。由于形成氢键,咪唑和吡唑均有较高的沸点,在室温下是固体。许多天然物质分子中含有咪唑环,如蛋白质中的组氨酸。组氨酸在细菌的作用下脱羧得到组胺(histamine),组胺具有降血压作用,因此具有药用价值。

3. 重要的唑类衍生物

Note

(1) 安乃近(analginum):又名罗瓦尔精,具有解热镇痛和抗风湿的功效,常用于发热、头痛和风湿性关节炎等。

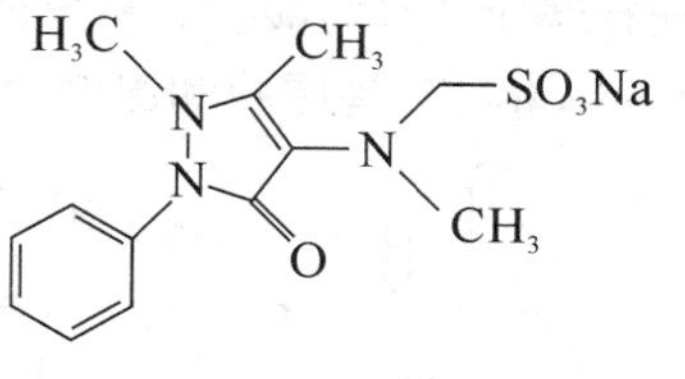

安乃近

(2) 安替比林(antipyrine):具有解热镇痛作用,可用于缓解头痛、发热等,但其毒性较大,常用于复方制剂中。其衍生物4-二甲氨基安替比林是另一种解热镇痛药。

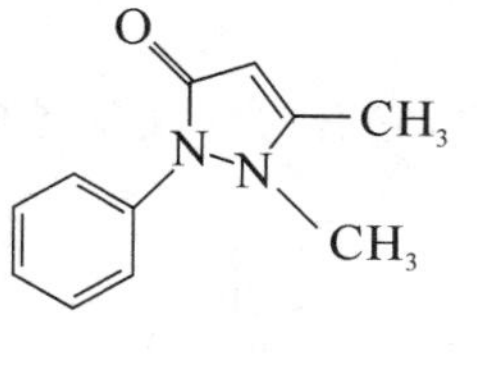

安替比林 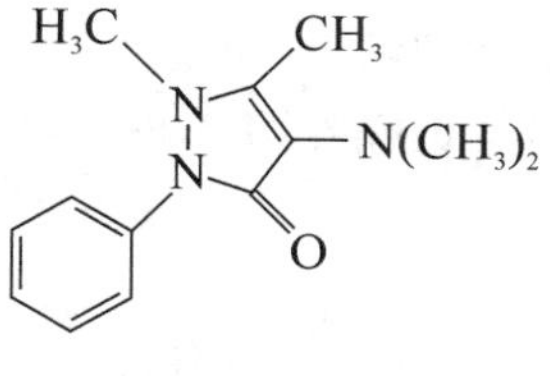　　4-二甲氨基安替比林

(3) 磺胺噻唑(sulfathiazole):对链球菌感染具有良好的疗效,但因其毒性和副作用较大,单独制剂在临床上已经基本停用,但其衍生物仍应用于临床,如琥珀酰磺胺噻唑(succinylsulfathiazole)、酞磺胺噻唑(phthalylsulfathiazole)等。

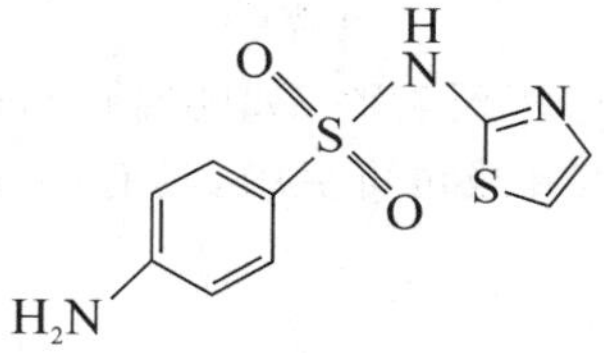

磺胺噻唑

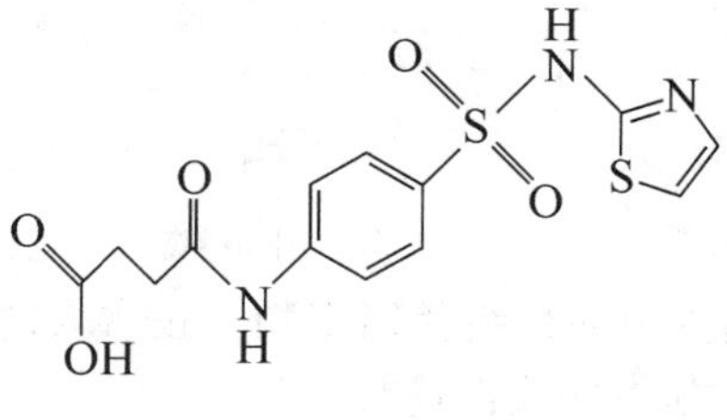

琥珀酰磺胺噻唑 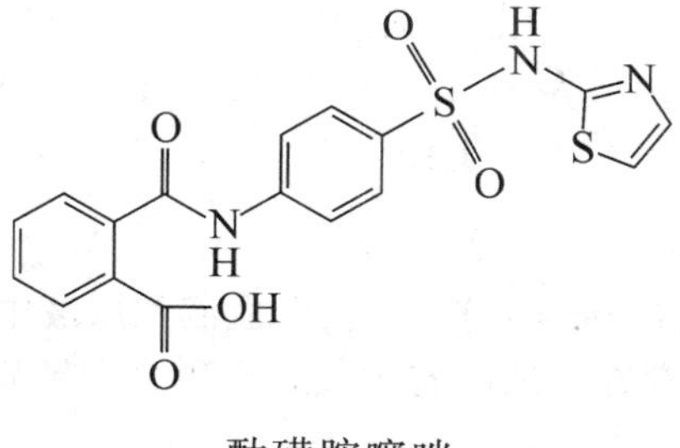　　酞磺胺噻唑

课堂练习13-3

为什么咪唑比吡咯稳定,但其亲电取代反应活性不如吡咯?

扫码看答案

第四节　稠杂环化合物

稠杂环化合物广泛存在于自然界中,如嘌呤、吲哚、喹啉及异喹啉等。

一、嘌呤及其衍生物

嘌呤由嘧啶环和咪唑环稠合而成,为无色针状晶体,熔点为216 ℃,易溶于水,也可溶于醇,

但不溶于非极性有机溶剂。嘌呤既有碱性又有弱酸性。重要的嘌呤衍生物主要有以下几种。

1. 鸟嘌呤（guanine）和腺嘌呤（adenine） 鸟嘌呤和腺嘌呤是构成核酸的重要组成部分。

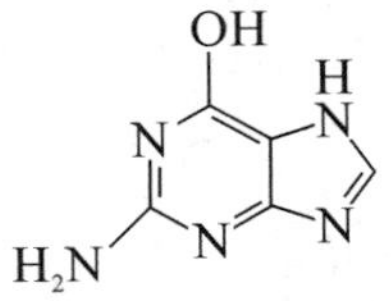

鸟嘌呤 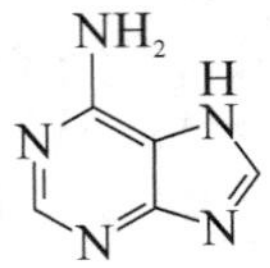　　腺嘌呤

腺嘌呤又称维生素 B_4（vitamin B_4），为白色针状结晶或结晶性粉末，具有刺激白细胞增生的作用，可用于治疗白细胞减少症。

2. 黄嘌呤（xanthine） 黄嘌呤即 2,6-二羟基嘌呤，它有两种互变异构形式，其衍生物常以酮的形式存在。

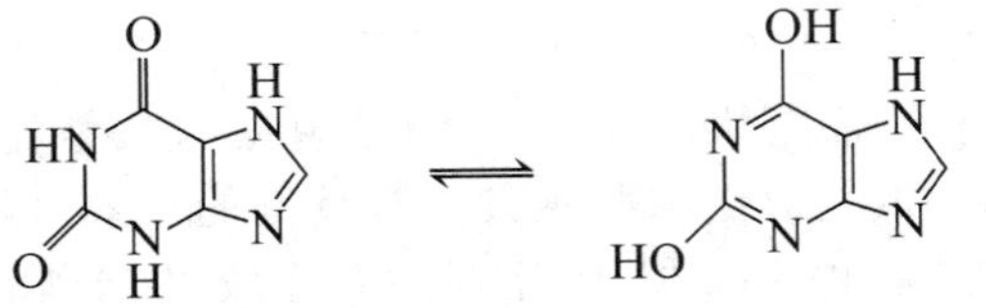

酮式　　烯醇式

黄嘌呤

黄嘌呤的甲基衍生物在自然界中广泛存在，如咖啡因（caffeine）、茶碱（theophylline）和可可碱（theobromine）等，其主要存在于茶叶或可可豆中，具有利尿和兴奋中枢神经的作用，在医药上用作中枢兴奋剂、强心剂和利尿剂。

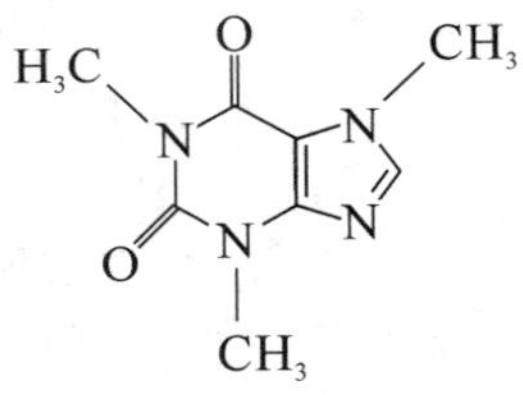

咖啡因 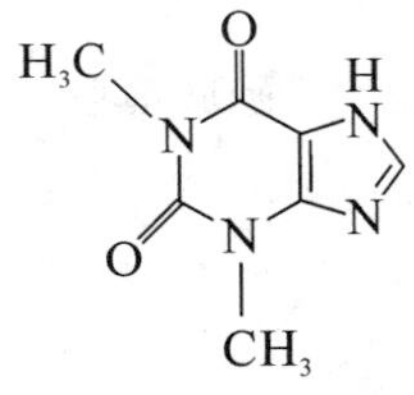　　茶碱 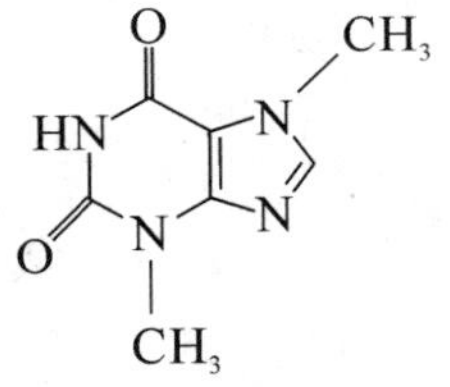　　可可碱

3. 尿酸（uric acid） 存在于血液和尿液中，是核蛋白的最终代谢产物。正常人的血液和尿液中只有少量存在。尿酸有酮式和烯醇式两种异构体，其中酮式占优势。

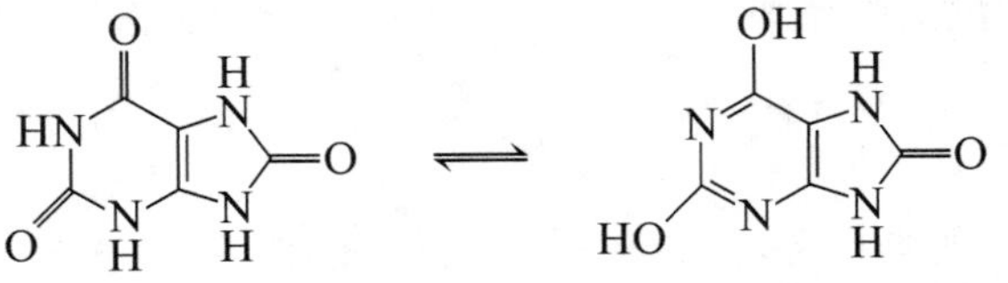

酮式　　烯醇式

尿酸

尿酸为白色结晶，难溶于水，具有弱酸性，在体内以盐的形式存在。当机体代谢发生紊乱时，体内尿酸含量增加，就以盐的形式发生沉积形成尿结石、痛风石及肾结石。

二、吲哚及其衍生物

吲哚存在于煤焦油中，为白色片状晶体，可溶于热水、乙醇及乙醚，具有恶臭味，但在浓度极低时，有花香味，可作为香料使用。吲哚能使浸有盐酸的松木片显红色，此特性可用于吲哚的鉴别。吲哚具有芳香性，性质与吡咯相似，酸性与吡咯相当，其亲电取代反应在杂环上进行，取代基

主要进入β位，重要的吲哚衍生物主要有以下几种。

1. 靛蓝(indigo) 靛蓝是一种色泽鲜艳而又耐久的蓝色染料，是较早发现的天然染料之一，也是我国最重要的蓝色染料。靛蓝为深蓝色固体，熔点为 390 ℃，能升华，蒸气为绛红色，不溶于水、醇及醚，可溶于氯仿及硝基苯。靛蓝以糖苷形式存在于菘蓝等植物中。

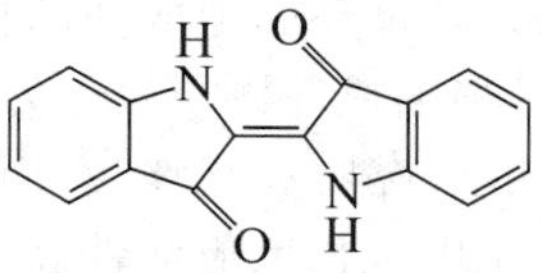

靛蓝

2. 吲哚美辛(indomethacin) 吲哚美辛为消炎、解热镇痛药，主要用于治疗风湿性关节炎、强直性脊柱炎、骨关节炎、痛风等。

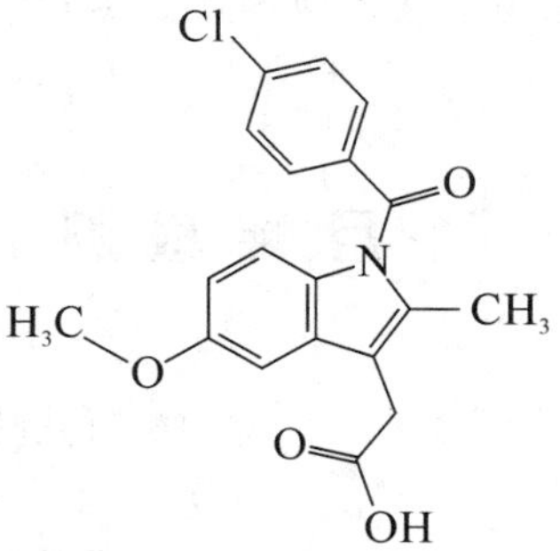

吲哚美辛

三、喹啉、异喹啉及它们的衍生物

喹啉和异喹啉是同分异构体，存在于煤焦油和骨焦油中，均为无色油状液体。重要的喹啉和异喹啉衍生物主要有以下几种。

1. 磷酸伯氨喹(primaquine diphosphate) 磷酸伯氨喹是一种抗疟疾药物，用于控制良性疟疾复发，并有预防恶性疟疾传播的作用。

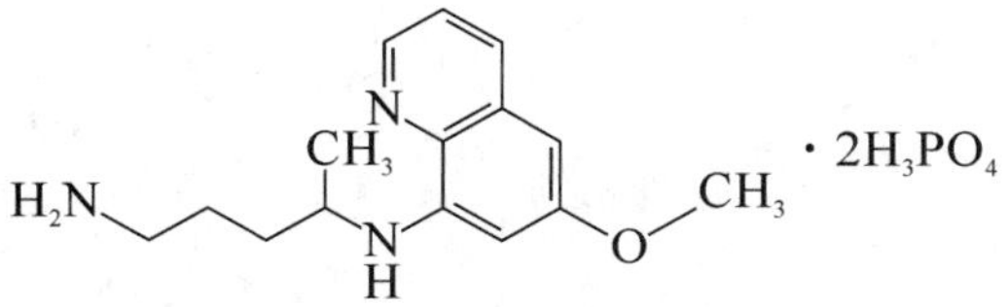

磷酸伯氨喹

2. 罗通定(rotundine) 罗通定即左旋延胡索乙素，为延胡索乙素中的有效成分，具有镇痛及催眠作用，常用于消化性溃疡痛、月经痛及紧张性失眠症等。

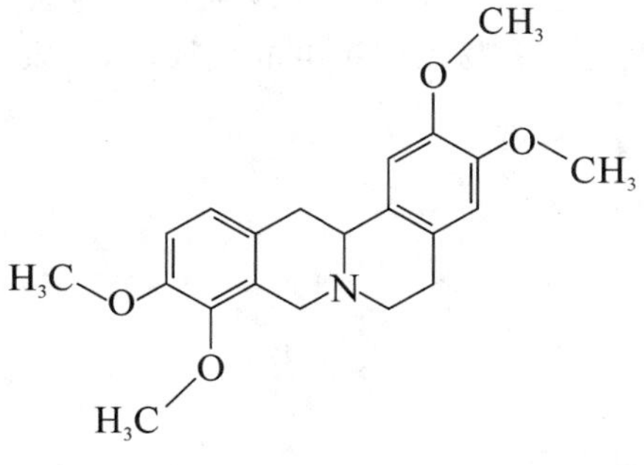

罗通定

小　结

杂环化合物是指环中含有除碳以外的杂原子的环状化合物，最常见的杂原子有氮、氧、硫，其中又以氮最多见。杂环化合物是根据杂环母环的组成和结构进行分类的。杂环化合物根据环的个数分为单杂环和稠杂环，单杂环又可根据成环原子数分为五元杂环和六元杂环等。

常见的五元杂环化合物是吡咯、呋喃、噻吩和咪唑，它们均具有芳香性，由于杂环上的电子云密度高于苯环，属于多 π 芳杂环，故其亲电取代反应活性高于苯。吡咯氮原子上的孤对电子已经参与形成大 π 键，不再具备给电子的能力，难以与质子结合，故其碱性弱于常见的胺和吡啶。吡啶、嘧啶是含氮的六元杂环化合物，由于吡啶环、嘧啶环上氮原子的电负性较大，并且原子上的孤对电子未参与形成大 π 键，故整个吡啶环、嘧啶环上的电子云密度远小于苯，属于缺 π 芳杂环，这样就使得它们亲核取代反应容易，亲电取代反应困难。尽管两者化学性质类似，但嘧啶碱性弱于吡啶，亲核取代活性却高于吡啶。

目标检测

目标检测答案

一、写出下列化合物的结构式。

(1) 3-甲基吡咯　　(2) β-氯呋喃

(3) 四氢呋喃　　(4) 六氢吡啶

(5) α-噻吩磺酸　　(6) 8-羟基喹啉

(7) γ-吡啶甲酸　　(8) β-吲哚乙酸

二、给下列化合物命名。

(1) N-CH_2CH_3 吡咯结构　　(2) 2-CH_3 噻唑结构

(3) 含 N、N 及 OH 的嘧啶结构　　(4) 含 NO_2 的喹啉结构

(5) 含两个 Br 的吲哚结构（NH）　　(6) 含 Br、CH_3 的嘌呤结构（N、H）

三、用化学方法区别下列各组化合物。

(1) 苯、噻吩和苯酚　　(2) 吡咯和四氢吡咯

四、试解释噻吩、吡咯、呋喃比苯容易发生亲电取代反应，而吡啶比苯难以发生亲电取代反应的原因。

五、完成下列反应式。

(1) 吡咯（N-H）$+K \longrightarrow$

(2) 呋喃-CHO $+NaOH \longrightarrow$

(3) 噻吩 $+CH_3COONO_2 \xrightarrow[-10\ ℃]{Ac_2O}$

(4) 3-甲基吡啶 $+KMnO_4 \xrightarrow{\triangle}$

六、将下列各组化合物按碱性由强弱进行排列。

(1) 苯胺、苄胺、吡咯、吡啶、氨

(2) 吡啶、喹啉、苯胺、氢氧化四甲铵

七、杂环化合物 $C_5H_4O_2$ 经氧化生成羧酸 $C_5H_4O_3$，羧酸的钠盐与碱石灰共热，转变为 C_4H_4O，后者不与金属钠发生反应，也不具有醛、酮的性质，试推断 $C_5H_4O_2$ 的可能结构。

参考文献

[1] 侯小娟，张玉军. 有机化学[M]. 武汉：华中科技大学出版社，2018.

[2] 侯小娟，刘华. 有机化学[M]. 2 版. 武汉：华中科技大学出版社，2014.

[3] 刘华，朱焰，郝红英. 有机化学[M]. 武汉：华中科技大学出版社，2020.

[4] 邢其毅，裴伟伟，徐瑞秋，等. 基础有机化学[M]. 4 版. 北京：北京大学出版社，2016.

【思政元素】

(郭文强)

第十四章　糖

学习目标

扫码看 PPT

素质目标：热爱科学，养成理论联系实际的良好作风，树立自我学习、终身学习的观念，具有开拓进取和分析批判精神。树立科学的世界观、人生观、价值观和社会主义荣辱观，践行社会主义核心价值观。

能力目标：培养学生较强的自学能力和发现问题、分析问题、解决问题的能力。

知识目标：掌握糖的概念和分类，单糖的结构和性质、还原糖和非还原糖的概念和性质。熟悉糖的变旋光现象、二糖的结构特点、糖的 Fischer 投影式和 Haworth 式的书写。了解淀粉、纤维素、糖原的结构和性质。

案例导入

糖是机体最经济和最直接的能量来源，食物中的糖（主要是淀粉）是机体中糖的主要来源，糖被摄入机体后经消化分解成葡萄糖被吸收，然后经血液运输到各组织细胞进行合成代谢（合成糖原）和分解代谢（氧化分解供给细胞能量）。从生理学上讲，糖既是人体最经济、最安全的能源物质，又是人体重要的结构物质，其生理功能无可替代。但是摄入过量糖，会加速体内细胞衰老，引起高血压，导致营养不良，影响口腔的健康，导致龋齿。

糖（saccharide）是自然界中广泛存在的一类有机化合物。由于最初发现的一些糖具有 $C_n(H_2O)_m$ 的结构通式，其中 H 和 O 的比例与水相同，因此糖又称为碳水化合物（carbohydrate）。但后来的研究揭示：有些糖分子中 H 和 O 的比例不是 2∶1，如脱氧核糖等；而有的物质，其分子式虽符合上述通式，如甲醛、乙酸等，却不具备糖的性质。所以碳水化合物这个名称不能确切代表糖，但因沿用已久，故至今仍在使用。

从化学结构特点上看，糖是多羟基醛、多羟基酮以及它们的缩聚物或衍生物。根据能否水解及水解产物的情况，糖可分为三类：单糖（monosaccharide）、低聚糖（oligosaccharide）和多糖（polysaccharide）。单糖是指不能再水解的多羟基醛或多羟基酮，如葡萄糖、果糖、核糖等。低聚糖是指能水解生成 2～10 个单糖分子的糖。低聚糖中最重要的是二糖，如蔗糖、麦芽糖、乳糖等。多糖是能水解生成 10 个以上单糖分子的糖，是一种高分子化合物，如淀粉、糖原、纤维素等。

第一节　单　糖

根据结构的不同，单糖可分为醛糖（aldose）和酮糖（ketose）；根据分子中所含碳原子的数目不同，单糖可分为丙糖、丁糖、戊糖、己糖等。最简单的醛糖是甘油醛，最简单的酮糖是二羟基丙酮，

又称为丙酮糖。自然界存在的碳原子数最多的单糖是含 9 个碳的壬酮糖，生物体内以戊糖和己糖最常见。自然界存在最广泛的葡萄糖属于己醛糖，蜂蜜中富含的果糖属于己酮糖，构成 RNA 的核糖属于戊醛糖。有些糖的羟基可被氢原子或氨基取代，它们分别称为脱氧糖和氨基糖，如构成 DNA 的 2-脱氧核糖；存在于多糖中的 2-氨基葡萄糖。

甘油醛	二羟基丙酮	2-脱氧核糖	2-氨基葡萄糖
CHO H—C—OH CH_2OH	CH_2OH C=O CH_2OH	CHO H—C—H H—C—OH H—C—OH CH_2OH	CHO H—C—NH_2 HO—C—H H—C—OH H—C—OH CH_2OH
glyceraldehyde	dihydroxyacetone	2-deoxy ribose	2-glucosamine

自然界的大多数单糖是戊糖和己糖。单糖中最重要的与人们关系最密切的是葡萄糖、果糖、核糖等。本节以葡萄糖和果糖为例讨论单糖的结构和性质。

一、结构

（一）开链结构

单糖分子一般是无分支并含有多个手性碳原子的直链结构。除丙酮糖外，其他单糖分子中都含有手性碳原子，存在旋光异构体。含有 n 个手性碳原子的单糖的旋光异构体数目为 2^n。因此，丙醛糖应有一对对映异构体；丁醛糖有两对对映异构体；戊醛糖有四对对映异构体；己醛糖有八对对映异构体。酮糖中手性碳原子的数目比同碳原子数醛糖少一个，异构体数目要少些。单糖习惯用 D/L 标记其构型，以 D-(+)-甘油醛为标准，具体步骤如下。

（1）单糖的开链结构用 Fischer 投影式表示，将主碳链直立，编号最小的碳原子置于上端。

（2）在糖的 Fischer 投影式中，编号最大的手性碳原子（即离羰基最远的一个手性碳原子）上的羟基在右边，与 D-(+)-甘油醛相同的为 D 型糖，反之为 L 型糖。在 Fischer 投影式中，为书写方便，羟基可用横线表示，氢原子常省略。

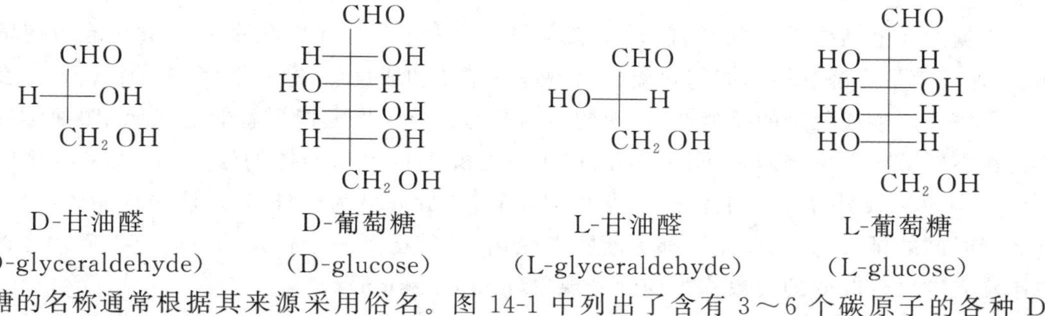

D-甘油醛 (D-glyceraldehyde)　D-葡萄糖 (D-glucose)　L-甘油醛 (L-glyceraldehyde)　L-葡萄糖 (L-glucose)

单糖的名称通常根据其来源采用俗名。图 14-1 中列出了含有 3～6 个碳原子的各种 D-醛糖。

在自然界也发现一些 D-酮糖，它们的结构一般在 C_2 位上具有酮羰基。例如：D-果糖、D-山梨糖等。

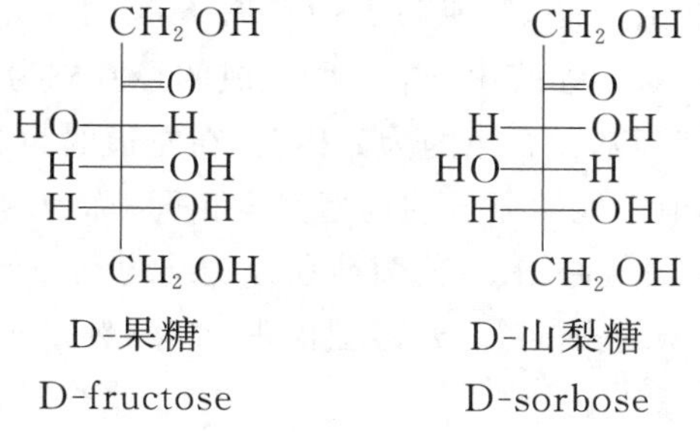

D-果糖 D-fructose　D-山梨糖 D-sorbose

【知识链接】糖的合成

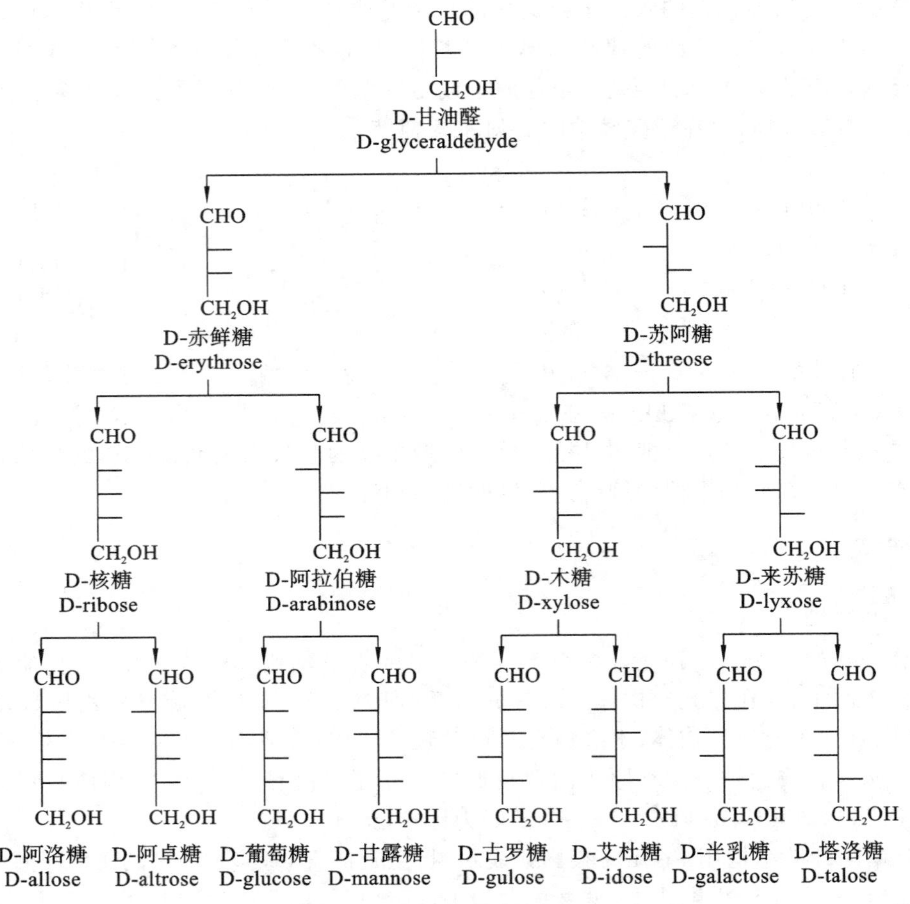

图 14-1　D-醛糖系列

(二) 变旋光现象和环状结构

单糖的开链结构都含羰基,能发生羰基的一些反应,但有些性质不能用开链结构解释。例如:①葡萄糖虽有醛基但不能与亚硫酸氢钠进行亲核加成反应;②一般醛在干燥 HCl 存在下与两分子甲醇作用生成稳定的缩醛产物,而葡萄糖只与一分子甲醇作用就能生成稳定的产物;③D-葡萄糖在不同溶剂中可得两种不同的结晶:从冷乙醇中析出的晶体的熔点为 146 ℃,比旋光度为 +112°;从热吡啶中析出的晶体的熔点为 150 ℃,比旋光度为 +18.7°。这两种晶体的水溶液,随着放置时间的延长,其比旋光度都逐渐发生变化,最后达到一个恒定值,即 +52.7°。这种在溶液中比旋光度自行改变的现象称为变旋光现象(mutarotation)。

为了解释葡萄糖上述实验现象,人们从醛与醇作用生成半缩醛这一反应得到启示。葡萄糖分子中既有羟基,又有醛基,可发生分子内的羟醛缩合,形成环状半缩醛。葡萄糖的 5 个羟基中,与醛基反应的主要是 C_5 上的羟基,因为形成的是稳定的六元环状半缩醛。

分子内醛基与羟基反应的结果是 C_1 成为手性碳原子,产生了一个新的手性中心,从而出现两种不同的异构体。在糖的环状半缩醛中,C_1 上所生成的羟基称为半缩醛羟基,也叫苷羟基。

在 D 型糖中,C_1 上半缩醛羟基在右边的为 α 构型,在左边的为 β 构型。在 α 构型与 β 构型两种 D-葡萄糖中除了 C_1 外,其他手性碳原子的构型完全相同,称为端基异构体。

Note

水溶液中,葡萄糖以 α-D-葡萄糖、β-D-葡萄糖和开链结构三种形式共存,并处于动态平衡中。平衡时 α 构型约占 36%,β 构型约占 64%,开链型仅占 0.024%。凡具有半缩醛羟基的环状结构的单糖或低聚糖都有变旋光现象。

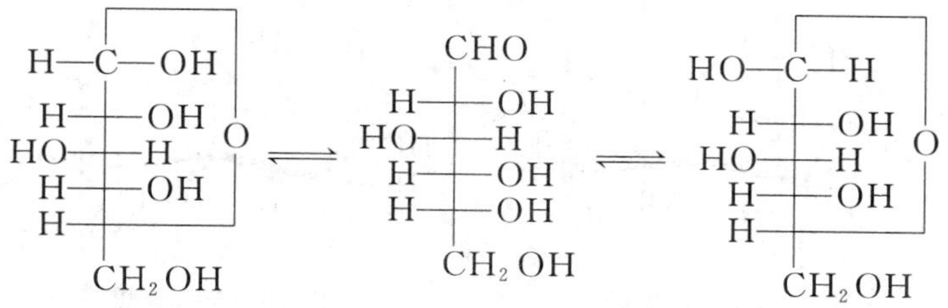

α-D-葡萄糖　　D-葡萄糖　　β-D-葡萄糖

熔点 146 ℃　　　　熔点 150 ℃

比旋光度+112°　　　　比旋光度+18.7°

36%　　0.024%　　64%

通常用 Haworth 式表示单糖的环状结构。Haworth 式是把横写的 Fischer 投影式的碳链向后弯曲，$C_4 \sim C_5$ 间的单键需旋转 120°，使 C_5 上的羟基接近醛基，而 CH_2OH 转到环的上方，H 转到下方。

把 Fischer 投影式转变成 Haworth 式时，在 Fischer 投影式右边的羟基写在环平面下方，而左边的羟基则写在环平面上方。羟甲基在平面之上的为 D 型，在平面下方的为 L 型。在 D 型糖中，半缩醛羟基在平面之下的为 α 构型，在平面之上的为 β 构型。

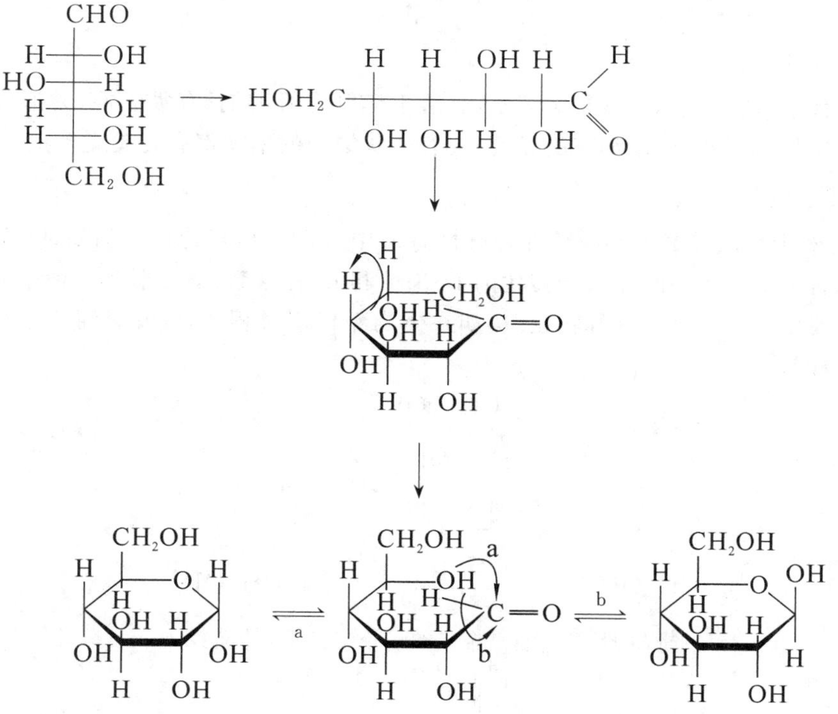

α-D-吡喃葡萄糖　　β-D-吡喃葡萄糖

葡萄糖的环状结构与杂环吡喃相似，故把六元环状的糖称为吡喃糖(glucopyranose)。其他糖形成的五元含氧环与杂环呋喃结构相似，故称为呋喃糖(furanose)。D-葡萄糖的两种构象中，β-D-吡喃葡萄糖分子中包括半缩醛羟基在内的所有取代基全部在 e 键上；α-D-吡喃葡萄糖与 β-D-吡喃葡萄糖唯一不同的是其半缩醛羟基处在 a 键上。显然 β-D-吡喃葡萄糖比 α-D-吡喃葡萄糖更稳定，D-葡萄糖在水溶液的动态平衡中，β 构型的含量要高于 α 构型。

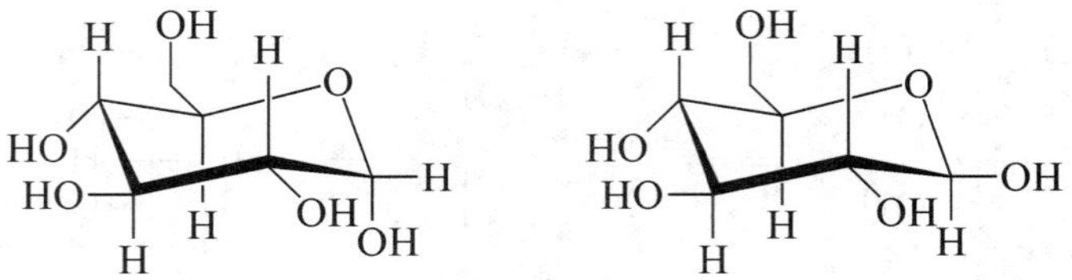

α-D-吡喃葡萄糖　　β-D-吡喃葡萄糖

游离态的果糖以六元环状结构存在，而结合态果糖则以五元环状结构存在。呋喃糖和吡喃糖一样，也有α和β两种构型。在水溶液中，果糖的开链结构和环状结构互变而处于动态平衡，故也有变旋光现象，平衡时的比旋光度为−92°。

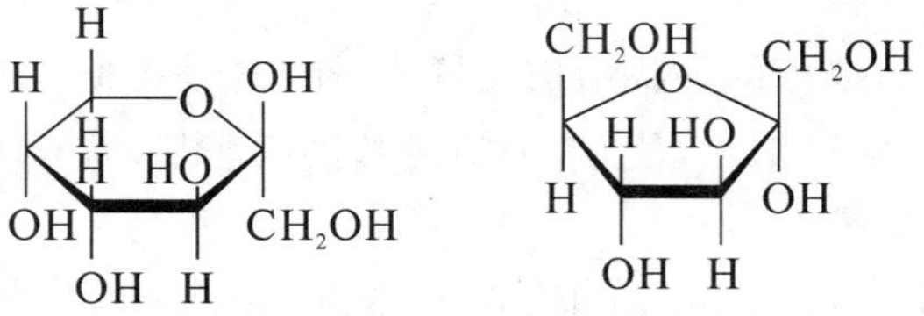

β-吡喃果糖　　α-吡喃果糖

二、性质

（一）物理性质

单糖都是具有甜味的无色晶体，易溶于水，难溶于醇等有机溶剂，有吸湿性，易形成过饱和溶液（糖浆）。除二羟基丙酮外，单糖都有旋光性，具有环状结构的单糖都有变旋光现象。

（二）化学性质

1. 在碱性溶液中反应　醛糖和酮糖在稀碱性溶液中可发生相互转化。例如，D-葡萄糖在稀碱性溶液中可以通过烯二醇中间体部分转化为D-果糖和D-甘露糖，最终形成三种糖的平衡混合物。生物体内酶催化下也能进行这种转化，例如在体内糖代谢过程中，6-磷酸葡萄糖在酶的催化下异构化为6-磷酸果糖。

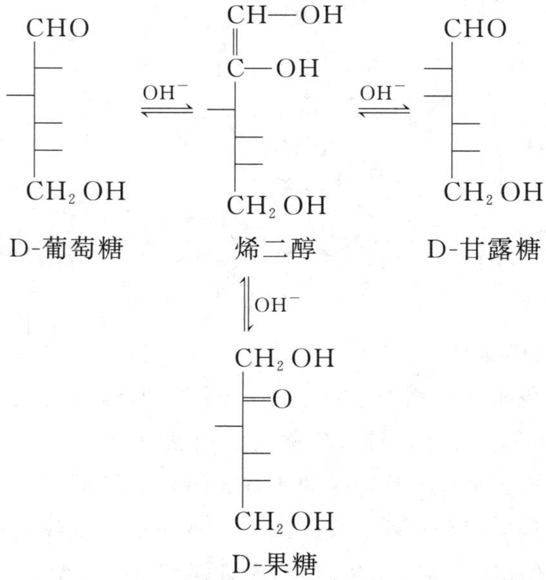

D-葡萄糖　　烯二醇　　D-甘露糖

D-果糖

在含有多个手性碳原子的旋光异构体中，只有1个手性碳原子的构型不同，而其他手性碳原子的构型完全相同的异构体，互称为差向异构体(epimer)。D-葡萄糖和D-甘露糖互称为C_2差向

异构体。差向异构体之间的转化称为差向异构化(isomerization)。

2. 成苷反应 单糖的半缩醛羟基与含活泼氢的醇或酚脱水生成糖苷(glycoside),此反应称为成苷反应。例如:在干燥氯化氢气体催化下,D-葡萄糖与甲醇作用,脱水生成α-D-甲基吡喃葡萄糖苷和β-D-甲基吡喃葡萄糖苷的混合物。反应式如下:

$$\text{D-葡萄糖(吡喃型)} + CH_3OH \xrightarrow{\text{干 }HCl} \alpha\text{-D-甲基吡喃葡萄糖苷} + \beta\text{-D-甲基吡喃葡萄糖苷}$$

α-D-甲基吡喃葡萄糖苷 β-D-甲基吡喃葡萄糖苷

糖苷由糖和非糖部分通过糖苷键结合而成,糖苷分子中糖部分称为糖苷基,非糖部分称为苷元或糖苷配基(简称配基),糖苷基与配基的连接键称为糖苷键或苷键。由于单糖的半缩醛羟基有α和β构型之分,故糖苷也有α和β两种构型;根据连接糖和苷元原子的不同,糖苷键可分为碳苷键、氮苷键、氧苷键和硫苷键。

糖苷分子中已没有半缩醛羟基,在水溶液中不能转化为开链结构,因此糖苷无还原性。糖苷为缩醛,在中性或碱性环境中较稳定,但在酸的催化下易水解生成原来的糖和非糖物质。

3. 氧化反应 单糖虽然具有环状半缩醛(酮)结构,但是在溶液中与开链结构处于动态平衡中。因此,单糖能够被托伦试剂氧化产生银镜;也能被费林试剂、班氏试剂氧化产生氧化亚铜沉淀。

托伦试剂、费林试剂和班氏试剂均为碱性试剂,因此,在这些试剂作用下,酮糖可通过烯二醇中间体被转化为醛糖而被氧化。

$$\text{D-葡萄糖 (CHO; H–OH; HO–H; H–OH; H–OH; }CH_2OH) \xrightarrow{\text{托伦试剂}} \text{D-葡萄糖酸负离子 (}COO^-\text{; H–OH; HO–H; H–OH; H–OH; }CH_2OH) + Ag\downarrow$$

D-葡萄糖 D-葡萄糖酸负离子

能够被托伦试剂、费林试剂和班氏试剂等碱性弱氧化剂氧化的糖称为还原糖。凡是不能与上述试剂发生反应的糖称为非还原糖。单糖都是还原糖。

醛糖与在酸性条件下与溴水反应,醛基被氧化成羧基而生成相应的糖酸;酮糖与溴水不反应。因此,可利用此反应来鉴别醛糖和酮糖。在酸性条件下,使溴水褪色的是醛糖,不能使溴水褪色的为酮糖。

$$\text{D-葡萄糖 (CHO; H–OH; HO–H; H–OH; H–OH; }CH_2OH) \xrightarrow{Br_2} \text{D-葡萄糖酸 (COOH; H–OH; HO–H; H–OH; H–OH; }CH_2OH)$$

D-葡萄糖 D-葡萄糖酸

醛糖与强氧化剂硝酸反应,醛基和羟甲基均被氧化成羧基而生成糖二酸。如D-葡萄糖被稀硝酸氧化生成D-葡萄糖二酸。

```
     CHO                       COOH
 H———OH                     H———OH
HO———H        稀 HNO₃      HO———H
 H———OH      ————→          H———OH
 H———OH                     H———OH
     CH₂OH                     COOH
```

D-葡萄糖　　　D-葡萄糖二酸

葡萄糖在肝内经酶的作用可氧化成葡萄糖醛酸。葡萄糖醛酸是体内重要的解毒物质,能与许多药物结合成葡萄糖酸衍生物而排出体外。

醛糖除了可以发生上述氧化反应外,在一定条件下也可以发生还原反应,如催化剂作用下加氢,把醛羰基转化成醇羟基。口香糖中常用的甜味剂木糖醇就是由戊醛糖木糖加氢还原后的产物。

4. 酸性条件下的脱水反应　戊醛糖、己醛糖与强酸共沸,可发生分子内脱水,转变为糠醛、5-羟甲基糠醛。

```
     CHO
 H———OH      强酸
 H———OH     ————→    (呋喃环)-CHO
 H———OH       △
     CH₂OH
```

戊醛糖　　　糠醛

```
     CHO
 H———OH
 H———OH      强酸
 H———OH     ————→    HOCH₂-(呋喃环)-CHO
 H———OH       △
     CH₂OH
```

己醛糖　　　5-羟甲基糠醛

糠醛及其衍生物可与酚缩合得到有色化合物,该反应灵敏,通常用于糖的鉴别。Molish 反应(Molish reaction)指含糖溶液与 α-萘酚在脱水剂浓硫酸的存在下生成紫色物质而出现紫色环的反应,该反应可用来鉴别糖。Seliwanoff 反应(Seliwanoff reaction)指酮糖与间苯二酚在脱水剂浓盐酸存在下生成红色物质的反应,该反应可用于鉴别醛糖和酮糖。

三、重要的单糖

1. D-核糖和 D-脱氧核糖　D-核糖和 D-脱氧核糖是重要的戊醛糖,常与一些杂环化合物及磷酸结合存在于核蛋白中。核糖的分子式为 $C_5H_{10}O_5$,以糖苷的形式存在于酵母和细胞中,是核糖核酸以及某些酶和维生素的组成成分;脱氧核糖的分子式为 $C_5H_{10}O_4$。D-核糖为结晶体,熔点为 95°,比旋光度为 −21.5°;D-脱氧核糖的比旋光度为 −60°。

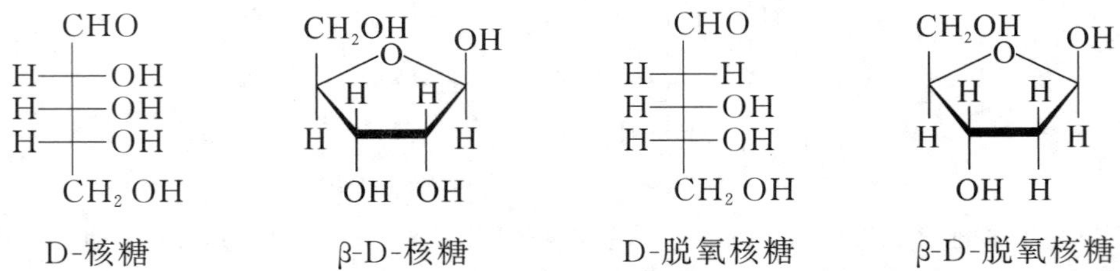

D-核糖　　β-D-核糖　　D-脱氧核糖　　β-D-脱氧核糖

2. 葡萄糖　葡萄糖广泛存在于在自然界中,尤以葡萄中含量较多,因此称为葡萄糖。葡萄糖是无色晶体或白色结晶性粉末,易溶于水,难溶于醇等有机溶剂。它是组成蔗糖、麦芽糖等二糖

及淀粉、糖原、纤维素等多糖的基本单元。

葡萄糖是分布最广的单糖，其主要存在于植物的根、茎、叶、果实中。人体血液中的葡萄糖称为血糖，正常人空腹血糖浓度正常值为 3.9～6.1 mmol/L。尿液中葡萄糖称为尿糖，当血糖浓度超过 10.0 mmol/L 时，已超过肾小球最大重吸收能力，葡萄糖随尿液排出，被称为糖尿。

葡萄糖是人类重要的营养物质，在医药上具有广泛的用途。葡萄糖是常用的营养剂，也是药物制剂中常用的辅料。

【知识链接】
木糖醇

3. D-果糖 D-果糖为无色晶体，熔点为 104 ℃，易溶于水和吡啶，可溶于乙醇。天然的果糖比旋光度为－92°。D-果糖是自然界最丰富的己酮糖。其主要以游离态存在于水果和蜂蜜中，是最甜的一种糖，也常与 D-葡萄糖结合成蔗糖。动物的前列腺和精液中也含有相当量的果糖。

6-磷酸果糖、1,6-二磷酸果糖不仅是体内重要的中间代谢产物，而且是高能营养性药物，可作为心肌梗死的急救辅助药物。

4. D-半乳糖 D-半乳糖是己醛糖，为无色晶体，能溶于水和乙醇，比旋光度为＋83.8°。其与葡萄糖以糖苷键结合成乳糖，存在于哺乳动物的乳汁中，脑髓中有一些结构复杂的脑磷脂也含有半乳糖。黄豆、豌豆等种子中都含有由半乳糖组成的多糖。

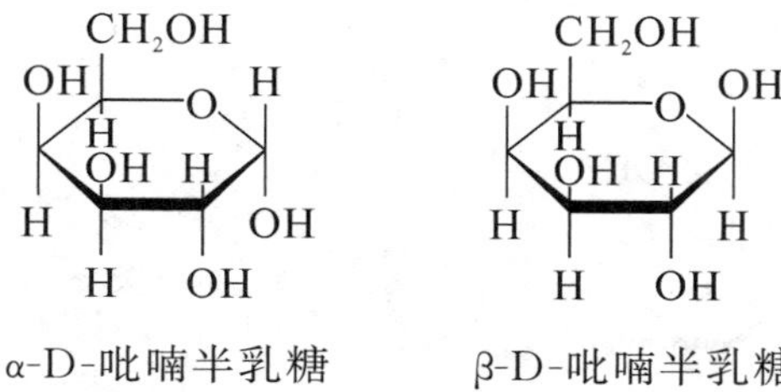

α-D-吡喃半乳糖　　β-D-吡喃半乳糖

如何鉴别葡萄糖和果糖？

扫码看答案

第二节 低 聚 糖

双糖(disaccharide)也称二糖，是最简单的低聚糖(寡糖)。二糖是由两分子单糖分子通过脱水以糖苷键相互连接而成的化合物。二糖可分为还原二糖和非还原二糖。由一分子单糖的半缩醛(酮)羟基与另一分子单糖的醇羟基脱水缩合而成，这种二糖分子还保留一个完整的半缩醛(酮)羟基，能与开链结构互变，因而有还原性和变旋光现象，属于还原糖。若二糖分子形成时是由两分子单糖的半缩醛(酮)羟基脱水缩合而成的，这样的分子没有完整的半缩醛(酮)羟基，不能再转变为开链醛式结构，因而无还原性，也没有变旋光现象，属于非还原糖。常见的还原二糖有麦芽糖、纤维二糖和乳糖；非还原二糖有蔗糖及近年来被科学家称为“生命之糖”的海藻糖等。

一、麦芽糖

【知识链接】
海藻糖

麦芽糖(maltose)存在于麦芽中，麦芽中含有淀粉酶，可将淀粉水解成麦芽糖。麦芽糖为白色晶体，分子式为 $C_{12}H_{22}O_{11}$，易溶于水，甜味约为蔗糖的 40%，比旋光度为＋136°，是食用饴糖的主要成分，用作营养剂和培养基等。

麦芽糖由一分子 α-D-吡喃葡萄糖的 C_1 半缩醛羟基与另一分子 D-葡萄糖 C_4 上的羟基脱水以 α-1,4-糖苷键结合而成。人和哺乳动物的消化道中有麦芽糖酶，可专一性地水解麦芽糖，使其成为葡萄糖。麦芽糖分子中仍存在半缩醛羟基，有变旋光现象和还原性，是还原二糖。

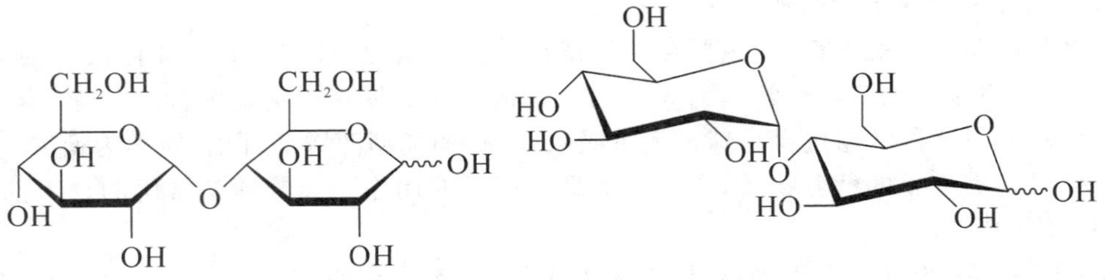

(+)-麦芽糖

二、蔗糖

蔗糖(sucrose)是自然界分布最广的二糖，广泛分布于各种植物中，尤以甘蔗和甜菜中含量最为丰富，故又称甜菜糖，各种植物的果实中几乎都含有蔗糖。我国是世界上用甘蔗制糖最早的国家。纯蔗糖为白色晶体，分子式为 $C_{12}H_{22}O_{11}$，易溶于水，甜味高于葡萄糖。

蔗糖既能被稀酸水解，也能被蔗糖酶水解，水解生成一分子 D-葡萄糖和一分子 D-果糖。蔗糖由一分子 α-D-葡萄糖用 C_1 的半缩醛羟基与一分子 β-D-果糖的 C_2 的半缩醛羟基脱水，以 α,β-1,2-糖苷键结合而成。

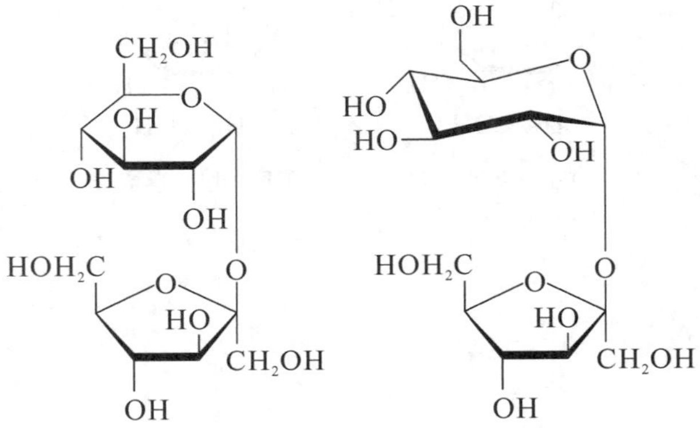

蔗糖

蔗糖分子中不含半缩醛羟基，因此是非还原二糖，也无变旋光现象。

蔗糖的比旋光度为+66.5°，水解后产生等量的 D-葡萄糖和 D-果糖，其比旋光度为−19.7°，即蔗糖水解前后旋光方向发生了改变。蔗糖这种伴随旋光方向发生改变的水解反应称为转化反应，得到的 D-葡萄糖和 D-果糖的混合物称为转化糖(inverted sugar)。转化糖通常用于饮料工业中。

三、乳糖

乳糖(lactose)存在于哺乳动物的乳汁中，人乳中乳糖含量为 7%~8%，牛乳中乳糖含量为 4%~5%。乳糖甜度约为蔗糖的 70%。乳糖的比旋光度为+53.5°。乳糖可被苦杏仁酶作用水解成等物质的量的 D-半乳糖和 D-葡萄糖。实验证实，乳糖由一分子 β-D-半乳糖用半缩醛羟基与一分子 α-D-葡萄糖的 C_4 醇羟基脱水，以 β-1,4-糖苷键结合而成。

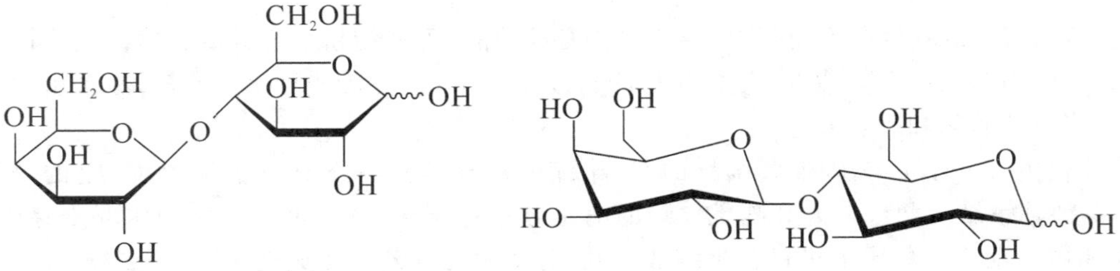

乳糖分子中仍有一个半缩醛羟基，是还原糖，亦具有变旋光现象。医药上利用乳糖吸湿性小的特点，将其用作药物的稀释剂以配制片剂和散剂。

四、环糊精

环糊精(cyclodextrin，简称 CD)是淀粉经环糊精葡萄糖基转化酶作用水解生成的一系列环状低聚糖的总称。通常含有 6～12 个 D-吡喃葡萄糖单元。其中研究得较多并且具有重要实际意义的是含有 6、7、8 个葡萄糖单元的分子，分别称为 α-环糊精、β-环糊精(图 14-2)和 γ-环糊精。

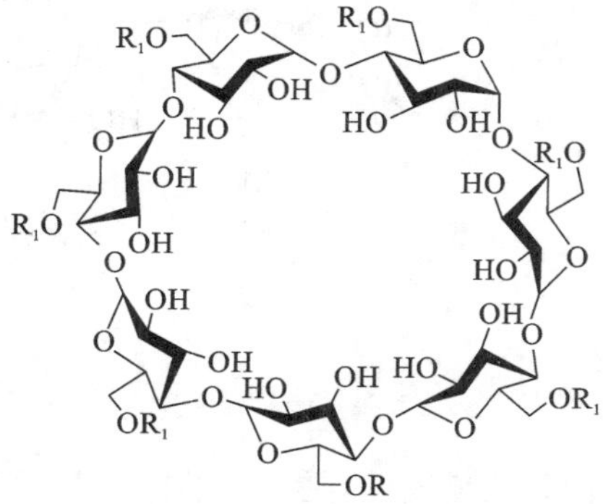

环糊精的形状像一个没有底的桶，上端大，下端小，具有不同内径的空腔。如 β-环糊精的内径为 700 pm，α-环糊精和 γ-环糊精分别为 450 pm 和 800 pm。从图 14-2 可以看到，β-环糊精是由 7 个葡萄糖分子通过 α-1，4-糖苷键连接形成的桶状结构。

图 14-2 β-环糊精

基于环糊精的空间结构特征，其既有一定的水溶性，又能在分子内腔内包合脂溶性强的有机化合物，形成单分子包合物。环糊精与包合物的结合力是主体分子与客体分子之间的范德瓦尔斯力，没有键的作用。环糊精的包合物的稳定性取决于主体空腔的大小、客体分子大小、基团的性质以及空间构型等。只有当客体分子与环糊精空腔的几何形状相匹配时，才能形成稳定的包合物。环糊精广泛用于食品、医药、化学分析等方面，可改变客体分子的物理性质和化学性质(例如，可增加药物的稳定性，减少毒副作用，延长药物的作用时间等)。

环糊精为晶体，具有旋光性，其分子中没有苷羟基，无还原性。环糊精在碱性溶液中稳定，对酸敏感。

第三节 多 糖

多糖是由 10 个以上的单糖通过糖苷键连接而成的高分子化合物。自然界的多糖一般含 80～100 个单糖单元。根据单糖的连接方式，多糖主要有直链多糖和支链多糖两种类型。直链多糖中连接单糖的糖苷键主要有 α-1，4-糖苷键、β-1，4-糖苷键，支链多糖中链与链间的连接点是 α-1，6-糖苷键。多糖分子中虽有半缩醛羟基，但因相对分子质量很大，半缩醛羟基所占比例很小，因此多糖并没有还原性和变旋光现象。

多糖大多是不溶于水的无定形粉末，无一定熔点，也没有甜味，个别多糖能溶于水，但只是形成胶体溶液。

一、淀粉

淀粉(starch)是人类获取糖的主要来源，主要存在于植物的种子、块根、块茎及果实中。淀粉是由 α-D-葡萄糖单元通过 α-1，4-糖苷键和 α-1，6-糖苷键连接而成的高聚体。淀粉为白色无定形粉末，天然淀粉分为直链淀粉(amylose)和支链淀粉(amylopectin)两种类型。一般淀粉中含直链淀粉 10%～20%，含支链淀粉 80%～90%。

直链淀粉又称糖淀粉，难溶于冷水，能溶于热水。它一般是由 250～3000 个 α-D-葡萄糖以 α-1，4-糖苷键连接而成的链状化合物。由于 α-1，4-糖苷键的氧原子有一定的键角，同时单键可自

由旋转,分子内的羟基间可形成氢键,因此直链淀粉具有规则的螺旋状空间排列,每一圈螺旋一般含6个D-葡萄糖单元。

直链淀粉结构

淀粉遇碘变蓝,是淀粉的定性鉴别方法。目前认为这是因为碘分子进入螺旋圈的中空部分形成复合物而显蓝色(图14-3)。

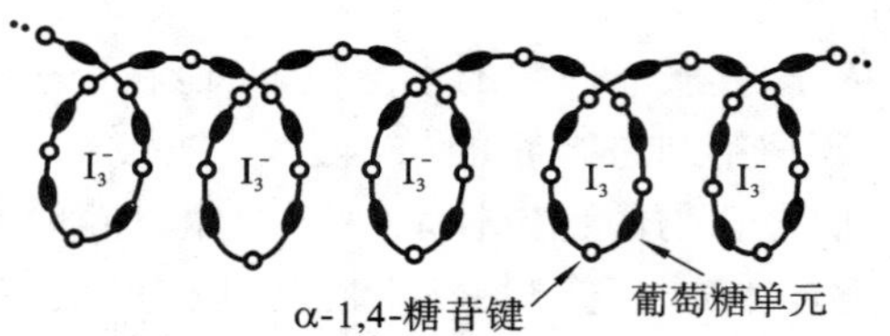

图14-3 淀粉分子与碘作用示意图

支链淀粉又称胶淀粉,纯的支链淀粉不溶于冷水,在热水中膨胀而呈糊状,遇碘呈紫红色。在支链淀粉中,有6000~40000个α-D-葡萄糖,它们一般以α-1,4-糖苷键连接成直链,每隔20~25个葡萄糖单元有以α-1,6-糖苷键连接的支链,其结构如下:

支链淀粉结构

淀粉在酸或酶作用下水解,其水解过程及与碘液显色情况一般如下:淀粉(蓝紫色)→紫糊精(蓝紫色)→红糊精(红色)→无色糊精(无色)→麦芽糖(无色)→葡萄糖(无色)。淀粉的水解过程可借水解产物与碘所显颜色的不同而确定。

二、糖原

糖原(glycogen)是动物体储存糖的形式,又称动物淀粉。糖原与淀粉的组成基本相同,只是其支链比支链淀粉更多,每隔8~12个葡萄糖单元就出现一个分支,每个分支有6~7个葡萄糖

单元(图 14-4)。

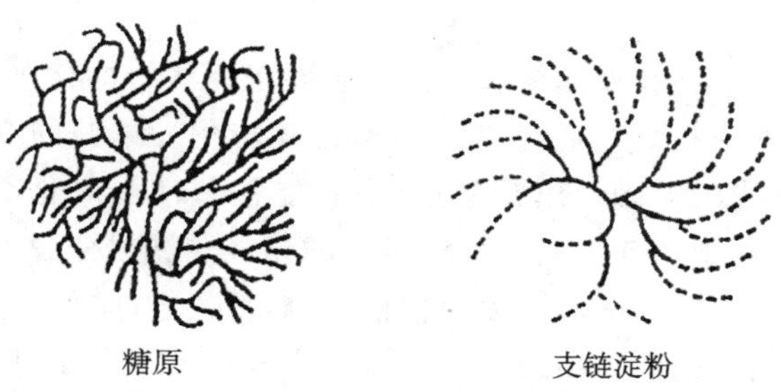

图 14-4 糖原和支链淀粉结构示意图

糖原对维持血糖浓度起着重要的作用。当血糖浓度升高时,在胰岛素的作用下,肝和肌肉等组织就能把多余的葡萄糖转变为糖原;当血糖浓度降低时,在胰高血糖素的作用下,肝糖原分解为葡萄糖进入血液,以维持血糖浓度。

三、纤维素

纤维素(cellulose)是自然界分布最广、存在量最多的多糖,是植物细胞壁的主要成分,也是构成植物体支撑组织的基础物质。植物中都含有纤维素,但是含量不同,纤维素占植物干叶重量的10%～20%,占棉纤维重量的90%以上。

纤维素为白色固体,不溶于水,无还原性,与碘不发生颜色反应。

纤维素是β-D-葡萄糖单元以β-1,4-糖苷键相连构成的直链多糖大分子。纤维素分子长链能够依靠数目众多的氢键结合成纤维素胶束(图 14-5)。具有一定的机械强度和韧性,在植物体内起着支撑作用。天然的纤维素分子含 1000～15000 个葡萄糖单元,相对分子质量为 160 万～240 万。

图 14-5 纤维素胶束

纤维素

【知识链接】
透明质酸

食草动物的胃能分泌纤维素水解酶,可以将纤维素水解成葡萄糖,而人的消化酶只能水解α-1,4-糖苷键,不能水解β-1,4-糖苷键,因此纤维素不能作为人的营养物质,但纤维素能刺激胃肠蠕动,因此,多吃蔬菜、水果等富含纤维素的食物,对保持健康有重要意义。

课堂练习14-2

没有成熟的苹果肉遇碘显蓝色,成熟的苹果汁能还原银氨溶液。怎样解释这两种现象?

扫码看答案

小 结

糖是多羟基醛、多羟基酮以及它们的缩聚物或衍生物。根据能否水解及水解产物的情况,糖可分为单糖、低聚糖和多糖。单糖是指不能再水解的糖,低聚糖是指能水解成 2～10 个单糖分子

的糖，多糖是能水解成10个以上单糖分子的糖。除丙酮糖外，其他单糖均有手性，多用D/L构型标记法标记，惯用俗名。

单糖有链状结构和环状结构，在晶体和溶液中主要以环状结构存在。环状结构有α和β两种端基异构体，在溶液中两种环状结构通过链状结构相互转化。单糖的变旋光现象和碱性条件下的差向异构化都以链状结构为基础。单糖是还原糖，能被碱性弱氧化剂托伦试剂、费林试剂、班氏试剂等氧化。成苷反应是糖的苷羟基与含活泼氢的糖或非糖成分脱水，生成糖苷。

重要的二糖有麦芽糖、乳糖和蔗糖。麦芽糖由D-葡萄糖通过糖苷键形成，乳糖由半乳糖与葡萄糖脱水形成，蔗糖是由葡萄糖和果糖形成的二糖。麦芽糖和乳糖属于还原二糖，蔗糖属于非还原二糖。

淀粉、糖原和纤维素是生物体的能量物质和结构物质，它们均由D-葡萄糖单元形成。淀粉和糖原是由α-1,4-糖苷键形成的，纤维素是由β-1,6-糖苷键形成的。多糖都是非还原糖。由于人体的淀粉酶只能水解α-糖苷键，不能水解β-糖苷键，因此人类只能消化淀粉而不能利用纤维素作为营养物质。

目标检测

目标检测答案

一、比较成苷反应和成酯反应的不同。

二、试解释下列名词。

(1) 二糖　(2) 还原糖　(3) 变旋光现象　(4) 糖苷键

三、判断题。

(1) 醛能发生银镜反应而酮不能，所以酮糖也不能发生银镜反应。 (　　)

(2) 凡是符合通式 $C_n(H_2O)_m$ 的都是糖。 (　　)

(3) 不符合通式 $C_n(H_2O)_m$ 的就不是糖。 (　　)

(4) 动物体内不能制造糖，而是以食用的植物糖为能源。因此糖主要是由植物性食物供给。 (　　)

(5) 苷羟基在环状结构下方的是α构型。 (　　)

(6) 糖原的结构单元也是D-葡萄糖，其结构与支链淀粉相似，但分支更多，结构更复杂。 (　　)

(7) D-(+)-葡萄糖和D-(+)-甘露糖互为差向异构体。 (　　)

(8) 蔗糖是非还原二糖。 (　　)

(9) 对于D型糖来说，苷羟基在环状结构上方的是β构型。 (　　)

(10) 一切单糖分子都具有旋光性。 (　　)

四、写出下列糖的名称。

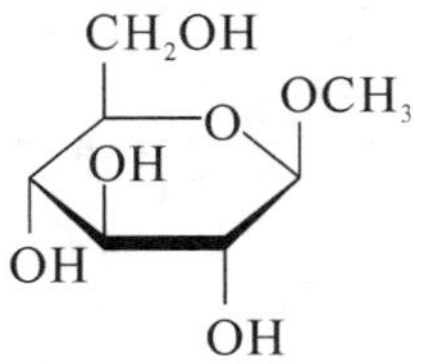

(1) 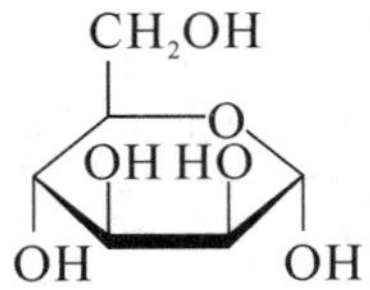　(2)

五、为什么蔗糖既能被α-糖苷酶水解，也能被β-糖苷酶水解？

Note

六、有三瓶失去标签的无色透明液体，分别为果糖溶液、蔗糖溶液和淀粉溶液，怎样用实验将他们鉴别出来？

参考文献

[1] 侯小娟,张玉军.有机化学[M].武汉:华中科技大学出版社,2018.
[2] 魏俊杰,刘晓冬.有机化学[M].2版.北京:高等教育出版社,2010.
[3] 侯小娟,刘华.有机化学[M].2版.西安:第四军医大学出版社,2014.
[4] 刘华,朱焰,郝红英.有机化学[M].武汉:华中科技大学出版社,2020.
[5] 邢其毅,裴伟伟,徐瑞秋,等.基础有机化学[M].3版.北京:高等教育出版社,2005.
[6] 陆阳,刘俊义.有机化学[M].8版.北京:人民卫生出版社,2013.

(张伟丽)

【思政元素】

第十五章 脂 类

学习目标

扫码看 PPT

素质目标：树立严谨理性的科学态度和安全意识，培养创新精神，树立正确的人生观和价值观。

能力目标：采用问题导向与内容导向相结合的方法，以案例导入引出本章内容，启发学生思考，构建知识点并以提问的方式，将理论和实际生活相联系，激发学生的学习兴趣，调动学生的主观能动性。

知识目标：掌握油脂的结构及命名、萜类和甾族化合物的结构特点。熟悉油脂的化学性质、萜类和甾族化合物的生物活性。了解磷脂和糖脂，以及萜类和甾族化合物的命名。

案例导入

答案解析

青蒿素是我国药学家屠呦呦在1971年发现的最有效的抗疟特效药，尤其是对于脑型疟疾和耐氯喹疟疾，具有速效和低毒的特点，曾被世界卫生组织称为"世界上唯一有效的疟疾治疗药物"。青蒿素作为一种重要的倍半萜，可快速高效杀灭各种疟原虫裂殖体。其机制是通过改变疟原虫膜系结构及干扰线粒体细胞膜功能，从而阻断疟原虫营养摄取，使疟原虫较快出现氨基酸饥饿而损失大量胞浆进而死亡，最终达到抗疟效果。

思考：1. 青蒿素属于哪一类化合物？

2. 青蒿素是如何治疗疟疾的？

脂类广泛存在于动植物体内，是生物体维持正常生命活动不可缺少的物质。脂类、蛋白质、糖是人体产能的三大营养素，在能量供给方面起着重要作用。脂类也是人体细胞组织的主要组成成分，如细胞膜、神经髓鞘都以脂类作为重要的组成物质。脂类一般不溶于水而易溶于醇、醚、氯仿、苯等有机溶剂，大多以脂肪酸甘油酯的形式存在，是脂肪组织的主要成分。

第一节 油 脂

一、组成和结构

油脂是高级脂肪酸与甘油形成的甘油酯，习惯上将室温下为液态的油脂称为油，室温下为固态或半固态的油脂称为脂肪。油脂是动植物体的重要组成成分，也是人体的主要营养素之一。简单脂类主要包括甘油酯和蜡。

甘油酯又称脂肪，简称油脂，是以甘油为主链的脂肪酸酯。三酰甘油酯为甘油分子中三个羟

基都被脂肪酸酯化所得，故称为甘油三酯（三酰甘油）（triglyceride），其通式为

$$
\begin{array}{ccccccc}
 & & & & & & O \\
 & & & & & & \| \\
 & & O & & CH_2 & —O— & C—R \\
 & & \| & & | & & \\
R'— & & C & —O— & CH & & O \\
 & & & & | & & \| \\
 & & & & CH_2 & —O— & C—R''
\end{array}
$$

根据上式中 R、R′和 R″的不同，甘油酯可分为单酰甘油、二酰甘油和三酰甘油。前两者在自然界中存在极少，而三酰甘油是脂类中含量最丰富的一类。通常所说的油脂就是指三酰甘油。组成酰基甘油酯的脂肪酸种类很多，但绝大多数是含偶数个（12～20 个）碳原子的直链羧酸，其中有饱和羧酸，也有不饱和羧酸。常见的高级脂肪酸见表 15-1。

表 15-1　油脂中常见的高级脂肪酸

俗　名	化 学 名	结 构 式	熔点/℃
月桂酸	十二碳酸	$CH_3(CH_2)_{10}COOH$	43.6
软脂酸	十六碳酸	$CH_3(CH_2)_{14}COOH$	62.9
硬脂酸	十八碳酸	$CH_3(CH_2)_{16}COOH$	69.9
花生酸	二十碳酸	$CH_3(CH_2)_{18}COOH$	75.2
油酸	十八碳-9-烯酸	$CH_3(CH_2)_6CH{=}CH(CH_2)_7COOH$	16.3
亚油酸	十八碳-9,12-二烯酸	$CH_3(CH_2)_4(CH{=}CHCH_2)_2(CH_2)_6COOH$	−5
亚麻酸	十八碳-9,12,15-三烯酸	$CH_3(CH_2CH{=}CH)_3(CH_2)_7COOH$	−11.3
桐油酸	十八碳-9,11,13-三烯酸	$CH_3(CH_2)_3(CH{=}CH)_3(CH_2)_7COOH$	49
蓖麻油酸	12-羟基-十八碳-9-烯酸	$CH_3(CH_2)_5CH(OH)CH_2CH{=}CH(CH_2)_7COOH$	50
花生四烯酸	二十碳-5,8,11,14-四烯酸	$CH_3(CH_2)_4(CH{=}CHCH_2)_4(CH_2)_2COOH$	−49.3

课堂练习15-1

下列有关三酰甘油的叙述，不正确的是（　　）。

A. 三酰甘油是由 1 分子甘油与 3 分子脂肪酸所组成的酯

B. 任何 1 个三酰甘油分子总是含有 3 个相同的脂酰基

C. 在室温下，三酰甘油可以是固体，也可以是液体

D. 三酰甘油可用于制作肥皂

扫码看答案

二、物理性质

油脂一般无色、无味、无臭，呈中性。天然油脂因含杂质而常具有颜色和气味。油脂相对密度为 0.9～0.95，不溶于水而溶于有机溶剂。天然油脂一般是三酰甘油的混合物，因此没有固定的熔点和沸点。由饱和脂肪酸组成的油脂通常在室温下是固体，如猪油和牛油等；由不饱和脂肪酸组成的油脂在室温下是液体，如花生油、豆油等。油脂是脂肪酸的储备和运输形式，也是生物体内的重要溶剂，许多物质溶于其中而被吸收和运输，如各种脂溶性维生素（维生素 A、维生素 D、维生素 E、维生素 K）、芳香油、胆固醇和某些激素等。

三、化学性质

油脂的化学性质与组成它的脂肪酸、甘油及酯键、双键有关。

1. 水解和皂化 油脂能在酸、碱、水蒸气及脂酶的作用下发生水解，生成甘油和脂肪酸。当用碱水解油脂时，生成甘油和脂肪酸盐。脂肪酸的钠盐或钾盐就是肥皂。因此把油脂的碱水解称为皂化。

$$
\begin{array}{l}
CH_2-O-\overset{O}{\overset{\|}{C}}-R \\
|\\
R'-\overset{O}{\overset{\|}{C}}-O-CH \\
|\\
CH_2-O-\overset{O}{\overset{\|}{C}}-R''
\end{array}
+NaOH \longrightarrow
\underset{\text{甘油}}{\begin{array}{l} CH_2-OH \\ | \\ CH-OH \\ | \\ CH_2-OH \end{array}}
+
\underset{\text{肥皂}}{\begin{array}{l} RCOONa \\ R'COONa \\ R''COONa \end{array}}
$$

使1 g油脂完全皂化所需的氢氧化钾的质量(mg)称为皂化值。根据皂化值的大小可以判断油脂中所含脂肪酸的平均相对分子质量。皂化值越大，脂肪酸的平均相对分子质量越小(表15-2)。

表15-2 常见油脂中脂肪酸的含量、皂化值及碘值

油脂	软脂酸含量/(%)	硬脂酸含量/(%)	油酸含量/(%)	亚油酸含量/(%)	皂化值	碘值
牛油	24～32	14～32	35～48	2～4	190～200	30～48
猪油	28～30	12～18	41～48	3～8	195～208	46～70
花生油	6～9	2～6	50～57	13～26	185～195	83～105
大豆油	6～10	2～4	21～29	54～59	189～194	127～138

2. 加成反应 含不饱和脂肪酸的油脂分子中的碳碳双键可以与氢气、卤素等进行加成反应。

氢化是指在高温高压和Ni作为催化剂的条件下，碳碳双键与氢气发生加成反应，转化为饱和脂肪酸。氢化的结果是液态油变成半固态脂，所以常称为“油脂的硬化”。人造黄油的主要成分是氢化的植物油，某些高级糕点的松脆油也是适当加氢硬化的植物油，棉籽油氢化后形成奶油。油脂容易酸败，不利于运输，海产的油脂有臭味，氢化也可解决这些问题。

卤素中的溴、碘可与油脂中的双键加成，生成饱和的卤化脂，这种作用称为卤化。通常把100 g油脂所能吸收的碘的质量(g)称为碘值。碘值大，表示油脂中不饱和脂肪酸含量高，即不饱和程度高(表15-2)。

3. 酸败和干化 油脂在空气中放置过久，会腐败产生难闻的臭味，这种变化称为酸败。酸败是由空气中氧、水分或真菌等的共同作用引起的，光照可加快酸败。酸败的化学本质是油脂水解释放出游离的脂肪酸，不饱和脂肪酸氧化产生过氧化物，再裂解成小分子的醛或酮。脂肪酸β-氧化时产生短链的β-酮酸，再脱CO_2也可生成酮。相对分子质量较小的脂肪酸、醛和酮常有刺激性酸臭味。

酸败程度的大小用酸值表示。酸值就是中和1 g油脂中的游离脂肪酸所需的氢氧化钾的质量(mg)。酸值是衡量油脂质量的指标之一。

某些油脂在空气中放置，表面能生成一层干燥而有韧性的薄膜，这种现象称为干化。具有这种性质的油脂称为干性油。一般认为，如果组成油脂的脂肪酸中含有较多的共轭双键，油脂的干性就好。桐油中含桐油酸达79%，是最好的干性油，不但干化快，而且形成的薄膜韧性好，可耐冷、热和潮湿，在工业上有重要价值。

扫码看答案

通常把脂肪在碱性条件下的水解反应称为(　　)。

A. 酯化　　B. 还原　　C. 皂化　　D. 水解

第二节　磷脂和糖脂

磷脂(phospholipid)是生物膜的重要组成部分,其特点是在水解后产生含有脂肪酸和磷酸的混合物。根据主链结构不同,磷脂可分为磷酸甘油酯和鞘磷脂。

一、甘油磷脂

甘油磷脂也称磷酸甘油酯,可看作主链为甘油-3-磷酸,甘油分子中的另外两个羟基都被脂肪酸所酯化,磷酸基团又可被各种结构不同的小分子化合物酯化后形成的各种磷酸甘油酯,其结构式如下:

```
                            O
                            ‖
       O        ¹CH₂—O—C—R
       ‖          |
R′—C—O—²CH      O
                  |         ↑
                 ³CH₂—O—P—OH
                            |
                           HO
```

体内含量较多的是磷脂酰胆碱(卵磷脂)、磷脂酰乙醇胺(脑磷脂)、磷脂酰丝氨酸、磷脂酰甘油、二磷脂酰甘油及磷脂酰肌醇等,每一类磷脂可因组成的脂肪酸不同而有若干种。

磷脂酰胆碱可控制肝脂肪代谢,防止脂肪肝的形成。磷脂酰乙醇胺与凝血有关。磷脂中的脂肪酸常见的是软脂酸、硬脂酸、油酸及少量不饱和程度高的脂肪酸。通常 α 位的脂肪酸是饱和脂肪酸,β 位的是不饱和脂肪酸。天然磷脂常是含不同脂肪酸的几种磷脂的混合物。

二、鞘磷脂

鞘磷脂是含鞘氨醇或二氢鞘氨醇的磷脂,其分子中不含甘油,由一分子脂肪酸以酰胺键与鞘氨醇的氨基相连。鞘氨醇或二氢鞘氨醇是具有脂肪长链的氨基二元醇,有疏水的长链脂肪烃基尾和两个羟基及一个氨基的极性头。

人体含量最多的鞘磷脂是神经鞘磷脂,由鞘氨醇、脂肪酸及磷酸胆碱构成。神经鞘磷脂是构成生物膜的重要磷脂,它常与卵磷脂并存于细胞膜外侧。

自然状态的磷脂都有两条比较柔软的长烃链,因而有脂溶性;磷脂的另一组分是磷酰化物,它是强亲水性的极性基团,使磷脂可以在水中扩散成胶体,因此磷脂具有乳化性质。磷脂能帮助不溶于水的脂类均匀扩散于体内的水溶液体系中。

三、糖脂

糖脂是一类含糖残基、化学结构各不相同的脂类。糖脂分为糖基甘油酯和鞘糖脂两大类。鞘糖脂又分为中性鞘糖脂和酸性鞘糖脂。

1. 糖基甘油酯　结构与磷脂相似,主链是甘油,含有脂肪酸,但不含磷及胆碱等化合物。自然界存在的糖脂分子中的糖主要有葡萄糖、半乳糖,脂肪酸多为不饱和脂肪酸。糖残基是通过糖苷键连接在 1,2-甘油二酯的 C_3 位上构成糖基甘油酯分子。已知这类糖脂可由各种不同的糖构成它的极性头,不仅有二酰甘油,也有 1-酰基的同类物。

2. 鞘糖脂　鞘糖脂分子的母体结构是神经酰胺。脂肪酸连接在长链鞘氨醇的 C_2 氨基上,构

成的神经酰胺糖是鞘糖脂的亲水极性头。含有一个或多个中性糖残基作为极性头的鞘糖脂称为中性鞘糖脂或糖基神经酰胺。

重要的鞘糖脂有脑苷脂和神经节苷脂。脑苷脂在脑中含量最多,肺、肾次之,肝、脾及血清中也含有。脑中的脑苷脂主要是半乳糖苷脂,其脂肪酸主要为二十四碳酸;而血液中主要是葡萄糖脑苷脂。神经节苷脂是一类含唾液酸的酸性鞘糖脂。

第三节 萜 类

萜类主要由碳、氢和氧三种元素组成,可以看作异戊二烯的低聚物以及它们的氢化物和含氧衍生物的总称。绝大多数萜类中含有双键,又称为萜烯类。自然界中含有萜的植物类群有蔷薇科(rosaceae)、樟科(lauraceae)、马鞭草科(verbenaceae)、唇形科(lamiaceae)等。据报道,目前已分离、鉴定的萜类超过3万种,萜类是天然产物中数量最多的一类。

一、结构

萜类从结构上可以看作由数个异戊二烯(isoprene)单体首尾相连或相互聚合而成,其通式为$(C_5H_x)_n$。

异戊二烯 链状单萜

这种结构特征称为“异戊二烯规则”。例如:β-月桂烯(myrcene)和柠檬烯(limonene)。

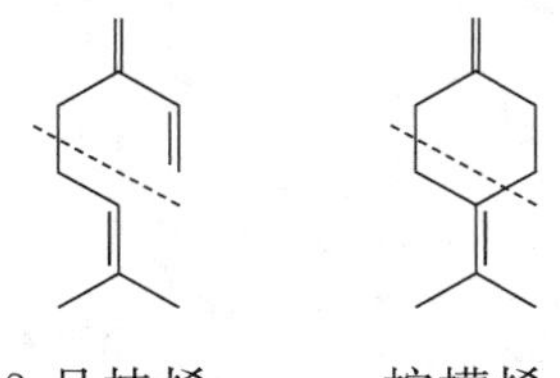

β-月桂烯 柠檬烯

β-月桂烯可以看作两个异戊二烯单体连接而成的开链化合物,柠檬烯可以看作两个异戊二烯单体结合形成的六元环状化合物。绝大多数萜类分子中的碳原子数目是异戊二烯分子中碳原子数的倍数,仅发现个别例外。“异戊二烯规则”在未知萜类的结构测定中具有很重要的价值。

扫码看答案

课堂练习15-3

香叶烯($C_{10}H_{16}$)是从月桂油中分离得到的萜烯,1分子香叶烯吸收3分子氢而成为$C_{10}H_{22}$,臭氧分解时产生以下化合物:

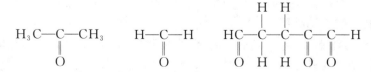

$$H_3C-\underset{\underset{O}{\|}}{C}-CH_3 \qquad H-\underset{\underset{O}{\|}}{C}-H \qquad HC(=O)-CH_2-CH_2-C(=O)-C(=O)-H$$

根据“异戊二烯规则”,香叶烯可能的结构是怎样的?

Note

二、分类

根据所含异戊二烯单体的数目，萜类可分为半萜、单萜、倍半萜、二萜、三萜等（表 15-3）。

表 15-3　萜类的分类

类　别	异戊二烯单体数目	碳原子数	主要来源
半萜	1	5	植物叶
单萜	2	10	挥发油
倍半萜	3	15	挥发油
二萜	4	20	树脂、植物醇
三萜	6	30	皂苷、树脂、植物乳液
四萜	8	40	胡萝卜素
多萜	>8	>40	橡胶

有些萜类所含的碳原子数虽不是 5 的整数倍，但却是由萜类衍生的。例如，重要的植物激素赤霉酸(gibberellic acid)含有 19 个碳原子，是从二萜贝壳杉烯(kaurene)代谢而来的，属于萜类，称为降二萜。

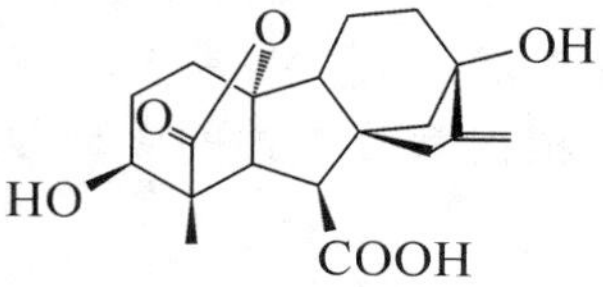

赤霉酸 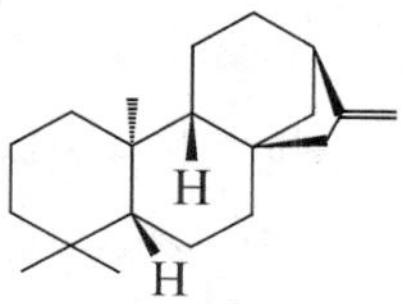　　　　贝壳杉烯

此外，每一类萜又可根据分子结构类型、环的数目、环的类型以及环上取代基的情况进一步分类。如根据含有的环的数目，萜类可分为无环萜、单环萜、双环萜、三环萜等。

（一）单萜(monoterpenoids)

根据分子中两个异戊二烯单体相互连接的方式不同，单萜又可分为无环单萜、单环单萜及双环单萜。

1. 无环单萜　两个异戊二烯单体首尾连接形成的链状化合物。

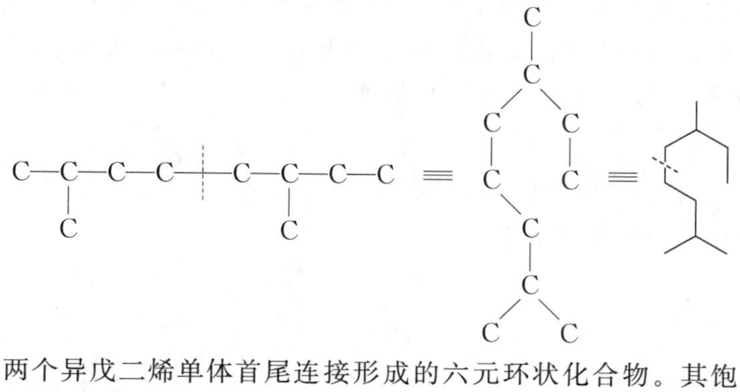

2. 单环单萜　两个异戊二烯单体首尾连接形成的六元环状化合物。其饱和环烃称为萜烷，化学名称为 1-异丙基-4-甲基环己烷。

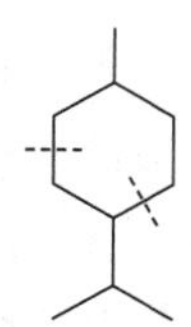

Note

3. 双环单萜 双环单萜的结构类型比较多,主要有莰烷型、蒎烷型、蒈烷型、苎烷型等。在萜烷结构中,C_8 分别与 C_1、C_2、C_3 或 C_6 相连时,形成桥环化合物,其中蒎烷型和坎烷型最稳定,形成的衍生物也较多。

4. 环烯醚萜 环烯醚萜是一类特殊的单萜,依据基本骨架,包括环戊烷环烯醚萜型和环戊烷开裂的裂环烯醚萜型。C_1 上多有取代基,如羟基或甲氧基。C_3 与 C_4 之间多有双键,C_{11} 位的甲基容易被氧化等。

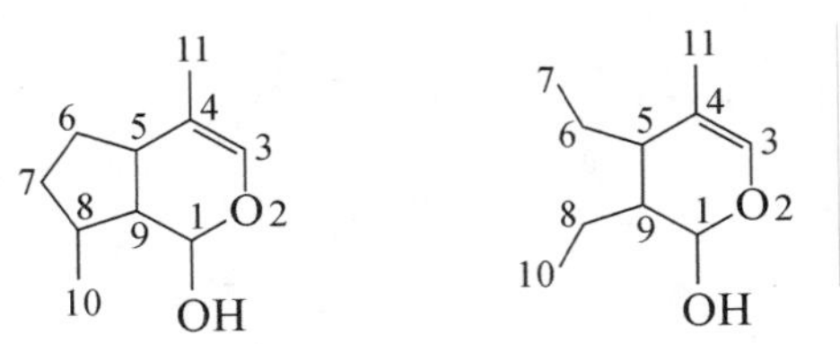

环戊烷环烯醚萜型　　裂环烯醚萜型

(二) 倍半萜(sesquiterpene)

倍半萜是含有三个异戊二烯单体的萜类,具有链状、环状等多种碳架结构。倍半萜按其分子中的碳环数可分为无环型、单环型、双环型、三环型和薁衍生物。按环的大小,倍半萜可分为五元环、六元环、七元环……十一元大环倍半萜。

(三) 二萜(diterpene)

二萜可看作含有四个异戊二烯单体的萜类,根据其分子中的碳环数可分为无环二萜和单环二萜、双环二萜、三环二萜、四环二萜。

(四) 三萜(triterpene)

三萜是含有六个异戊二烯单体的萜类,根据其分子中的碳环数可分为无环三萜、单环三萜、双环三萜和三环三萜、五环三萜。

(五) 四萜(tetraterpene)

四萜是含有八个异戊二烯单体的萜类。

三、重要的萜类

萜类按碳架结构还可分为链萜和环萜。大多数萜类是不溶于水、易挥发、具有香气的油状物质,有一定的生物活性及药理活性,如:植物中具有抗疟原虫作用的青蒿素、动物中具有改善肾细胞凋亡作用的虾青素和灵芝中具有抗炎作用的灵芝三萜等。萜类广泛用于香料、医药等领域。

(一) 单萜

1. 无环单萜 常见的无环单萜有香叶烷型、薰衣草型、艾蒿烷型等,其代表性化合物有香叶烯、罗勒烯、薰衣草醇、蒿酮、异蒿酮等。

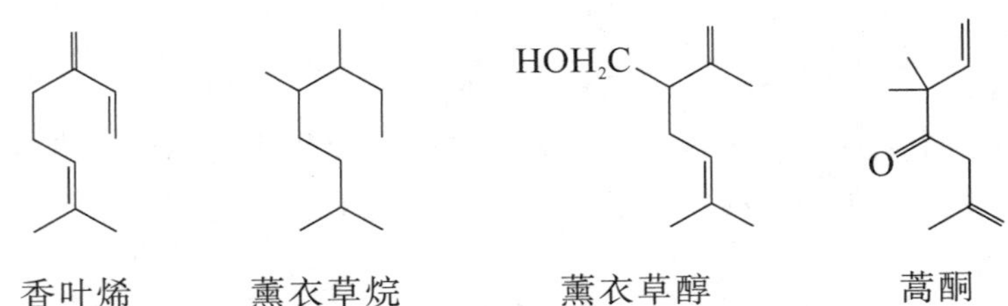

香叶烯　　薰衣草烷　　薰衣草醇　　蒿酮

(1) 香叶烯(geraniolene)和罗勒烯(ocimene):无色油状液体,有特殊气味。二者互为同分异构体,性质相似。香叶烯可以从月桂叶、马鞭草、香叶等植物的精油中提取,罗勒烯可以从罗勒和薰衣草精油中提取。香叶烯和罗勒烯是合成香精和香料工业中重要的原料,主要用于合成香水、消臭剂及香料，如合成薄荷醇、柠檬醛、香茅醇、香叶醇、橙花醇和芳樟醇等。香叶烯和罗勒烯具有令人愉快的香味，偶尔也被直接使用。

（2）香叶醇(geraniol)：又称牻牛儿醇，无色至微黄色油状液体，是香叶油、玫瑰油的主要成分，广泛用于花香型日用香精，可作为食用香精，由其合成的各种酯，也是很好的香料。香叶醇有抗菌和驱虫的功效，临床上治疗慢性支气管炎效果较好，不仅能改善肺部通气功能，降低气道阻力，而且可以提高机体免疫力，具有起效快、副作用小的优点。

（3）橙花醇(nerol)：又名香橙醇，无色液体。天然橙花醇存在于橙花油、玫瑰油等中，是一种贵重的香料，香气比香叶醇柔和而高雅，用于配制玫瑰型和橙花型等花香香精，是香叶醇的反式几何异构体，存在于芸香科植物甜橙、佛手及忍冬科植物忍冬等多种植物的挥发油中，是合成香料的重要原料，且在日常生活中被广泛使用。

（4）柠檬醛(citral)：无色或微黄色液体，存在于柠檬草油(70%～80%)、山苍子油(约70%)、柠檬油、白柠檬油、柑橘类叶油等中，呈浓郁柠檬香味。反式柠檬醛称香叶醛，顺式柠檬醛称橙花醛，一般以反式为主。天然柠檬醛是两种几何异构体组成的混合物，是柠檬香气的主要来源，其用途广泛。

无环萜即链状单萜，其含氧衍生物可相互转化，常共存于同一种挥发油中，分子中含有碳碳双键或手性碳原子，因此，大部分存在对映异构体或几何异构体。

CH_2OH　　CH_2OH　　CHO　　CHO

香叶醇　　橙花醇　　香叶醛　　橙花醛

课堂练习15-4

请指出下列各组化合物互为什么异构体？

（1）α-月桂烯，β-月桂烯　（2）橙花醇，香叶醇　（3）香叶醛，橙花醛

2. 单环单萜　其饱和环烃称为萜烷，化学名称为1-异丙基-4-甲基环己烷。萜烷的重要衍生物是 C_3 上连接羟基的含氧衍生物，称为3-萜醇，俗称薄荷醇或薄荷脑。

（1）薄荷醇(menthol)：无色针状结晶或粒状结晶，存在于薄荷油中，具有薄荷香气和清凉效果，有杀菌、防腐作用，并有局部止痛的功效，广泛用于医药、化妆品及食品工业，如清凉油、仁丹、牙膏、香水、饮料和糖果等。清凉油是外用涂擦剂，具有局部止痒、止痛、清凉及轻微局部麻醉等作用。仁丹内服可治疗头痛、安抚胃部、止吐解热及治疗鼻、咽、喉炎症等。

薄荷醇分子中含有3个手性碳原子，具有8种立体异构体，分别为(±)-薄荷醇、(±)-新薄荷醇、(±)-异薄荷醇、(±)-新异薄荷醇。天然的薄荷醇是左旋薄荷醇。左旋薄荷醇的构象中，环上的3个取代基均分布在e键上，其稳定性优于其他异构体，是薄荷油中含量最高的成分。

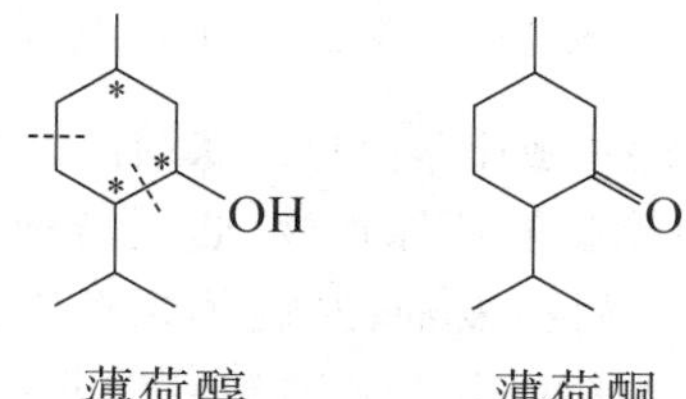

薄荷醇　　薄荷酮

（2）薄荷酮(menthone)：常与薄荷醇共存，有浓郁的薄荷香气，主要用作薄荷、薰衣草、玫瑰等香精工业。

(3) 扁柏酚(menthone):白色或微黄色结晶性粉末,具有特殊气味,存在于植物扁柏中,是强力杀虫剂,同时具有防腐作用。

扁柏酚　　斑蝥素　　去甲斑蝥素

(4) 斑蝥素(cantharidin):斜方形鳞状晶体,为芫菁科昆虫南方大斑蝥或黄黑小斑蝥的干燥体,具有破血逐瘀、散结消肿、攻毒蚀疮的功效,主治闭经、痈疽恶疮、顽癣、瘰疬等。去甲斑蝥素是我国率先合成的新型抗肿瘤药物,作为斑蝥素的衍生物,去掉两个甲基后,泌尿系统的刺激作用基本消失。因其毒副作用小,不易产生耐药性,抗肿瘤效果增强,同时具有保护肝细胞、抗乙肝病毒、提高免疫的功效,已大量用于临床。

3. 双环单萜

(1) 蒎烷型:比较重要的化合物为芍药苷,其是芍药和牡丹的有效成分。

芍药苷(paeoniflorin):黄棕色粉末,存在于毛茛科植物芍药根、牡丹根、紫牡丹根中,具有镇静镇痛、解热解痉、抗炎抗溃疡、利尿、扩张血管的作用。

芍药苷

(2) 莰烷型:主要以含氧衍生物形式存在,如樟脑、龙脑等。

①樟脑(camphor):白色或无色晶体,存在于樟树的挥发油中,是重要的萜酮之一,将樟树的根、干、枝切碎后进行水蒸气蒸馏,可得到樟脑油,进一步精制可得到纯樟脑。我国天然樟脑产量居世界第一位。樟脑有强烈的樟木气味和辛辣味,具有强心、兴奋中枢神经和止痒等医药用途,也是很好的防蛀剂。

樟脑是桥环化合物,其分子中有两个手性碳原子,但由于桥环限制了两个桥头碳原子的构型,樟脑实际上只存在一对对映异构体。从樟树中得到的是右旋体。

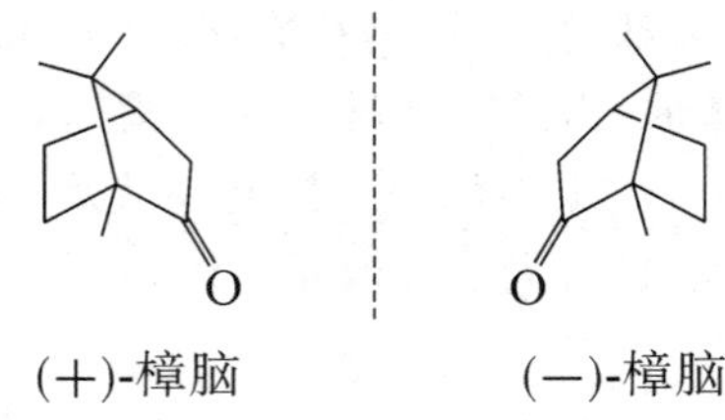

(+)-樟脑　　(−)-樟脑

②龙脑(borneol):又称樟醇,俗称“冰片”,白色片状结晶。龙脑具有似胡椒又似薄荷的香气,能升华,但挥发性较樟脑小,可视为樟脑的还原产物,也是合成樟脑的中间产物。龙脑有一对对映异构体,右旋体主要来源于龙脑香树挥发油,左旋体来源于艾纳香的叶子。合成品是外消旋体。野菊花挥发油以龙脑和樟脑为主要成分。龙脑是一种重要的中药,具有发汗、兴奋、镇痉、驱虫和防腐等作用,是冰硼散、六神丸等药物的主要成分之一,具有显著的抗氧化功能。它与苏合香配制成苏冰滴丸代替冠心苏合滴丸,用于治疗冠心病、心绞痛。

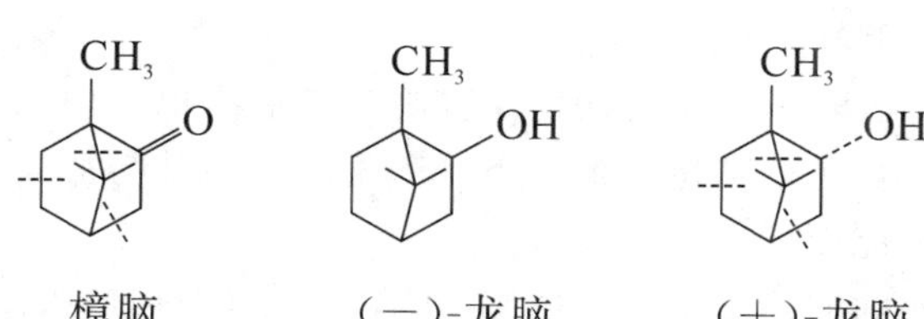

4. 环烯醚萜 环烯醚萜是一类特殊的单萜，最早从伊蚁的分泌物中得到，曾称为伊蚁内酯，是从动物中发现的第一种抗生素。它们还广泛存在于玄参科、茜草科、唇形科、龙胆科、马鞭草科、木犀科等双子叶植物中，而且具有多种生物活性。目前已从多种植物中分离得到1000多种环烯醚萜。

植物界中的环烯醚萜由焦磷酸香叶酯(GPP)经生物途径合成臭蚁二醛，然后缩合而成。环烯醚萜不仅具有多种生物活性，而且在植物分类上也有重要的作用。

自然界中的环烯醚萜大多以糖苷的形式存在，一般是 C_1 上的羟基与糖结合成糖苷键。环烯醚萜苷和裂环烯醚萜苷为白色晶体或无定形粉末，大部分有旋光性、吸湿性，味苦，具有促进胆汁分泌、降糖、降脂、解痉、抗肿瘤和抗病毒等活性。

（二）倍半萜

倍半萜多为液体，主要存在于植物的挥发油中，它们的醇、酮和内酯等含氧衍生物也广泛存在于挥发油中。倍半萜较多，无论从数目上还是从结构类型上看，都是萜类中最多的一支。

1. 无环倍半萜

(1) 金合欢烯(farnesene)：无色或淡黄色油状液体，主要存在于甜橙、玫瑰、依兰和橘子的精油中，有多种异构体。商用金合欢烯为多种异构体的混合物，有青草香、花香并伴有香脂香气，常用于日化香精中。

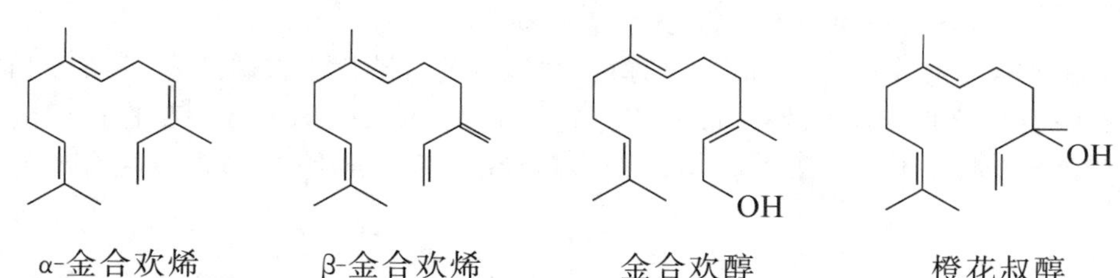

α-金合欢烯　β-金合欢烯　金合欢醇　橙花叔醇

(2) 金合欢醇(farnesol)：无色油状液体，不溶于水，易溶于大多数有机溶剂，存在于柠檬草、香茅精油中，是一类日常生活中用途广泛的醇类合成香料。金合欢醇是国际香料协会(IFRA)限制使用的日用香料之一。商品金合欢醇必须含96%以上金合欢醇(异构体总量)才可作为日用香料使用，因为含杂质过多的金合欢醇有致敏作用。

(3) 橙花叔醇(nerolidol)：无色至草黄色糖浆状油性液体，微溶于水，溶于有机溶剂，存在于苦橙花、秘鲁香脂精油中，有橙花、玫瑰、铃兰和苹果花的气息，微带木香，香气持久。其右旋体存在于橙花油、甜橙油、依兰油、檀香油、秘鲁香脂中，用于配制玫瑰型、紫丁香型等香精，持久性好，有一定的协调性能和定香作用。

2. 单环倍半萜

(1) 青蒿素(artemisinin)：无色针状晶体，味苦，仅存在于黄花蒿中，是一种含有过氧基团的倍半萜内酯抗疟新药。在此基础上成功合成了多种衍生物，如双氢青蒿素、蒿甲醚、青蒿琥酯等。青蒿素及其衍生物能迅速消灭人体内疟原虫，对恶性疟疾有很好的治疗效果。青蒿素起效快，毒性低，抗疟性强，被WHO批准为世界范围内治疗脑型疟疾和恶性疟疾的首选药物。多年从事中药和中西药结合研究的屠呦呦，创造性地研制出抗疟新药——青蒿素和双氢青蒿素，对疟原虫有100%的抑制率，为中医药走向世界指明一条方向。2015年10月8日，屠呦呦成为第一位获得诺

贝尔生理学或医学奖的中国科学家。

青蒿素的药理作用分两步:第一步是活化。青蒿素被疟原虫体内的铁催化,其结构中的过氧桥裂解,产生自由基。第二步是烷基化。第一步所产生的自由基与疟原虫蛋白发生络合,形成共价键,使疟原虫蛋白失去功能而死亡。

此外,青蒿素在其他疾病的治疗中也显示出诱人的前景,如抗血吸虫、调节体液的免疫功能、提高淋巴细胞的转化率、利胆、祛痰、镇咳、平喘等。已研制出了第二代产品和用青蒿素治疗肿瘤、黑热病、红斑狼疮等疾病的衍生新药,同时开始探索青蒿素治疗艾滋病、恶性肿瘤、血吸虫病、绦虫病、弓形虫病等的新用途。

(2) 蒿甲醚(artemether):青蒿素结构修饰产物,其抗疟作用为青蒿素的10~20倍。成功开发的蒿甲醚注射液为无色或淡黄色澄明灭菌油溶液。

(3) 青蒿琥酯(artesunate):唯一具有水溶性的青蒿素有效衍生物,给药非常方便。作为抗疟药,具有药效高、不易产生耐受性的特点。

(4) 双氢青蒿素(dihydroartemisinin):有比青蒿素更强的抗疟作用,它由青蒿素经硼氢化钾还原而获得。

3. 双环倍半萜

(1) 山道年(santonin):无色结晶,不溶于水,易溶于有机溶剂,存在于菊科植物蛔蒿(山道年蒿)的花蕾中。山道年是医药上常用的驱蛔虫药,能兴奋蛔虫神经节,使其肌肉发生痉挛性收缩,因而不能附着于肠黏膜,而被泻药排出,排出的虫体都是活的,山道年对人体有一定的毒性。

(2) 棉酚(gossypol):黄色晶体,有毒,难溶于水,存在于锦葵科植物草棉、树棉或陆地棉根、茎、叶和成熟种子中,是多酚羟基双萘醛,具有抑制精子发生和精子活动的作用。作为一种有效的男用避孕药,已受到国内外学者的广泛关注。然而棉酚可能是一种颇有前途的抗癌药物却未被多数学者所认识。20世纪60年代初至今,已有不少有关棉酚抗肿瘤作用的报道,其中涉及棉酚抗肿瘤机制以及体外培养的肿瘤细胞、人肿瘤的动物模型和临床应用等研究。

4. 三环倍半萜 檀香醇(santalol):又称白檀醇,无色至微黄色黏稠液体,存在于白檀木的挥发油中,具有香甜的类似檀香木的香气,常用作定香剂,也有很强的消毒杀菌作用。檀香醇有α-檀香醇(三环倍半萜烯醇)和β-檀香醇(双环倍半萜烯醇)两种异构体,通常以混合物的形式直接使用。

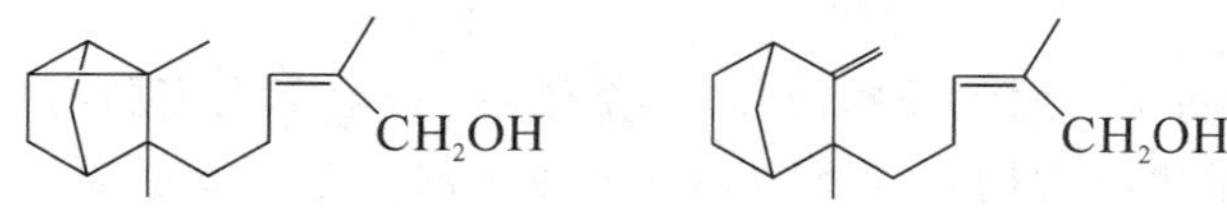

α-檀香醇　　β-檀香醇

5. 薁衍生物 薁又称为蓝烃。薁是一种青蓝色片状晶体,与萘互为同分异构体,熔点为99 ℃,沸点一般为250~300 ℃,溶于石油醚、乙醚、乙醇、甲醇等有机溶剂,不溶于水,溶于强酸,由一个七元环的环庚三烯负离子和一个五元环的环戊二烯正离子稠合而成。如果不考虑桥键,它有10个π电子,符合$4n+2(n=2)$规则,具有芳香性。薁衍生物是挥发油的成分。在挥发油分馏时,如果在高沸点馏分中看到美丽的蓝色、紫色或绿色的现象,表示可能有薁衍生物存在。薁衍生物有重要的药用价值。

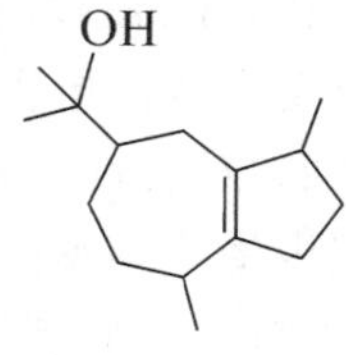

愈创木醇

愈创木醇(guaiol):又名黄兰醇,三角柱形晶体,具有木香香气,不溶于水,能溶于醇或醚等有机溶剂,存在于愈创木油中,是薁衍生物的代表。

【知识拓展】
维生素 A
与夜盲症

(三) 二萜

植物中的二萜主要以二环和三环形式存在,链状和单环比较少见。二萜的相对分子质量较大,多数不能随水蒸气挥发,是构成树脂的主要成分,少数存在于某些高沸点的挥发油中。迄今为止,植物体内没有发现直链二萜。其含氧衍生物在植物中广泛存在,如部分饱和醇的衍生物,叶绿素的水解产物植物醇(phytol)。维生素 A 为单环二萜,结构中的五个共轭双键均为反式构型。维生素 A 的制剂贮存过久或受紫外光照射,会因构型翻转而活性受影响。若转化为 13-(*Z*)维生素 A,则活性降低;若转化为 11-(*Z*)维生素 A,则失去活性。维生素 A 存在于奶油、蛋黄、鱼肝油及动物的肝中。维生素 A 是哺乳动物正常生长和发育所必需的物质,其对上皮组织具有保持生长、再生以及防止角质化的重要功能,可治疗皮肤病。体内缺乏维生素 A 则发育不健全,并能引起夜盲症、眼膜和眼角膜硬化等症状。

HO

维生素 A

(四) 三萜

三萜广泛存在于动植物体内,主要以游离态或以酯或苷的形式存在,多数是含氧衍生物,是树脂的主要成分之一。角鲨烯和齐墩果酸属于三萜。

1. 角鲨烯(squalene) 无色或微黄色油状澄清液体,有微弱的令人愉快的气味,几乎不溶于水,存在于橄榄油、菜籽油、麦芽与酵母中,由一对三个异戊二烯单体首尾连接后的片段相互对称连接,是鲨鱼肝油的主要成分,具有降低血脂、软化血管、增强免疫力、升高白细胞等作用,用作杀菌剂、药物生产的中间体、芳香剂等。

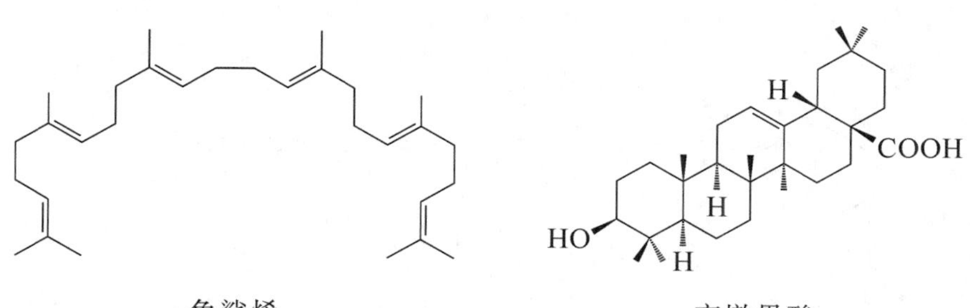

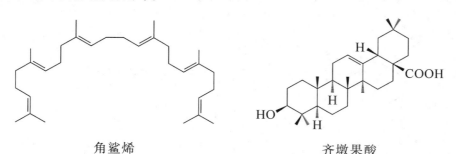

角鲨烯　　　　齐墩果酸

2. 齐墩果酸(oleanolic acid) 白色针状晶体,无臭、无味,难溶于水,易溶于有机溶剂,对酸碱均不稳定,存在于木犀科植物齐墩果的叶、女贞果实、龙胆科植物青叶胆全草、川西獐牙菜等植物中。齐墩果酸为广谱抗菌药,具有护肝降酶、润肠通便、解毒敛疮消炎之功效,常用于治疗肠燥便秘、水火烫伤、高血压、高血脂、冠心病等。

(五) 四萜

由胡萝卜中提取得到的胡萝卜素就是一种四萜,它是维生素 A 原,是一种重要的营养素。四萜及其衍生物广泛存在于自然界,其分子中有一个较长的碳碳双键共轭体系,呈现一定的颜色,因此常把四萜称为多烯色素。最早得到的四萜多烯色素是从胡萝卜中提取的,后来又发现很多结构与此类似的色素,通常把四萜称为类胡萝卜素。例如:胡萝卜素、番茄红素(也称番茄烯)、虾青素、叶黄素等。

Note

1. 胡萝卜素(carotene) 红紫色至暗红色结晶性粉末，略有特异臭味，广泛存在于绿色和黄色蔬菜中，是自然界中普遍存在也是最稳定的天然色素。其异构体β-胡萝卜素是一种抗氧化剂，具有解毒作用，因其在动物和人体内经酶催化可裂解成两分子维生素A，故称为维生素A原，是维护人体健康不可缺少的营养素，在抗癌、预防心血管疾病和白内障及抗氧化等方面有显著的功效，可预防老化和衰老引起的多种退化性疾病。

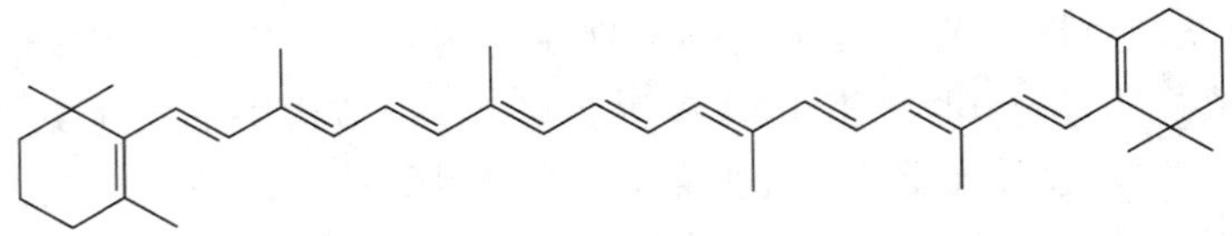

β-胡萝卜素

2. 番茄红素(lycopene) 洋红色结晶，胡萝卜素的异构体，存在于番茄、西瓜及其他果实中，可作为食品色素。

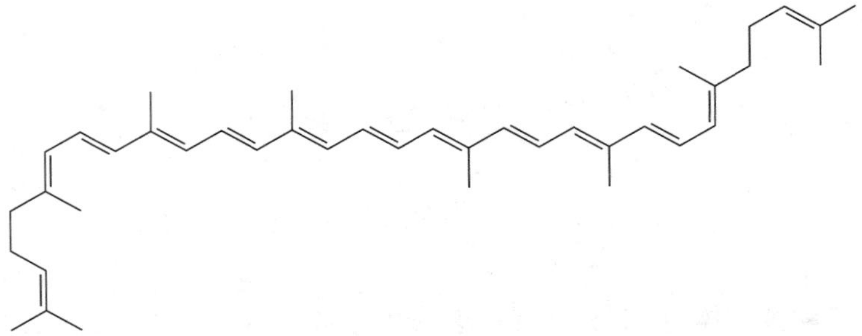

番茄红素

3. 虾青素(astaxanthin) 暗红色晶体，广泛存在于甲壳类动物和鲑科鱼类体内，有些植物的叶、花、果以及火烈鸟的羽毛中也含有虾青素。虾青素具有多种生理功效，如抗氧化、抗衰老、抗肿瘤、预防癌症、增强免疫力、改善视力、预防心脑血管疾病等，是一种多烯色素，最初是在龙虾壳中发现的。虾青素在动物体内与蛋白质结合存在，可被氧化成虾红素。

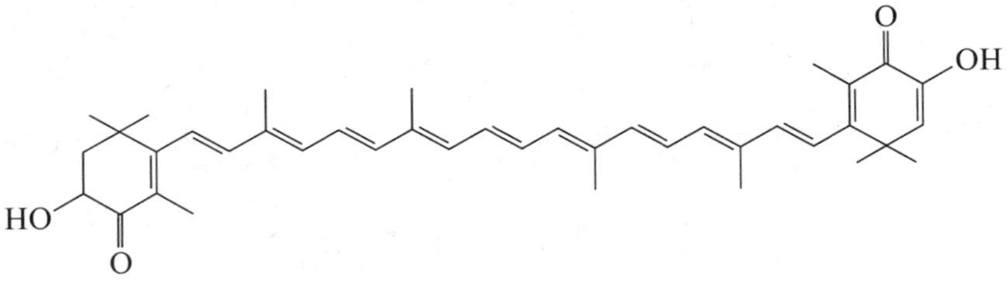

虾青素

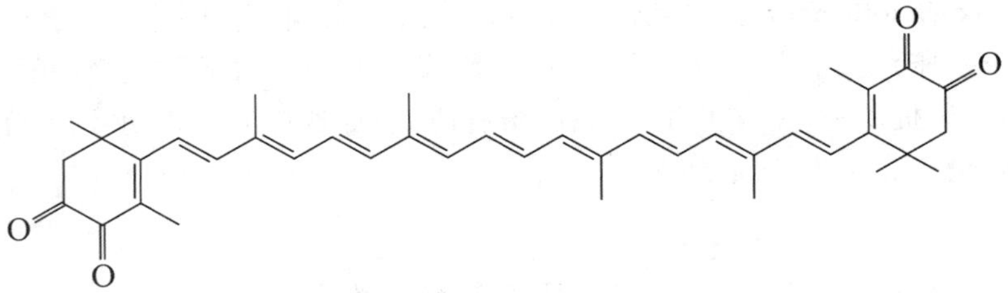

虾红素

4. 叶黄素(lutein) 一种和叶绿素共存于植物体内的黄色色素，只有在秋天叶绿素被破坏后，才能显示其黄色。

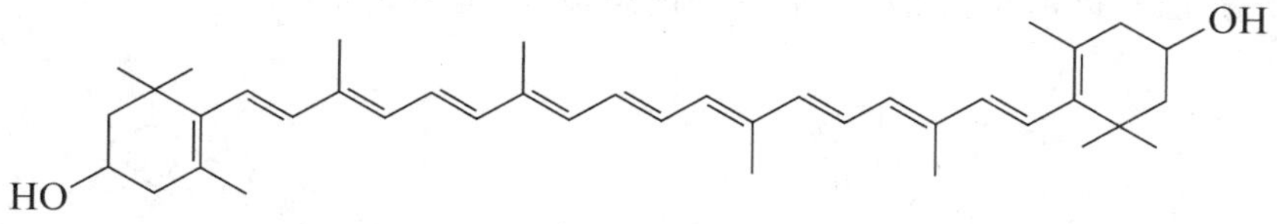

叶黄素

课堂练习15-5

划分出下列化合物的异戊二烯单元,并指出它们属于哪一类萜。

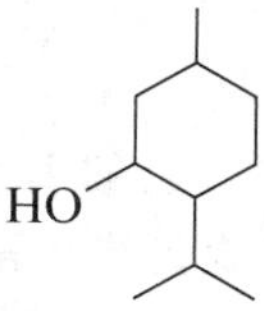

(1) 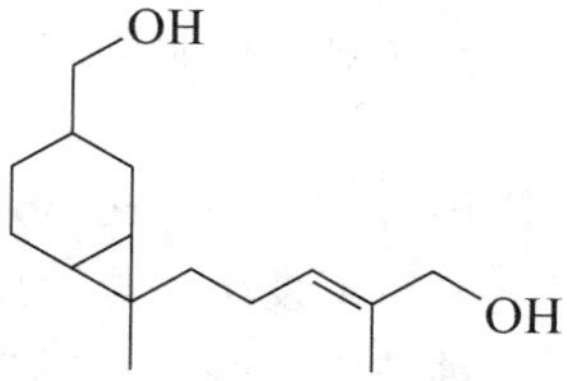 (2) 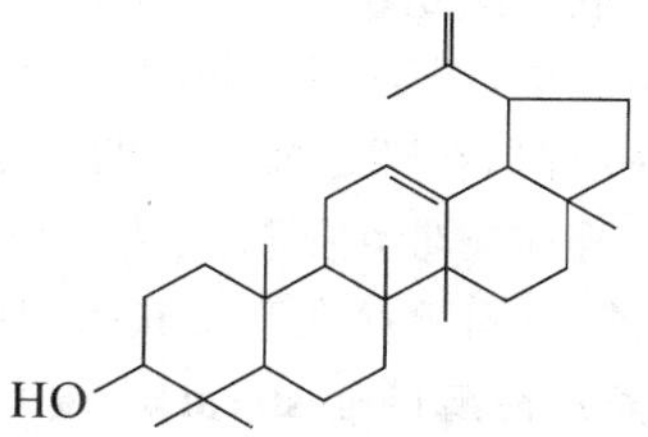 (3)

第四节 甾族化合物

甾族化合物又称为甾体化合物或类固醇化合物,是一类广泛存在于动植物体内且具有重要生物活性的天然有机化合物。例如,人体内由肾上腺皮质分泌的肾上腺皮质激素氢化可的松、去氧皮质酮,由性腺分泌的雌激素β-雌二醇、黄体酮,雄激素睾丸素等,在体内具有非常重要的生理作用,临床上用甾族化合物治疗某些疾病已经取得明显疗效。因体内甾族化合物含量极少,故需人工合成。

一、结构

甾族化合物分子的基本骨架为环戊烷并多氢菲母核,环上一般有三个取代基,其通式如下:

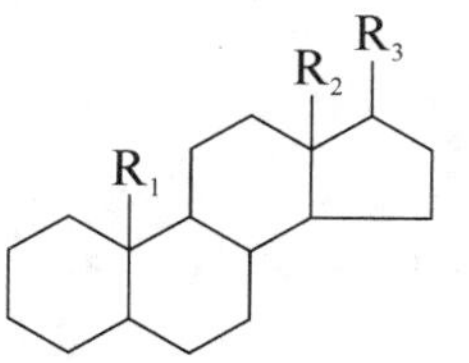

R_1、R_2 一般为甲基,称为角甲基,R_3 为碳原子数不确定的烃基或含氧取代基。甾字很形象地表示了甾族化合物的基本结构特点,其中"田"表示四个相互稠合的环,"巛"则象征环上的三个取代基。许多甾族化合物母核上还含有双键、羟基和其他取代基。

二、重要的甾族化合物

(一) 甾醇

1. 胆甾醇(胆固醇)(cholesterol) 主要存在于人和动物的脂肪、血液、脑和脊髓中,因为在胆石内也发现了它的存在,并经鉴定它是一种结晶状的醇,所以称为胆固醇。由于它是最早发现的

一种甾族化合物，因此也称为胆甾醇。胆固醇的结构式、构象式如下：

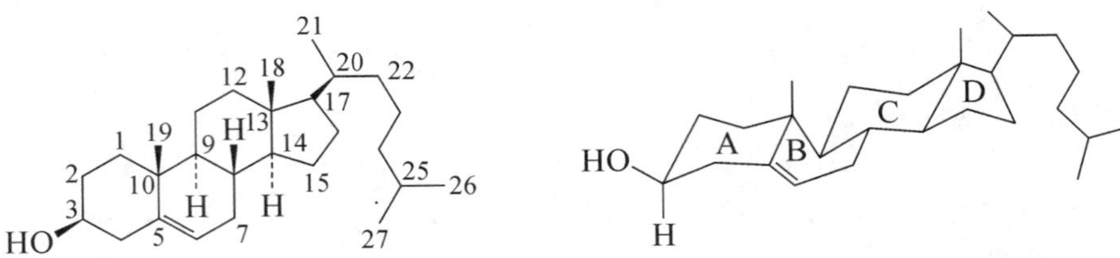

β-胆固醇的结构式　　　　β-胆固醇的构象式

在胆固醇的结构式中，用楔形键和环连接的原子或基团是伸向纸平面前方的，用虚线和环连接的原子或基团是伸向纸平面后方的。前者称为β-取向，后者称为α-取向。按照此规则，在胆固醇的结构式中，羟基、两个角甲基及烃基都是β-取向。在胆固醇的构象式中，取代基在环平面上方的为β-取向，在环平面下方的为α-取向。

胆固醇在酶催化下被氧化生成7-脱氢胆固醇(7-dehydrocholesterol)，它的B环中有共轭双键。7-脱氢胆固醇存在于皮肤组织中，在日光照射下发生光化学反应，转变为维生素D_3。

2. 麦角甾醇(ergosterol)　麦角甾醇是一种植物甾醇，最初从麦角中获得，但在酵母中更容易得到。麦角甾醇分子中含有三个双键，B环中含有共轭双键，侧链上C_{22}～C_{23}处有一个双键。

麦角甾醇在紫外线的照射下，可生成一系列复杂的物质，其中一个重要的变化，就是C_9～C_{10}之间的键发生断裂，即环己二烯开环变成己三烯衍生物。产物之一称为维生素D_2原，由维生素D_2原变为维生素D_2是一个对称性允许的[1,7]σ迁移。

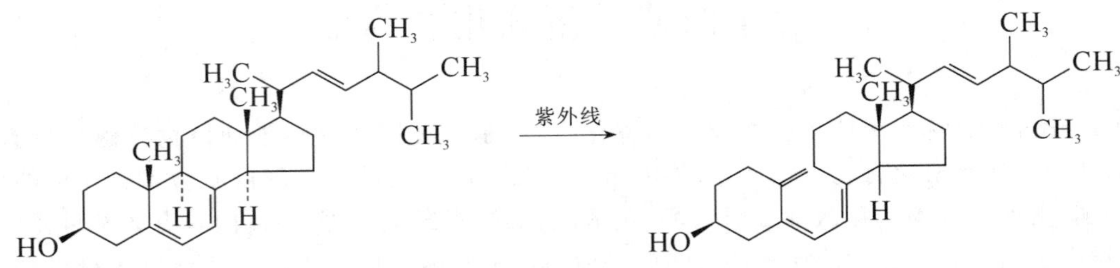

麦角甾醇　　　　维生素D_2

维生素D_2和维生素D_3的差别仅在侧链的C_{22}～C_{23}处，前者是饱和的，后者是碳碳双键，二者都能预防软骨病。因此，老年人和儿童需要足够的维生素D，必须多进行户外活动，接受紫外光照射。

课堂练习15-6

有利于钙质吸收的维生素是什么？

课堂练习15-7

下列化合物经紫外线照射后可以转变为维生素D_3的是(　　)。

A. 胆固醇　　B. 胆酸

C. 7-脱氢胆固醇　　D. 麦角甾醇

(二)胆汁酸

胆汁酸(bile acid)是动物胆组织分泌的一类甾族化合物，都属于5β-系甾族化合物，其结构中含有羧基，故又称为胆甾酸。从人和牛的胆汁中所分离出来的胆汁酸主要为胆酸。胆酸是油脂的乳化剂，其生理作用是使脂肪乳化，促进其在肠中的水解和吸收，故胆酸被称为“生物肥皂”。

胆甾酸在人体内可以胆固醇为原料直接合成。至今为止发现的胆甾酸有100多种，其中人体内重要的是胆酸(cholic acid)和脱氧胆酸(deoxycholic acid)。

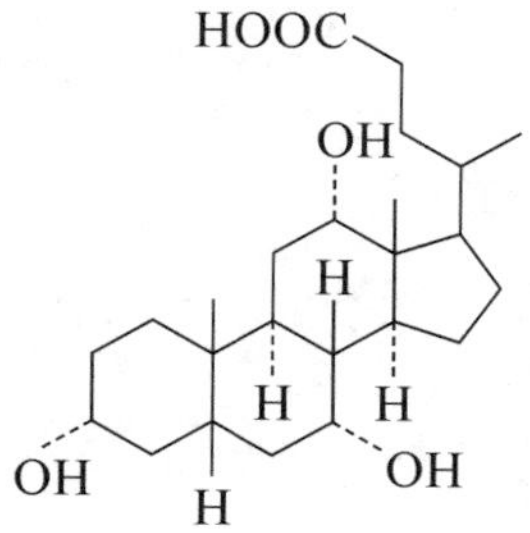

胆酸 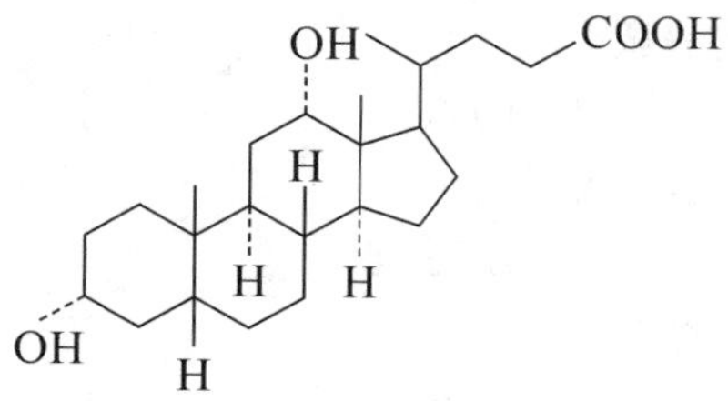　　　　脱氧胆酸

（三）激素

激素(hormone)是由动物腺体分泌的一类具有调节身体各组织和器官功能的微量化学信息分子。这类内源性的物质含量虽很少，但却是维持代谢所必需的，它们直接进入血液或淋巴液中循环至体内不同组织和器官控制重要的生理过程，如生长、发育、代谢和生殖等。已发现人和动物的激素有几十种，根据其化学结构可分为两大类：含氮激素(nitrogen-containing hormone)，如胰岛素、促肾上腺皮质激素、甲状腺素和催产素等；甾体激素(steroid hormone)，主要包括性激素和肾上腺皮质激素。

小　结

脂类是由脂肪酸和醇生成的酯，主要包括简单脂类和复合脂类。简单脂类是脂肪酸与醇形成的非极性脂，如三酰甘油、胆固醇酯、蜡等；复合脂类又称类脂，是含有磷酸等非脂成分的极性脂，磷脂和糖脂是主要的复合脂。甘油酯(油脂)的化学性质与组成它的脂肪酸、甘油及酯键、双键有关，能够发生水解和皂化、加成及酸败和干化等反应。使1 g油脂完全皂化所需的氢氧化钾的质量(mg)称为皂化值；皂化值越大，油脂平均相对分子质量越小。100 g油脂所能吸收的碘的质量(g)称为碘值；碘值大，表示油脂中不饱和脂肪酸含量高。

萜类是由若干个异戊二烯单位按不同方式连接而成的烃及其衍生物，可以视为异戊二烯的聚合体。萜类包括单萜、倍半萜、二萜、三萜和四萜。青蒿素是从中药黄花蒿中分离得到的具有过氧化结构的倍半萜内酯；穿心莲内酯、银杏内酯、紫杉醇等属于二萜。

甾族化合物母核结构都具有环戊烷并多氢菲的甾核骨架，母核中的四个环分别用A、B、C、D编号，天然甾族化合物的B/C环的稠合都是反式的，C/D环的稠合大多数也是反式的，而A/B环则有顺、反两种稠合方式。甾醇、胆甾酸、甾体激素、强心苷、甾体皂苷等重要的甾体化合物多具有良好的生物活性。

目标检测答案

目标检测

一、选择题。

(1) 环烯醚萜多以哪种形式存在？(　　)

A. 酯　　　　B. 游离　　　　C. 糖苷

(2) 环烯醚萜多数以糖苷的形式存在于植物体中，其原因是(　　)。

A. 结构中具有半缩醛羟基　　　　B. 结构中具有环状半缩醛羟基

C. 结构中具有缩醛羟基

(3) 下列关于萜类挥发性的叙述错误的是(　　)。

A. 所有非糖苷类单萜及倍半萜具有挥发性　B. 所有单萜苷及倍半萜苷不具有挥发性

C. 所有非糖苷类二萜不具有挥发性

(4) 单萜的代表式是(　　)。

A. C_5H_8　　B. $(C_5H_8)_2$　　C. $(C_5H_8)_4$

(5) 具有挥发性的萜类是(　　)。

A. 单萜　　B. 二萜　　C. 三萜

(6) 属于倍半萜的是(　　)。

A. 青蒿素　　B. 番茄红素　　C. 紫杉醇

二、简答题。

(1) 什么是油脂的皂化值？皂化值的大小与油脂的平均相对分子质量的大小有何关系？

(2) 什么是必需脂肪酸？必需脂肪酸有哪几种？

(3) 油脂酸败的主要标志是什么？油脂中游离脂肪酸的含量用什么指标来表示？

(4) 天然脂肪酸在结构上有哪些共同的特点？

参考文献

【思政元素】

[1] 侯小娟，张玉军. 有机化学[M]. 武汉：华中科技大学出版社，2018.

[2] 刘华，朱焰，郝红英. 有机化学[M]. 武汉：华中科技大学出版社，2020.

[3] 陆涛. 有机化学[M]. 9 版. 北京：人民卫生出版社，2022.

[4] 董陆陆. 有机化学[M]. 4 版. 北京：高等教育出版社，2021.

[5] 罗美明. 有机化学[M]. 5 版. 北京：高等教育出版社，2020.

(格根塔娜)

Note

第十六章 氨基酸、多肽和蛋白质

学习目标

素质目标：通过学习本章，依托课堂教学，从医德、哲学、伦理等方面深度培养医学生的大爱情怀、医德交融、医学哲学意识、人与人交往的能力、处理问题的能力。

能力目标：通过氨基酸、多肽和蛋白质结构之间的关系，加深对化学课程内容的理解，并初步具备应用有机化学基本知识和原理分析和解决实际问题的能力。

知识目标：掌握氨基酸的结构、分类和命名；掌握氨基酸的化学性质；掌握肽的组成和命名方法，了解肽键的结构；了解蛋白质的一级、二级、三级和四级结构；掌握蛋白质的重要理化性质。

扫码看 PPT

答案解析

天冬氨酸与癌症

结肠癌：

P53 是人类癌症中突变频率最高的基因。该基因编码的蛋白质 p53 通过调节细胞周期、细胞凋亡、基因组稳定性等途径抑制肿瘤的发展。结肠癌细胞系中的天冬氨酸(Asp)和天冬酰胺(Asn)可通过与 LKB1(编码丝、苏氨酸激酶，并直接磷酸化蛋白质产物以激活 AMPK)来抑制其活性，从而抑制 AMPK 介导的 p53 激活，达到抑制肿瘤细胞生长的目的。

淋巴瘤和结直肠肿瘤：

淋巴瘤和结直肠肿瘤模型中，p53 的激活会破坏天冬氨酸-天冬酰胺稳态，促使细胞衰老和周期停滞。此外，另一种氨基酸转运蛋白 SLC25A22 可以促进 KRAS 突变结直肠癌(CRC)细胞中天冬氨酸的合成，激活 AMPK 通路并减少氧化应激。

膀胱癌：

另一项关于肿瘤代谢的研究发现，当环境中缺乏氧气时，天冬氨酸合成减少，限制了肿瘤细胞的生长。在膀胱癌细胞中，天冬氨酸细胞的渗透性差，阻碍了肿瘤细胞从环境中摄取天冬氨酸。

乳腺癌：

研究发现，SLC1A3 促进乳腺癌细胞对 L-天冬酰胺酶(ASNase)的抵抗。而且，SLC1A3 可以补充 ASNase 对天冬氨酸和谷氨酸的消耗，从而消除 ASNase 的抑制作用，促进肿瘤的发展。

思考：1. 什么是氨基酸？

2. 氨基酸在健康与疾病中的角色是什么？

Note

第一节 氨 基 酸

蛋白质是生命的主要物质基础之一。蛋白质是由氨基酸组成的大分子,它在细胞内执行许多重要的功能,是生物体内许多结构和代谢过程的关键组成部分。蛋白质在生物体内的多种功能使得它们对维持生物体正常功能至关重要。因此,要讨论蛋白质的结构和性质,首先必须了解蛋白质的基础单元——氨基酸。

一、氨基酸的结构与命名

氨基酸是构成蛋白质的基本单元,可看作羧酸碳链上的氢原子被氨基取代后的化合物,根据氨基和羧基的相对位置,氨基酸可分为 α-氨基酸、β-氨基酸、γ-氨基酸等。构成蛋白质的氨基酸是 20 种 α-氨基酸,脯氨酸含亚氨基。

R　COOH　NH_2　　　NH_2 HOOC R　　　R　COOH　NH_2

α-氨基酸　　　β-氨基酸　　　γ-氨基酸

1806 年发现第一种构成蛋白质的氨基酸——天冬酰胺,1938 年发现最后一种构成蛋白质的氨基酸——苏氨酸。

α-C 是手性中心(大多数情况下,只有 α-C 是手性中心;甘氨酸无手性中心,因 R 基为 H)。其绝对构型采用 D/L 标记法,建立在 L-甘油醛(L-glyceraldehyde)和 D-甘油醛的结构之上。D 型、L 型与其实际的旋光性无关。到目前为止,在蛋白质中发现的氨基酸都是 L 型(酶的活性位点是不对称的,即酶促反应是在手性环境下进行的),D 型仅存在于细菌细胞壁上的短肽和抗生素小肽中。

COOH; H_2N—┼—H; CH_2OH　　　COOH; H_2N—┼—H; R　　　CHO; HO—┼—H; CH_2OH

L-丝氨酸　　　L-α-氨基酸　　　L-甘油醛

L-α-氨基酸是一个通式,其中 R 是分子中可变部分,如表 16-1 所示。

表 16-1　20 种常见氨基酸的名称、结构式、英文缩写及等电点

名　称	英文缩写	结构式	等电点(pI)
甘氨酸 glycine	Gly	$\underset{\overset{\vert}{^{+}NH_3}}{CH_2}—COO^-$	5.97
丙氨酸 alanine	Ala	$CH_3—\underset{\overset{\vert}{^{+}NH_3}}{CH}—COO^-$	6.00
亮氨酸* leucine	Leu	$CH_3—\underset{\overset{\vert}{^{+}NH_3}}{CH}—COO^-$	5.98
异亮氨酸* isoleucine	Ile	$(CH_3)_2CHCH_2—\underset{\overset{\vert}{^{+}NH_3}}{CH}COO^-$	6.02

Note

续表

名　　称	英文缩写	结　构　式	等电点(pI)
缬氨酸* valine	Val	$(CH_3)_2CH-CH(^+NH_3)COO^-$	5.96
脯氨酸 proline	Pro	$\overset{+}{N}H_2$(吡咯烷环)$-COO^-$	6.30
苯丙氨酸* phenylalanine	Phe	$C_6H_5-CH_2-CH(^+NH_3)COO^-$	5.48
蛋(甲硫)氨酸* methionine	Met	$CH_3SCH_2CH_2-CH(^+NH_3)COO^-$	5.74
色氨酸* tryptophan	Trp	吲哚基$-CH_2CH(^+NH_3)-COO^-$（吲哚 N—H）	5.89
丝氨酸 serine	Ser	$HOCH_2-CH(^+NH_3)COO^-$	5.68
谷氨酰胺 glutamine	Gln	$H_2N-C(=O)-CH_2CH_2CH(^+NH_3)COO^-$	5.65
苏氨酸* threonine	Thr	$CH_3CH(HO)-CH(^+NH_3)COO^-$	5.60
半胱氨酸 cysteine	Cys	$HSCH_2-CH(^+NH_3)COO^-$	5.07
天冬酰胺 asparagine	Asn	$H_2N-C(=O)-CH_2CH(^+NH_3)COO^-$	5.41
酪氨酸 tyrosine	Tyr	$HO-C_6H_4-CH_2-CH(^+NH_3)COO^-$	5.66
天冬氨酸 aspartic acid	Asp	$HOOCCH_2CH(^+NH_3)COO^-$	2.77
谷氨酸 glutamic acid	Glu	$HOOCCH_2CH_2CH(^+NH_3)COO^-$	3.22
赖氨酸* lysine	Lys	$^+NH_3CH_2CH_2CH_2CH_2CH(NH_2)COO^-$	9.74

Note 

续表

名　　称	英文缩写	结　构　式	等电点(pI)
精氨酸 arginine	Arg	$H_2N-\underset{}{\overset{\overset{+}{N}H_2}{\overset{\Vert}{C}}}-NHCH_2CH_2CH_2\underset{NH_2}{\underset{\vert}{C}}HCOO^-$	10.76
组氨酸 histidine	His	咪唑环(N—H)$-CH_2\underset{{}^{+}NH_3}{\underset{\vert}{C}H}-COO^-$	7.59

注:* 为必需氨基酸。

扫码看答案

课堂练习16-1

写出氨基酸结构中不变的部分和可变部分。

二、氨基酸的分类

根据R基的不同性质对氨基酸进行分类。按其极性或在生理pH(接近7.0)下与水相互作用的趋势,氨基酸可分为5类:非极性脂肪族氨基酸、芳香族氨基酸、极性不带电氨基酸、带正电(碱性)氨基酸、带负电(酸性)氨基酸。非极性脂肪族氨基酸:甘氨酸、丙氨酸、缬氨酸、亮氨酸、甲硫氨酸、异亮氨酸。芳香族氨基酸:苯丙氨酸、酪氨酸、色氨酸。极性不带电氨基酸:丝氨酸、苏氨酸、半胱氨酸、脯氨酸、天冬酰胺、谷胺酰胺。带正电氨基酸:赖氨酸、精氨酸、组氨酸。带负电氨基酸:天冬氨酸、谷氨酸。酪氨酸苯环上有羟基;丝氨酸和苏氨酸有羟基;半胱氨酸有巯基可成对形成二硫键;组氨酸是R基团的pK_a值最接近于生理pH的一种氨基酸,常作为质子供体和受体;天冬氨酸和谷氨酸都有两个羧基。含芳香族R基的氨基酸能强烈吸收紫外光,使许多蛋白质在280 nm处有特征性强烈吸收。

三、氨基酸的化学性质

氨基酸是没有挥发性的黏稠液体或晶体,因分子结构中存在氨基和羧基,其具有氨基和羧基的典型性质,也具有氨基和羧基相互影响而产生的一些特殊的性质。

(一) 两性离子性

氨基酸含有氨基($-NH_2$)和羧基($-COOH$),氨基是碱性的,而羧基是酸性的,因此氨基酸具有两性(amphoteric)。在碱性条件下,羧基会失去质子,成为带负电荷的离子形式。在酸性条件下,$-NH_2$会接受质子,形成带正电荷的离子形式。

(二) 等电点

氨基酸在结晶态或在水溶液中,并不以游离的羧基或氨基形式存在,而是解离成两性离子。在两性离子中,氨基以质子化($-NH_3^+$)形式存在,羧基以解离状态($-COO^-$)存在。在不同的pH条件下,两性离子的状态也随之发生变化。

当溶液处于某一pH时,氨基酸分子中所含的$-NH_3^+$和$-COO^-$数目正好相等,净电荷为0。这一pH即为氨基酸的等电点,简称pI。在等电点时,氨基酸既不向正极移动也不向负极移动,即处于两性离子状态。

$$\underset{\substack{\text{阳离子}\\ pH<pI}}{H_3N^+-\overset{\displaystyle COOH}{\underset{\displaystyle R}{C}}-H} \underset{+H^+}{\overset{-H^+}{\rightleftharpoons}} \underset{\substack{\text{两性离子}\\ pH=pI}}{H_3N^+-\overset{\displaystyle COO^-}{\underset{\displaystyle R}{C}}-H} \underset{H^+ +}{\overset{-H^+}{\rightleftharpoons}} \underset{\substack{\text{阴离子}\\ pH>pI}}{H_2N-\overset{\displaystyle COO^-}{\underset{\displaystyle R}{C}}-H}$$

带电颗粒在电场作用下，向着与其电性相反的电极移动，称为电泳（electrophoresis，EP）。利用带电颗粒在电场中移动速率不同而达到分离的技术称为电泳技术。生物大分子如蛋白质、核酸、多糖等大多有阳离子和阴离子基团，称为两性离子，常以颗粒分散在溶液中，它们的静电荷取决于介质的 H^+ 浓度或与其他大分子的相互作用。在电场中，带电颗粒向阴极或阳极迁移，迁移的方向取决于它们带电荷的种类，这种迁移现象即电泳（图 16-1）。

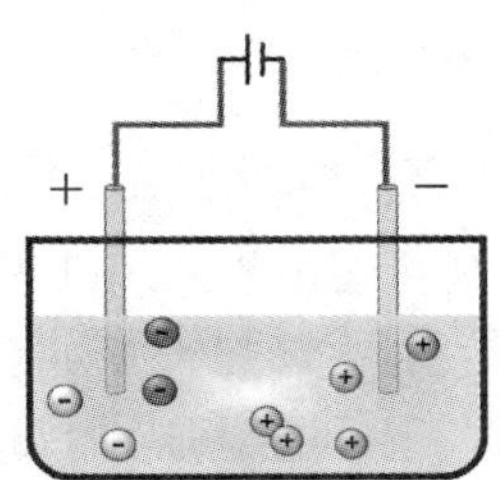

图 16-1　电泳基本原理

不同的氨基酸等电点不同，在一定酸度的溶液中，它们荷电程度不同，分子大小不同，在电场中的移动速率也就不同。借此可以进行氨基酸的分离。

课堂练习16-2

某氨基酸的等电点为 5.60，在 pH＝4.5 的缓冲液中，该氨基酸在电泳中移向哪一极？

扫码看答案

（三）与茚三酮的反应

茚三酮（ninhydrin）是一种含有两个羰基（酮基）的有机化合物，它和氨基酸进行酮-缩合反应，形成相应的酮-缩合产物，此为显色反应。可用于氨基酸的定性或定量分析。

$$\text{茚三酮} \underset{-H_2O}{\overset{+H_2O}{\rightleftharpoons}} \text{水合茚三酮}$$

$$\text{水合茚三酮} + H_2N-\underset{\displaystyle R}{CH}COOH \longrightarrow \text{(还原茚三酮)} + RCHO + NH_2 + CO_2$$

$$\text{茚三酮} + 2NH_3 + \text{(还原茚三酮)} \longrightarrow \underset{\text{蓝紫色}}{\text{(O}^-NH_4^+\text{ 缩合产物 C—N═C)}} + 2H_2O$$

（四）成肽反应

氨基酸的成肽反应是通过脱水缩合反应将两个或更多的氨基酸分子连接在一起形成肽链的过程。在这个反应中，氨基酸分子中的羧基和另一个氨基酸分子中的氨基结合，同时释放一个水分子。在人体内，这个反应在蛋白质合成中的核酸序列所编码的生物催化剂催化下进行，称为蛋白质合成酶。

$$H_2N-\underset{H}{\overset{R_1}{C}}-\overset{O}{\overset{\|}{C}}-OH + H-\underset{H}{N}-\underset{H}{\overset{R_2}{C}}-COOH \xrightleftharpoons{-H_2O} H_2N-\underset{H}{\overset{R_1}{C}}-\overset{O}{\overset{\|}{C}}-\underset{H}{N}-\underset{H}{\overset{R_2}{C}}-COOH$$

肽键

（五）紫外吸收性质

氨基酸在紫外线(UV)区域表现出吸收特性，这主要由其所含的芳环或共轭双键结构部分所致。在生物分子中，主要关注的是蛋白质中的氨基酸，其中色氨酸(tryptophan)、酪氨酸(tyrosine)和苯丙氨酸(phenylalanine)是常见的氨基酸，它们对紫外光有较强的吸收。

色氨酸是一种含有大的芳环结构的氨基酸，它在紫外光区域(特别是 280 nm 左右)有较强的吸收峰。这个吸收峰是由色氨酸的芳环中的吲哚基团引起的。其吸收光谱还会受到局部环境的影响，如蛋白质的构象和周围环境的性质。酪氨酸是另一种含有芳环结构的氨基酸，它在 UV 区域也有吸收。酪氨酸的吸收峰通常位于 280 nm 左右，但其吸收相对较弱。苯丙氨酸是第三种含有芳环结构的氨基酸，在 UV 区域也有吸收。其吸收峰通常位于 280 nm 附近。

蛋白质分子中的酪氨酸、苯丙氨酸和色氨酸在 280 nm 处具有最大吸收，且各种蛋白质的这三种氨基酸的含量差别不大，因此测定蛋白质溶液在 280 nm 处的吸光度是最常用的紫外吸收法(图 16-2)。

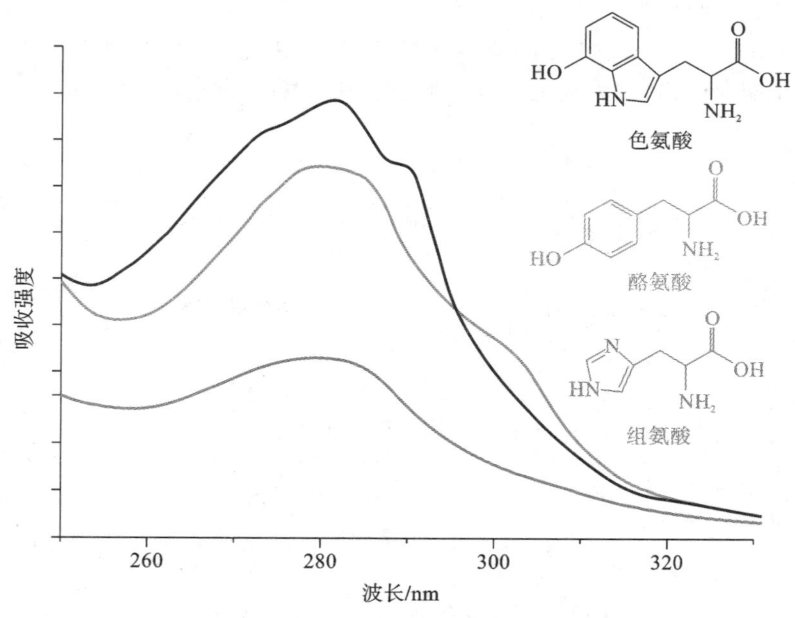

图 16-2　氨基酸的紫外吸收光谱图

四、氨基酸的医学应用

(1) 精氨酸：对治疗高氨血症、肝功能障碍等疾病颇有效果。

(2) 天冬氨酸：钾盐、镁盐可用于消除疲劳；治疗低钾血症、心脏病、肝病、糖尿病等。

(3) 半胱氨酸：能促进毛发的生长，可用于治疗秃发；甲酯盐酸盐可用于治疗支气管炎等。

(4) 组氨酸：可扩张血管，降血压，用于心绞痛、心功能不全等疾病的治疗。

第二节 多 肽

一、多肽的分类和命名

多肽(peptide)是氨基酸残基之间彼此通过酰胺键(肽键)连接而成的一类化合物。多肽分子中酰胺键称为肽键(peptide bone),一般以一分子氨基酸的 α-COOH 与另一分子氨基酸的 α-NH_2 脱水缩合而成的两性离子的形成存在。

$$H_2N-\underset{H}{\overset{R_1}{C}}-COOH + H_2N-\underset{H}{\overset{R_2}{C}}-COOH \longrightarrow H_2N-\underset{H}{\overset{R_1}{C}}-\boxed{\overset{O}{\overset{\|}{C}}-\underset{H}{N}}-\underset{H}{\overset{R_2}{C}}-COOH$$

肽键

由两个氨基酸分子脱水缩合而成的化合物称为二肽,同理类推,还有三肽、四肽、五肽等。由三个或三个以上氨基酸分子组成的肽称为多肽。两个或以上的氨基酸脱水缩合形成若干个肽键从而组成一个多肽,多个多肽进行多级折叠就组成一个蛋白质分子。

在多肽链中,氨基酸残基按一定的顺序排列,这种排列顺序称为氨基酸序列。通常在多肽链的一端含有一个游离的 α-氨基,称为氨基端或 N-端;在另一端含有一个游离的 α-羧基,称为羧基端或 C-端。氨基酸序列是从 N-端的氨基酸残基开始,以 C-端氨基酸残基为终点的排列顺序。如下所示的五肽可命名为 Ser-Val-Tyr-Asp-Gln。

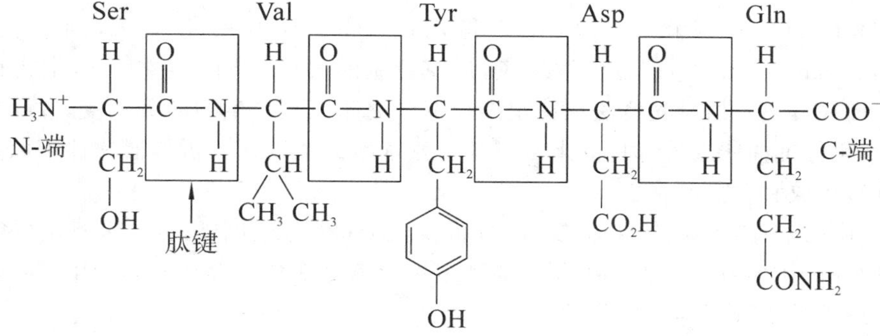

课堂练习16-3

一种从奶制品中发现的三肽,用作血管紧缩素转换酶抑制剂,其结构为异亮氨酸-脯氨酸-脯氨酸,试写出其化学结构。

扫码看答案

二、多肽类结构的测定

一些肽以游离态存在于自然界,他们在生物体中起着各种不同的作用,一些活性肽与营养、荷尔蒙、酵素抑制、免疫调节、抗菌、抗病毒、抗氧化有非常紧密的关系。他们的结构决定了其生物活性,催产素(oxytocin)和加压素(抗利尿激素,vasopressin)都是脑垂体后叶分泌的激素,虽然它们结构中的氨基酸数量和种类类似,但在氨基酸序列上存在差异,尤其是第 3 个和第 8 个氨基

酸单元。催产素在生理上主要与子宫收缩和乳腺的分泌有关,被称为“爱的激素”或“社交激素”。它在分娩过程中促进子宫的收缩,并在哺乳时刺激乳腺的乳汁排放。加压素在生理上起抗利尿的作用,通过增加肾小管对尿液的重吸收,从而提高尿液的渗透浓度。此外,它还参与调节血容量和血压。虽然这两种激素在结构上相似,但由于氨基酸序列的差异,它们的生理功能显著不同,分别在生殖过程和水分代谢中发挥着重要的调节作用。

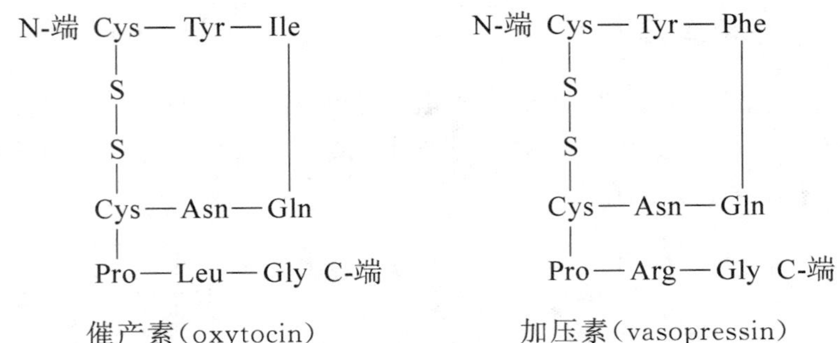

催产素(oxytocin)　　加压素(vasopressin)

由于多肽的结构直接决定了其生理功能,所以测定多肽的结构,具有显著意义。测定多肽的结构不但要确定组成多肽的氨基酸种类和数目,还需测出这些氨基酸残基在肽链中的排列顺序。

(一) 氨基酸组成和含量分析

全自动氨基酸分析仪是一种高效、精确的仪器,常用于氨基酸组成和含量的分析。全自动氨基酸分析仪进行氨基酸测定的基本步骤:样品制备、阳离子交换柱分离、茚三酮衍生、洗脱和分析、数据分析和结果报告。

分别采用蛋白水解法和生理体液法测定样品中的标准氨基酸和多种游离氨基酸,将水解后的氨基酸混合物加载到阳离子交换柱上。由于氨基酸之间在结构、酸碱性、极性和分子大小上的差异,它们会以不同的速率被柱上的树脂吸附。使用不同 pH 的离子浓度缓冲液进行洗脱,逐步将各种氨基酸分离。多肽或蛋白质样品首先需要被酸性水解,通常使用强酸将其水解成单独的氨基酸。分离得到的氨基酸需要转化为稳定的、易于检测的衍生物,通常使用茚三酮(phenylisothiocyanate,PITC)进行衍生反应,形成氨基酸的茚三酮衍生物。衍生物在柱上被洗脱,并通过色谱柱分离。通过光度法在特定波长下检测茚三酮衍生物的吸光度,以确定各个氨基酸的浓度。使用标准曲线或外部标准来定量各个氨基酸的浓度。分析仪器软件可以自动处理数据,生成氨基酸组成和含量的报告。

图 16-3 和图 16-4 为日立全自动氨基酸分析仪 LA8080,分别采用蛋白水解法(图 16-3)和生理体液法(图 16-4)测定样品中的标准氨基酸和多种游离氨基酸。缓冲液和衍生试剂可使用市售商品配制,适用于品质管理等常规分析。

(二) 肽末端氨基酸残基的分析

测定多肽链氨基末端的方法有以下几种。

(1) Edman 降解法:一种经典的肽末端分析方法,适用于较短的肽链。该方法通过逐步将肽链中的 N-端氨基酸转化为稳定的 PITC 衍生物,然后断裂肽链,释放氨基酸,并进行检测。这个过程可以逐步确定肽链的氨基酸序列。步骤包括 PITC 衍生、肽链断裂、氨基酸检测和去除 PITC,然后循环进行下一轮分析。

(2) 质谱法:一种先进的肽末端分析方法。通过使用质谱技术,可以直接测定肽链的 N-端氨基酸残基。MS/MS(tandem mass spectrometry)技术可以将肽链断裂成片段离子,然后测定这些片段的质荷比。通过分析质谱图,可以推断肽链的氨基酸序列和末端残基。

(3) 化学分析法:这种方法通常将多肽分解成单体氨基酸再进行分析。例如:使用碘酸钾可将多肽水解成氨基酸,之后通过酰胺化学反应法,将所有氨基酸的羧基修饰为一种有色酰胺盐,

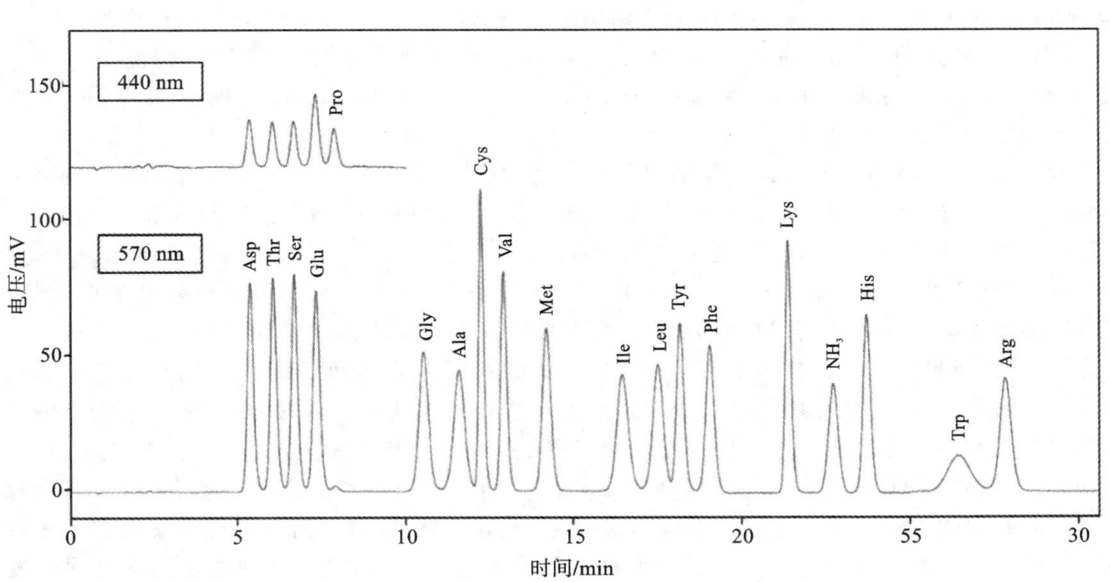

图 16-3　氨基酸自动分析仪记录的混合氨基酸层析结果(蛋白水解法)

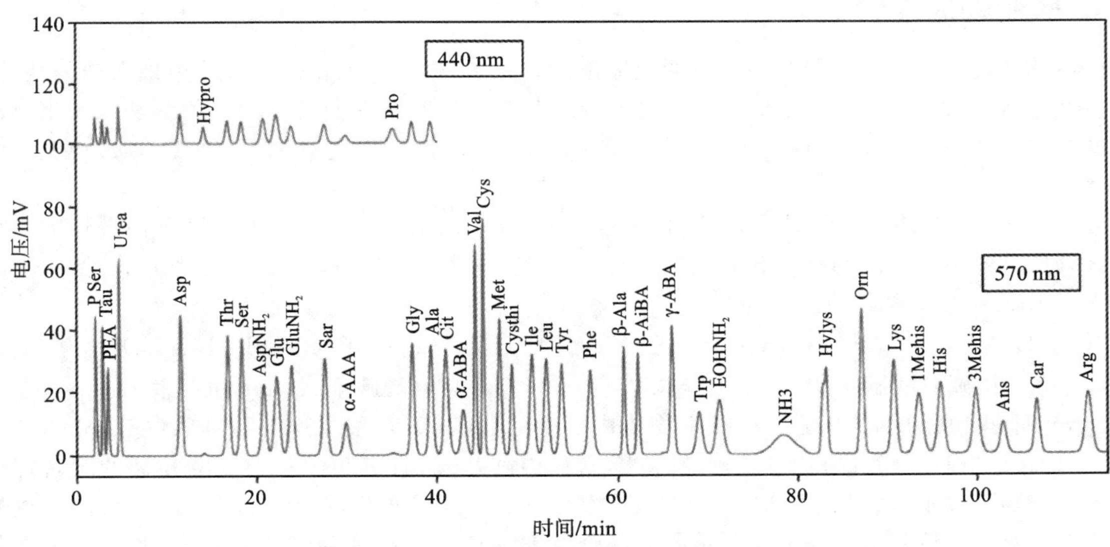

图 16-4　氨基酸自动分析仪记录的混合氨基酸层析结果(生理体液法)

以便于检测和计量。该方法的主要缺点是大量的样品准备和化学处理可能导致损失，并且不能确定多肽链上的每个氨基酸是否含有羧基。

这些方法可以根据具体的实验要求和肽链的性质选择使用。Edman 降解法适用于短肽链，化学分析法适用于多肽分解成单体氨基酸再进行分析，而质谱法则更为通用，适用于各种肽链的末端分析。

（三）氨基酸序列的确定

确定蛋白质或肽链的氨基酸序列是生物学和生物化学研究中的重要任务之一。

测定复杂多肽的结构，有时应用专一性地水解肽链的不同部位的蛋白酶进行多肽部分水解。如胰蛋白酶能专一性地水解 Arg 或 Lys 的羧基所形成的肽键，胰凝乳蛋白酶可水解芳香氨基酸的羧基端肽键，从而获得各种水解片段。通过分析各肽段中的氨基酸残基序列，经过组合、排列对比，找出关键的“重叠顺序”，可推断各小肽片段在整个多肽链中的位置，最终获得完整肽链中氨基酸残基序列。对于较大、复杂的多肽或蛋白质，这种方法被称为“肽段法”（peptide

mapping),通过使用具有特定特异性的蛋白酶来水解肽链,从而生成易于分析的较小片段。

DNA序列推演是另一种常用的方法,尤其是在已知蛋白质基因序列的情况下。通过从DNA到RNA的转录和从RNA到蛋白质的翻译过程,可以推断出蛋白质的氨基酸序列。这对于已知基因组的生物尤其适用。

近年来,随着波谱技术日新月异的发展,它在测定氨基酸、小肽和一些蛋白质等生命物质的研究中应用十分广泛。电喷雾电离质谱(ESI-MS)是一种常用于生物质谱学的技术。它通过在高电压下将液体样品喷射成微小的气雾,然后通过电离产生气相离子,最后通过质谱仪进行分析。ESI-MS可用于快速测定小肽和蛋白质的相对分子质量,并通过碎裂实验获得氨基酸序列信息。基质辅助激光解析电离质谱(MALDI-MS)利用激光辐射样品表面的基质,使样品分子从固体转变为气体,生成离子。这种技术对于大分子的电离效果好。MALDI-MS广泛用于测定小肽和蛋白质的相对分子质量,也能提供氨基酸序列信息。核磁共振技术(NMR)是一种用于研究分子结构和动力学的强大方法。它可以用于鉴定氨基酸、测定多肽和小蛋白质的二级、三级空间结构。NMR在生物体内的应用,如研究氨基酸和多肽的生物分子动态和生化反应动力学,使其成为生物医学研究中的关键工具。这些波谱技术因快速、灵敏度高、准确度高和信息丰富而在生命科学研究中得到了广泛的应用。它们在解析生物大分子结构、揭示其功能和理解生物学过程中发挥着关键作用。

三、生物活性肽

生物活性肽是一种由氨基酸组成的短链蛋白质分子,具有在生物体内调节生理活动的功能。这些肽通常包含10～50个氨基酸,并且它们的序列和结构赋予它们特定的生物学功能。生物活性肽在生物体内含量较少,但发挥着多种重要的生理和生化作用,包括激素、神经递质、免疫调节剂等。

1973年,在脑内发现阿片受体后,J. Hughes等首次从猪脑中分离提取出两种内源性阿片样活性物质——甲硫氨酸脑啡肽和亮氨酸脑啡肽,这两种脑啡肽(enkephalin)均为五肽,结构上它们仅C-端的1个氨基酸残基不同。

H_3N^+-Tyr-Gly-Gly-Phe-Met-COO^-	H_3N^+-Tyr-Gly-Gly-Phe-Leu-COO^-
甲硫氨酸脑啡肽(Met-脑啡肽)	亮氨酸脑啡肽(Leu-脑啡肽)

β-内啡肽和强啡肽A是一类在生物体内产生的肽,其氨基酸序列与脑啡肽(enkephalin)相似。目前,已发现了十几种内源性阿片样肽,简称内阿片肽,具有与阿片类药物相似的缓解疼痛作用。在脑啡肽中,活性基团通常位于N-端的前四个氨基酸残基,即Tyr-Gly-Gly-Phe。这些氨基酸序列对于保持其生物活性至关重要。脑啡肽常易被氨肽酶和脑啡肽酶所降解,为了增强脑啡肽对酶的稳定性,可采用人工合成脑啡肽类似物,常用D-氨基酸(如D-Ala)取代第二位的Gly,成为有效的镇痛药。

生物活性肽充当激素,可通过血液传播到目标组织,调节生理过程,如生长激素、胰岛素等。生物活性肽可作为神经递质,参与神经信号的传递,例如,脑啡肽和多巴胺具有神经调节作用。白细胞介素和肽类抗微生物物质具有免疫调节作用,参与免疫反应的调控。有些生物活性肽具有生长因子的作用,能够促进细胞生长、分化和修复。抗菌肽具有抗菌和抗微生物活性,帮助机体对抗感染。血管活性肽能够调节血管张力和血液循环,具有调节血压的作用。

第三节　蛋　白　质

蛋白质(protein)和多肽均由各种L-α-氨基酸残基通过肽键相连形成,他们之间不存在绝对

严格的界线。通常将相对分子质量在10000以上(约100个氨基酸单位)且不能透过天然渗析膜、结构较复杂的多肽称为蛋白质,相对分子质量在10000以下的称为多肽。胰岛素(insulin)的相对分子质量约为6000,因此根据这个标准,它应该被归为多肽。但在溶液中受金属离子(如Zn^{2+})的作用后迅速形成二聚体,因此胰岛素被认为是最小的一种蛋白质。所以在确定蛋白质和多肽之间的界线时,不仅要考虑分子的相对分子质量,还需要考虑其结构和功能。

蛋白质是一类含氮有机化合物,除含有碳、氢、氧外,还有氮和少量的硫。某些蛋白质还含有其他一些元素,主要是磷、铁、碘、锌和铜等。这些元素在蛋白质中的组成:碳约占50%,氢约占7%,氧约占23%,氮约占16%,硫占比小于3%。

一、分子结构

各种蛋白质的特殊功能和活性不仅取决于多肽链的氨基酸组成、数目及排列顺序,还与其特定的空间构象密切相关,为了表示蛋白质分子不同层次的结构,常将其分为一级结构、二级结构、三级结构和四级结构。蛋白质的一级结构又称为初级结构或基本结构,二级结构以上属于构象范畴,称为高级结构。

(一) 一级结构

蛋白质的一级结构(primary structure)是蛋白质结构的最基本层次,指的是蛋白质分子中氨基酸的线性排列顺序。每个氨基酸通过肽键与相邻的氨基酸连接在一起,形成了蛋白质的多肽链。这个线性序列是由蛋白质的基因所编码的DNA信息决定的,因为基因是蛋白质合成的遗传指令。

在生物体中,DNA中的基因编码了蛋白质的氨基酸序列。RNA通过转录从DNA中复制这一信息,然后通过翻译将其转化为相应的氨基酸序列,最终形成蛋白质的一级结构。每个氨基酸由三个碱基的密码子所编码。一级结构的线性序列对于蛋白质的整体性能和功能至关重要,因为不同的氨基酸序列决定了蛋白质的折叠和最终的空间构象,从而影响了其在细胞中的功能。不同的氨基酸序列会导致不同的二级结构、三级结构和四级结构的形成,进而影响蛋白质的生物学功能。

(二) 空间结构

蛋白质分子在天然状态下具有独特而稳定的构象,这是因为它们的结构是通过一系列相互作用力和键的协同作用而维持的。氢键为一种主要的相互作用力,能够在蛋白质分子中形成稳定的二级结构,如α-螺旋和β-折叠。疏水作用是蛋白质折叠的重要因素。氨基酸的疏水侧链通常会聚集在蛋白质的内部,远离水相,提高整体结构的稳定性。离子键的形成和带电残基之间的相互作用有助于维持蛋白质的三维结构。范德瓦尔斯力是分子之间的弱相互作用力,但它在蛋白质的构象稳定中也发挥着重要的作用。这些相互作用力在蛋白质的天然状态下协同作用,形成稳定的三维结构。

蛋白质的二级结构(secondary structure)是指多肽链主链骨架中各个肽段所形成的规则的或无规则的构象。多肽链主链骨架中所形成的有规则的构象主要依靠氢键维持。α-螺旋结构中多肽链主链骨架围绕一个轴一圈一圈地上升,从而形成一个螺旋式的构象,称为螺旋结构。螺旋旋转的方向有左手和右手之分。因此螺旋结构分为左手螺旋和右手螺旋。按照氢键形成方式的不同,螺旋可分为α-螺旋和γ-螺旋。在各种螺旋构象中,只有右手γ-螺旋是最稳定的构象,因此它存在于大多数蛋白质中。右手α-螺旋结构可以用图16-5所示。

并不是所有的多肽链都可以形成α-螺旋。一般而言,侧链不太大且不带有电荷或极性基团,或侧链电性以3或4为周期交替的多肽链,比较容易形成稳定规则的螺旋。肽链中电荷彼此间的排斥,不仅会影响螺旋的稳定性,而且会使螺旋变得不规则,因此酸性或碱性氨基酸形成的肽

Note

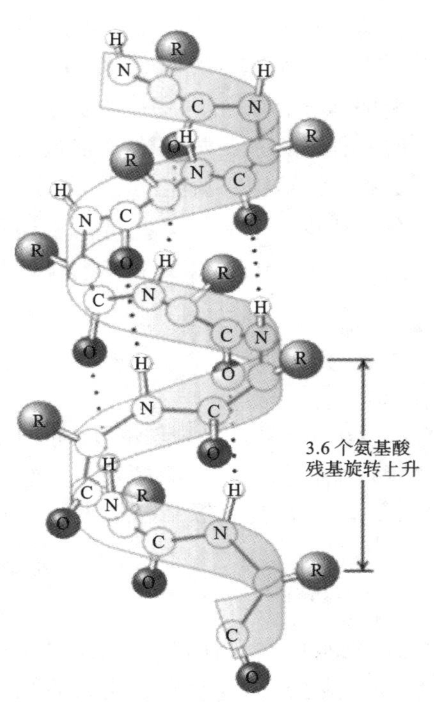

图16-5　右手α-螺旋结构

链的螺旋规则性和pH有关。例如聚谷氨酸在低pH时,由于羧基不发生电离,可以形成一个规则的α-螺旋,但当pH升高时,羧基解离为带负电荷的COO^-,螺旋就变得不规则了。

β-折叠是一种较伸展的锯齿形主链构象(图16-6)。两条β-折叠股平行排布,彼此以氢键作用,可以构成β-折叠片,又称为β-折叠。β-折叠片又分为平行β-折叠片和反平行β-折叠片两种类型。前者是指相邻的折叠股走向相同,后者是指走向相反。从能量上分析,反平行β-折叠片更为稳定,因为其形成的氢键(N—H—O)中三个原子几乎位于同一条直线上。此时氢键最强。丝心蛋白的β-折叠结构由两个肽链形成,很像一个扇面。图中的链间氢键同样用虚线表示,侧链交叠地伸在肽链的上面和下面。分析丝心蛋白的氨基酸,发现大部分是甘氨酸、丝氨酸、丙氨酸等。

蛋白质的三级结构(tertiary structure)是指在二级结构的基础上,多肽链自身通过氨基酸残基侧链的相互作用,在三维空间沿多个方向进行卷曲、折叠、盘

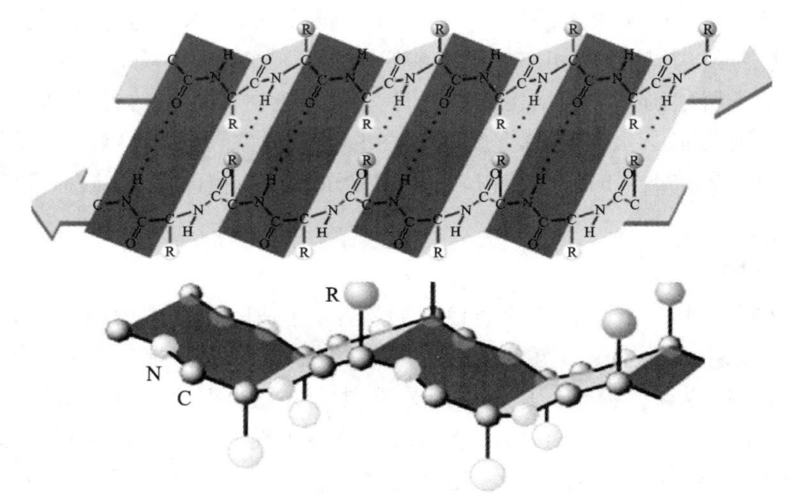

图16-6　β-折叠结构(侧面观)

绕形成的紧密的高级结构。球蛋白便是其中的一大类。肌红蛋白(myoglobin)是哺乳动物肌肉中负责储藏和输送氧的蛋白质,是球蛋白的一种。它由一条多肽链构成,肽链中有78%是α-螺旋。X射线衍射测定肌红蛋白的高级结构非常有意思,这条肽链可以折叠出一个憎水的囊袋(图16-7),恰好可以嵌入血红素分子,并且囊袋中有一个组氨酸,它在囊中的位置又恰好能和血红素的铁原子形成第五个向心配位键。此外,具有极性基团侧链的氨基酸残基几乎都分布在分子的表面,从而使肌红蛋白具有可溶性。

蛋白质的四级结构(quaternary structure)仅适用于多亚单位的蛋白质,指不同多肽链之间的相对排列和组装方式。例如,血红蛋白就包含四个亚单位。许多蛋白质是由两条或多条肽链构成的,这些多肽链本身都具有特定的三级结构,称为亚基。由少数亚基聚合而成的蛋白质称为寡

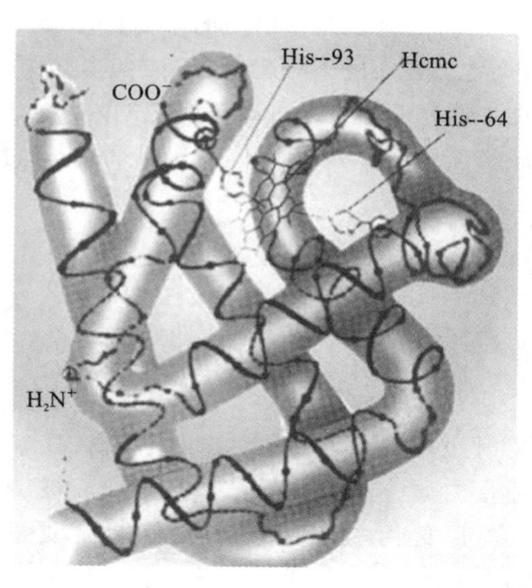

图 16-7 肌红蛋白

聚蛋白质，由几十个以上亚基聚合而成的蛋白质称为多聚蛋白质。寡聚蛋白质中亚基的种类、数目、空间排布及相互作用称为蛋白质的四级结构。血红蛋白就是一种寡聚蛋白质，相对分子质量约为 65000，由两条 α-链和两条 β-链构成，α-链和 β-链的三级结构都和肌红蛋白相似。X 射线衍射分析表明，脱氧血红蛋白和氧合血红蛋白的四条肽链的三级结构是相似的。但四级结构有很大不同（图 16-8）。当血红蛋白与氧结合时，四条肽链发生了相对滑动和转动，因而四个亚基间的接触点发生了变化，两个 α-血红素互相接近，距离为 0.1 nm，而两个 β-血红素则互相分离，距离为 0.65 nm。

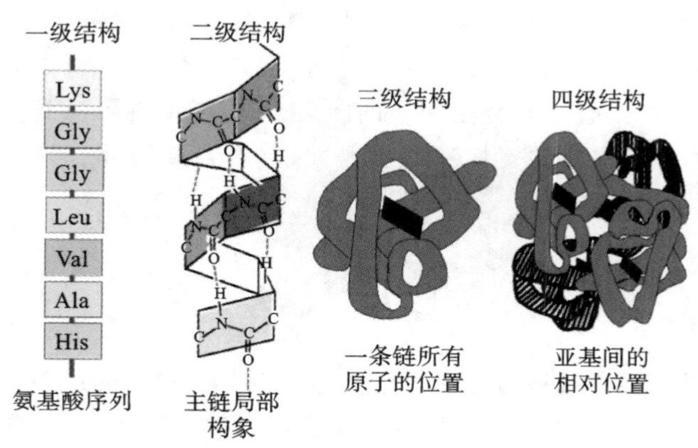

图 16-8 蛋白质结构层次的比较

二、性质

蛋白质是高分子化合物，相对分子质量大，其分子颗粒的直径一般为 1～100 nm，属于胶体分散系，因此蛋白质具有胶体溶液的特性，如布朗运动、丁铎尔现象、不能透过半透膜以及具有吸附性质等。

蛋白质和氨基酸一样，具有两性解离和等电点的性质。这与蛋白质和氨基酸中包含的氨基和羧基有关。蛋白质中有氨基（$—NH_2$）和羧基（—COOH），氨基可以接受质子（H^+），而羧基可以释放质子。这使得氨基酸和蛋白质在水中具有两性解离性质。

蛋白质和氨基酸的等电点（pI）是指在该 pH 下，蛋白质或氨基酸带电荷的总量为零。在等电

点时,氨基酸或蛋白质的带电氨基和带电羧基相互抵消。等电点是蛋白质的重要特性,因为在这个pH环境下,它们在溶液中呈电中性,而在不同于等电点的pH下则带有正荷或负电荷,这个性质可用于蛋白质的电泳分离。两性解离和等电点的性质对于了解蛋白质在生物体内的行为和功能非常重要。它们影响蛋白质的溶解性、电荷状态、与其他分子的相互作用等方面,对于蛋白质的稳定性和功能起到了关键的调控作用。

课堂练习16-4

扫码看答案

清蛋白(pI=4.6)、血清白蛋白(pI=4.9)和尿酶(pI=5.0)的蛋白质混合物在什么pH环境下进行电泳的分离效果最佳?

蛋白质因受物理因素(如加热、高压、紫外线、X射线)或化学因素(如强酸、强碱、尿素、重金属盐、三氯乙酸等)的影响,分子的肽链虽不裂解,但蛋白质分子的空间结构被改变或被破坏,蛋白质生物活性丧失和其他的物理、化学性质发生变化,这种现象称为蛋白质的变性(denaturation)。蛋白质的变性主要是由三级结构或四级结构的改变引起的。蛋白质变性后,分子结构松散,不能形成结晶,更易被蛋白酶水解。天然蛋白质的空间结构是通过氢键等次级键维持的,而变性后部分次级键被破坏,蛋白质分子就从原来有序卷曲的紧密结构变为无序松散的伸展状结构(但一级结构和绝大多数二级结构并未改变)。这使得原来处于分子内部的疏水基团大量暴露在分子表面,而亲水基团在表面的分布则相对减少,故蛋白质颗粒不能与水相溶而失去水膜,很容易引起分子间相互碰撞,并由于疏水作用聚集沉淀。因此,变性分为可逆变性和不可逆变性。临床上急救重金属盐中毒患者时,常先让其服用大量牛奶和蛋清,使蛋白质在消化道中与重金属盐结合而变性,从而阻止有毒重金属离子被人体吸收。

如果变性条件剧烈持久,蛋白质的变性是不可逆的。如果变性条件不剧烈,蛋白质分子内部结构变化不大,说明这种变性作用是可逆的。这时,如果除去变性因素,在适当条件下变性蛋白质可恢复其天然构象和生物活性,这种现象称为蛋白质复性(renaturation)。例如胃蛋白酶加热至80~90 ℃时,失去溶解性,也无消化蛋白质的能力,如将温度再降低到37 ℃,则又可恢复溶解性和消化蛋白质的能力。蛋白质的复性有完全复性、基本复性或部分复性。只有少数蛋白质在严重变性以后,能够完全复性。

小　结

氨基酸是分子内同时含有氨基和羧基的化合物。蛋白质水解的最终产物是各种不同α-氨基酸的混合物。因此,α-氨基酸是组成蛋白质的基本单元。亮氨酸、异亮氨酸、缬氨酸、苯丙氨酸、蛋氨酸、苏氨酸、色氨酸、赖氨酸8种氨基酸在人体内不能合成或合成数量不足,必须由食物蛋白质补充才能维持机体正常生长发育,故这些氨基酸称为营养必需氨基酸。此外,组氨酸和精氨酸在婴幼儿和儿童时期因体内合成不足,也需依赖食物补充一部分。等电点是氨基酸的重要理化常数之一,可由实验测得,也可通过计算得到。每种氨基酸都有其特定的等电点。

肽是氨基酸残基之间彼此通过酰胺键(肽键)连接而成的一类化合物。多肽分子中的酰胺键称为肽键,一般为α-COOH与α-NH_2脱水缩合而成。生物活性肽:谷胱甘肽,催产素,脑啡肽等。

蛋白质在生物体内能起重要的作用,与它们特殊的结构有关。它除了由氨基酸结合的基本(低级)结构外,还有着特殊的空间(高级)结构。蛋白质的结构分为一级结构、二级结构、三级结构、四级结构。蛋白质的一级结构是指分子中氨基酸残基在肽链中的排列顺序。二级结构是指多肽链的主链骨架在空间盘曲折叠形成的方式,并不涉及侧链R基团的构象。三级结构、四级结构是在二级结构的基础上盘旋折叠而成。蛋白质分子中仍有一些未形成肽键的羧基和氨基等酸

碱性基团，它们在不同 pH 的溶液中带有不同的电荷，故蛋白质也像氨基酸一样有相应的等电点。蛋白质在某些物理或化学因素的作用下，其空间结构遭到破坏致使蛋白质生物活性丧失和理化性质改变。物理因素：加热、紫外线照射、超声波和剧烈振摇等，化学因素：强酸、强碱、有机溶剂、重金属盐等。变性作用并不破坏蛋白质的一级结构，但会使其失去生物活性。如血红蛋白失去运输氧的功能，胰岛素失去调节血糖的功能，酶失去催化能力等。

目标检测

目标检测答案

一、选择题。

(1) 下列氨基酸在 pH=4.0 的溶液中，以负离子形式存在的是(　　)。

A. 谷氨酸　　B. 甘氨酸　　C. 丙氨酸　　D. 赖氨酸

(2) 下列化合物中，能与水合茚三酮发生颜色反应的是(　　)。

A. $HOCH_2CH_2COOH$

B. （苯环邻位取代）COOH、NH_2

C. $H_2NCH_2CH_2COOH$

D. $HOCH_2CH(NH_2)—COOH$

(3) 将某中性氨基酸溶于水，调节溶液 pH 至其等电点，此时溶液的 pH(　　)。

A. 小于 7　　B. 大于 7　　C. 等于 7　　D. 无法确定

(4) 蛋白质分子中维持一级结构的主要化学键是(　　)。

A. 肽键　　B. 二硫键　　C. 酯键　　D. 氢键

(5) 蛋白质变性是由于(　　)。

A. 氨基酸序列的改变　　B. 氨基酸组成的改变

C. 肽键的断裂　　D. 蛋白质空间构象的破坏

二、简答题。

(1) 写出下列氨基酸分别在 pH 为 4.0 和 12.0 的条件下的主要存在形式。

①天冬氨酸(pI=2.77)　②缬氨酸(pI=5.96)　③精氨酸(pI=10.76)

(2) 甘氨酸(pI=5.97)、谷氨酸(pI=3.22)、赖氨酸(pI=9.74)分别溶于水中。

①水溶液呈酸性还是碱性?

②氨基酸带何种电荷?

③欲调节溶液 pH 至 pI，需加酸或加碱？请写出 pH=pI 时各氨基酸的结构式。

(3) 由 Val、Tyr 和 Gly 形成的三肽可能有几种？分别写出其三字母结构式并命名。

(4) 血红蛋白是高等生物体内负责运载氧的一种蛋白质，其 pI=6.8。当 pH=7.3 及 pH=5.3 时，血红蛋白分别带何种净电荷?

【思政元素】

参考文献

[1] 侯小娟，张玉军. 有机化学[M]. 武汉：华中科技大学出版社，2018.

[2] 邢其毅，裴伟伟，徐瑞秋，等. 基础有机化学[M]. 3 版. 北京：高等教育出版社，2005.

[3] 陆阳. 有机化学[M]. 9 版. 北京：人民卫生出版社，2018.

（余燕敏）